“十二五”江苏省高等学校重点教材(本教材编号:2015-2-050)

航空航天工程材料

梁文萍　王少刚　主编

北京航空航天大学出版社

内 容 简 介

本书主要包括工程材料的主要力学性能，各种常用工程材料的化学成分，金属热处理原理与工艺、组织结构、使用性能及实际应用等方面的基本理论和基础知识，为机械零件及工程结构等的设计、制造和正确使用提供有关合理选材、用材的必要理论指导和实际帮助。此外，为了突出本教材的航空航天特色，书中着重阐述了部分先进工程材料（包括铝锂合金、钛合金和先进复合材料）在民用飞机中的应用等方面的知识，有助于读者深入了解飞机的机体材料、发动机材料等。

本书可作为材料类、机械类、航空航天类和能源动力类专业的本科生教材，也可供广大科研工作者以及航空航天、机械工程领域的技术人员参考。

图书在版编目(CIP)数据

航空航天工程材料 / 梁文萍，王少刚主编. -- 北京 ：北京航空航天大学出版社，2016.6

ISBN 978-7-5124-2174-5

Ⅰ. ①航… Ⅱ. ①梁… ②王… Ⅲ. ①航空材料－高等学校－教材 ②航天材料－高等学校－ 教材 Ⅳ. ①V25

中国版本图书馆 CIP 数据核字(2016)第 136484 号

航空航天工程材料

梁文萍　王少刚　主编

责任编辑　冯　颖

*

北京航空航天大学出版社出版发行

北京市海淀区学院路 37 号(邮编 100191)　http://www.buaapress.com.cn

发行部电话：(010)82317024　传真：(010)82328026

读者信箱：goodtextbook@126.com　邮购电话：(010)82316936

北京九州迅驰传媒文化有限公司印装　各地书店经销

*

开本：710×1 000　1/16　印张：18.5　字数：394 千字

2016 年 6 月第 1 版　2023 年 1 月第 4 次印刷　印数：3 301～4 300 册

ISBN 978-7-5124-2174-5　定价：55.00 元

前　言

本书根据教育部机械类及相关专业对工程材料类课程的教学要求，结合南京航空航天大学“航空、航天、民航”的三航特色，与专业培养方案有机衔接，并充分考虑该课程的教学规律以及学生的学习特点编写而成。

现代工业技术与材料的发展密切相关，材料、信息和能源已成为现代技术的三大支柱。随着科学技术的不断发展，航空航天等许多高技术领域对材料性能提出了新的更高要求，希望研制开发及应用更多性能优异的新材料。“工程材料学”是材料类、机械类、能源动力类和航空航天类等专业的一门重要专业技术基础课，本教材的编写秉承“服务航空航天等国防工业，兼顾民用”的原则，旨在全面提高学生素质、培养学生的创新实践能力。

“工程材料学”是一门理论性和实践性很强的技术基础课。通过该课程的学习，使学生比较全面、系统地获得工程材料方面的基础理论知识，掌握材料的化学成分、结构、组织与性能之间的关系及其变化规律，为合理选择使用工程材料和制定热加工工艺规程并最终加工出优质零(构)件奠定坚实的理论基础。本课程是后续专业课程学习的基础，可为学生今后从事科学研究和分析解决生产实际问题培养初步的创新设计能力和实践能力。

近年来，随着科学技术的发展，各种新材料、新设备和新工艺不断涌现，大量新材料逐渐在航空航天领域得到应用，因此有必要对现有教材内容进行及时更新和补充，使学生能够学习和掌握材料科学与工程领域中的最新知识。此外，近年来国家有关部门相继颁布了材料力学性能及材料牌号等的最新标准，因此，有必要编写一本面向航空航天应用、具有国防特色、体系完整、内容新颖并满足材料类、机械类、能源动力类和航空航天类等本科专业教学需要的《航空航天工程材料》教材。

本教材主要围绕“宽口径、厚基础、高素质、强能力”的专业培养目标要求来编写。随着新材料、新工艺的不断开发与应用，本书编者依据相关学科的发展，结合教师的最新教学科研成果，及时将相关内容纳入教材中，使教材内容和知识体系紧跟时代步伐。近年来，南京航空航天大学材料科学与技术学院先后承担并完成了多项省级和校级工程材料类相关课程的教改项目(含实验教学),积累了丰富的原始资料,为教材编写奠定了良好的基础。本教材的编写人员长期从事航空航天材料及成型技术的研究开发,多年从事"工程材料学"本科生课程的教学,积累了丰富的教学经验。

本教材的主要特色如下:

1. 根据材料科学与工程领域取得的最新研究成果,教材中增添了近年来教师在科学研究及教学改革中取得的成果,包括相关的曲线、数据、图表和应用实例,尤其侧重于新材料在航空航天领域的应用及未来发展趋势。

2. 对现有教材的内容及结构体系进行大幅度调整,按照国家最新标准,采用新的材料牌号和拉伸强度、冲击韧性、硬度测量的表示符号等,使教材内容紧跟时代步伐。

3. 在突出基础性、科学性和先进性的同时,紧密结合实际,尤其注重实践性,将近年来在工业生产尤其是在航空航天领域的一些应用实例编入教材中,充实教材内容,突出航空航天应用。

4. 力求结构体系完整、内容新颖、层次分明,与现有的相关专业培养方案有机衔接,注重对学生的创新能力培养和工程实践训练,增强学生的工程意识,以提高学生分析和解决实际问题的能力。

本书由南京航空航天大学材料科学与技术学院梁文萍、王少刚主编。其中,梁文萍编写第7、8章;王少刚编写绪论、第1~6、9章;全书由王少刚统稿。书稿由东南大学料科学与工程学院储成林教授、南京理工大学材料科学与工程学院徐锋教授、南京工业大学材料科学与工程学院胡秀兰教授、南京邮电大学材料科学与工程学院马延文教授、南京航空航天大学航空宇航学院蒋彦龙教授组成的专家组审定。

在本书编写过程中,参阅并引用了国内外相关的文献、手册及教材,在此谨向原作者表示衷心的感谢!

由于本教材编写时间紧,加上编者学术水平有限,书中错误与不妥之处在所难免,恳请广大读者批评指正。

编　者

2016年4月

目　　录

绪　论

1. 工程材料的发展及其在航空航天领域的应用

材料是人类社会能够接受的经济地制造有用器件的有用物质。人类的生产和生活都离不开材料，现代工业技术与材料的开发和应用更是密不可分。无论何种工程结构、机械产品或设备（如飞机、船舶、高速列车、运载火箭、人造卫星及桥梁等），都是由许多零部件组装而成的，而零部件的制造离不开材料。以航空航天产品为例：一架飞机是由机体、发动机、机载设备等主要分系统构成的；一枚多级运载火箭是由箭体结构、动力系统、控制系统等众多分系统构成的。这些航空航天产品的制造和装配涉及上千种材料和数以十万计的零部件。在人类社会的历史进程中，每一种重要新材料的开发和应用都会大大推动社会生产力的发展；材料科学中的每一次重大发现，都会引起生产技术的革命，给社会生产和人们的生活带来巨大的变化。可以说，新材料是人类社会进步的里程碑。

历史学家根据在生产和生活中所使用材料的不同将历史时代分为石器时代、青铜器时代、铁器时代和新材料时代。在石器时代，人类就懂得如何利用岩石、动物的骨骼和皮毛、贝壳、木材等材料来制作工具；到原始社会末期，已开始人工制作陶器，并逐渐发展成为汉代象征中国古代文化的瓷器。我国早在夏、商、周时代，就掌握了矿石炼铜、铜及青铜合金的精炼技术，用于制造各种工具和武器，形成了灿烂的商周青铜文化。在春秋战国时期，我国就发明了生铁和铸造技术，采用铸铁制造各种生产工具，到汉代已有“先炼铁后炼钢”的技术，居世界领先地位。进入15世纪后，炼铁高炉在欧洲得到了迅速发展，钢铁冶炼技术水平日益提高。18世纪60年代发生的欧洲工业革命，使纺织、冶金、机器制造等工业技术得到了很大的发展，从而结束了人类只能利用自然材料向天空挑战的时代。工业革命以后，材料的开发与应用更是得到了跨越式的发展，从“基本材料时代”进入“工程材料时代”。进入20世纪后半叶，各种新材料层出不穷，高分子材料、半导体材料、先进陶瓷材料和复合材料等被大量使用，人类社会进入了材料品种繁多、性能更加优异的新材料时代。

20世纪是人类历史进程中社会生产力和科学技术飞速发展的时期。20世纪60年代高纯硅半导体材料的突破，使人类进入信息化时代。从20世纪70年代开始，人们把材料、信息和能源作为构筑人类现代社会大厦的三大支柱，其中材料是社会进步的物质基础与先导。通常，一个国家使用的材料品种或数量已经被用于衡量其科学技术和经济发展水平的重要标志。国民经济的许多领域，例如交通、能源、航空航天、电子信息、核工程、海洋工程、生物工程等都是建立在新材料开发的基础上的。以航空航天技术发展为例，飞行器及其动力装置、附件、仪表所用的各类材料，是航空航天工业发展的决定性因素之一。航空航天材料的进步又对现代工业产生了深远的影响。许多先进材料及材料科学技术都是首先从航空航天高技术领域的需求推动而发展起来的。例如轻质高强金属材料、耐高温金属结构材料、先进复合材料等，这些新材料的开发和大量应用，对推动航空航天材料技术乃至整个材料科学技术的发展都具有重要作用。因此，世界各国都把航空航天材料放在优先发展的战略地位。

航空航天材料包括金属材料、无机非金属材料、高分子材料和先进复合材料四大类，按其使用功能又可分为结构材料和功能材料两大类。对于结构材料而言，最关键的性能要求是轻质、高强度、耐高温、耐腐蚀。航空材料通常包括三大类材料，即飞机机体材料、发动机材料及机载设备材料；而航天材料则包括运载火箭箭体材料、火箭发动机材料、航天飞行器材料及航天功能材料等。目前航空航天材料正朝着高性能化、高功能化、多功能化、结构功能一体化、复合化、智能化、低成本化以及环境相容化的方向发展。所谓高性能，是指轻质、高强度、高模量、高韧性、耐高温、耐低温、抗氧化及耐腐蚀等。材料的高性能对减轻飞行器结构质量和提高结构效率、提高服役可靠性及延长使用寿命极为重要，是航空航天材料研究不断追求的目标。飞机机体结构用材料的主要特点是大量采用高比强度和高比模量的轻质、高强度、高模量材料，从而提高飞机的结构效率，减小飞机结构质量系数。表 0.1 中列出了不同发展阶段所用的飞机机体材料。

表 0.1　不同发展阶段的飞机机体材料

发展阶段	年　代	机体材料
第 1 阶段	1903—1919	木、布结构
第 2 阶段	1920—1949	铝、钢结构
第 3 阶段	1950—1969	铝、钛、钢结构
第 4 阶段	1970—21 世纪初	铝、钛、钢、复合材料结构(以铝为主)
第 5 阶段	21 世纪初至今	复合材料、铝、钛、钢结构(以复合材料为主)

目前，飞机机体结构用材情况是，树脂基复合材料和钛合金的用量增加，传统铝合金和钢材的用量相应减少。航空航天产品在追求轻质和减重方面可谓“克克计较”，这一需求大大加速了铝锂合金和先进复合材料在航空航天领域中的应用。空客A380 飞机的地板梁、座椅导轨、辅助导轨、紧急舱地板等部位主要使用的是第三代 2099 - T851 和 2196 - T8511 铝锂合金的挤压型材。国产大型商用飞机 C919 上也大量使用第三代高性能铝锂合金。各类复合材料在航空航天飞行器上的应用具有举足轻重的作用，复合材料可以显著减轻结构质量并提高结构效率。例如美国研制的第四代军用歼击机上树脂基复合材料的结构质量占整机质量的 24%，国外卫星、战略导弹及固体火箭发动机的关键结构材料几乎已经全部采用复合材料。

航空发动机相当于飞机的心脏，是确保飞机使用性能、可靠性和经济性的决定因素。航空发动机的性能水平在很大程度上依赖于高温材料的性能水平。目前飞机蒙

皮的最高温度可达1 000 ℃以上，而发动机的工作温度则高达近2 000 ℃。一台先进发动机上，高温合金和钛合金的用量分别占发动机总结构质量的55%～65%和25%～40%。目前，各种新型高温合金和高温钛合金、高温树脂基复合材料、金属间化合物及其复合材料、金属基复合材料、陶瓷基和碳-碳复合材料等正在加速发展之中，以满足航空发动机对高温材料提出的更高性能要求。

当今时代，科学技术正以迅猛的势头发展，并且由于计算机、生物工程、空间技术、新材料、新能源等领域的科技进步以及学科的进一步交叉、融合，在某些方面已经逐渐形成一些新兴技术的主体，但材料科学与技术在其中仍发挥着基础性和关键性的作用。就航空航天领域而言，由于飞行器要在各种极端环境条件下飞行，其材料所涉及的技术问题非常复杂，因此这也是材料科学与工程领域争相研究的重点和热点。航空航天材料及其制备技术的突破，无疑对现代材料技术有着极强的引领和促进作用。

2. 本课程的性质及主要内容

工程材料是研究材料的成分、组织结构、力学性能及其应用之间关系的一门学科。“工程材料学”是高等工科院校机械类及近机类各专业学生必修的一门重要的专业技术基础课，主要阐述常用工程材料的化学成分、组织结构、力学性能、材料选择及其应用等方面知识的综合性课程。本课程注重将材料科学基础知识的论述与材料工程应用密切结合，具有科学性、系统性和实践性的特点。

本课程的主要内容包括：工程材料的主要力学性能、组织结构、化学成分以及它们之间的关系和改变材料性能的方法；常用工程材料的分类、性能特点、应用及选材方法等；先进复合材料的性能特点和成型工艺技术简介。通过本课程的学习，可使学生对常用工程材料的基本理论知识、新材料的发展趋势有较全面的了解，培养学生的工程素质、实践能力和创新设计能力，使学生从本质上认识和分析材料选择过程中所遇到的实际问题并提出解决问题的途径，为今后进行具体零件或结构的工艺设计、开发新材料和新技术奠定坚实的理论基础。

3. 本课程的教学目标及要求

通过本课程的学习，学生应达到以下基本要求：

(1) 了解工程材料的发展、分类及其在现代工业生产中的重要作用。

(2) 了解材料的成分、结构、性能、应用之间的内在关系和规律，重点掌握材料的力学性能(有强度和硬度、塑性和韧性等)、晶体结构(晶格类型和晶体缺陷等)、金属的结晶过程和塑性变形方式及规律。

(3) 在学习几种基本类型相图后，重点掌握铁碳合金相图；掌握金属的热处理原理与工艺，以及各种常见强化金属材料的方式。

(4) 熟悉各种常用工程材料的牌号、成分特点、热处理特点及其在实际生产中的应用范围，能够合理制定材料的热处理工艺。

(5) 了解现代民用飞机中所采用的机体材料、航空发动机材料等，掌握先进航空航天材料的性能特点及应用，能够在实际生产中合理选用材料。

本教材适宜的教学时数为 40～60 学时，部分内容可根据各专业培养方案的不同要求作为选学内容。由于本课程的内容较多，涉及面宽，知识点多、细、全，课程性质侧重叙述性，因此，要求教师在课堂教学时，尽可能结合具体的工程应用实例进行讲述，避免过多的枯燥乏味的讲授，同时应用多媒体辅助教学，部分内容进行动画演示和教学录像片播放，有助于学生对课程内容的理解和掌握。在教学过程中，注意调动学生学习的积极性和学习兴趣，让学生真正体会到本课程无论是在今后的专业学习还是在日常工作、生活中都具有重要的作用，使学生由被动学习转为主动学习，结合采用课堂讨论式和启发式教学，通过教师与学生以及学生相互之间的交流和讨论，达到最佳的教学效果。

第1章　工程材料及主要力学性能

1.1　工程材料及其分类

从原始社会到科学技术飞速发展的当代社会，人类已经发现和使用的材料种类繁多，分类方法也各不相同。

根据用途的不同，可将材料分为结构材料与功能材料。其中：结构材料是以力学性能作为主要指标，有时也需要满足物理和化学性能方面的要求，如耐高温、耐腐蚀、导电、导热等；功能材料是利用其特有的物理或化学性能（包括声、光、电、磁、热、生物相容性等方面），以实现能量转换、存储、输送或完成特定功能的一类材料。在某些使用场合，有时也要求功能材料具有一定的力学性能，例如强度、耐磨性等。

根据结构或特性的不同，可将材料分为纳米材料、超导材料、储能材料、辐射防护材料、形状记忆合金等。

根据具体应用领域的不同，可将材料分为电子信息材料、能源材料、生态环境材料、生物医学材料、化工材料、航空航天材料、机械工程材料、建筑材料等。

工程材料的研究及应用范围主要是机械、车辆、船舶、建筑、桥梁、化工、能源、仪器仪表、航空航天等工程领域，主要用来制造工程构件和机械零件，也包括一些用于制造工具的材料和具有特殊性能的材料。一般按照化学成分及其结合键的性质，将工程材料分为金属材料、陶瓷材料、高分子材料和复合材料四大类，每一大类材料还可进一步细分，如图1.1所示。

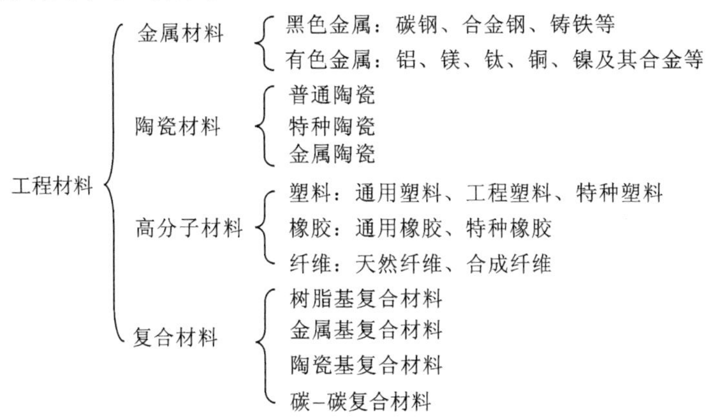

图1.1　工程材料的分类

1.1.1 金属材料

金属材料是指以金属元素或以金属元素为主构成的具有金属特性的材料的总称。金属材料的结合键主要为金属键。金属材料结合键的特性决定了其具有较高的强度、硬度、塑性、韧性等力学性能,以及具有良好的导电、导热和耐腐蚀等物理和化学性能。尽管近年来其他几类工程材料的发展较快,但在工业生产中,金属材料仍然是目前应用最广泛的一类材料。工业上把金属及其合金分为以下两类:

黑色金属——又称钢铁材料,是指铁和以铁为基的合金,包括工业纯铁、碳钢、铸铁以及各种用途的合金结构钢、不锈钢、耐热钢、高温合金、耐磨钢、精密合金等。以铁为基的合金材料占整个结构材料和工具材料的90%以上。

有色金属——指黑色金属以外的所有金属及其合金,通常分为轻金属、重金属、贵金属、半金属、稀有金属和稀土金属等。常见的有铝及铝合金、镁及镁合金、钛及钛合金、铜及铜合金、镍及镍合金等。其中,铝、镁、钛及其合金由于密度小于4.5 g/cm^3,故又称为轻金属或轻合金,在航空航天等工业领域中应用广泛。

1.1.2 陶瓷材料

陶瓷材料是用天然或合成化合物经过成型和高温烧结制成的一类无机非金属材料,例如 Al_2O_3、SiC、Si_3N_4 等。陶瓷材料主要以共价键和(或)离子键结合。工业上用的陶瓷材料可分为以下三类:

普通陶瓷——又称传统陶瓷,指硅、铝的氧化物以及硅酸盐。

特种陶瓷——新型陶瓷,主要成分为人工氧化物、碳化物、氮化物和硅化物的烧结材料。

金属陶瓷——指金属粉末与陶瓷粉末的烧结材料,也可纳入到特种陶瓷的范畴。

陶瓷材料具有高熔点、高硬度、高耐磨性、抗氧化和化学稳定性好等优点。其最大缺点是塑性和韧性很低,脆性大,所以很少在常温下用作受力的结构材料。

为了提高陶瓷材料的塑性和韧性,对陶瓷材料进行增韧是近年来该领域研究的重要课题。研究表明,采用特殊的工艺措施形成陶瓷基复合材料,可在一定程度上改善陶瓷材料的韧性。陶瓷材料在工业生产中应用广泛,可用作刀具材料等。由于陶瓷还具有某些特殊的光、电、热等方面的性能,故又可作为功能材料,用于制作电子元件和敏感元件。

1.1.3 高分子材料

高分子材料也称为聚合物,是以高分子化合物为基体,再配有其他添加剂(助剂)所构成的材料。高分子材料由相对分子质量很大的大分子组成,高分子内的原子之间由很强的共价键结合,而高分子链之间则是以范德华键或氢键结合。高分子材料已广泛应用于建筑、交通运输、农业、电子电气工业等国民经济主要领域和人们的日常生活中。

工程上通常根据力学性能和使用状态的不同将高分子材料分为以下三类：

塑料——指以聚合物为主要成分，在一定条件(温度、压力等)下可塑成一定形状并在常温下保持其形状不变的材料。根据加热后的情况又可分为热塑性塑料和热固性塑料。加热后软化，形成高分子熔体的塑料称为热塑性塑料，例如聚乙烯、聚丙烯、聚苯乙烯等。加热后固化，形成交联的不熔结构的塑料称为热固性塑料，例如环氧树脂、酚醛塑料、聚酰亚胺等。

橡胶——通常指经过硫化处理的、弹性特别优良的聚合物，可以分为天然橡胶和合成橡胶。天然橡胶的主要成分是聚异戊二烯。合成橡胶的主要品种有丁基橡胶、顺丁橡胶、氯丁橡胶等。

合成纤维——指由单体聚合而成的、强度很高的聚合物，是通过机械处理所获得的纤维材料。常见的合成纤维包括尼龙、涤纶、腈纶、芳纶、丙纶纤维等。

1.1.4　复合材料

复合材料是指由两种或两种以上不同材料复合而成的一种新材料。复合材料中的结合键可以有三种或三种以上，包括金属键、离子键、共价键等，键合方式非常复杂。材料的复合化是当前材料科学与工程领域中的一个重要发展方向，它可以克服单一材料所固有的局限性。复合材料的最大特点是具有可设计性。通过采取一定的工艺措施，使复合材料的组元之间产生复合效应，将具有不同特性的材料按一定的要求复合在一起，形成一种性能比组成材料好得多的新材料。

自 20 世纪 40 年代用玻璃纤维增强树脂制成的玻璃钢问世以来，复合材料目前已经发展到了第三代。航空航天工业的迅速发展推动了高比强度、高弹性模量、高韧性和耐高温的先进复合材料的发展。第三代的先进复合材料除了高性能的树脂基复合材料以外，还包括金属基复合材料、陶瓷基复合材料和碳纤维增强的碳-碳复合材料。在工程上使用较多的复合材料主要有两类：树脂基复合材料和金属基复合材料。

尽管工程材料的种类繁多，在工业生产中应用广泛，但相比于其他三种类型的工程材料，金属材料在今后相当长的一段时间仍然是实际应用中量大面广的材料。因此，本书重点讨论各种常用金属材料的化学成分、微观组织结构、力学性能及其应用范围，同时为了突出本教材的航空航天特色，还重点介绍铝锂合金、钛合金和先进复合材料等在航空航天领域中的应用。

1.2　工程材料的主要力学性能

材料的力学性能是指材料在外加载荷作用下或载荷与环境因素(温度、环境介质)的联合作用下所表现出来的行为，即材料在一定条件下抵抗外加载荷引起的变形和断裂的能力。由于实际中材料受到载荷作用的形式不同，如拉伸、弯曲、冲击载荷和交变载荷等，故材料可表现出不同的力学行为，对其性能指标要求有强度、硬度、塑

性、韧性、疲劳强度等。材料的力学性能指标是工程结构设计、材料选用、工艺评定和材料检验的重要依据,具有重要的实用意义。

1.2.1 拉伸强度与塑性

强度是指材料在外加载荷作用下抵抗变形和断裂的能力。根据材料受载方式和变形形式的不同,可将强度指标分为抗拉强度、抗压强度、抗弯强度、剪切强度等。在工业生产中,拉伸实验是应用最为广泛的材料力学性能试验方法之一。通过拉伸试验可以测定材料的强度与塑性力学性能指标,包括屈服强度、抗拉强度、断后伸长率和断面收缩率等。

1. 拉伸曲线

按照国家标准 GB/T 228.1—2010《金属材料　拉伸试验　第 1 部分:室温试验方法》,将试验材料加工成标准的拉伸试样。试样的横截面可以是圆形、矩形、多边形、环形等,实际试验中以圆形和矩形居多。把原始标距与横截面积有 $L_0=k\sqrt{S_0}$ 关系的试样称为比例试样。国际上使用的比例系数 k 的值为 5.65。原始标距应不小于 15 mm。当试样横截面积太小,采用比例系数 5.65 的值不能符合这一最小原始标距要求时,可以采用较大的值(优先采用 11.3 的值)或采用非比例试样$\left(\text{注:}\ 5.65\sqrt{S_0}=5\sqrt{\dfrac{4S_0}{\pi}}\right)$。

试验时,将拉伸试样装夹在拉伸试验机上,沿试样轴向缓慢施加载荷,使其发生拉伸变形直至断裂。图 1.2 为圆形试样拉伸前、后的示意图,其中 d_0 为圆形试样平行长度的原始直径,mm;d_u 为圆形试样平行长度的断后直径,mm;L_0 为原始标距,mm;L_c 为平行长度,mm;L_t 为试样总长度,mm;L_u 为断后标距,mm;S_0 为平行长度的原始横截面积,mm^2;S_u 为断后最小横截面积,mm^2。

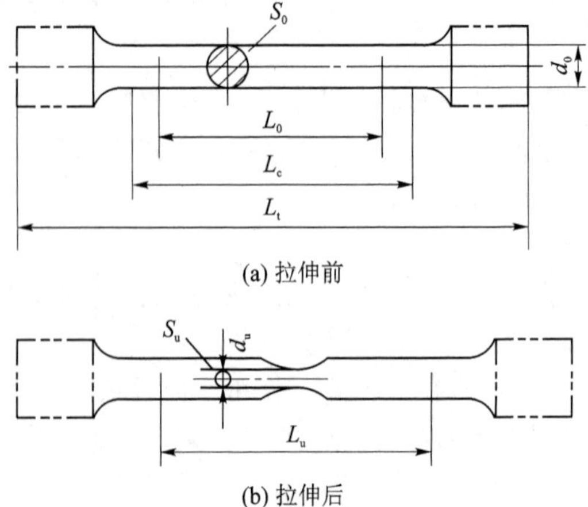

图 1.2　圆形试样拉伸前、后示意图

试样拉伸过程中,在试验机上可自动绘制出施加的载荷大小 F 与试样伸长变形量 ΔL 之间的关系曲线,称为拉伸曲线或 $F-\Delta L$ 曲线。图 1.3 所示为退火低碳钢的 $F-\Delta L$ 曲线。

若将图 1.3 中的纵坐标以应力 R($R=F/S_0$,MPa)表示,横坐标以试样的相对伸长量即应变($\Delta L/L_0$)表示,则此曲线称为应力-应变曲线(注:在实际中应力通常用 σ 表示单位为 MPa;应变用 ε 表示,单位为%)。

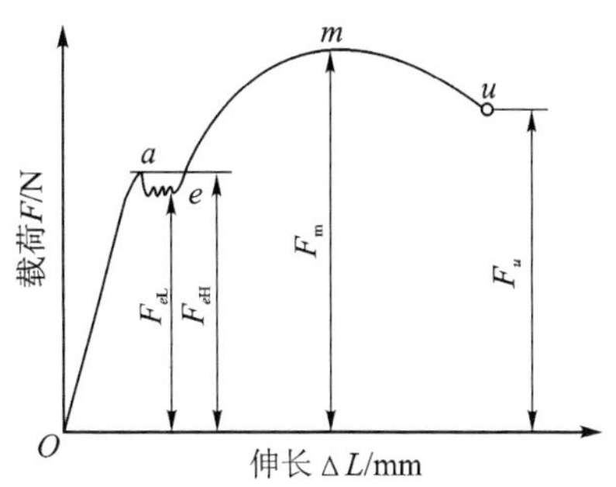

图 1.3 退火低碳钢的拉伸曲线

由图 1.3 所示的拉伸曲线可知,在外加拉伸力的作用下,材料的变形过程一般可分为四个阶段:弹性变形、屈服、变形强化和形成缩颈、断裂。

① 在 Oa 段,此时外力较小,试样的变形随外力增加而增加。试样在受到外力作用时发生变形,但在卸除拉伸力后变形能够完全恢复,为弹性变形阶段。

② 在曲线 ae 段,即当外力达到 F_{eH} 后,曲线上出现平台或锯齿,试样产生屈服,此时载荷保持不变(或略有升高、降低),试样继续明显伸长,为屈服阶段。

③ 在 em 段,随着外力增大,变形增加,在 m 点处外力达到最大值 F_m,为变形强化阶段。

④ 在 mu 段,试样继续发生变形,在局部区域产生缩颈,最后在 u 点处试样发生断裂,为形成缩颈、断裂阶段。

在曲线上超过 a 点后,试样所发生的变形为塑性变形,即外力去除后试样中产生的变形不能恢复,为永久性变形。其中在曲线 ae 段及 em 段的变形为均匀塑性变形,而在 mu 段产生的变形为非均匀塑性变形。

应该指出的是,材料不同,其拉伸曲线的形状也不相同。例如铸铁等脆性材料的应力-应变曲线中几乎没有塑性变形,而塑料等在屈服以后能产生很大的塑性变形。

通过拉伸试验,可以得到材料的屈服强度、抗拉强度、断后伸长率和断面收缩率等强度与塑性性能指标。

2. 强 度

强度的物理意义是表征材料对塑性变形和断裂的抗力。由拉伸试验可测定材料的屈服强度和抗拉强度等强度指标。

1) 弹性模量 E 和刚度

材料在弹性变形范围内,应力与应变呈正比关系,此时应力与应变的比值称为弹性模量,以 E 表示,单位为 MPa 或 GPa。弹性模量 E 表征材料对弹性变形的抗力。在工程上弹性模量称为材料的刚度。零件的刚度除与材料的刚度有关外,还与零件的结构、尺寸等因素有关。金属材料的弹性模量主要取决于其本身的性质,与晶格类

型和原子间距有关，反映了材料内部原子间的结合力或结合键的强弱。材料成分和热处理等强化手段对弹性模量的影响较小。

大部分机械零件都工作在弹性状态下，对刚度有一定要求，在工作时不允许产生过大的弹性变形。因此，选材时可选用弹性模量较大的材料，如需进一步提高零件的刚度，可通过增大横截面积或改变横截面形状来实现。

2）屈服强度 R_{eH} 和 R_{eL}

如图 1.3 所示，a 点是材料从弹性状态过渡到塑性状态的临界点，它所对应的应力为材料在外力作用下开始发生塑性变形的最低应力值，称为屈服强度。屈服强度表征材料对明显塑性变形的抗力，分为上屈服强度和下屈服强度，如图 1.4 中的应力-延伸率曲线(即 $R-e$ 曲线)所示。所谓延伸率是指用引伸计标距 L_e（用引伸计测量试样延伸时所使用引伸计起始标距长度）表示的延伸百分率。

① 试样发生屈服而力首次下降前的最高应力称为上屈服强度，以 R_{eH} 表示，单位为 MPa，即 $R_{eH}=\dfrac{F_{eH}}{S_0}$。式中，$F_{eH}$ 为试样发生屈服而力首次下降前的最高负荷，S_0 为试样的原始横截面积。

② 试样在屈服期间，不计初始瞬时效应时的最低应力称为下屈服强度，以 R_{eL} 表示，单位为 MPa，即 $R_{eL}=\dfrac{F_{eL}}{S_0}$。其中，$F_{eL}$ 为试样在屈服期间，不计初始瞬时效应时的最低负荷，S_0 为试样的原始横截面积。

对于拉伸曲线上不出现明显屈服现象的材料如铝合金、铜合金和合金钢等，国家标准中将塑性延伸率等于规定的引伸计标距 L_e 百分率时对应的应力称为规定塑性延伸强度，用 R_p 表示，如图 1.5 所示。使用的符号应附下脚注说明所规定的塑性延伸率，例如 $R_{p0.2}$ 表示规定塑性延伸率为 0.2%时的应力。

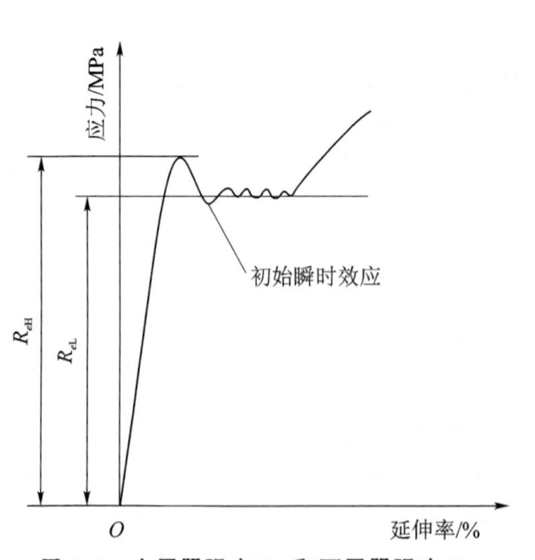

图 1.4　上屈服强度 R_{eH} 和下屈服强度 R_{eL}

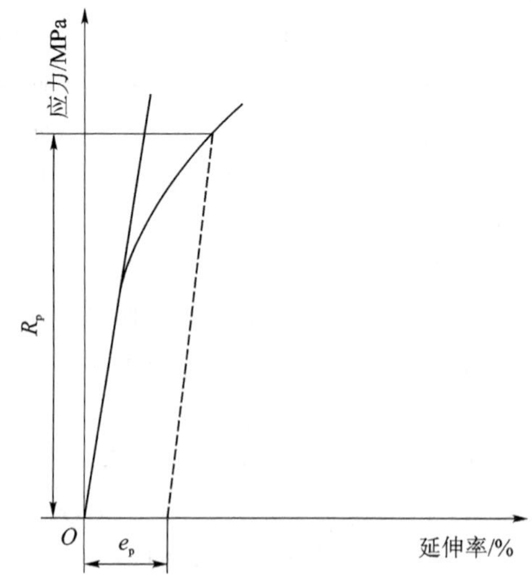

图 1.5　规定塑性延伸强度 R_p

此外，通过拉伸试验还可测定金属材料的规定总延伸强度和规定残余延伸强度：

①规定总延伸强度，指总延伸率等于规定的引伸计标距 L_e 百分率时的应力，用 R_t 表示，例如 $R_{t0.5}$ 表示规定总延伸率为 0.5%时的应力。

②规定残余延伸强度，指卸除应力后残余延伸率等于规定的原始标距 L_0 或引伸计标距 L_e 百分率时对应的应力，用 R_r 表示，例如 $R_{r0.2}$ 表示规定残余延伸率为 0.2%时的应力。

3）抗拉强度 R_m

对应于图 1.3 中的 m 点，试样能承受的最大载荷除以原始截面积所得的应力，称为抗拉强度或强度极限，以 R_m 表示，单位为 MPa，即 $R_m=\frac{F_m}{S_0}$。其中，F_m 为拉断前试样所能承受的最大载荷，S_0 为试样的原始横截面积。

对于塑性材料来说，在 m 点以前试样为均匀变形，而在 m 点以后，变形将在试样的薄弱处发生集中变形，试样上产生缩颈。由于缩颈处截面急剧减小，因此试样所能承受的载荷迅速下降，直到最后在 u 点处发生断裂。抗拉强度的物理意义是表征材料对最大均匀变形的抗力，表示材料在拉伸条件下能够承受最大载荷时的应力值。

R_{eH}、R_{eL} 和 R_m 是零件设计和材料评定的重要性能指标。零件服役时一般不允许产生过量的塑性变形，常以 R_{eH}、R_{eL} 和 R_m 作为设计依据。考虑到 R_m 的测量更加方便，在很多场合下将 R_m 作为零件设计的依据，但需要采用更大的安全系数。对于脆性材料，拉伸时不产生屈服现象，因此以 R_m 作为强度设计指标。

3. 塑　性

塑性的物理意义是表征材料断裂前具有塑性变形的能力。材料的塑性常用断后伸长率 A 和断面收缩率 Z 来表示。

1）断后伸长率 A

伸长率是指试样原始标距的伸长与原始标距（L_0）之比的百分率。断后标距的残余伸长（L_u-L_0）与原始标距（L_0）之比的百分率称为断后伸长率，用 A 表示。

$$A=\frac{L_u-L_0}{L_0}\times 100\%$$

对于比例试样，若原始标距不为 5.65 $\sqrt{S_0}$（S_0 为平行长度的原始横截面积），符号 A 应附下脚注说明所使用的比例系数，例如 $A_{11.3}$ 表示原始标距（L_0）为 11.3 $\sqrt{S_0}$ 的断后伸长率。对于非比例试样，符号 A 应附下脚注说明所使用的原始标距，以毫米（mm）表示，例如 $A_{80\ \mathrm{mm}}$ 表示原始标距（L_0）为 80 mm 的断后伸长率。

应该说明的是，只有当试样的标距长度、横截面的形状和面积均相同时，或者当选取的比例试样的比例系数 k 相同时，断后伸长率的数值才具有可比性。

2）断面收缩率 Z

断裂后试样横截面积的最大缩减量（S_0-S_u）与原始横截面积（S_0）之比的百分率，称为断面收缩率，用 Z 表示。

$$Z = \frac{S_0 - S_u}{S_0} \times 100\%$$

式中：S_0 为试样原始截面积；S_u 为试样拉断后的最小截面积。

材料的塑性指标 A、Z 数值越高，表示材料的塑性加工性能越好。通常，对机械零件都会提出一定的 A、Z 要求，例如导弹壳体成型时要求材料具有一定的塑性；另一方面，零件在服役时偶然过载，塑性变形引起的强化作用可使零件避免突然断裂。但材料的塑性指标与 R_{eH}、R_{eL} 和 R_m 不同，不能直接用于零件的设计计算。一般认为，零件在保证一定强度要求的前提下，塑性指标高，则零件的工作安全可靠性高。

应该指出，按照人们长期的使用习惯，在工业生产应用及科学研究的许多场合下，人们仍然按照原有国家标准 GB/T 228—1987《金属拉伸试验方法》，测试表征金属材料的力学性能。为了方便学习和使用，表 1.1 中给出了新、旧国家标准中材料力学性能指标的名称、单位及表示符号的对照。

表 1.1　新、旧国家标准中材料力学性能指标的名称和符号对照

国家标准号 / 力学性能指标	GB/T 228.1—2010	GB/T 228—2002	GB/T 228—1987
屈服强度/MPa	上屈服强度 R_{eH}	上屈服强度 R_{eH}	上屈服点 σ_{su}
	下屈服强度 R_{eL}	下屈服强度 R_{eL}	下屈服点 σ_{sL}
抗拉强度/MPa	R_m	R_m	σ_b
规定塑性延伸强度/MPa	R_p	规定非比例延伸强度 R_p	规定非比例伸长应力 σ_p
断后伸长率/%	A	A	δ
断面收缩率/%	Z	Z	ψ

注：

① 在国家标准 GB/T 228—2002 和 GB/T 228—1987 中，表征强度（屈服点）的单位是 N/mm^2，1 MPa=1 N/mm^2。

② 在国家标准 GB/T 228—1987 中，屈服强度称为屈服点，以 σ_s 表示。

③ 对于在拉伸曲线上不出现明显屈服现象的材料，在更早的国家标准中规定以试样产生 0.2%塑性变形时的应力值作为材料的屈服强度，称为条件屈服强度，以 $\sigma_{0.2}$ 表示。

1.2.2　硬　度

硬度是反映材料软硬程度的一项性能指标。由于材料的硬度值和强度值之间往往具有一定的对应关系，故某一种材料在一定条件下通常可由硬度值间接估算出材料的抗拉强度。材料的硬度试验方法很多，可分为压入法和刻划法两大类。它是表征材料抵抗局部塑性变形及破坏的能力，即抵抗硬物压入或划伤表面的能力。硬度检验在工业生产中应用广泛，常见的硬度试验方法有布氏硬度、洛氏硬度、维氏硬度

和显微硬度等，均为压入法。

1. 布氏硬度

布氏硬度的试验原理是：采用直径为 D 的硬质合金球压头，以一定大小的载荷 F 压入试样表面，如图 1.6(a)所示，经规定的保持时间后卸除载荷，在试样表面将残留直径为 d 的压坑，如图 1.6(b)所示。以试验力 F 除以球形压坑的表面积 S 所得的商，即为布氏硬度值，用符号 HBW 表示。下式中的常数 0.102 是标准重力加速度 g 的倒数。布氏硬度值的单位为 N/mm^2，但一般不标出。硬度值越高，表明材料越硬。

$$\text{HBW} = 0.102 \times \frac{F}{S} = 0.102 \times \frac{2F}{\pi D(D - \sqrt{D^2 - d^2})}$$

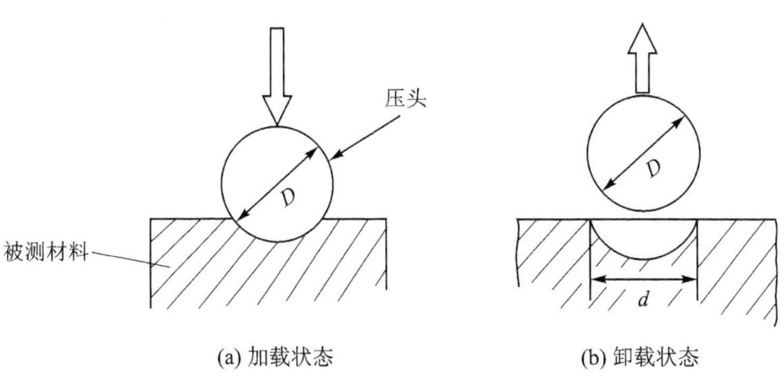

图 1.6　布氏硬度测量示意图

进行布氏硬度检验时，常需要选用不同的载荷 F 和压头直径 D。为了保证采用不同的试验条件测量同一材料时能得到相同的布氏硬度值，要求压痕的压入角为常数，以获得几何形状相似的压痕；此外，还要求 $0.102 \times F/D^2$ 比值为常数。按照 GB/T 231.1—2009 标准的要求，试验力-压头球直径平方的比率($0.102 \times F/D^2$ 比值)应根据材料和硬度值进行选择，见表 1.2。

表 1.2　布氏硬度测量时 $0.102 \times F/D^2$ 值的选择

材　料	布氏硬度 HBW	$0.102 \times F/D^2$/ $(N \cdot mm^{-2})$
钢、镍基合金、钛合金		30
铸铁*	<140	10
	≥140	30
铜及其合金	<30	5
	35～200	10
	200	30

续表 1.2

材 料	布氏硬度 HBW	$0.102\times F/D^2/$ $(N\cdot mm^{-2})$
轻金属及其合金	<35	2.5
	30～80	5
		10
		15
	>80	10
		15
铅、锡		1

* 对于铸铁试验，压头的名义直径应为 2.5 mm、5 mm 或 10 mm。

实际测量中，通常根据选用的硬质合金球直径和试验力的大小，在测出压坑直径后，查表得到布氏硬度值。对布氏硬度值进行标注，以 600HBW1/30/20 为例：1 表示球体直径为 1 mm，30 表示试验力为 30 kgf(294.2 N)，20 表示试验力的保持时间为 20 s。

布氏硬度试验的优点是测量的压痕面积大，因而误差小，其缺点是测量步骤稍复杂，此外，测试完成后会在试样表面残留压坑，因此不适合成品零件、薄件的检验，通常用于原材料或毛坯的检验。

2. 洛氏硬度

洛氏硬度测量是目前工业生产中应用最广泛的材料试验方法之一，其测量原理也是压入法。洛氏硬度试验所用的压头有两种：一种是顶角为 $\alpha=120°$ 的金刚石圆锥体，另一种是直径为 $\phi1.588$ mm((1/16) in)的淬火钢球。洛氏硬度的测量原理及过程如下：先施加初载荷 $F_0=98.07$ N(10 kgf)，使压头与被测材料表面紧密接触，再施加主载荷 F_1，将压头压入试样表面，保持一定时间，然后卸除主载荷，在试样表面残留一定深度的压坑，根据压坑深度的大小来反映材料的硬度值高低。如果材料硬，压坑深度浅，则硬度值高；反之材料软，压坑深，则硬度值低。

根据所选用的压头与载荷的不同，洛氏硬度有多种级别(标尺)，如 HRA、HRB、HRC、HRF 等。几种常用洛氏硬度级别试验规范及应用范围见表 1.3。

表 1.3 常用洛氏硬度的级别及其应用范围

洛氏硬度	压 头	总载荷/N(kgf)	测量范围	应 用
HRC	120°金刚锥	1 471.1(150)	20～67HRC	淬火钢等硬零件
HRA	120°金刚锥	588.4(60)	70HRA 以上	零件表面硬化层、硬质合金等
HRB	$\phi1.588$ mm 钢球	980.7(100)	25～100HRB	软钢和铜合金等
HRF	$\phi1.588$ mm 钢球	588.4(60)	25～100HRF	铝合金和镁合金等

洛氏硬度测量的优点是操作简便、迅速，可在硬度计的表盘上直接读出硬度值，压痕小，对材料的破坏性小，可测量成品件。其缺点是，测量时是点接触，材料的组织均匀性及其缺陷等对硬度测量值的影响较大，通常选择具有代表性的三个点，取三次测量的平均值。此外，用不同标尺测得的硬度值应通过查表换算成同一级别后才能对硬度值进行比较。

3. 维氏硬度和显微硬度

维氏硬度的测量原理与布氏硬度相似，也是根据压痕单位面积上的载荷大小来计量硬度值。不同的是，维氏硬度试验中的压头是相对两面间夹角呈 136°的金刚石正四棱锥体，所施加的载荷 F 较小，常用的有 49.0 N(5 kgf)、98.1 N(10 kgf)、196.1 N(20 kgf)、294.2 N(30 kgf)、490.4 N(50 kgf)、980.7 N(100 kgf)。如图 1.7 所示，在被测材料上留下的压坑为四方锥形，测量四棱锥压痕对角线的长度 d 值，利用下式计算可得到维氏硬度值，以 HV 表示，通常不标注硬度值单位。

$$\mathrm{HV}=\frac{F}{S}=1.854\,4\,\frac{F}{d^2}(\mathrm{kgf/mm^2})=18.191\,7\,\frac{F}{d^2}(\mathrm{N/mm^2})$$

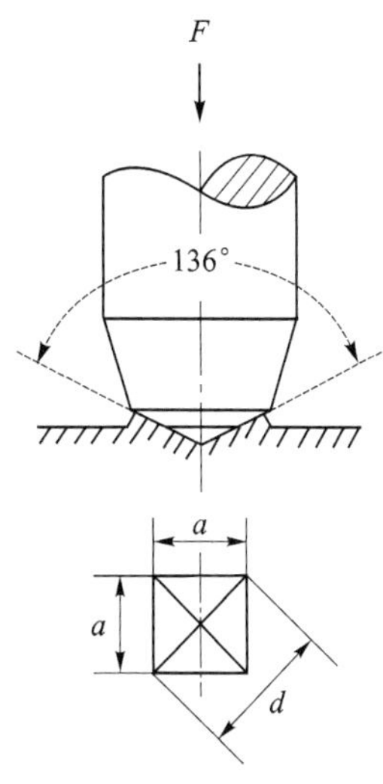

图 1.7　维氏硬度测量示意图

与布氏硬度测量一样，实际测量中通常根据所施加的载荷大小，在测出压坑直径后，查表得到维氏硬度值。

维氏硬度试验的优点是测量精度高，测量的硬度值范围宽，从极软的材料到极硬的材料，从有色金属到黑色金属都可测量，尤其适用于各种金属材料的表面层，如化学热处理渗层、电镀层的硬度测量。其主要缺点是试验过程较为麻烦，且要求被测材料表面的光洁度高。

显微硬度试验的测量原理及表示符号与维氏硬度相同，不同的是显微硬度测量时所施加的载荷更小，在 0.098 1(0.01)～1.961 4(0.2) N(kgf)范围内，通常用于测定金属组成相的硬度。

1.2.3　冲击韧性

冲击韧性表征材料在冲击载荷作用下抵抗变形和断裂的能力。有许多机器零件在工作中受到冲击载荷的作用。例如，飞机起落架、发动机涡轮轴、汽车变速齿轮等在冲击力的作用下容易引起很大的应力和变形。此时进行设计计算，不但要考虑材料的强度、硬度和塑性等指标，而且要考虑材料在冲击载荷作用下的力学性能。

1. 试验原理与方法

按照国家标准，将试验材料加工成标准的冲击试样，标准冲击试样主要有两种：

U形缺口或V形缺口试样，分别称为夏比U形缺口和夏比V形缺口试样，如图1.8所示为标准夏比冲击试样尺寸。夏比V形缺口试样缺口深度为2 mm；夏比U形缺口试样缺口深度为2 mm或5 mm两种规格。冲击试验机的摆锤刀刃半径有2 mm和8 mm两种。

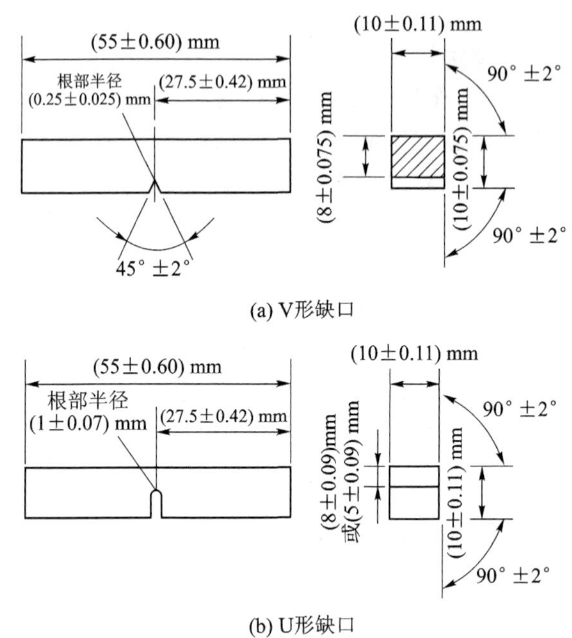

图1.8　标准夏比冲击试样尺寸

冲击试验原理为能量守恒的原理，冲击试验方法如图1.9所示，将待测的标准冲击试样水平放置在冲击试验机的支座上（缺口背对摆锤刀口放置），将一定质量W的摆锤升至一定高度H，使它获得位能$W \cdot H$，随后将摆锤释放，冲断试样，摆锤在另一侧上升的高度为h，摆锤的剩余能量为$W \cdot h$。依据能量守恒原理，冲断试样前后的能量差即为摆锤冲断试样所消耗的功，称为冲击功，以K表示，即$K=W \cdot H-W \cdot h$，单位为焦耳(J)。试验时，冲击功的数值可直接从冲击试验机的刻度盘上读出。不同缺口试样的冲击功分别记为KU_2、KU_8和KV_2、KV_8（注：下角标中的数字表示冲击试验机的摆锤刀刃半径为2 mm或8 mm）。

2. 冲击韧性及其影响因素

依据上面测得的冲击吸收能量，冲击韧性（用α_k表示，单位为J/m^2）可通过下式计算得出：

$$\alpha_k = KU/S_0 \quad 或 \quad \alpha_k = KV/S_0$$

式中S_0为试样缺口处截面面积。

在实际应用中，材料的冲击韧性与许多因素有关：

(1) α_k、KU或KV值取决于材料本身及其状态，同时与试样的形状、尺寸有很大

关系。同种材料的试样，缺口越深、越尖锐，缺口处应力集中程度越大，越容易产生变形和断裂，冲击功越小，材料表现出的脆性越高。因此对不同类型材料和尺寸的试样，其冲击韧性或冲击功不能直接比较。采用同种材料制成的夏比 V 形缺口试样测得的 KV 值要比夏比 U 形缺口的 KU 值小。

(2) α_k、KU 或 KV 值与试验温度有关。图 1.10 所示为通过系列冲击试验所得到的 α_k 值和试验温度之间的关系曲线。随着试验温度降低，α_k 值也降低。当试验温度降低至某一数值或一定范围时，α_k 值急剧下降，材料由韧性状态转变为脆性状态，这种转变称为冷脆转变，相应的转变温度称为冷脆转变温度 T_k。在脆性转变温度以下，材料由韧性状态转变成脆性状态。材料的脆性转变温度越低，说明其低温冲击性能越好，允许使用的温度范围越大。

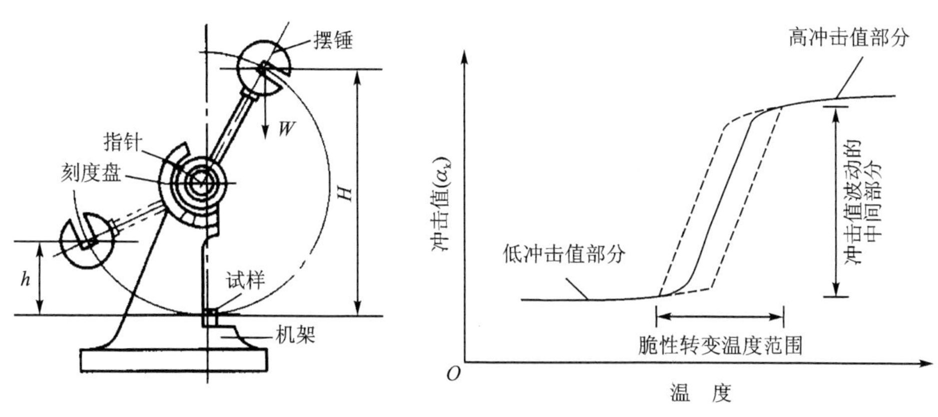

图 1.9　冲击试验示意图　　**图 1.10　温度对冲击韧性的影响**

(3) α_k、KU 或 KV 值对材料内部缺陷、显微组织变化很敏感，例如夹杂物、内部裂纹、钢的回火脆性等都会使冲击韧性明显降低，因此可用来评定材料的冶金质量及热加工产品质量。

冲击韧性通常作为选择材料的参考，不直接用于零件的设计计算。但冲击韧性可用于判断材料的冷脆倾向和不同材料的韧性比较，以及评定材料在一定条件下的缺口敏感性。

1.2.4　疲劳强度

许多机件(如轴、齿轮、叶片、弹簧等)都是在交变载荷下工作的，在低于材料屈服强度的交变应力作用下长时间工作也会发生断裂，这种现象称为疲劳。由于疲劳断裂往往都是突然发生的，在断裂之前没有任何征兆，因此具有很大的危险性。据统计，在机器零件的断裂失效中，约有 80%属于疲劳断裂性质。

1. 交变载荷

交变载荷是指载荷(应力)大小或载荷(应力)大小与方向都随时间发生变化的载

荷(应力)。变动载荷可以按一定规律呈周期性变化或呈无规则随机变化,用应力-时间曲线表示,如图 1.11 所示。

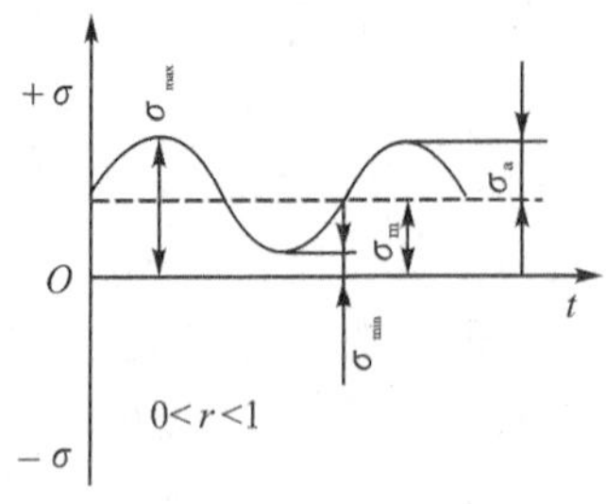

(a) 0<r<1时载荷大小变化

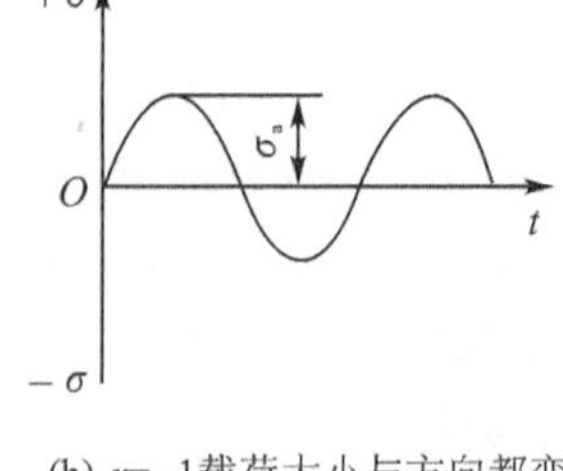

(b) r=−1载荷大小与方向都变化

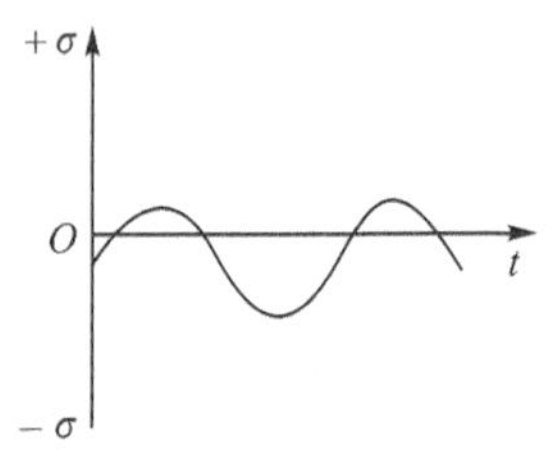

(c) r<0时载荷大小与方向都变化

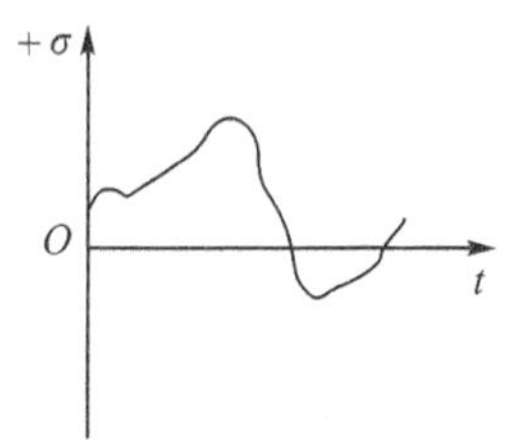

(d) 载荷大小与方向无规则变化

图 1.11　变动载荷示意图

无规则随机变动载荷的作用过程比较复杂。周期性变动载荷(应力)常称为循环应力,载荷(或应力)每重复变化一次称为一个循环周次,循环应力特征可用下列几个参数表示,如图 1.11(a)、(b)所示:最大应力 σ_{max};最小应力 σ_{min};应力幅 σ_a $\left(\sigma_a=\dfrac{\sigma_{max}-\sigma_{min}}{2}\right)$;平均应力 σ_m $\left(\sigma_m=\dfrac{\sigma_{max}+\sigma_{min}}{2}\right)$;应力循环对称系数 r $\left(r=\dfrac{\sigma_{min}}{\sigma_{max}}\right)$。

图 1.11(b)中,$r=-1$,称为对称循环交变应力,$\sigma_m=0$。$r\neq-1$ 的循环应力都是不对称循环应力。

在交变载荷的长期作用下,材料表面的划痕、尖角等应力集中部位和材料内部的夹杂物、气孔、裂纹等缺陷处首先产生疲劳裂纹,并随应力循环周次的增加,疲劳裂纹不断扩展,直至零件的有效横截面积难以承受外加载荷时发生突然断裂。在实际生产中,对零件表面进行强化处理,例如采用化学热处理、表面淬火、喷丸处理和表面涂层等,使零件表面造成压应力,可提高零件的抗疲劳性能。

2. 疲劳强度

评定材料的疲劳抗力指标常用疲劳强度(疲劳极限)σ_r 表示,通常采用旋转对称弯曲疲劳试验方法测定,用 σ_{-1} 表示。试验时采用多组试样,测试在不同交变应力作用下,试样发生断裂的循环周次 N,绘制出 σ_{max}(或 σ_a)及 N 之间的关系曲线即疲劳曲线,简称 $\sigma-N$ 曲线或 $\sigma-\lg N$ 曲线,如图 1.12 所示。

施加载荷越小，即交变应力越小，试样发生断裂的循环周次增加。当应力降低到某一临界值时，$\sigma-N$ 曲线趋于水平，如图 1.12(a)所示，表明材料在此应力作用下经无限次循环也不会发生疲劳。实践表明，如果材料在经过应力循环 10^7 周次后仍不发生断裂，则可认为该材料能承受无数次循环。

在工程上通常将钢铁材料在循环周次 $N=10^7$ 次时的最大应力作为材料的疲劳强度 σ_{-1}。但对于大多数有色金属及其合金，其疲劳曲线上不出现水平直线部分，如图 1.12(b)所示，所以工程上规定将在某一循环周次下不发生断裂的最大应力作为条件疲劳极限，例如铝合金以 $N=10^8$ 次时的最大应力作为 σ_{-1}。

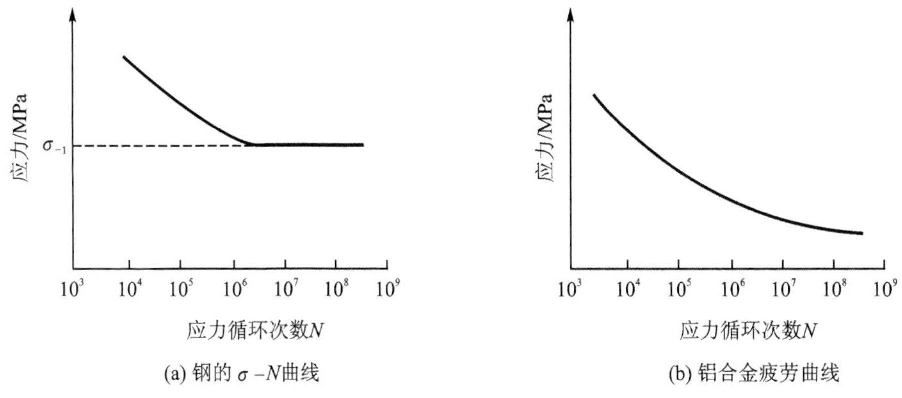

图 1.12　疲劳曲线示意图

1.2.5　蠕变极限与持久强度

在航空航天、能源和化工等工业领域中，许多机件都是在高温下长期服役的，如发动机、锅炉、炼油设备、燃气轮机、飞船的外壳等，它们对材料的高温力学性能提出了很高的要求。对于长期在高温条件下工作的机件，如果仅考虑常温短时静载下的力学性能显然是不够的。温度和作用时间对材料的力学性能影响很大。材料在高温下力学行为的一个重要特点是产生蠕变。

蠕变(Creep)就是材料在长时间的恒温、恒载荷(即使应力小于该温度下材料的屈服强度)作用下缓慢地产生塑性变形的现象。蠕变变形发展到一定程度，也会导致材料发生断裂。这种由于蠕变变形而导致的材料断裂称为蠕变断裂。严格地讲，蠕变可以发生在任何温度，在低温时，蠕变效应不明显，可以不予考虑；当约比温度(T/T_m，T_m 为材料的熔点，单位为 K)大于 0.3 时，蠕变效应比较显著，此时必须考虑蠕变的影响，例如碳钢在超过 300 ℃时、合金钢在超过 400 ℃时，就必须考虑蠕变效应。

因此，在设计高温下使用的构件(例如与高温燃气接触的燃气轮机叶片)时，就不能把强度极限等作为计算许用应力的依据，而要考虑材料的蠕变强度。

1. 蠕变曲线

材料的蠕变过程可用典型的蠕变曲线(如图 1.13 所示)来描述，表示在一定温度和一定应力作用下变形量随时间变化的关系。图中的 Oa 段表示试样在试验温度下加载后产生的瞬时应变。蠕变曲线分为三个阶段：

第Ⅰ阶段——ab 段，开始时蠕变速率增大，随着时间的延长，蠕变速率逐渐减小，到 b 点时蠕变速率达到最小值，故称为减速蠕变阶段。

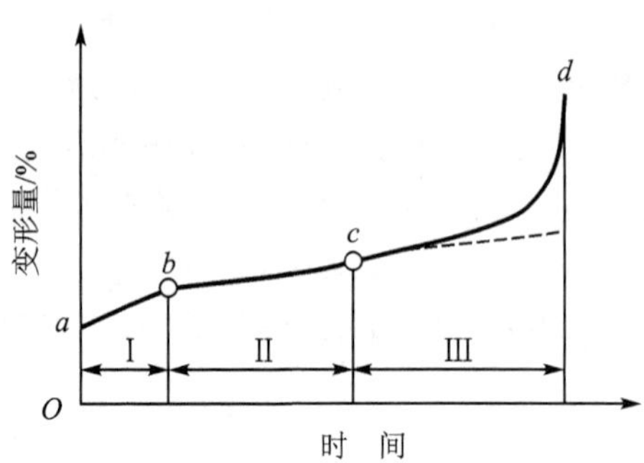

图 1.13　典型的蠕变曲线

第Ⅱ阶段——bc 段，蠕变速率几乎保持恒定，称为恒速蠕变阶段，此时变形产生的加工硬化效应和回复、再结晶同时进行，材料未进一步硬化，所以变形速率基本保持恒定。通常蠕变速率就是以这一阶段的变形速率 $\dot{\varepsilon}\left(\dot{\varepsilon}=\dfrac{\mathrm{d}\varepsilon}{\mathrm{d}t}\right)$来表示的。

第Ⅲ阶段——cd 段，随着时间的延长，蠕变速率逐渐增大，称为加速蠕变阶段。越来越大的塑性变形便在晶界形成微孔和裂纹，试件也开始产生缩颈，使试件实际受力面积减小而真实应力加大，因此塑性变形速率加快，最后导致试件在 d 点处发生蠕变断裂。

材料的蠕变曲线与材料本身的化学成分、受到的应力作用以及试验温度等因素有关。不同材料在不同条件下的蠕变曲线不同。例如，金属材料在温度高于(0.3～0.4)T_m(T_m为材料的熔点，单位为 K)时产生明显的蠕变。陶瓷材料则在高于(0.4～0.5)T_m时产生明显的蠕变。高分子材料在玻璃化温度 T_g 以上即产生明显的蠕变。

同一材料的蠕变曲线也随着应力的大小和温度高低而异，如图 1.14 所示。当应力较小或温度较低时，蠕变第Ⅱ阶段持续时间较长，甚至可能不产生第Ⅲ阶段；而当应力较大或温度较高时，蠕变第Ⅱ阶段很短，甚至完全消失，试样在很短时间内发生断裂。

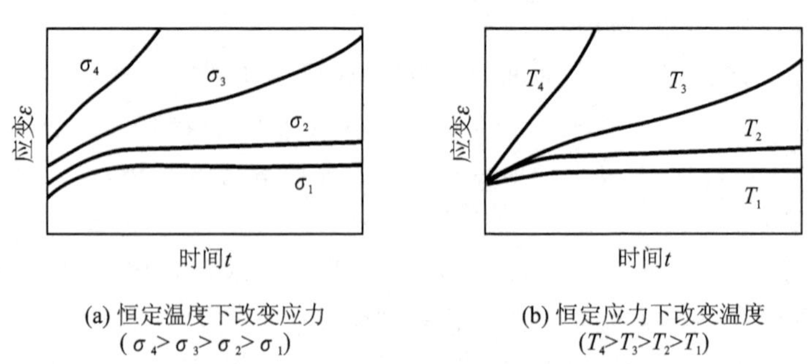

(a) 恒定温度下改变应力
($\sigma_4>\sigma_3>\sigma_2>\sigma_1$)

(b) 恒定应力下改变温度
($T_4>T_3>T_2>T_1$)

图 1.14　应力、温度对蠕变曲线的影响

2. 蠕变极限与持久强度

蠕变极限(蠕变强度)表征材料在高温长期载荷作用下抵抗塑性变形的能力。蠕

变极限通常有以下两种表示方法：

(1) 在规定温度 T(℃)下，使试样产生规定的蠕变速率 $\dot{\varepsilon}$（第Ⅱ阶段蠕变速率，%/h)的应力值，用符号 $\sigma_{\dot{\varepsilon}}^{T}$(MPa)表示，例如 $\sigma_{1\times10^{-5}}^{600}=500$ MPa，表示试验材料在温度为 600 ℃、蠕变速率为 1×10^{-5} %/h 时的蠕变极限为 500 MPa。这种蠕变极限一般用于受蠕变变形控制、运行时间较长的构件设计。

(2) 在规定温度 T(℃)下和规定的试验时间 t(h)内，使试样产生一定的蠕变变形量 δ(%)的应力作为蠕变极限，用符号 $\sigma_{\delta/t}^{T}$(MPa)表示，例如 $\sigma_{0.2/500}^{800}=200$ MPa，表示试验材料在 800 ℃温度下经过 500 小时产生 0.2 %变形量的蠕变极限为 200 MPa。这种蠕变极限的表示方法一般用于需要提供总蠕变变形量的构件设计。

对于设计某些在高温运转过程中不考虑变形量大小而只考虑在承受应力下使用寿命的机件来说，持久强度是极其重要的性能指标。持久强度是指在规定的温度 T(℃)下使材料经过规定时间 t(h)发生断裂的应力值，用符号 σ_{t}^{T}(MPa)表示，例如 $\sigma_{100}^{800}=120$ MPa 表示试验材料在 800 ℃、100 h 时的持久强度为 120 MPa。持久强度表征材料在高温长期载荷作用下抵抗断裂的能力。

第 2 章　材料的晶体结构与结晶

2.1　固体材料的原子键合机制

自然界中已发现的化学元素有 100 多种，包括各种金属和非金属元素。工程材料是由各种不同元素通过一定的键合方式聚集在一起而形成的。固体材料的原子通过一定的结合力结合在一起，原子相互之间的结合力称为结合键。原子之间的键合机制通常有四种，即金属键、离子键、共价键和范德华键（分子键）。

2.1.1　金属键

金属元素原子的结构特点是最外层的价电子数目较少，而且这些电子与其原子核之间的结合力也较弱，极易脱离原子核的束缚。原子与其价电子脱离后变成正离子，而脱离原子核的价电子成为自由电子，正离子按照一定的几何形式规则地排列，每个正离子在固定位置上做高频率的振动，自由电子在各正离子之间做高速运动，不再为某一个正离子所独有，而是为整个金属所共有，形成所谓的电子云（又称电子气）。自由电子与正离子之间的相互吸引力和电子与电子、正离子与正离子之间的相互排斥力达到平衡状态，金属原子这样的结合方式称为金属键，如图 2.1 所示。金属键无饱和性和方向性。

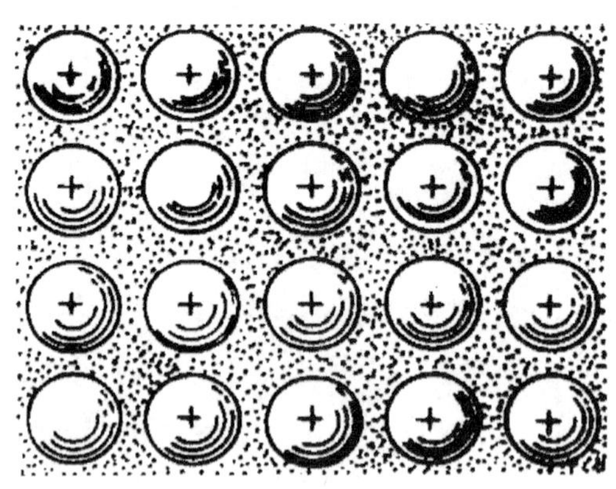

图 2.1　金属键示意图

金属键的结合特点使金属具有许多与非金属晶体不同的特性：

① 金属在外加电场作用下，公有化的自由电子做定向运动，使金属具有良好的导电性。

②正离子的热振动与自由电子的运动都可以传递热量，故金属具有良好的导热性。

③ 金属中正离子振动的振幅会随温度升高而增大，增大了自由电子流动的阻力，使金属具有正的电阻温度系数。

④ 当金属在外力作用下晶体中的一部分相对于另一部分发生位移，即产生了塑性变形时，金属中的正离子与自由电子之间又会恢复原来的相对关系，金属键并未受到破坏，使金属具有可以重新进行塑性变形的能力，即金属具有良好的塑性。

⑤ 金属中的自由电子吸收可见光的能量，使金属具有不透明性，当因吸收能量而激发的电子跃迁回到原来的低能级时辐射出可见光，使金属具有光泽。

2.1.2　离子键

离子键是由电子转移(失去电子者为阳离子，获得电子者为阴离子)形成的，即正离子和负离子之间由于静电引力所形成的化学键。离子键往往在金属与非金属原子之间形成。失去电子的往往是金属元素原子，而获得电子的往往是非金属元素原子。以钠与氯化合生成氯化钠为例，从原子结构来看：钠原子最外电子层上有 1 个电子，容易失去；氯原子的最外电子层有 7 个电子，容易得到 1 个电子。当钠原子与氯原子相遇时，钠原子将失去最外层的 1 个电子，成为钠离子，带正电，氯原子得到钠失去的电子，成为带负电的氯离子，阴、阳离子的异性电荷的吸引作用，以及与原子核之间、电子之间的排斥作用达到平衡，形成了稳定的离子键，如图 2.2 所示。

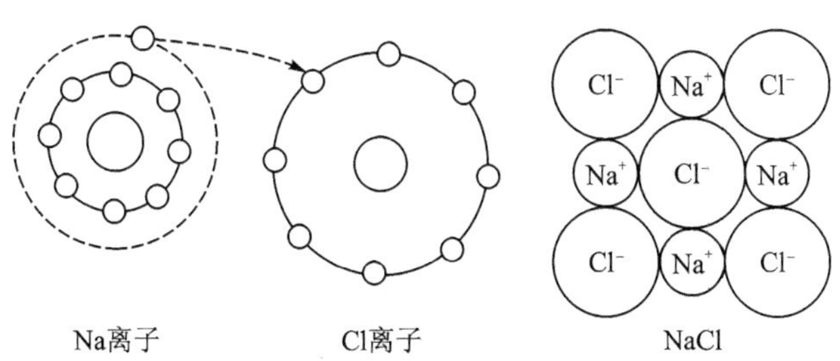

图 2.2　离子键示意图

这种结合的基本特点是以离子(而不是原子)为结合单元。离子晶体要求正、负离子相间排列，这在晶体结构上有明显的反映。离子键无方向性和饱和性。离子键具有很强的结合力，因此，以离子键结合的材料表现为硬度高、热膨胀系数小、脆性大。当受到一定大小的外力作用时，离子之间将失去电的平衡作用，而使离子键破坏，宏观上表现为材料断裂，故以离子键结合的材料脆性大。常温下，以离子键结合的材料导电性很差，但在熔融状态，因整个离子运动容易，故又易于导电。

2.1.3 共价键

共价键结合是靠相邻的两个原子各贡献1个电子形成共用电子对形成的。一些陶瓷(如金刚石、碳化硅、二氧化硅等)和一些聚合物是通过共价键使它们的原子结合在一起。例如,SiO_2中的氧原子和硅原子为共价键结合,如图2.3(a)所示。1个4价硅原子与4个6价氧原子共用价电子,所以每个硅原子的价电子总数为8,而1个6价氧原子只和2个硅原子共用电子,所以氧原子的价电子数亦为8。SiO_2中的氧原子必须排成四面体结构,成键之间具有固定的方向关系,Si原子处于四面体的中心,如图2.3(b)所示。共价键具有饱和性和方向性。

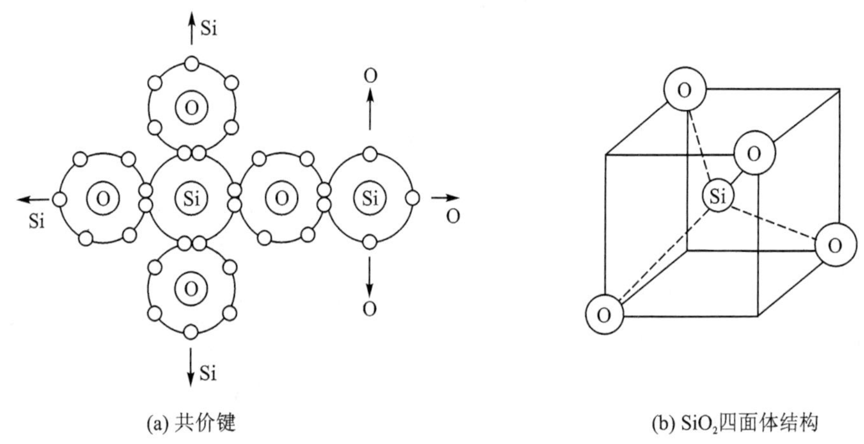

图2.3 共价键示意图

两个原子核间形成较强的引力,使共价键的结合力很大。共价键晶体具有较高的硬度和较低的塑性。这是由于共价键具有方向性,共价键结合的材料在受到外力作用时,不能像金属那样可以产生位移变形,在外力足够大时将使结合键破坏、材料发生断裂,宏观上表现为硬而脆,塑性很差。此外,共价键结合的材料,其导电性也很差,要使其中的共用电子对运动而导电,必须破坏共价键,例如受到高温或高压的作用。

2.1.4 范德华键(分子键)

范德华键结合的实质是一种瞬时电偶极矩的感应作用,往往产生于原来具有稳定电子结构的原子及分子之间,例如具有满壳层结构的惰性气体元素,或已形成共价结合的分子等。它们结合成晶体时,每个原子或分子基本上都保持着原来的电子结构。对于具有极性的分子,分子的一部分带正电,而另一部分带负电,一个分子带正电的部位,同另一个分子带负电的部位之间就存在比较弱的静电吸引力,使相互之间结合在一起,这种结合方式称为范德华键(分子键)。图2.4所示为高分子材料聚氯

乙烯的范德华键。

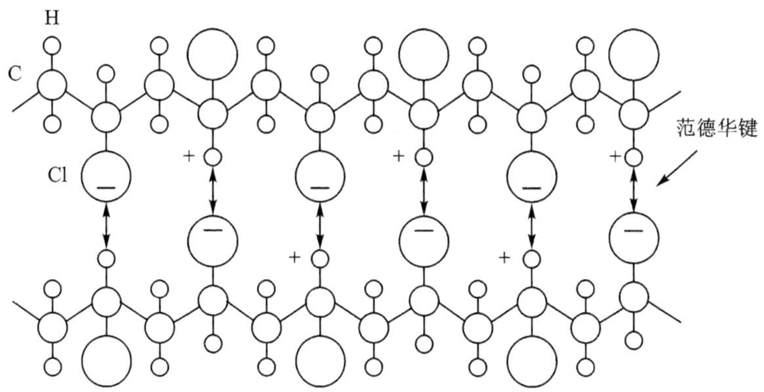

图 2.4　聚氯乙烯的范德华键

聚氯乙烯是由 C、H、Cl 构成的链状大分子：在一个大分子链的内部，如 C－C 原子之间，主要由共价键结合；但一个大分子链中碳原子的两侧可为 H 原子带正电或为 Cl 原子带负电，一个大分子链带正电的 H 原子与另一个大分子链带负电的 Cl 原子之间存在的弱静电引力，即为分子键。这种结合键很弱，受到外力作用时键的平衡被破坏，产生滑动易于变形，因此，高分子材料聚氯乙烯等具有很高的塑性。

键的结合特性在很大程度上决定了工程材料的性能(如熔点、硬度、塑性等)。在实际使用的工程材料中，只有一种键合机制的材料很少，大多数工程材料是以金属键、共价键、离子键混合方式结合的。金属材料的结合主要是靠金属键；陶瓷材料的结合键主要是离子键与共价键；高分子材料链状分子间的结合键是范德华键，而链内则是共价键结合；复合材料可以有三种或三种以上的键合机制。

2.2　材料的晶体结构

2.2.1　材料内部的原子排列

1. 晶体与非晶体

固体材料中的原子通常都是按照一定的方式排列(堆砌)、相互之间结合在一起的。按照原子排列方式的不同，固体材料有晶体与非晶体之分。所谓晶体，是指其原子(更确切地说是离子)在整个材料内部呈规则排列的固态物体。在自然界中，包括金属在内的绝大多数固体材料都是晶体。晶体内部具有规则的原子排列，主要是由各原子之间的相互吸引力与排斥力相平衡的结果。由于晶体内部原子排列的规律性，有时甚至可以见到某些物质(如水晶、食盐和黄铁矿等)的外形也具有规则的轮廓，但金属晶体一般看不到这种规则的外形。自然界中还有少数物质，如普通玻璃、松香、木材、沥青等，其内部原子散乱分布，至多在局部存在短程有规则排列，这类固体材料称为非晶体。

由于晶体中的原子呈一定规则周期性地重复排列，使得晶体与非晶体在性能上有所不同：①晶体可具有规则的几何外形；②晶体具有固定的熔点；③晶体在性能上表现为各向异性。而非晶体没有固定的熔点，在性能上表现为各向同性。

虽然晶体与非晶体存在本质上的差别，但在一定条件下，两者可以相互转化。例如：在通常条件下，液态金属冷却结晶后都形成金属晶体，但是如果采取特殊的工艺措施，控制冷却速度大于 10^7 ℃/s，则可获得非晶态的金属材料。玻璃经过高温长时间加热后能形成晶态玻璃。

2. 晶体结构与空间点阵

晶体内部的原子（离子、分子）呈周期性的规则排列。对于不同材料，其内部原子规则排列的规律性（即原子排列的方式）可能不同。为了研究晶体内部原子排列的规律性，把晶体中的原子看作刚性小球，得到如图 2.5(a)所示的晶体原子排列模型。

更进一步，将各原子的中心用假想的线条连接起来，人为地抽象成空间格架用以表达原子在空间排列的几何方式，将晶体中的原子、离子或分子视为质点，这种空间格架（空间几何点的阵列）称为晶格（空间点阵），如图 2.5(b)所示。原子在晶格中所处的位置称为结点或阵点。

可以看出，晶体中的原子在三维空间中的排列是周期性的重复，把能够反映晶体中原子排列特征的最小几何单元称为晶胞，如图 2.5(c)所示。晶胞的形状和大小可用三条棱边的长度 a、b、c 以及三条棱边之间的夹角 α、β、γ 来描述。各棱边长度和各个夹角称为晶格参数或点阵参数（晶格常数）。

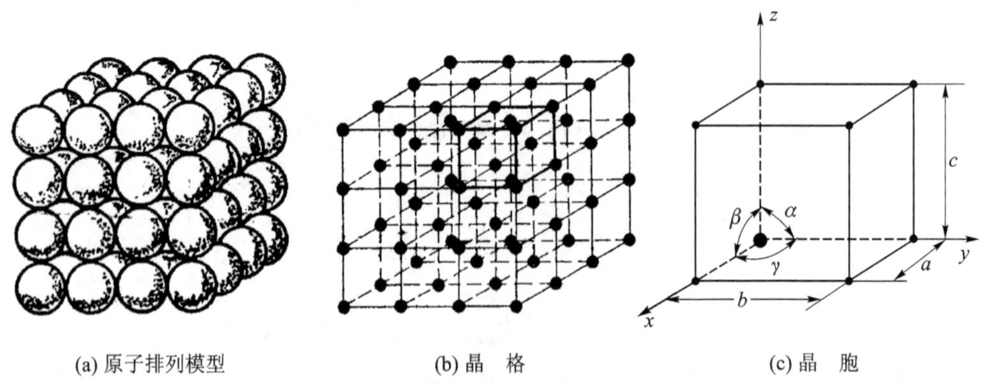

(a) 原子排列模型　　(b) 晶　格　　(c) 晶　胞

图 2.5　晶体中的原子排列示意图

1948 年，布拉菲用数学分析方法证明晶体的空间点阵只能有 14 种，这 14 种空间点阵称为布拉菲点阵，分属于 7 个晶系（即三斜、单斜、正交、六方、菱方、四方、立方）。其中立方晶胞的三条棱边长度相等，三个夹角都等于 90°，因此它的晶格常数只用一条棱边长度 a 表示即可。

2.2.2　常见金属的晶格类型

1. 三种常见的晶格类型

金属中由于金属键的存在，使得金属晶体中的原子大都具有紧密排列的趋向，因此原子排列组合的形式大为减少，只有少数几种高对称性的简单晶格形式。在金属元素中，约有 90%以上的金属晶体都属于以下最常见的三种晶体结构类型：体心立方晶格、面心立方晶格和密排六方晶格。

1) 体心立方晶格

如图 2.6 所示，体心立方晶格(BCC，Body-Centered Cubic)的晶胞是由 8 个原子构成的立方体，在立方体的中心分布有 1 个原子。在这种晶胞中，每个顶点上的原子同时属于周围 8 个晶胞所共有，所以每个晶胞中包含的原子数为：$\frac{1}{8}\times 8+1=2$。晶胞在立方体对角线方向上的原子彼此紧密接触排列，对角线长度为$\sqrt{3}a$，分布有 2 个原子，因此其原子半径为 $r=\frac{\sqrt{3}}{4}a$。属于这种晶格类型的金属有：铁（<912 ℃，α-Fe)、铬(Cr)、钼(Mo)、钨(W) 和钒(V)等。

(a) 钢球模型

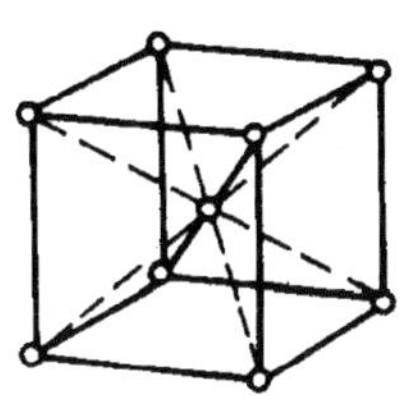

(b) 质点模型

(c) 晶胞模型

图 2.6　体心立方晶格

2) 面心立方晶格

如图 2.7 所示，面心立方晶格(FCC，Face-Centered Cubic)的晶胞是由 8 个原子构成的立方体，在立方体每个面的中心各分布有 1 个原子。晶胞中每个面心上的原子同时属于 2 个晶胞所共有，所以每个晶胞中包含的原子数为：$\frac{1}{8}\times 8+\frac{1}{2}\times 6=4$。晶胞在每个面的对角线上的原子彼此紧密接触排列，对角线长度为$\sqrt{2}a$，分布有 2 个原子，因此其原子半径为 $r=\frac{\sqrt{2}}{4}a$。属于这种晶格的金属有：铁(912～1 394 ℃，γ-Fe)、铝(Al)、铜(Cu)、镍(Ni) 和铅(Pb)等。

3) 密排六方晶格

如图 2.8 所示，密排六方晶格(HCP，Hexagonal Close-Packed)晶胞是由 12 个

(a) 钢球模型

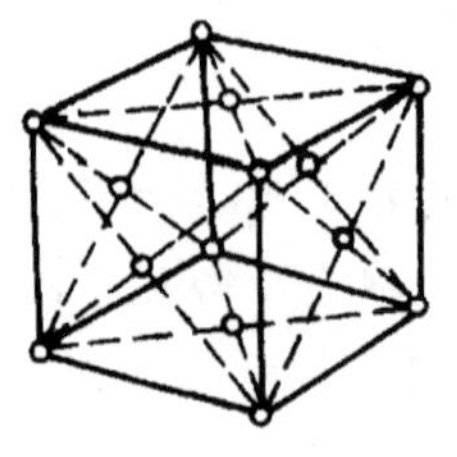
(b) 质点模型

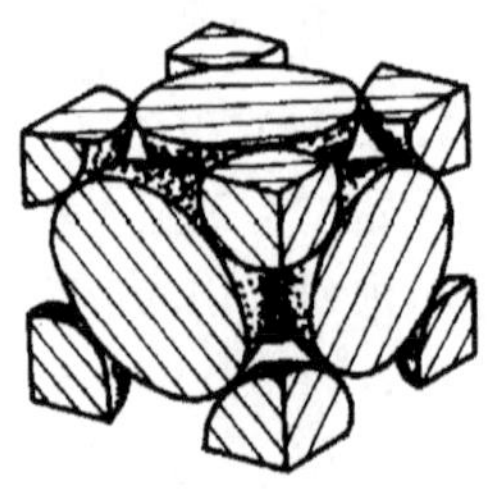
(c) 晶胞模型

图 2.7　面心立方晶格

原子所构成的六方柱体，在上、下 2 个六方面的中心各有 1 个原子，在 2 个六方面之间还有 3 个原子。晶胞中六方柱每个角上的原子为相邻 6 个晶胞所共有，而每个六方面心上的原子同时属于 2 个晶胞所共有，所以每个晶胞中包含的原子数为$\frac{1}{6}\times 12+\frac{1}{2}\times 2+3=6$。密排六方晶格在上、下底面的对角线上，原子相互接触，对角线长度为六方面边长的 2 倍（$2a$，棱边长度为 a），对角线上有 2 个原子，因此原子半径为$\frac{2a}{4}=\frac{a}{2}$。应当指出，对于密排六方晶格，除了正六边形的边长 a 外，表征其晶格常数中还有上、下底面之间的间距 c，通常把$\frac{c}{a}\approx 1.633$ 称为轴比。属于这种晶格的金属有：铍(Be)、镁(Mg)、锌(Zn)、镉(Cd)等。

(a) 钢球模型

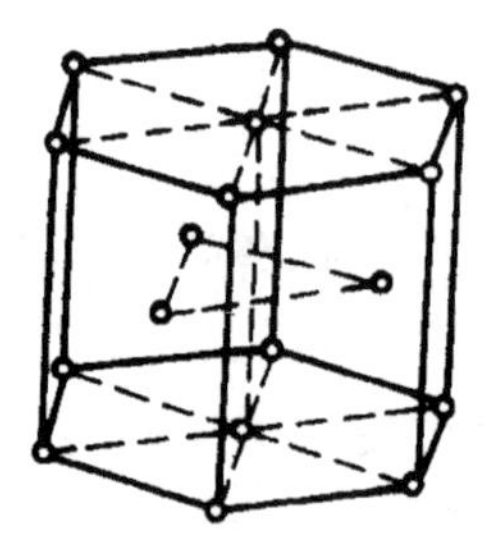
(b) 质点模型

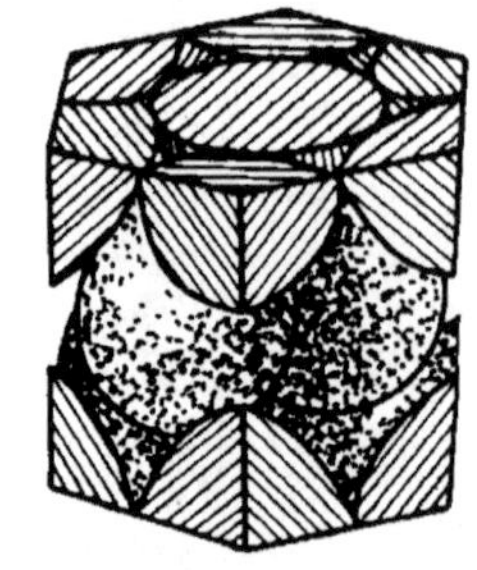
(c) 晶胞模型

图 2.8　密排六方晶格

2. 致密度和配位数

不同晶体中原子排列的紧密程度是不同的。表示晶体中原子排列的紧密程度的方法有以下两种：

(1) 计算单位晶胞体积中原子实际占有的体积，即原子体积与晶胞体积之比，该

比值称为致密度(以 K 表示,$K=\frac{nv}{V}$,其中 n 为晶胞中的原子数,v 为单个原子的体积,V 为晶胞体积)。

(2) 计算晶胞中每个原子周围最邻近且等距的原子的数目,这个数目叫做配位数。晶格的致密度越高,配位数越大,表示晶胞中原子排列得越紧密。

以体心立方晶格为例,每个晶胞中含有 2 个原子,原子半径 $r=\frac{\sqrt{3}}{4}a$,晶胞体积为 a^3,其致密度计算式为 $K=\frac{nv}{V}=\frac{2\times\frac{4}{3}\pi r^3}{a^3}=\frac{2\times\frac{4}{3}\pi\left(\frac{\sqrt{3}}{4}a\right)^3}{a^3}=0.68$。

按照配位数的计算规则,体心立方晶格中晶胞体心处的原子与其周围 8 个顶角上的原子最邻近且等距,很容易得出其配位数为 8。

同理,可分别计算得出面心立方晶格和密排六方晶格晶体的致密度均为 0.74,两者的配位数均为 12。这说明面心立方晶格和密排六方晶格中原子排列的紧密程度要高于体心立方晶格。

2.2.3　晶面指数与晶向指数的标定

晶体中各种方位上的原子面称为晶面;各种方向上的原子列称为晶向。在分析讨论金属的结晶、塑性变形和固态相变时,往往需要涉及晶体中的某些晶向和晶面。为了区分不同的晶向和晶面在晶体中的方位,分别采用晶向指数和晶面指数来描述。本小节主要讨论立方晶系的晶面指数与晶向指数的标定方法。

1. 晶面指数

立方晶系的晶面指数的确定方法如下:

① 设晶格中某一原子为原点(注意:原点不能取在需要标定的晶面上),通过该点平行于晶胞的三条棱边做 Ox、Oy、Oz 三个坐标轴。对于立方晶系,以晶格常数 a 作为相应坐标轴的度量单位,求出所需标定晶面在三个坐标轴上的截距。如果待标定晶面与坐标轴平行,则其截距为∞。

② 分别取三个截距的倒数,如果待定晶面在某一坐标轴上的截距为负值,则相应的指数项上加横线,表示负号。

③ 再将这三个倒数按比例化为最小整数,并加上圆括号,即表示晶面指数。晶面指数的通式为$(h\ k\ l)$。

图 2.9 所示为几个晶面的晶面指数。下面以图 2.9 中的(120)晶面为例来说明晶面指数的标定方法:

① 确定坐标原点 O。

② 晶面在三个坐标轴 Ox、Oy、Oz 上的截距分别为 $1,\frac{1}{2},\infty$。

③ 取截距的倒数,为 1,2,0。

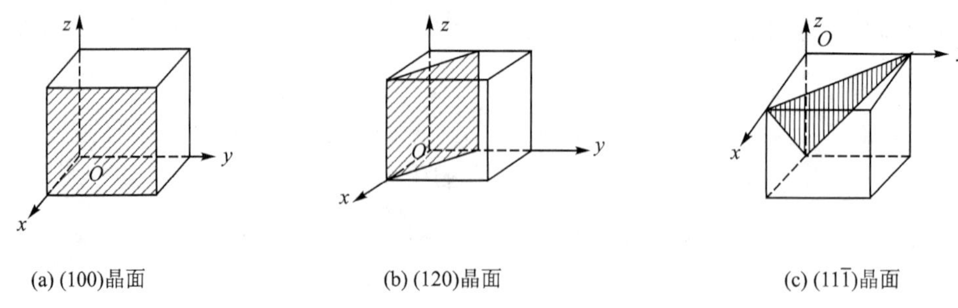

(a) (100)晶面　　(b) (120)晶面　　(c) (11$\bar{1}$)晶面

图 2.9　几个晶面的晶面指数

④ 化为最小整数并加上圆括号，得晶面指数为(120)(注意：在表示晶面指数的三个数字之间不加“，”)。

应该指出的是，晶面指数不是仅仅代表某一晶面，而是代表一组相互平行的晶面。在晶体中，凡是晶面上原子排列状况完全相同，只是空间位向不同的各组晶面通常归并为一个晶面族，用通式{$h\ k\ l$}来表示。例如，晶面族{1 1 1}包括晶面指数为(111)、($\bar{1}$11)、(1$\bar{1}$1)和(11$\bar{1}$)的四个晶面。

2. 晶向指数

立方晶系的晶向指数的确定方法如下：

① 将坐标原点选在待定晶向的一个结点上，沿晶胞棱边做 Ox、Oy、Oz 三个坐标轴，以晶胞棱边长度(立方晶系可取边长为 a)作为度量单位。

② 求出待定晶向上离原点最近的一个结点(可以是任意一点)的三个坐标值。

③ 将三个坐标值按比例化为最小整数，加上方括号，即为所求的晶向指数。晶向指数的通式为[$u\ v\ w$]。如果晶向的某一坐标为负值，则将负号标注在相应指数的上方。

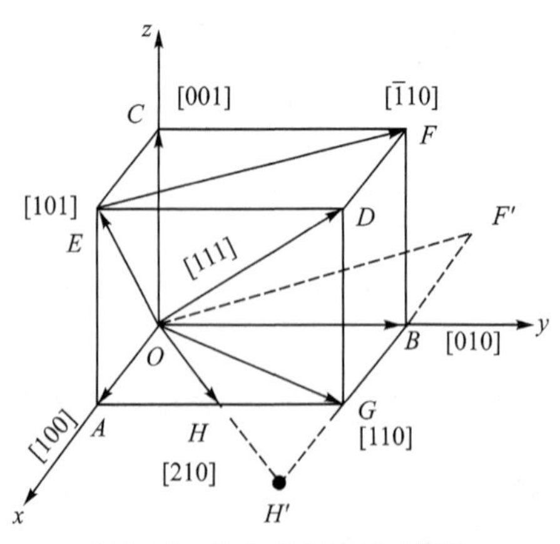

图 2.10　几个晶向的晶向指数

图 2.10 所示为几个晶向的晶向指数。以图中的 OH 晶向为例，首先确定坐标原点(注意：坐标原点需取在待定晶向上)，求出 H 点的坐标值$(1,\frac{1}{2},0)$，化为最小整数并加上方括号，得该晶向的晶向指数为[210](注意：在表示晶向指数的三个数字之间不加“，”)。

与晶面指数所代表的相类似，晶向指数不是仅代表某一晶向，而是代表一组相互平行的晶向。在晶体中，凡是原子排列状况完全相同，只是空间位向不同的各个晶向通常归并为一个晶向族，

用通式$\langle u\ v\ w \rangle$来表示。例如，立方晶系的[100]、[010]、[001]和[$\bar{1}$00]、[0$\bar{1}$0]、[00$\bar{1}$]6 个晶向，它们的原子排列完全相同，都属于$\langle 100 \rangle$晶向族。

对于常见晶格类型的密排六方晶格，六方晶系的晶面指数与晶向指数也可以参照上述方法进行标定。但为了避免混淆，其晶面指数用($h\ k\ i\ l$)4 个数字表示。根据立体几何可知，在三维空间独立的坐标轴不会超过 3 个，因此位于同一平面上的 h、k、i 中必定有一个不是独立的，可以证明它们之间存在如下关系：$i = -(h+k)$，例如(0001)晶面。同理，六方晶系的晶向指数用[$u\ v\ t\ w$]4 个数字表示，变量 t 也不是独立的，且存在 $t=-(u+v)$，例如[11$\bar{2}$0]晶向。

2.2.4　实际金属的晶体结构

1. 单晶体与多晶体

前面所讨论的都是理想单晶体的结构。所谓单晶体，是指晶体中原子排列规律相同、空间位向一致所形成的晶体。实际金属由于受结晶条件及其他因素的限制，其结构是由许多尺寸很小的、各自结晶方位都不同的小单晶体组合在一起形成的多晶体。这些小晶体即为晶粒，它们之间的交界为晶界。图 2.11 所示为多晶体的晶粒与晶界示意图。

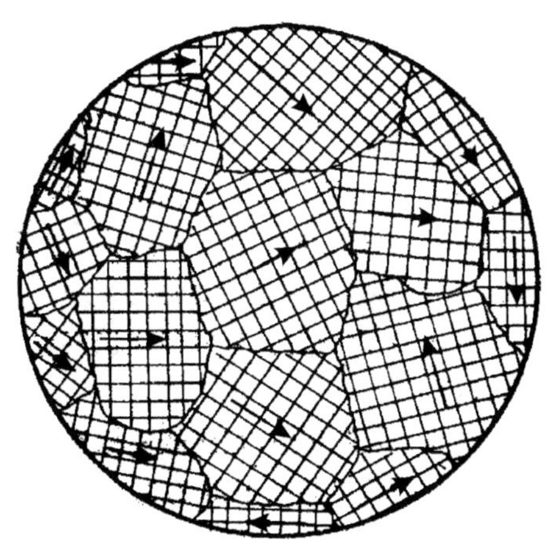

图 2.11　多晶体的晶粒与晶界示意图

单晶体在不同晶面和晶向上的原子排列密度是不同的，可以用晶面密度(单位面积中的原子数)和晶向密度(单位长度方向上的原子数)来表示，由此导致单晶体在不同方向上的性能有所差异，即呈现各向异性。由于实际金属是由许多位向不同的晶粒组成的多晶体，单个晶粒的各向异性在许多位向不同的晶粒之间可以相互抵消或补充，故实际金属的性能表现为各向同性。

2. 晶体缺陷

如前所述的晶体结构都是理想的情况，在实际晶体中，原子的排列不可能那样规则和完整，总是或多或少存在着偏离理想结构的区域，即出现不完整性。实际晶体中原子错排导致的不完整性，通常称为晶体缺陷。晶体缺陷对材料的性能有很大影响，特别是对塑性、强度以及原子扩散等有着决定性的作用。晶体缺陷有多种，按其几何形态特征可分为以下三大类。

1）点缺陷

其特点是在 x、y、z 三个方向上的尺寸都很小（相当于原子的尺寸）。例如空位、间隙原子和异类原子等，如图 2.12 所示。晶体中的原子并非固定不动，而是以各自的平衡位置为中心不停地做热振动。随着温度的升高，热振动的振幅和频率都将增大。当某些原子振动的能量高到足以克服周围原子的束缚时，它们便可能脱离原来的平衡位置，迁移到一个新的位置上，而在原来的位置上留下空位。在一定条件下，晶体表面上的原子也可能跳到晶体内部的间隙位置，成为间隙原子。空位和间隙原子在晶体中的移动是原子进行扩散的一种主要方式。此外，点缺陷的形成会使晶体产生晶格畸变，使金属的性能发生一定变化，例如使金属的电阻增加，体积膨胀，密度减小。

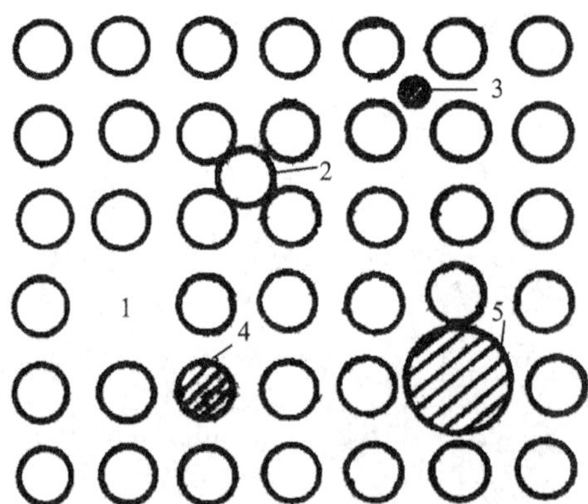

1—空位；2—同类原子的间隙原子；
3—异类原子的间隙原子；4,5—置换原子

图 2.12　晶体中的点缺陷示意图

2）线缺陷

其特点是在 x、y、z 其中两个方向上的尺寸都很小，而另一个方向上的尺寸相对很大。例如各种类型的位错就属于线缺陷，它是指晶体中的原子发生了有规律的错排现象。线缺陷即晶格中的位错线，简称为位错。它是晶格中一部分晶体相对于另一部分晶体的局部滑移而造成的结果，晶体中滑移部分与未滑移部分的交界线即为位错线。下面简单介绍刃型位错和螺型位错。

(1) 刃型位错

如图 2.13(a)所示，在一个完整晶体的某一晶面(图中 ABC 面)上部，在 E 处沿 EF 线垂直插入了一个多余的半原子面，由于这个多余的半原子面像刀刃一样切入，使晶体中 ABC 面上、下两部分晶体产生了错排现象，称为刃型位错，其中的 EF 线称为位错线。在位错线附近区域，晶格产生畸变。

如图 2.13(b)所示，一般将多余半原子面在晶体上半部的刃型位错称为正刃型位错，以符号“⊥”表示；多余半原子面在晶体下半部的刃型位错称为负刃型位错，以符号“┬”表示。刃型位错的正、负之分是相对而言的。

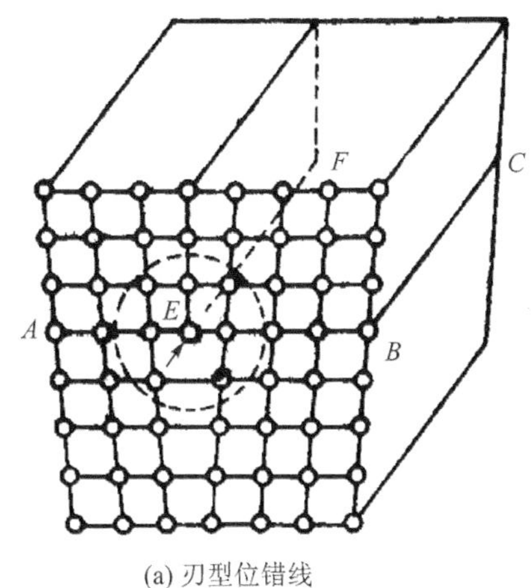

(a) 刃型位错线

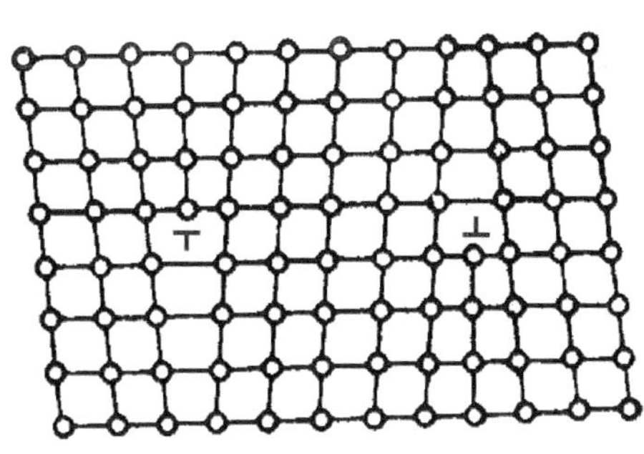

(b) 正、负刃型位错

图 2.13　刃型位错示意图

(2) 螺型位错

如图 2.14 所示，在外加切应力作用下，BC 线以右的 $ABCD$ 晶面上、下两部分晶体产生了相对滑动，已滑移区与未滑移区之间的边界线 BC 线称为位错线。在 aa' 线向右相对滑动正好为 1 个原子间距，故上、下原子能够对齐，但在 BC 线与 aa' 线之间，滑动距离小于 1 个原子间距，因而在这个范围内上、下原子形成不能对齐的原子错排。如果以位错线 BC 线为轴线，从 a 点开始，按顺时针方向依次连接此过渡区内的各原子，则其走向与一个右旋螺纹的前进方向一样，位错线附近的原子是按螺旋形排列的，故把这种位错叫做螺型位错。按照原子排成的螺旋形的旋转方向，螺型位错可分为左螺型位错和右螺型位错两种：符合右手法则(即以右手拇指代表螺旋前进的方向，其他四指代表螺旋面的旋转方向)的称为右螺型位错；符合左手法则的称为左螺型位错。

3) 面缺陷

其特点是 x、y、z 其中一个方向上的尺寸很小，另外两个方向上的尺寸很大。例如晶界、亚晶界、相界、孪晶界等。

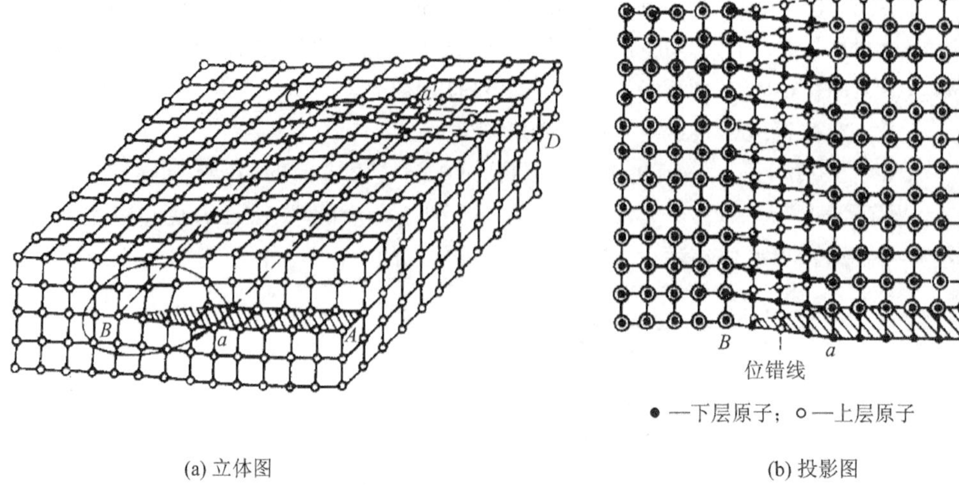

(a) 立体图

(b) 投影图

图 2.14　螺型位错示意图

在纯金属中，位向不同的相邻晶粒之间的界面叫做晶粒边界或晶界。采用高分辨率的电子显微镜可以观察到，在光学显微镜下观察的每个晶粒还可以细分为若干个尺寸更小的亚晶粒。晶粒的平均直径通常在 0.015～0.24 mm 范围内，而亚晶粒的平均直径则通常为 0.001 mm 的数量级。相邻亚晶粒间的界面叫做亚晶界。

实际工程用金属材料，其组织大多为多晶体，晶界处的原子排列与晶内不同，它们因同时受到相邻两侧晶粒不同位向的综合影响，无规则地排列或近似地处于两者的折中位置上。因此，晶界是一个具有一定厚度的、原子无规则排列的过渡带，如图 2.15 所示。

按相邻两晶粒之间的位相差大小，晶界可分为大角度晶界和小角度晶界。

两相邻晶粒的位向差小于 10°的晶界称为小角度晶界，是由一列相隔一定距离的刃型位错构成。亚晶界属于小角度晶界，其取向差一般很小，往往不超过 2°。

相邻两晶粒的位相差大于 10°的晶界称为大角度晶界。大角度晶界的结构很复杂，原子处于一种不规则排列的过渡结构。图 2.15 所示即为大角度晶界。

由于晶界(亚晶界)结构的不完整性，许多原子排列偏离其平衡位置，晶格畸变较大，所以晶界处原子具有较高的能量，即具有一定的界面能，使晶界具有许多与晶粒内部不同的特性：晶界对位错运动具有阻碍作用，晶粒越细小，晶界的数目越多，则材料的强度和硬度越高；晶界的能量较高，原子处于不稳定状态，因此比晶粒内部更易于受到腐蚀；晶界处具有较多的空位或位错等缺陷，原子沿晶界的扩散速度比晶粒内部快得多。

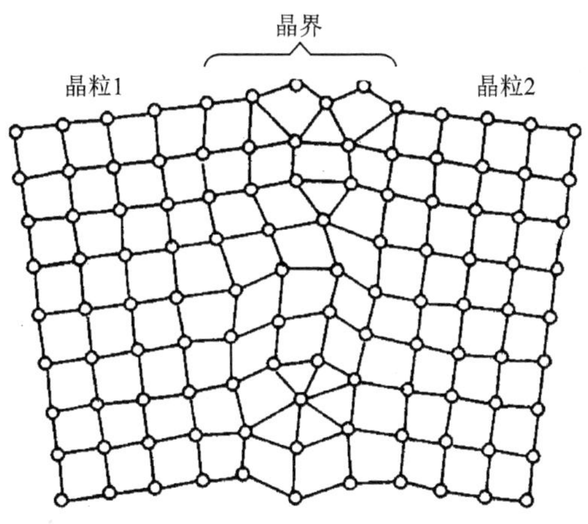

图 2.15　晶界示意图

2.3　合金的相结构

2.3.1　概　述

虽然有些场合会将某些纯金属所具有的优良的导电性、导热性等应用在工业生产中，但对于大多数纯金属来说，其力学性能(如强度、硬度、耐磨性等)都比较低，因此，在机械制造、航空航天等领域中实际使用的金属材料大多数都是合金。

合金是指由两种或两种以上的金属或金属与非金属，经熔炼、烧结或其他方法制成的具有金属特性的物质。例如：碳钢与铸铁就是由铁和碳组成的合金；普通黄铜是铜与锌组成的合金；硬铝是由铝、铜、镁等元素组成的合金。

组成合金的最基本的、独立的单元称为组元。由两个组元形成的合金称为二元合金，例如 Fe－C 合金、Cu－Ni 合金等；由三个组元形成的合金称为三元合金，例如 Al－Cu－Mg、Ti－Al－V 合金等；以此类推。

在纯金属中加入一种或多种合金元素形成合金，将显著改善金属的性能，包括力学性能、工艺性能、物理化学性能等。这是基于合金中各组元之间的相互作用，可能形成各种合金相，而这些相具有不同的结构和性能所致。相是指金属或合金中具有相同的化学成分、相同的晶体结构，并与其他部分有界面分开的均匀组成部分。例如：纯金属的液态和固态是两种不同的相，分别称为液相和固相；碳钢与铸铁在室温下由铁素体(F)和渗碳体(Fe_3C)两种相组成。

合金的相结构是指相的原子排列规律。它由两种或两种以上元素的原子排列而成，而且在排列时又存在相互作用的影响，因此，比纯金属的晶体结构要复杂得多。虽然在各种合金中可能出现各种不同的相，但是按其晶格结构的基本属性，可将组成合金的基本相归纳为两大类:固溶体和金属化合物(又称中间相)。

2.3.2 合金中的基本相

1. 固溶体

在固态下,合金中的组元能够相互溶解形成均匀的固相,这类固相称为固溶体。固溶体中保持原来晶体结构的组元称为溶剂,其他溶入且晶体结构消失的组元称为溶质。显然,固溶体的结构特点是其晶体结构与溶剂元素的晶体结构相同,溶质原子分布于溶剂晶格中。

按照溶质原子在溶剂原子晶格结点中所占据位置的不同,可将固溶体分为置换固溶体和间隙固溶体两类。如图 2.16(a)所示,当溶质原子由于置换了部分溶剂原子而占据溶剂晶格中的某些结点位置时,所形成的固溶体称为置换固溶体;如图 2.16(b)所示,溶质原子分布在溶剂晶格的间隙位置而形成的固溶体称为间隙固溶体。由于溶剂晶格的间隙很小(<0.1 nm),故只有当溶质原子的半径与溶剂原子的半径比值小于 0.59 时,才能形成间隙固溶体。通常是由原子半径较小的非金属元素(如 H、N、O、C、B 等)溶入过渡族金属而形成的。

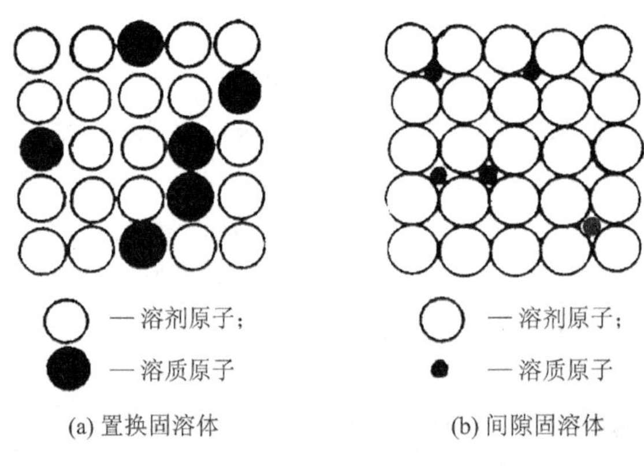

图 2.16 固溶体结构示意图

在置换固溶体中,溶质原子的分布通常是无序的(随机的),这种固溶体称为无序固溶体。但是,在一定条件下,溶质原子在固溶体中呈规则排列,此时称为有序固溶体(或称超结构)。有序固溶体在加热至某一临界温度时,将转变为无序固溶体;在缓慢冷却至这一温度时又变为有序固溶体,这种转变过程称为固溶体的有序化。发生有序化转变的临界温度称为固溶体的有序化温度。当固溶体从无序排列转变为有序排列时,合金的某些物理性能和力学性能将发生显著变化,主要是硬度和脆性增加,而塑性和电阻率下降。

按照溶质原子在溶剂晶格中的溶解度不同,可将固溶体分为有限固溶体和无限固溶体。组元之间是否能形成无限固溶体,取决于组元的尺寸(原子半径)、晶格类

型、电子浓度(价电子数目 e 与原子数目 a 之比)、电负性等因素的综合作用结果。一般情况下,各元素间大多只能形成有限固溶体。有限固溶体的溶解度除与上述因素有关外,还与温度有关,温度升高,溶解度增大。显然,只有置换固溶体才可能形成无限固溶体,间隙固溶体只能形成有限固溶体。

在通常情况下,由于溶质原子的半径与溶剂原子的半径不同,故无论是形成置换固溶体还是间隙固溶体,都将使溶剂晶格产生畸变(如图 2.17 所示),使位错运动的阻力增大,造成固溶体的性能也发生明显改变。一般情况下,随着溶质含量的增加,固溶体的强度、硬度逐渐增大,而塑性、韧性有所下降。这种通过溶入某种溶质元素形成固溶体而使金属的强度、硬度增大的现象,称为固溶强化。固溶强化是材料强化的一种重要途径。

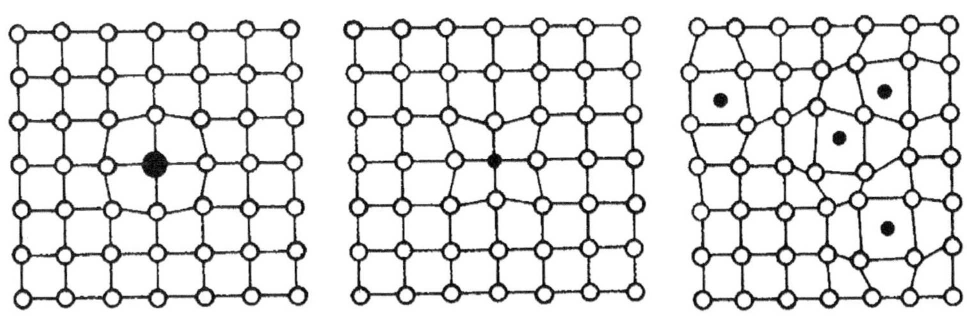

(a) 置换固溶体　　(b) 间隙固溶体

图 2.17　固溶体点阵畸变示意图

2. 金属化合物(中间相)

组成合金的两组元之间发生相互作用可形成不同于原组元的新相,将这种新相称为中间相。通常可用分子式来大致表示其组成。中间相的结构特点是晶格类型不同于任一组元。因晶体中的中间相中除可能含有离子键、共价键外,多数情况下还含有金属键,因而具有一定的金属性质,故又称为金属化合物。

金属化合物一般具有较复杂的晶体结构,其性能特点是熔点高,硬而脆。中间相分布在合金中,可使合金的强度、硬度及耐磨性提高,因此是许多合金材料中的重要强化相。根据金属化合物的形成规律和结构特点,可将其分为正常价化合物、电子化合物和间隙化合物等三种。

1) 正常价化合物

正常价化合物符合一般化合物的原子价规律,具有一定的化学成分,可用化学式 AB、A_2B(AB_2)来表示。正常价化合物通常由电负性相差较大的金属元素与非金属元素或类金属元素组成,如 Mg_2Si、Mg_2Sn、MnS 等。

2) 电子化合物

电子化合物不遵守原子价规律,而是服从电子浓度(价电子数目 e 与原子数目 a

之比)规律。当合金的电子浓度达到某一数值时,便形成具有某种晶体结构的化合物相。通常把 $e/a=3/2(21/14)$ 的中间相叫做β相,具有体心立方晶格,例如CuZn、Cu_3Al 等;把 $e/a=21/13$ 的中间相叫做γ相,其结构为复杂立方晶格,例如 Cu_5Zn_8、Cu_9Al_4 等;把 $e/a=7/4(21/12)$ 的中间相叫做ε相,具有密排六方晶格,例如 $CuZn_8$、Cu_3Sn 等。电子化合物是有色合金中的重要组成相。

3) 间隙化合物

间隙化合物是由原子半径较大的过渡族金属元素与原子半径较小的非金属元素所形成的。尺寸较小的非金属元素有规则地分布于晶格间隙之中,因此称为间隙化合物。根据组成元素原子半径的比值不同,可将这类化合物分为简单间隙化合物和复杂间隙化合物。

当非金属元素的原子半径与过渡族金属元素的原子半径之比小于0.59时,形成晶体结构比较简单的间隙化合物(也称间隙相)。例如碳原子与钒原子的半径之比约为0.57,虽然钒元素为体心立方晶格,但与碳结合形成的化合物VC为晶体结构比较简单的面心立方晶格,碳原子规则地分布在晶格间隙之中,如图2.18(a)所示。

当非金属元素的原子半径与过渡族金属元素的原子半径之比大于0.59时,将形成具有复杂晶体结构的间隙化合物。例如碳原子与铁原子的半径之比约为0.61,所形成的铁与碳的化合物 Fe_3C,即是一种具有复杂结构的间隙化合物,如图2.18(b)所示。Fe_3C 是钢中的一种重要强化相。

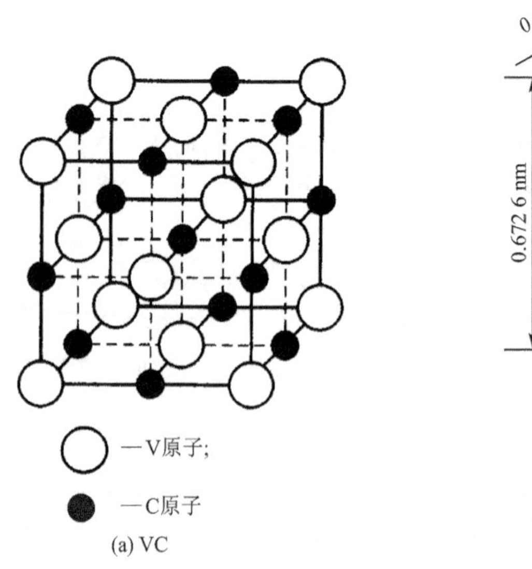

(a) VC

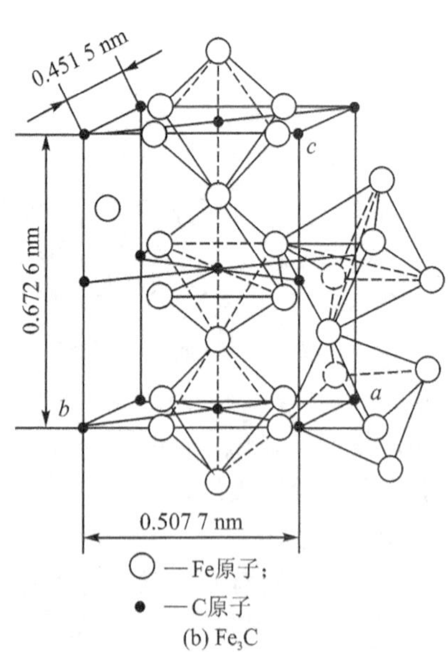

(b) Fe_3C

图2.18 间隙化合物的晶体结构

2.4　金属的结晶及铸锭组织

在绝大多数情况下，金属材料的制备都离不开熔炼、浇注等工序。由液态金属转变为固态金属的过程称为凝固。由于在通常条件下金属凝固后的组织为晶体，因此也称为结晶。金属材料的内部组织是由液态转变为固态而形成的。金属的组织对其性能具有决定性的影响。通常，具有细小晶粒组织的金属具有较高的强度、硬度、塑性和韧性，在实际生产中都希望获得细小晶粒组织的材料。因此，分析研究金属结晶过程的一般规律以及对铸件晶粒大小的控制具有重要的工程意义。工业上使用的绝大多数金属材料为合金，且都是晶体。为了便于分析问题，本节主要讨论纯金属结晶的一般规律，这对于合金的结晶过程具有重要的指导意义。

2.4.1　冷却曲线及结晶一般过程

1. 冷却曲线及过冷现象

利用热分析装置，将金属加热到熔化状态(液态)，然后缓慢冷却，直到凝固完毕。用记录仪将冷却过程中在一定时间与之对应的温度数据记录下来，绘制成温度与时间之间的关系曲线(如图 2.19 所示)，这条曲线称为冷却曲线。这种测定冷却曲线的方法称为热分析法。

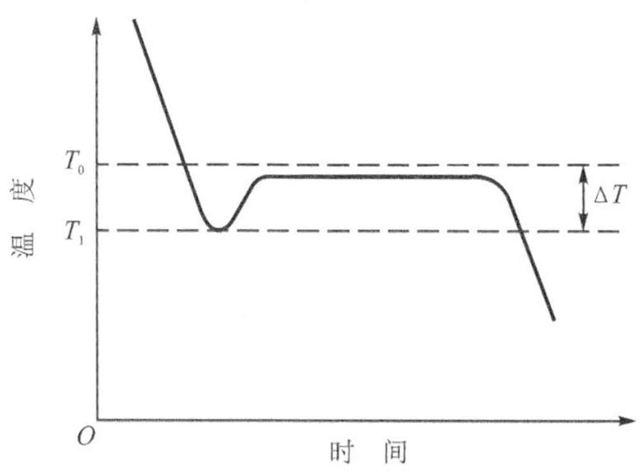

图 2.19　纯金属的冷却曲线

从图 2.19 中可以看出，液态金属在缓慢冷却过程中，当温度降低至金属熔点(称为理论结晶温度或平衡结晶温度，以 T_0 表示)以下某一温度时开始结晶，这个温度叫做金属的实际开始结晶温度(以 T_1 表示)。随后由于结晶潜热释放的缘故，温度迅速回升，一直回升到接近熔点，温度不再上升或下降，此时向外散失的热量等于结晶潜热释放的热量，结晶过程达到平衡状态，即出现曲线中的平台，直到金属全部凝固为止。此后不再释放结晶潜热，随着时间延长，温度又开始下降。

纯金属的实际开始结晶温度总是低于理论结晶温度，这种现象称为过冷。金属的理论结晶温度与实际开始结晶温度之间的差值 ΔT 叫做过冷度，即 $\Delta T = T_0 - T_1$。过冷是金属结晶的必要条件。显然，实际开始结晶温度越低，过冷度 ΔT 越大。不同金属的过冷倾向不同，即使同一种金属的过冷度也不是一个恒定值。过冷度的大小与冷却速度有关，一般冷却速度越快，过冷度越大。

液态金属必须在过冷条件下才能进行结晶，这是由热力学条件所决定的。通常把物质系统中能够自动向外界释放出其多余的能量或能够对外做功的这一部分能量叫做自由能，以 G 表示。依据热力学第二定律，在恒温恒压条件下，物质系统总是自发地从自由能较高的状态向自由能较低的状态转变，只有伴随着自由能降低的过程才能自发地进行。由于纯金属在液态与固态下的结构不同，它们各自在不同温度下的自由能变化也不相同，如图 2.20 所示。

低于理论结晶温度时，液相的自由能高于固相的自由能，液相向固相的转变（即结晶）伴随着自由能降低，故能够自发进行。液相与固相之间的自由能差 ΔG 为结晶过程的驱动力。过冷度越大，自由能差 ΔG 越大，结晶驱动力也越大，结晶就越容易。

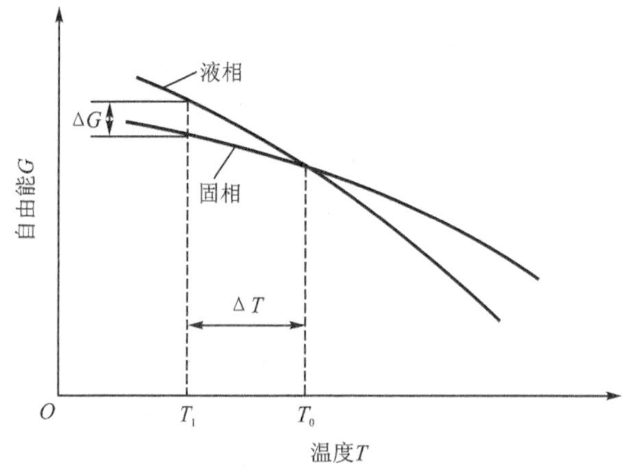

图 2.20　液相和固相自由能随温度变化示意

2. 结晶一般过程

金属的结晶过程包括晶核形成和晶核长大两个基本过程。如图 2.21 所示，当液态金属冷却到 T_0 以下的某一温度等温停留时，液态金属并不是立即开始结晶，而是在此温度下经过一段孕育期后，在液体中形成一些微小的晶体，这些小晶体称为晶核，随后，形成的晶核不断长大。同时在液体中又形成新的晶核并逐渐长大，一个晶核形成一颗晶粒，各个长大的晶粒彼此相互接触，直至液态金属全部消失，最终得到晶粒位向各不相同的多晶体。

1）晶核形成

晶核的形成过程实际上是在一个微小的体积中，原子由不规则排列转变为规则排列并且稳定下来的过程。晶核的形成方式有两种：一种是均匀形核，即在过冷的液

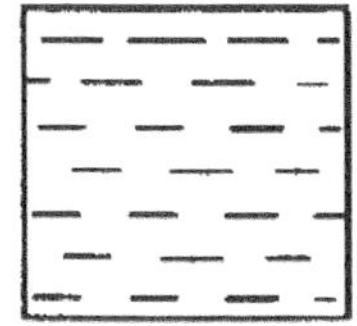 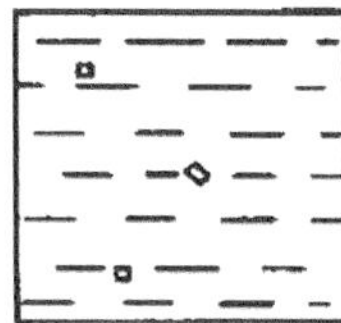 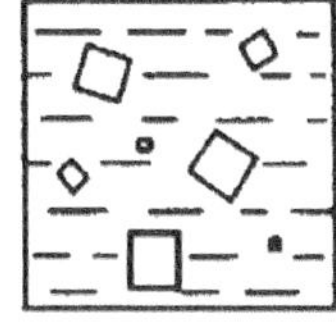 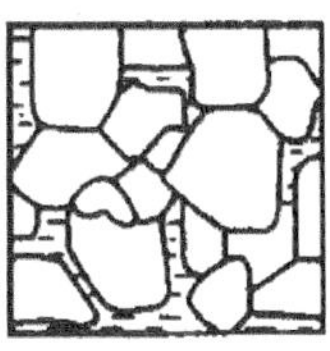 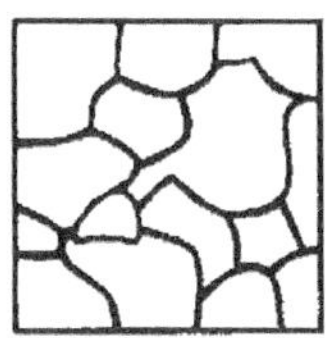

图 2.21　纯金属结晶过程示意图

态金属中，依靠金属本身的能量变化获得驱动力，由晶胚直接成核的过程；另一种是非均匀形核，即在过冷液态金属中的晶胚是依附在其他物质表面上成核的过程。

液态金属在从高温冷却到结晶温度的过程中，会不断地产生类似晶体中原子排列的小集团，它们的尺寸较小，大小不一，时聚时散。当液态金属过冷到结晶温度以下时，某些具有较大尺寸因而比较稳定的小集团（称为晶胚）能够有条件进一步长大，这些真正能够长大的晶胚叫做晶核。这种依靠金属本身原子团形成晶核的过程称为均匀形核（又称均质形核）。

在实际生产中，金属液体内部总是存在着各种固态杂质颗粒，在过冷条件下，金属原子依附外来物质或微粒表面而形成晶核的过程称为非均匀形核（又称异质形核）。在液态金属浇注时，铸型壁也可作为非均匀形核的基底。正是由于这些外来杂质颗粒等可以作为非均匀形核的核心，因此，非均匀形核较容易，其结晶所需的过冷度比均匀形核时要小得多。

2）晶核长大

在过冷液态金属中，晶核一旦形成，便立即开始长大。晶核长大的过程就是液体中原子迁移到晶体表面，即液/固界面向液体中推移的过程。晶核长大主要与液/固界面的结构及液/固界面前沿液相中的温度分布等有关。在晶核长大过程中，要使液/固界面稳定迁移，就必须使界面能量始终保持最低的状态。

一般情况下，液态金属在铸型中凝固时，型壁附近散热快、温度最低，故首先凝固；而越靠近型腔中心，则温度越高。这就造成液/固界面前沿液相中的温度分布呈正的温度梯度，过冷度随着与界面距离的增大而减小。在正的温度梯度条件下，晶体呈平面状长大方式，即液/固界面始终保持平直的表面向液相中长大，如图 2.22 所示。

在有些情况下，结晶不是从型壁开始，而是在型腔内。当达到一定过冷度后，开始形成晶核并长大。此时，在界面上产生的潜热既可以通过固相，也可以通过液相散失。这样在液/固界面前沿液相中造成负的温度梯度，随着与界面距离的增大，过冷度增大。在负的温度梯度条件下，晶体呈树枝状长大方式，即液/固界面始终像树枝那样向液相中长大，并不断地分枝发展。造成树枝状长大的主要原因是，在负的温度梯度下，液/固界面不再保持稳定状态。当界面上微小区域偶然凸出而伸入到过冷液体中时，凸出部分越向前生长，其过冷倾向越大，长大速率就越大。在这种情况下，

液/固界面不可能保持平面状，而会形成许多伸向液体的结晶轴。同时在这些晶轴上又会发展二次晶轴，在二次晶轴上再长出三次晶轴等，如图 2.23 所示。在多次晶轴形成的同时，各次晶轴均在不断伸长并长粗，直到各次晶轴互相接触，晶轴间的金属液消耗完毕，即形成一颗晶粒。

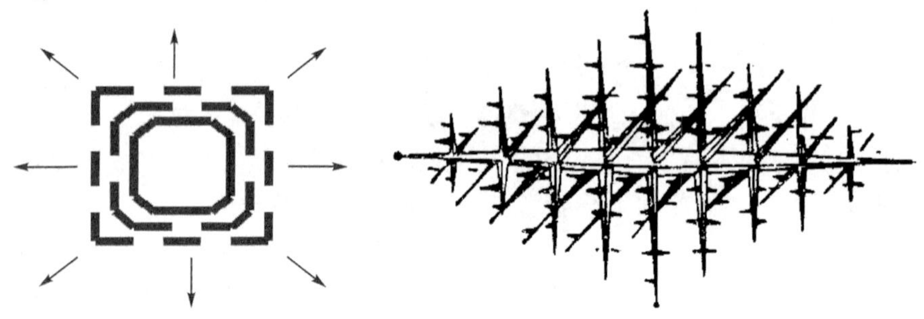

图 2.22　晶体平面长大示意图　　　　图 2.23　晶体枝晶长大示意图

3. 过冷度对晶粒大小的影响

金属结晶时，过冷度对结晶组织的晶粒大小具有重要影响，主要表现在对晶核形成数目及晶核长大速率的影响。晶核的形成数目与形核率有关。液态金属结晶时，单位时间内单位体积中所形成的晶核数目叫做形核率，以 N 表示。单位时间内晶体长大的线长度叫做生长速率，以 G 表示。显然，金属结晶后单位体积中的晶粒数 Z 与形核率 N 成正比，与生长速率 G 成反比，即 Z 取决于 N/G 的比值。过冷度对形核率和生长速率的影响如图 2.24 所示。

在一般过冷度情况下(图 2.24 中实线部分)，形核率和生长速率都随过冷度的增

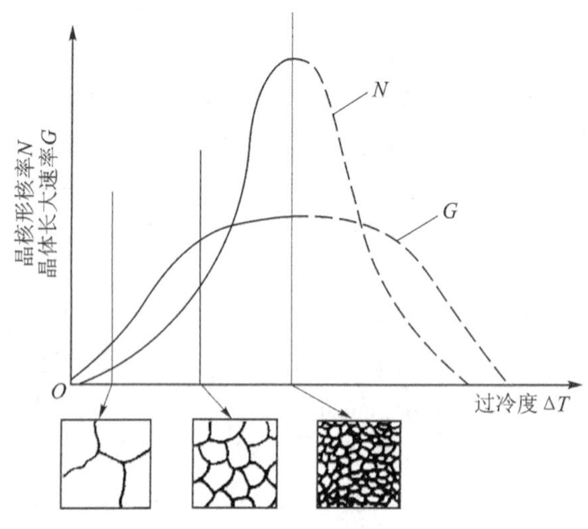

图 2.24　过冷度对形核率和生长速率的影响

大而增大。在过冷度较小时，形核率低于生长速率，此时得到的晶粒比较粗大；进一步增大过冷度，当 N 的增长率大于 G 的增长率时，增大过冷度将提高 N/G 的比值，使单位体积中的晶粒数目 Z 增多，此时晶粒细小；继续增大过冷度至图 2.24 中的虚线部分，此时过冷度很大，液态金属的温度很低，导致原子扩散困难，形核率和生长速率随过冷度的增大而减小。在实际生产中，液态金属很难达到这样高的过冷度，通常在此过冷度之前，金属早已完成结晶。

2.4.2　铸件组织及其晶粒大小控制

1. 铸件(铸锭)的组织

图 2.21 所示为小体积纯金属结晶过程中形核和晶粒长大的一般规律，属于液态金属表层与内部不存在温度差的均匀冷却结晶过程。但在实际金属的结晶中，一方面液态金属中难免存在一些杂质颗粒，且铸型壁可作为异质形核基底；另一方面，实际铸件的体积都较大，在冷却结晶时其表层与内部存在温度梯度，使结晶过程变得复杂。通常在实际铸造生产中得到的铸件（或铸锭），其内部宏观组织不是均匀的，一般由三部分组成，分别为表层细晶粒区、中间柱状晶粒区和中心等轴晶粒区，如图 2.25 所示。

1）表层细晶粒区

液态金属刚浇注入锭模时，模壁温度较低，表层金属液受到模壁的强烈过冷，过冷度很大，加上金属液依附模壁异质形核，产生大量的晶核，因此在表层形成一层厚度很薄的细晶粒层。

2）中间柱状晶粒区

在表面晶粒层形成以后，随着模壁温度的升高，金属液的冷却速度有所降低，使细晶粒区前沿的过冷度减小，形核率比晶粒的生长速率小，此时细晶粒区与金属液接触的某些小晶粒仍可继续生长，但只限于那些一次晶轴垂直于模壁的晶体，与热量散失方向一致，有利于生长；而那些一次晶轴与模壁倾斜的晶体生长受到阻碍，不能长大，择优生长的结果即形成中间柱状晶粒区，如图 2.26 所示。

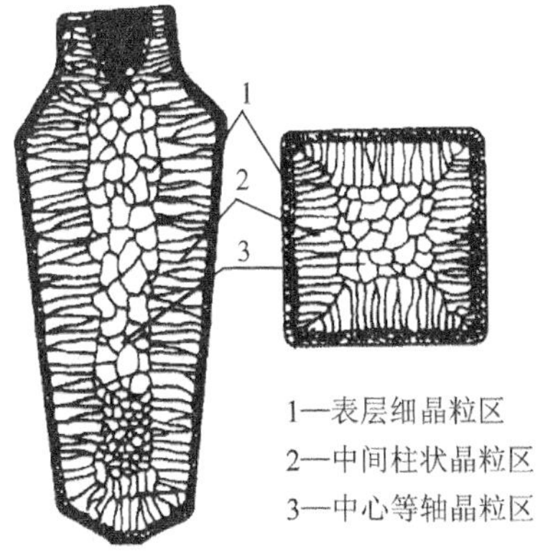

图 2.25　金属铸锭组织示意图

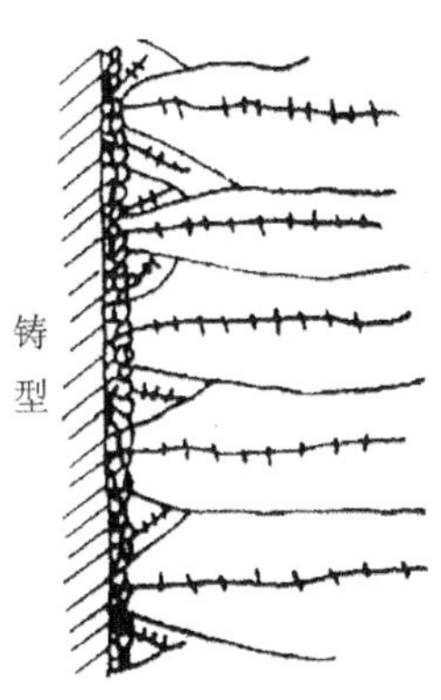

图 2.26　中间柱状晶粒区的生长示意图

3）中心等轴晶粒区

在一般情况下，当结晶进行到接近铸锭中心时，此时锭模的温度已较高，金属液内部的温度趋于均匀，中心部分的液相几乎同时进入过冷状态，过冷度较小，故形核率较低。柱状晶体的多次晶轴受液流冲击而破碎的小晶块以及一些未熔的杂质颗粒随金属液的流动进入中心区并作为晶核长大，由于晶核数目较少，因而形成较粗大的中心等轴晶粒区。

2. 细化铸件晶粒的措施

晶粒大小对金属的力学性能具有较大影响。通常金属的晶粒越细小，晶界的总面积越大，对位错运动的阻碍作用越强，使金属对塑性变形的抗力越大，即金属的强度、硬度越高。这种通过细化晶粒使金属的强度、硬度提高的方法称为细晶强化。需要指出的是，金属的晶粒越细小，单位体积中的晶粒数目越多，产生相同量的变形可由更多的晶粒来承担，表现为金属的塑性、韧性也同时提高。因此，细晶强化是工业生产中强化材料的一种重要手段。

在实际生产中通常采取以下几种细化晶粒的措施来改善金属的力学性能：

① 增大冷却速度。增大冷却速度可增大结晶时的过冷度。按照过冷度对形核率和生长速率的影响，当过冷度增大到晶核形成速率大于晶粒生长速率时，将使晶粒细化。在实际生产中增大冷却速度的方法主要有：降低液态金属的浇注温度；选择吸热能力和导热性较强的铸型材料。例如金属铸型的冷却速度比砂型的大，因此金属型铸件比砂型铸件的晶粒细。

② 变质处理。在浇注前，向液态金属中加入少量变质剂（又称孕育剂）作为人工晶核以大大增加晶核的数目，从而使获得的晶粒细小。这种细化晶粒的方法称为变质处理。例如：在 Al－Si 合金中加入少量钠盐可使组织中硅晶体由粗大的片状变为细小的颗粒状。变质处理对细化晶粒的效果比增大冷却速度（增大过冷度）的效果更好。

③ 附加振动。在金属结晶过程中采用机械振动、超声振动和电磁振动等，使铸型中的液态金属运动，生长的晶轴因受冲击而破碎，碎晶块可以作为晶核，增加晶核的数目，从而细化晶粒。

2.5 同素异构转变

大多数金属，例如铝、铜、镁等，在固态下一般只有一种晶体结构。但是有些金属（例如铁、钛、钴、锰等）在液态结晶后的继续冷却过程中（温度变化），还会发生固态下的晶体结构转变，即从一种晶格类型转变为另一种晶格类型。金属在固态下其晶格类型随温度变化而发生改变的现象称为同素异构转变（或称多晶型转变）。具有同素异构晶体，当其晶格类型发生变化时，将伴随着比容（体积），以及塑性、强度、磁性和

导电性等性能发生变化。

同素异构转变是原子重新排列的过程中，即固态下通形核和核长大的结晶过程，遵循结晶过程的一般规律，转变在一定的温度下进行，冷却转变时需要有一定的过冷度等，故称为重结晶。图 2.27 所示为纯铁的同素异构转变。纯铁在液态结晶后为体心立方晶格，称为 δ－Fe；冷却到 1 394 ℃时，转变为面心立方晶格，称为 γ－Fe；继续冷却到 912 ℃时，又转变为体心立方晶格，称为 α－Fe。继续冷却直到室温，晶格类型不再发生变化。铁的同素异构转变具有十分重要的意义，它是钢铁材料能够进行热处理强化的重要依据。

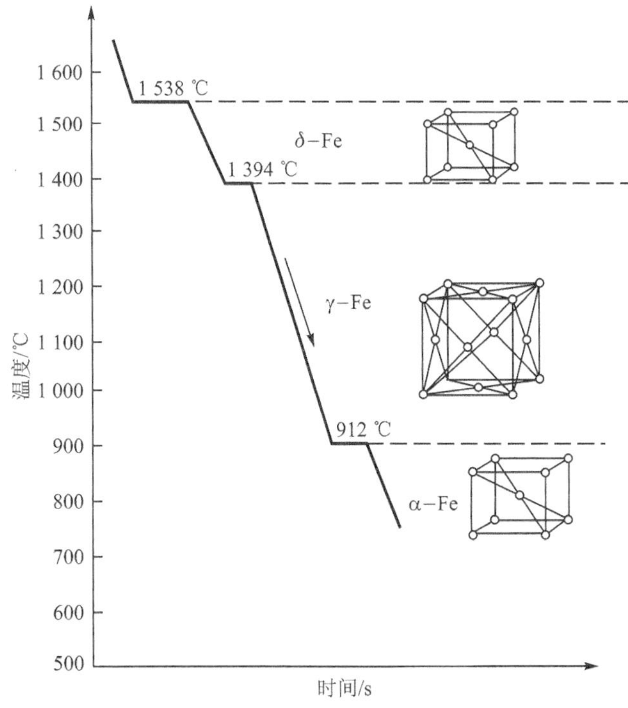

图 2.27　纯铁的同素异构转变

第3章　金属的塑性变形与再结晶

3.1　概　述

金属受到外力作用时，其变形方式可分为弹性变形和塑性变形两种。在第1章介绍的金属拉伸试验过程中，曾提到有4个阶段：在开始阶段，试样随着外力的增加，逐渐伸长即变形增加，此时如果去除外力，试样又将恢复到原来的形状，此阶段的变化过程称为弹性变形；但如果外力进一步增加到超过材料的屈服强度，先是外力不增加，试样仍变形伸长，之后随着外力的增加，变形继续加大，直至最后形成缩颈发生断裂，此阶段产生的变形称为塑性变形。在塑性变形阶段即使外力去除，已经伸长变形的试样也不能恢复到原来的形状，即产生了永久变形。

塑性变形是金属的一项重要特性。在工业生产中，利用塑性变形来成型加工零部件是一种常用方法。工业中常见的金属压力加工方法包括如图3.1所示的轧制、拉拔、挤压、锻造、冲压等工艺过程。

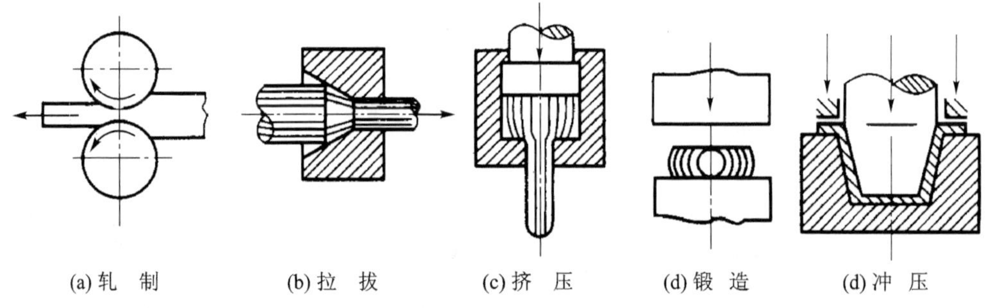

图3.1　常用的金属压力加工方法

金属在成型过程中都会产生塑性变形。生产上的许多工艺操作都是直接利用塑性变形对金属进行压力加工成型的。塑性变形除能改变工件的形状和尺寸外，还会使金属的微观组织结构及性能发生较大变化。例如经冷轧或冷拔后，金属的强度和硬度会显著提高，塑性和韧性下降。铸态金属经过锻造或热轧后能焊合组织中的气孔，改善夹杂物的形态分布等，使金属的性能大大提高。因此，分析和研究金属塑性变形的本质、特点及其规律，对于控制和改进材料的加工工艺、提高产品质量等都具有非常重要的意义。

3.2　塑性变形的基本方式及本质

由第 2 章可知，在工程中使用的金属材料绝大多数为多晶体组织的材料，其塑性变形过程相对复杂。为便于分析、讨论问题，下面首先阐述单晶体的塑性变形特征，在此基础上分析多晶体的塑性变形以及合金的塑性变形。

3.2.1　单晶体的塑性变形

实验表明，单晶体在常温和低温下塑性变形的基本方式主要有滑移和孪生。此外，还有扭折等方式。通常情况下，金属在外力作用下，首先以滑移方式变形；当滑移受阻时，将以孪生方式变形。

1. 滑移变形

1）滑移线和滑移带

对经过抛光处理的金属单晶体试样两端施加一定外力使其产生适当的塑性变形，然后放在光学金相显微镜下观察，可以发现试样表面存在许多相互平行的线条，如图 3.2 所示。进一步采用分辨率很高的电子显微镜观察，可以发现在光学显微镜下所观察到的线条实际上是由许多相互平行的更细的线条所组成的滑移带，如图 3.3 所示。滑移带中的细线条称为滑移线，它是晶体中的两部分沿着某一晶面产生了相对滑移留下的痕迹。两条滑移线之间的滑移层厚约为 100 个原子间距，滑移带之间的距离约为 10 000 个原子间距。晶体的滑移不是均匀分布的，而是集中在某些晶面上，相邻两条滑移线之间的晶体并未产生滑移。

实验证明，滑移晶面两侧的晶体结构类型并没有发生改变，晶格的空间位向也大致相同，故这种塑性变形只是晶体中的两部分沿着滑移面发生了相对滑移，称为滑移变形。

图 3.2　铜塑性变形后留下的滑移线

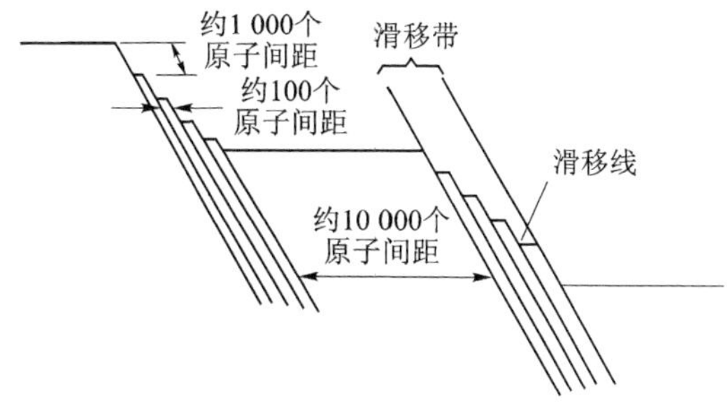

图 3.3　滑移带结构示意图

2）滑移面、滑移方向和滑移系

晶体的滑移通常是沿着某些特定的晶面和晶向进行的。实验表明，滑移主要是发生在原子排列最紧密或较紧密的晶面（称为密排面），并沿着该晶面上原子排列最

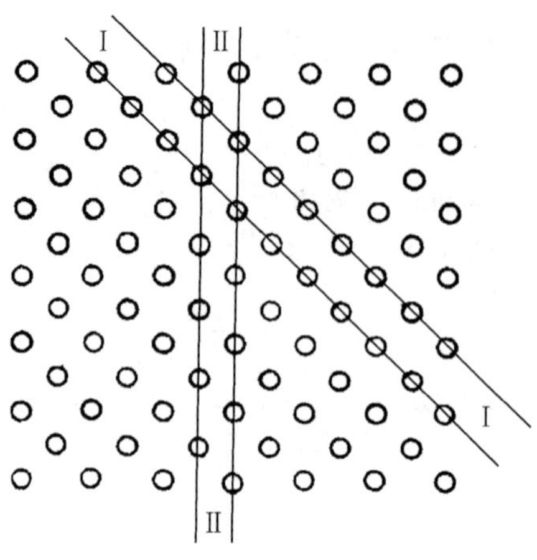

图 3.4 晶格中不同晶面的面间距

紧密(原子线密度最大)的方向(称为密排方向)上进行的。这是由于原子排列最紧密的晶面之间的距离最大,晶面之间的结合力较弱,在外力作用下容易产生滑移变形。图 3.4 所示为晶格中不同晶面的面间距,其中晶面Ⅰ的原子排列密度比晶面Ⅱ的大,晶面Ⅰ之间的结合力比晶面Ⅱ之间的要小,因此,滑移首先沿晶面Ⅰ进行。在原子排列紧密的晶向上,原子间距小,沿着该晶向滑移 1 个原子间距所需的滑移功就较小,因此,沿密排方向滑移较容易。

通常把晶体中能够产生滑移变形的晶面称为滑移面,把能够产生滑移变形的方向称为滑移方向。一个滑移面与该滑移面上的一个滑移方向就构成一个滑移系。实验证明,金属的塑性好坏与其滑移系数目的多少有关。通常滑移系的数目越多,金属的塑性就越好。而滑移系的数目又与金属本身的晶格类型有关。在其他条件相同时,金属晶体的滑移系数目越多,可供滑移的空间位向也越多,金属的塑性就越好。表 3.1 中列出了金属中常见的三种晶格类型对应的晶格结构、滑移面、滑移方向和滑移系数目。体心立方晶格和面心立方晶格金属的滑移系数目都为 12,而密排六方晶格金属的滑移系数目为 3,所以体心立方晶格和面心立方晶格金属的塑性要好于密排六方晶格金属。在滑移系数目相同的情况下,由于滑移方向数目对滑移的影响比滑移面数目的影响更大,体心立方晶格金

表 3.1 金属中常见的三种晶格类型和滑移系

晶格类型	体心立方	面心立方	密排六方
晶格结构	(110) [111]	[110] (111)	{0001} <11$\bar{2}$0>
滑移面	{110}	{111}	{0001}
滑移方向	<111>	<110>	<11$\bar{2}$0>
滑移系数目	6×2=12	4×3=12	1×3=13

属的滑移方向数且为 2，面心立方晶格金属的滑移方向数目为 3（面心立方晶格金属滑移面上的原子排列密度比体心立方晶格的大），因此，面心立方晶格金属的塑性比体心立方晶格金属的好。例如：铝和铜为面心立方晶格，它们的塑性较好。

3）产生滑移的力

如图 3.5 所示，作用于单晶体的外力 F 在任何一个晶面上均可分解成垂直于该晶面的力 F_N 和平行于该晶面的力 F_τ，分别除以晶面的面积即得垂直于该晶面的正应力分量 σ 和平行于该晶面的切应力分量 τ。其中，正应力分量 σ 只能使晶体的晶格发生弹性伸长，当正应力大于原子之间的结合力时，晶体发生断裂，如图 3.6 所示。

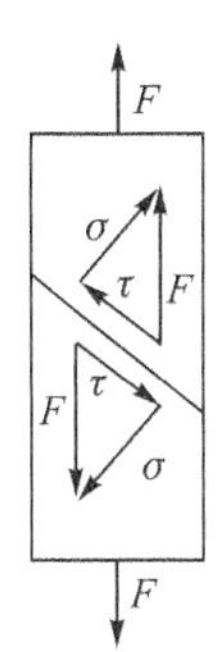

图 3.5　外加应力在晶面上的分解

造成晶体产生滑移变形的力是切应力分量 τ。当切应力较小时，晶格在切应力作用下将产生弹性剪切变形；只有在切应力分量达到某一临界值后，晶面两侧的两部分晶体才能开始进行滑移变形（如图 3.7 所示），这时的切应力分量称为临界分切应力（τ_k）。因此，引起晶体发生滑移变形的力为滑移面上的切应力，与正应力无关。

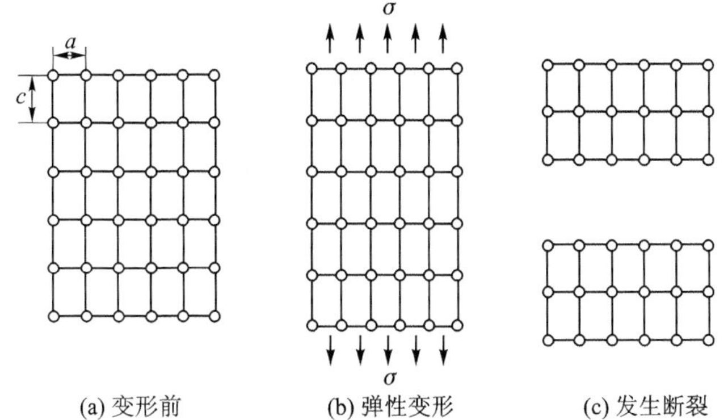

(a) 变形前　(b) 弹性变形　(c) 发生断裂

图 3.6　在正应力作用下晶体的变形

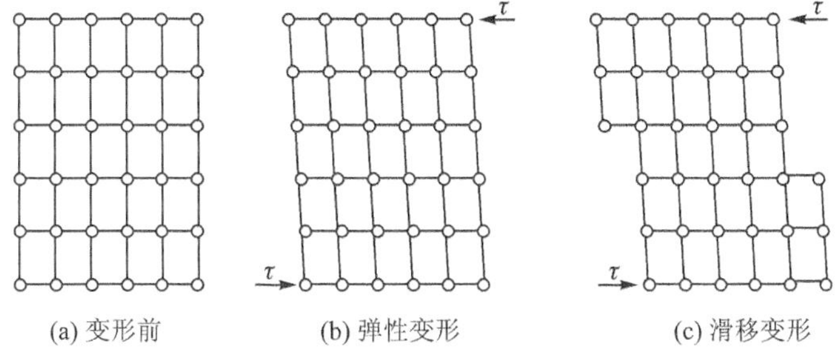

(a) 变形前　(b) 弹性变形　(c) 滑移变形

图 3.7　在切应力作用下晶体的滑移变形

如图 3.8 所示，假设单晶体试样受到的轴向拉力为 F，试样的横截面积为 A，拉力 F 与滑移面法线及滑移方向的夹角分别为 Φ 和 λ，则试样横截面 A 上的正应力为 $\sigma=\frac{F}{A}$，F 在滑移面上沿滑移方向的切向力为 $F_\tau=F\cos\lambda$，滑移面的面积为 $A'=\frac{A}{\cos\Phi}$，则 F 在滑移面上的分切应力为 $\tau=\frac{F_\tau}{A'}=\frac{F\cos\lambda}{A/\cos\Phi}=\frac{F}{A}\cos\lambda\cos\Phi$。

当 $\sigma=R_e$（屈服强度）时，晶体开始滑移，此时沿滑移方向的切应力分量即为临界分切应力 τ_k。令 $m=\cos\lambda\cos\Phi$（称为取向因子），$\tau_k=R_e\cdot m$。

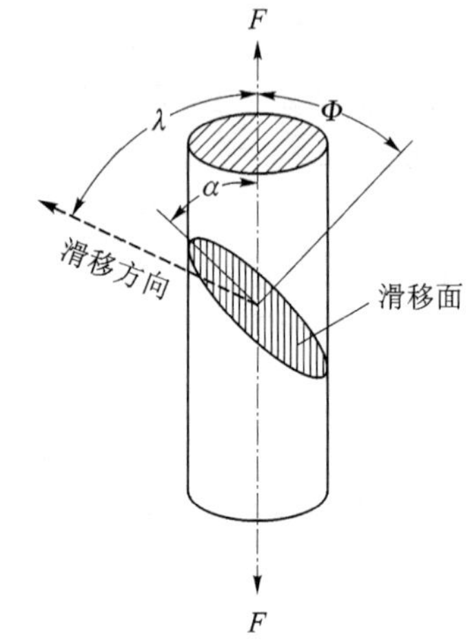

图 3.8　外力在滑移方向上的分切应力

对于确定的金属晶体，当外界条件一定时 τ_k 为定值，其大小主要由滑移面间的原子结合力来决定。显然，当外力与滑移面、滑移方向的夹角都是 45°时，m 值最大，在滑移面上的分切应力 τ 最大，最易滑移，这种位向称为软位向；而当外力与滑移面平行（$\Phi=90°$）或垂直（$\lambda=90°$）时，在滑移面上的分切应力 τ 为 0，不能进行滑移，这种位向称为硬位向。

晶体在滑移的同时必然伴随着晶体的转动，从而导致金属晶体的空间取向发生变化，如图 3.9所示。这是由于当晶体发生滑移时，作用在试样两端的力将不再处于同一轴线上，因此产生一个力矩迫使滑移晶面发生转动。转动的结果是，滑移面趋于与拉伸轴平行，使试样两端的拉力重新作用在同一直线上。

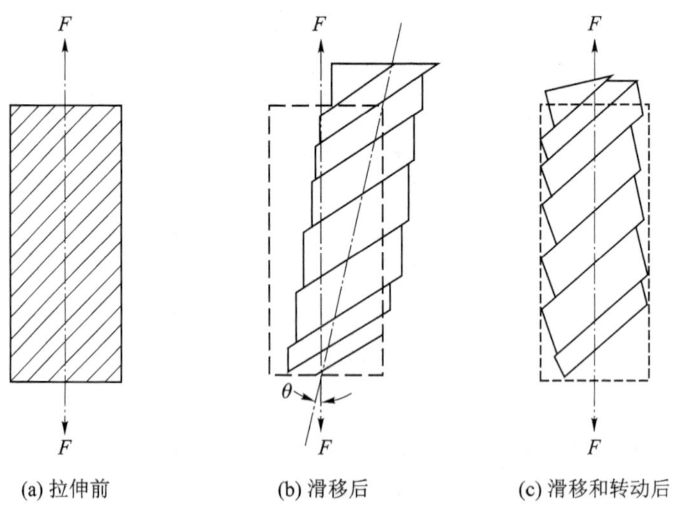

图 3.9　拉伸时晶体的转动

4）滑移的位错运动机制

两个原子面做相对滑动时，如果两个滑移面上的所有原子是同时做刚性的相对滑动，那么外加切应力就必须同时克服两个滑移原子面上所有原子之间的键结合力，这样引起滑移的分切应力就很大。事实上引起滑移的切应力比两个原子面上的所有原子同时滑动所需要的力小得多。例如：对于铜，经计算得出所有原子同时刚性移动所需的切应力为 1 540 MPa，但其实际测定值为 1 MPa。显然，把滑移简单理解为刚性移动是不对的。这一现象可用位错运动来解释。

实际上，晶体的滑移变形是通过位错运动来实现的。图 3.10 所示为一刃型位错在分切应力的作用下在滑移面上的运动过程。晶体在滑移时并不是滑移面上的全部原子同时移动，只有位错线附近的少数原子移动很短的距离（小于 1 个原子间距），因此晶体滑移所需的应力要比晶体做整体刚性滑移低得多。犹如自然界中毛毛虫的爬行一样，通过位错的逐步滑移比整体滑移所需的临界分切应力要小得多。

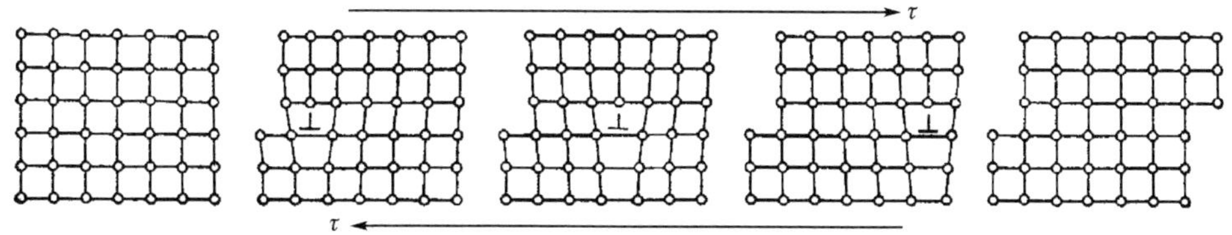

图 3.10　通过刃型位错运动造成晶体滑移的示意图

在切应力作用下，位错沿滑移方向逐个原子间距地向前移动，当一个位错移到晶体表面时，即形成一个原子间距的滑移量。当有许多个位错移动到晶体表面时，就形成许多个原子间距的滑移量。因此，滑移的机制是位错在滑移面上沿切应力方向的顺序运动。

2. 孪生变形

孪生变形（孪晶变形）是金属塑性变形的另一种方式。金属受到外力作用，当滑移由于某种原因难以进行时，晶体可能以孪生的方式进行变形。特别是滑移系数目较少的密排六方晶格金属，容易以孪生方式进行变形。

孪生是在切应力作用下沿着特定的晶面（称为孪晶面）和特定的晶向（称为孪生方向）发生的，孪生面和孪生方向与晶体结构类型有关。如图 3.11 所示，在切应力作用下，晶体的一部分沿着 M_1N_1 晶面和箭头所指的晶向发生剪切变形。孪生使一部分晶体发生了均匀切变，切变区的宽度较小，在金相显微镜下观察一般呈带状（有时为透镜状），称为孪晶带。孪生后晶体的变形部分（孪晶）与未变形部分（基体）以孪生面（图 3.11 中的 M_1N_1 和 M_2N_2 晶面）为镜面构成镜面对称的位向关系。发生剪切变形的那部分晶体称为孪晶带，简称孪晶。孪晶带中相邻晶面之间的相对位移量不是原子间距的整数倍，图 3.11 中为 1 个原子间距的 1/3。

由于孪生的临界分切应力要比滑移的大得多，故只有当金属的滑移受到限制时

才产生孪生变形。密排六方晶格金属如 Mg、Zn、Cd 等的滑移系较少，容易发生孪生变形。值得指出的是，与滑移变形一样，晶体孪生变形后其晶格类型并没有改变，只是晶格位向发生了变化。

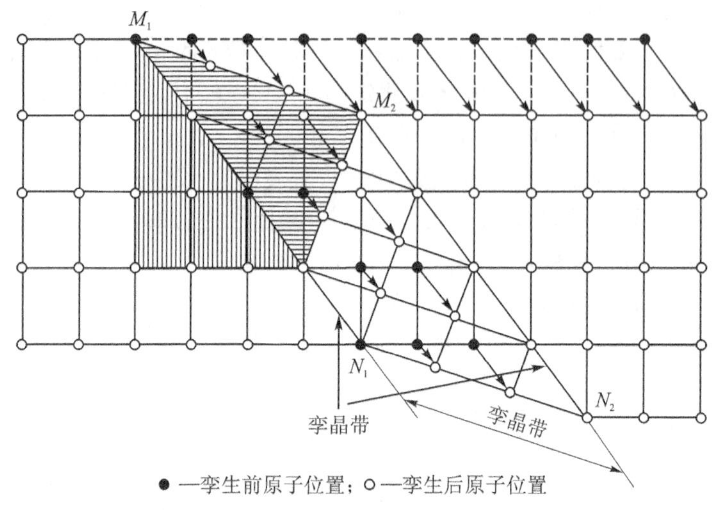

图 3.11　晶体的孪生变形示意图

一般来说，孪生变形的最大变形量较小，孪生对金属塑性变形的贡献比滑移要小得多，而且孪生的机会比滑移的机会也少得多。但对于滑移系数目较少的金属，孪生对塑性变形的作用还是不能忽略的。例如：当晶体相对于外力的取向不利于滑移时，若发生孪生，将形成孪晶改变晶体的位向，使滑移在孪晶内部进行，此时晶体又能进一步通过滑移而继续变形。

3.2.2　多晶体的塑性变形

在工业生产中使用的金属材料绝大多数都是多晶体组成的材料。多晶体是由许多形状、大小、位向都不相同的晶粒组成的。对于多晶体，在每个晶粒范围内其变形情况与单晶体的变形情况基本相似，塑性变形的基本方式也是滑移和孪生。但由于多晶体中各个晶粒的晶格位向不同，且相邻晶粒与晶粒之间存在晶界，晶界处的原子排列不规则，使得各个晶粒的塑性变形相互之间受到阻碍与制约，因此多晶体的塑性变形要比单晶体复杂得多，需要同时考虑晶界和晶粒大小等对塑性变形的影响以及相邻晶粒之间变形的相互协调性。

1. 晶界及晶粒尺寸对塑性变形的影响

为了说明晶界对多晶材料塑性变形的影响，对一个只包含两个晶粒的试样进行拉伸变形，如图 3.12 所示。观察发现，在远离晶界的部位变形很明显，而在靠近晶界处，其变形很小，说明晶界对塑性变形具有较大的阻碍作用。这是由于晶界是相邻晶粒之间的过渡区域，原子排列紊乱，杂质原子和缺陷等常聚集在晶界处，使其具有较

高的能量。当晶体中的位错运动到晶界时很难通过，在晶界附近产生位错堆积（如图3.13所示），晶界难以变形，从而使位错运动的阻力增大，金属的变形抗力提高。晶界对位错运动具有阻碍作用。

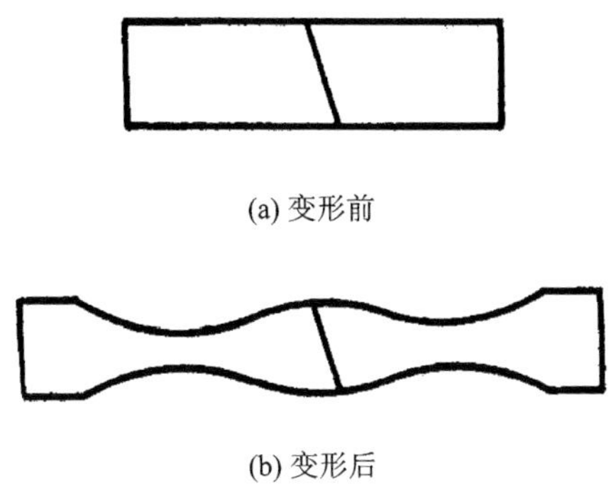

图3.12 两个晶粒的试样在拉伸时的变形

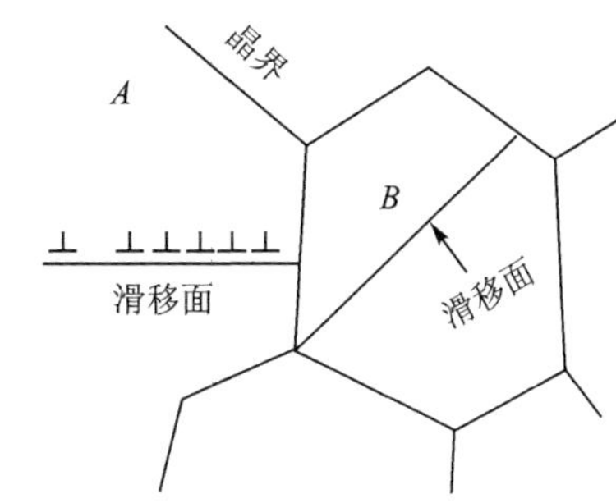

图3.13 位错在晶界处的堆积示意图

晶粒大小对塑性变形也具有重要影响。显然，金属的晶粒越细小，晶界的总面积越大，对位错运动的阻碍作用越强，对塑性变形的抗力也越大，表现为金属的强度和硬度越高；另一方面，金属的晶粒越细小，单位体积中的晶粒数目越多，这样在塑性变形时产生同样的变形量便可分散在更多的晶粒中，产生较均匀的变形，不致造成局部的应力集中而发生过早断裂，在断裂前可产生较大的塑性变形量，金属在断裂时消耗的功较大，即韧性较好。因此，通过细化晶粒使材料的强度和硬度提高的同时，材料的塑性和韧性也较好。

2. 晶粒位向对塑性变形的影响

在多晶体金属中，由于每个晶粒的晶格位向都不同，在外力作用下，每个晶粒中不同滑移面和滑移方向上所受到的分切应力也不同。晶体中处于软位向的晶粒将首先发生滑移变形，而处于硬位向的晶粒所受到的分切应力最小，难以发生滑移。在外力作用下，处于软位向的晶粒发生滑移时受到其相邻的处于硬位向晶粒的阻碍，必须克服这种阻碍才能进行滑移，表现为滑移的阻力增加。此时，由于晶界的影响及其周围处于硬位向的晶粒尚不能发生滑移而只能以弹性变形相适应，因此要求有更大的切应力分量才能进行滑移。

随着外力的持续增加，处于软位向的晶粒在发生滑移的同时也发生转动，由软位向逐渐变成硬位向。这时，滑移晶粒中的位错可越过晶界，来驱动邻近未变形的硬位向晶粒滑移。因此，多晶体的变形首先发生于软位向晶粒，而后发展到硬位向晶粒；并由少数晶粒发展为多数晶粒乃至整个晶体，从不均匀变形逐步发展为比较均匀的变形。多晶体中各晶粒的滑移变形即构成金属宏观大量的塑性变形。

与单晶体一样，多晶体变形时各个晶粒在滑移的同时发生转动，各个作用滑移系都有转向与力轴平行(或垂直)的趋势。多晶体中由于晶界的存在和各个晶粒位向的不同,导致多晶体变形的不均匀性。不仅各个晶粒之间的变形不均匀,而且每个晶粒内部(晶界和中心)的变形也不均匀,导致在晶体内部产生微观内应力。

3.2.3 合金的塑性变形

实际生产中使用的金属材料大多数为合金,这是由于不同合金元素形成的合金材料可进一步改善其理化性能、力学性能或工艺性能等。合金塑性变形的基本形式仍然是滑移和孪生,与多晶体一样,也受晶界和相邻晶粒位向差的影响。由于合金的微观组织结构与纯金属有所不同,导致其变形阻力的大小与纯金属相比也有所不同。

工业上使用的合金材料种类繁多,其微观组织也各不相同。但从相结构角度来看,可以把合金分成两大类:单相合金和复相合金。单相合金中的相一般为固溶体,复相合金中的相通常包括固溶体、中间相以及单质相等。

以下分别介绍单相固溶体合金和两相(或多相)合金的塑性变形特点。

1. 单相固溶体合金的塑性变形

单相合金通常是以一种金属为溶剂形成的固溶体合金。由于单相固溶体合金的显微组织与多晶体纯金属相似,因此其塑性变形情况也基本相似。但是,由于固溶体中存在溶质原子(包括置换原子和间隙原子等)而导致产生晶格畸变,使其对塑性变形的抗力增加。位错倾向于聚集在溶质原子周围,可减轻位错线附近的晶格畸变,使位错处于较低能量的相对稳定状态。滑移变形的机制是位错运动,要使位错从较低能量状态移动到较高能量状态,就需要较大的临界分切应力,表现为合金的强度和硬度提高,这是合金产生固溶强化效应的根本原因。

2. 两相(或多相)合金的塑性变形

虽然固溶强化方式可以提高单相合金的强度和硬度,但其强化效应有限。目前使用的金属材料绝大多数为两相或多相合金。在合金中形成第二相(或多相)可使合金进一步得到强化。两相或多相合金的基体通常是以一种金属为溶剂的固溶体(目前随着科学技术的发展,也有以化合物为基的),第二相(或多相)可以是纯金属、固溶体或化合物,它的引入使得复相合金的塑性变形行为变得复杂。复相合金的塑性变形不仅与基体相有关,还与第二相的性能、尺寸、形态、数量及其分布等都有密切关系。

若第二相为纯金属或金属基固溶体,则其变形特征与基体固溶体相似。如果第二相粒子的尺寸与基体晶粒尺寸属于同一数量级,则合金的塑性变形阻力取决于两组成相的体积分数。在多数情况下,工业生产中使用的复相合金其第二相往往为硬而脆的金属化合物,在外力作用下塑性较好的基体相发生变形,而金属化合物则难以变形,对基体相的变形起到阻碍作用,宏观上表现为提高了合金的变形抗力。

弥散分布在合金中的第二相一般都会使合金的强度和硬度提高,塑性降低。第二相的硬度越高,数量越多,尺寸越小,分布越弥散,其强化作用越大。合金中的第二

相可以是合金熔制或通过随后的热处理过程原位生成，也可以采用粉末冶金的方法加入。通常把第二相以细小质点的形态存在而使合金显著强化的现象称为弥散强化。

3.3　塑性变形对金属组织与性能的影响

塑性变形不但使金属材料的外形和尺寸发生改变，而且使金属内部的组织与性能发生变化，即在变形的同时也伴随着变性。

3.3.1　塑性变形对金属显微组织结构的影响

1. 纤维组织和亚结构的形成

金属在外力作用下产生塑性变形的过程中，各晶粒中将出现大量的滑移带(孪生带)，随着变形量的增加，晶粒形态也逐渐发生变化。例如：在轧制时，金属内部的晶粒沿着变形方向被拉长，当变形量很大时，晶界变得模糊不清，金属晶粒被拉长成纤维状的条纹，称为纤维组织(如图 3.14 所示)。纤维组织的形成使金属的力学性能呈现方向性(各向异性)，沿纤维方向的性能高于垂直纤维方向的性能。当金属材料内部组织不均匀，如存在枝晶偏析或夹杂物偏析时，塑性变形会使这些区域伸长，导致在热加工或随后的热处理过程中形成带状组织。

随着塑性变形的进行，不仅晶粒的外形发生变化，而且晶粒内部的亚结构也会发生显著变化。未变形的晶粒内部经常存在大量的位错，在变形量不大时，变形晶粒中的晶界附近出现位错堆积，随着变形量的逐步加大，各晶粒破碎细化成亚晶粒，位错密度显著增大。这种细化的亚晶粒称为形变胞，图 3.15 所示为金属塑性变形后形成的胞状亚结构。在亚晶粒的边界上集聚了大量的位错，晶格畸变严重，而在亚晶粒的内部晶格则相对比较完整。

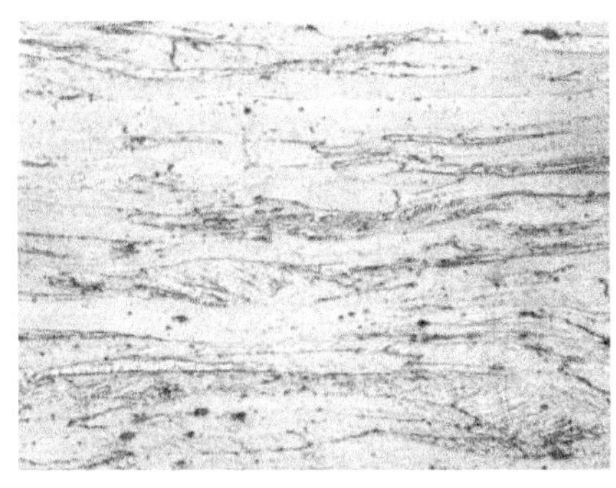

图 3.14　纤维组织

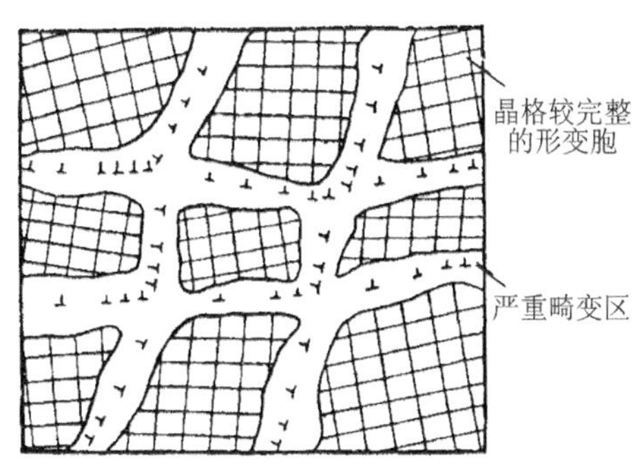

图 3.15　金属塑性变形后形成的亚结构

2. 形变织构

在金属或合金塑性变形的过程中，随着变形程度的增加，各晶粒的滑移方向都会

向主变形方向转动,当变形量很大(70%～90%,甚至更高)时,多晶体中原先位向各不相同的各晶粒其位向会大致趋于一致,形成择优取向,这种组织称为形变织构。随变形方式或变形程度不同,形变织构的性质和强弱程度也不同。

轧制形成的织构称为板织构,其各个晶粒的某一晶面平行于轧制平面而某一晶向平行于轧制方向,如图 3.16(a)所示;拉拔形成的织构称为丝织构,其各个晶粒的某一晶向与拔丝方向平行或接近平行,如图 3.16(b)所示。

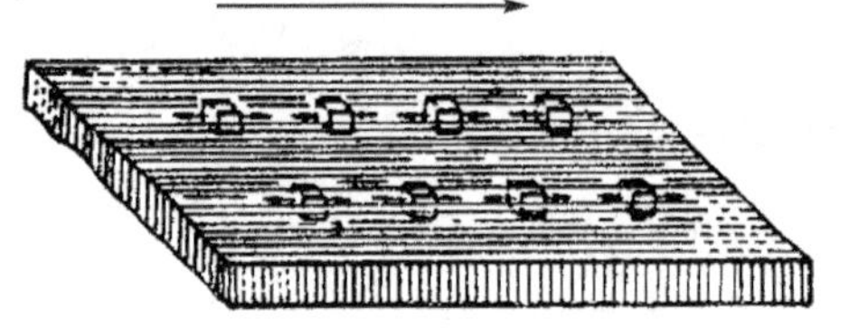

(a) 板织构

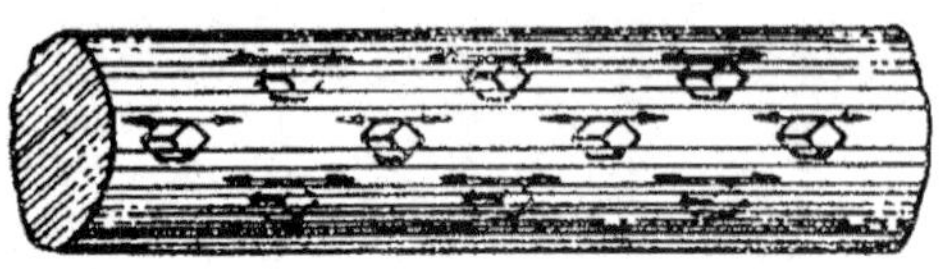

(b) 丝织构

图 3.16　形变织构示意图

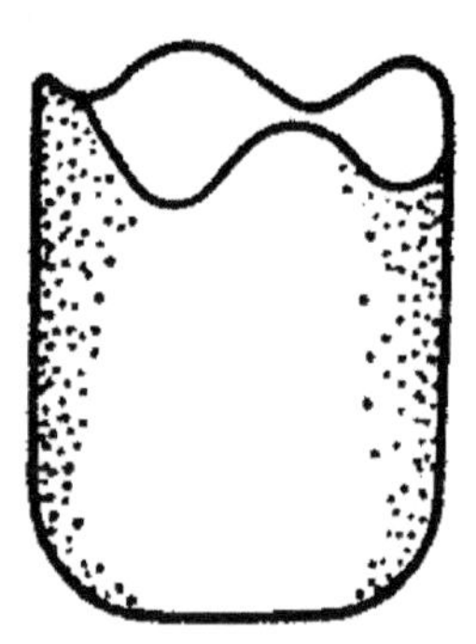

图 3.17　"制耳"现象

金属中织构的形成将使其性能呈各向异性,对金属材料的加工成型和使用性能具有较大影响。例如:用具有织构的板料冲制筒形零件时,由于不同方向上的塑性差异较大,使冲制出来的零件壁厚不均匀、边缘不整齐,造成"制耳"现象(如图 3.17 所示)。但在有些场合也会利用织构的特性。例如:制作变压器铁芯的硅钢片,沿<100>方向最易磁化,充分利用织构可大大提高变压器的效率。由于织构形成后很难消除,在工业生产中为了避免形成织构,对于大变形量的零件通常采用多次变形工序来完成,并在其中安排中间退火工序。

3.3.2　塑性变形对金属性能的影响

1. 加工硬化

在塑性变形过程中,随着变形量的增加,金属的强度和硬度显著升高,塑性和韧性下降的现象,称为加工硬化(也称冷作硬化或变形强化)。

加工硬化产生的原因如下:一方面,金属在塑性变形过程中,随着形变量的增加,晶体内的位错密度不断增加,位错之间的相互作用加剧,使位错的运动受到牵制和阻碍,增加了变形抗力;另一方面,由于晶粒变形、破碎细化,形成胞状亚结构,胞的周围聚集大量位错,并且相互缠结,晶格畸变严重,增加了位错运动的阻力,因而不易产生

塑性变形，即造成加工硬化。

加工硬化利用塑性变形来强化金属，尤其是将金属成型与强化相结合的重要手段，具有重要的工程意义。主要表现在：

① 通过塑性变形使材料得到强化。例如：工业纯铜、防锈铝合金和奥氏体不锈钢等材料主要通过冷轧、冷拉等变形强化来提高其力学性能。

② 有利于提高零件服役的安全性。零件在服役过程中，由于意外原因过载（超过材料的屈服强度），可能导致塑性变形，产生加工硬化，使零件的变形自动终止，保证了零件服役的安全性。

③ 加工硬化效应是工件能够均匀冷作变形的重要因素。例如：进行钢丝拉拔时，通过模孔的钢丝由于变形而得到强化，使它不再继续发生变形（或拉断），而其他尚未变形的部分将继续通过模孔而变形。

塑性变形不但使金属的力学性能发生变化，还会使金属的物理性能和化学性能发生变化。例如：电阻率增加，抗腐蚀性能降低等。

2. 残余内应力

残余内应力是指去除外力后，残留于金属内部且平衡于金属内部的应力。金属塑性变形时，外力所做的功大部分转化为热量而散失掉，但由于各部分变形的不均匀性，小于10%的功转化为内应力被保留于金属内部。按照残余应力平衡范围的不同，通常可将其分为以下三类。

第一类内应力又称宏观残余应力，其平衡范围为金属的整个体积。它是由于金属材料（或零件）各个部分（例如表面和心部）的宏观形变不均匀而引起的。

第二类内应力又称微观残余应力，其平衡范围为几个晶粒或几个晶块。它是由于各晶粒或亚晶粒内部、相邻晶粒之间的变形不均匀而产生的。

第三类内应力又称晶格畸变应力（或称点阵畸变），其作用范围是几十至几百纳米。它是由于金属在塑性变形中生成大量晶体缺陷（空位、间隙原子和位错等）而产生的。

形变金属中的残余内应力通常是有害的，它将导致材料和工件变形、开裂和产生应力腐蚀。例如：经过冷变形存在残余应力的材料在切削加工后，应力发生重新分布使之平衡导致产生变形。内应力实际上是一种能量形式，会降低金属的抗腐蚀性能。

3.4　冷变形金属加热时的组织与性能变化

金属及合金经冷塑性变形后晶体缺陷增多，增加了晶体的畸变能，使内能升高，处于热力学不稳定的状态，它的组织和结构具有恢复到变形前稳定状态的倾向。如果升高温度使原子获得足够的活性，则它将自发地恢复到稳定状态。冷塑性变形金属和合金在加热时，随着加热温度的升高，会相继发生回复、再结晶和晶粒长大三个

阶段，如图3.18所示。了解这些过程的发生和发展规律及其影响因素，对于控制和改善变形金属的组织和性能十分重要。由于在这些过程中不发生晶格类型的变化，因而不属于固态相变。

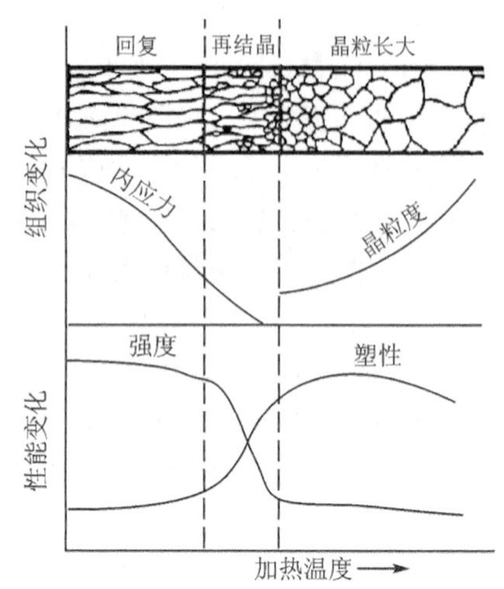

图3.18　变形金属在加热时组织和性能的变化

1. 回　复

所谓回复，是指当加热温度不太高时，原子的扩散能力较低，仅因冷变形金属中的一些点缺陷和位错迁移所引起的某些晶内的变化，此时晶粒的大小和形状尚无明显变化。在回复过程中，通过原子做短距离的扩散，可使某些晶体缺陷互相抵消而使缺陷数量减少，使晶格畸变程度减轻。在回复阶段，冷变形金属的强度、硬度和塑性等力学性能变化不大（强度、硬度稍有下降，塑性略有上升），但内应力和电阻率显著降低。这些变化使金属性能部分得到恢复，第一类、第二类内应力基本消除。在工业生产中利用冷变形金属的回复现象，将已产生加工硬化的金属在较低温度下加热，使其内应力基本消除，但保留其加工硬化效果，这种处理称为低温退火（又称去应力退火）。例如：用冷拉钢丝卷制弹簧，在成型之后进行一次250～300 ℃的低温退火，主要是消除内应力。

2. 再结晶

当冷变形金属被加热到较高温度时，由于原子扩散能力增强，组织与性能都会发生显著变化，恢复到变形以前的情况。加热时，晶粒的外形便开始发生变化，这一过程实质上是一个新晶粒重新生核和成长的过程，由原来破碎拉长的晶粒变成新的等轴晶粒。首先在被拉长晶粒的变形组织上出现一些细小的新晶粒的核心，然后晶核逐渐长大，直到它们之间相互接触。通常把冷变形金属在足够高的温度加热时，通过新晶核的形成和长大，形成新的细小等轴晶粒取代变形晶粒的过程称为再结晶。

经过再结晶之后，金属的晶格类型并未发生变化。由于再结晶使金属的显微组织发生了彻底改变，因此金属的强度和硬度显著降低，塑性和韧性显著提高，加工硬化效应得以消除，内应力完全消除，即恢复到变形以前的状态。在工程上，金属在变形之后或变形过程中，为了使其硬度降低、塑性恢复以便进一步加工，通常安排一道退火工序，称为再结晶退火。

再结晶不是一种相变，而是在一定条件下自某一温度开始，通过形核和长大的方式而连续进行的一种组织变化。再结晶温度不像结晶或其他相变那样有一个恒定的转变温度，而是随条件的不同，可以在一个较宽的温度范围内变化，它与变形程度、金

属纯度、加热速度及保温时间等因素有关。冷变形金属开始进行再结晶的最低温度称为再结晶温度。工程上规定，变形量在 70％以上、保温 1 h 以内，能够完成再结晶(已结晶的体积分数＞95％)的最低温度，作为金属的再结晶温度。

大量实验结果表明，各种工业纯金属的再结晶温度与其熔点之间存在如下关系：

$$T_{再} = (0.35 \sim 0.4)\ T_{m}$$

式中的 $T_{再}$与 T_{m} 分别为纯金属的再结晶温度和熔点(两者的单位均为热力学温度的单位 K)。

3. 晶粒长大

冷变形金属在再结晶完成之后得到的是均匀细小的等轴晶粒，如果进一步提高加热温度或延长保温时间，再结晶后的晶粒会继续长大，使晶粒粗化。晶粒长大是通过晶界的迁移、小晶粒被相邻的大晶粒所吞并来完成的。晶粒长大是一种自发的变化趋势，当温度合适、原子具有一定扩散能力时，晶粒都会长大。这是由于晶粒粗化可以减小晶界的表面积，从而降低其表面能，使金属处于自由能较低的较稳定状态。由于晶粒长大会造成金属的力学性能下降，所以一般不希望发生晶粒长大。

4. 影响再结晶后晶粒大小的主要因素

1) 加热温度和保温时间

如图 3.18 所示，加热温度越高，晶粒越粗大。此外，在加热温度一定时，延长保温时间也会使晶粒长大，但其影响不如加热温度的影响显著。

2) 变形程度

再结晶退火后的晶粒大小与预先变形程度之间的关系如图 3.19 所示。

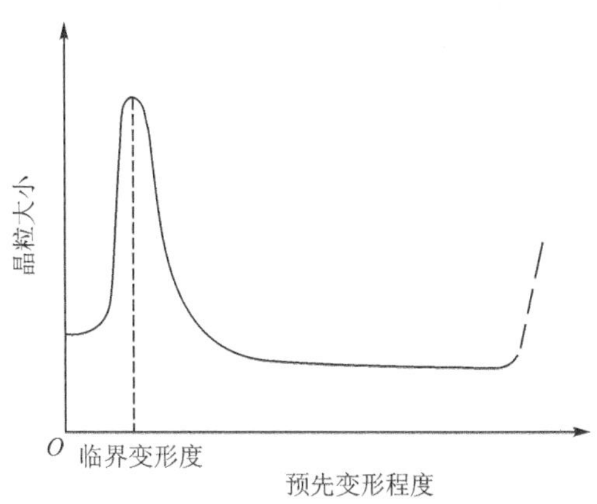

图 3.19　再结晶退火后的晶粒大小与预先变形程度之间的关系

① 当变形度很小时，由于晶格畸变很小，金属不发生再结晶，其晶粒大小基本不变。

② 当变形程度为 2％～10％时，再结晶退火时其晶粒异常长大至最大尺寸，该变形度称为临界变形度。此时，金属仅有部分晶粒发生变形，再结晶时的形核数目很

少，晶粒之间易相互吞并长大。为了避免由于晶粒粗大而降低金属的力学性能，在生产中应避免在这一范围内进行变形加工。

③ 在超过一定的变形度之后，再结晶退火后的晶粒大小随着预先变形程度的增加而减小。这是由于大于临界变形度之后，随着变形度的增加，晶格畸变愈严重，晶核的形成数目也愈多，因而晶粒愈细小。

④ 如果预先变形度过大（≥90%），则在某些金属中有时还会再次出现晶粒异常长大的现象。通常认为这与金属中形成的形变织构有关，金属中各晶粒的晶格位向大致趋于一致，为晶粒沿一定方向长大提供了条件。

将加热温度、变形度和晶粒大小三者之间的关系表示在一个三维立体图中，即得到金属的再结晶全图，它是制定金属冷变形加工和退火工艺的主要依据。图 3.20 所示为低碳钢的再结晶全图。

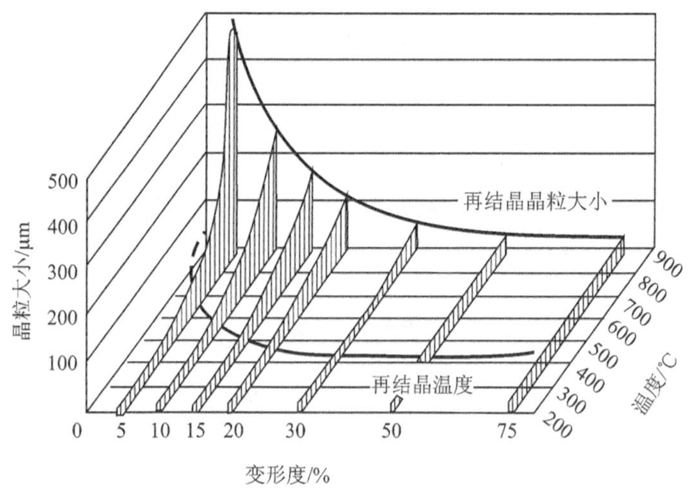

图 3.20 低碳钢的再结晶全图

3.5 金属的热加工

1. 热加工与冷加工的区别

金属在高温下强度下降，塑性提高，所以在高温下对金属进行变形加工就比在低温下容易得多。因此，金属的变形加工有冷加工和热加工之分，其划分依据是再结晶温度。通常把在再结晶温度以上进行的变形加工称为热加工，而把在再结晶温度以下进行的变形加工称为冷加工。

不同金属的再结晶温度差别较大。例如：金属 W 的最低再结晶温度约为 1 200 ℃，即使将其加热到 800 ℃的红热状态下进行变形，仍属于冷加工；Pb、Sn 等

金属的再结晶温度在室温以下，因此在室温下进行的变形加工已属于热加工。

金属在高温下的原子活动能力强，扩散速度快，并伴随发生金属的再结晶，因此热加工时金属的变形抗力小、塑性高，而且不会产生加工硬化现象；控制温度合适时，组织为细小的等轴晶粒，因此可以进行大变形量的加工变形。

金属进行冷变形加工时，伴随着晶粒变形、晶粒内和晶界位错数目的增加，产生加工硬化效应，在变形的同时使金属的强度和硬度得到提高。这经常在实际生产中得以利用。值得注意的是，同一金属需连续进行多次（多道）冷变形加工时，为了消除加工硬化，应在变形工序之间安排中间退火（再结晶退火）工序。

2. 热加工时金属的组织和性能变化

金属在热变形加工时，伴随着形状和尺寸变化的同时，其组织与性能也发生了较大的变化。金属材料经过热加工后可显著改善其铸态下的组织，使材料的力学性能特别是塑性和韧性大大提高。主要表现在以下两个方面：

① 热变形加工可以焊合铸态金属组织中的缩松、气孔和微裂纹等缺陷，提高材料的致密度；可将粗大的脆性相打碎、细化，使其形态、大小和分布得到改善；热变形时，在高温和压力作用下，原子扩散能力增强，可使原始铸态组织中存在的微观偏析得以减轻或消除；粗大的铸造组织经热变形加工和再结晶形成细小的等轴晶组织，使材料的力学性能得到改善。

② 热变形加工可改变金属材料内部夹杂物的形态及分布情况。由于许多夹杂物在高温下也具有一定的塑性，在热变形加工时，金属中的夹杂物和枝晶偏析沿金属的流动方向被拉长，在金属中形成细条状流线，称为纤维组织。形成流线时金属的力学性能呈现各向异性，沿流线方向的强度、塑性和韧性显著高于垂直于流线方向上的相应性能。图 3.21(a)中所示的锻造组织中的流线分布合理，工作中承受的最大拉应力方向与流线平行，而冲击应力方向与流线垂直，所以曲轴不易断裂；而图 3.21(b)中所示的采用切削加工制成的曲轴中流线分布显然不合理，极易在轴肩处发生断裂。

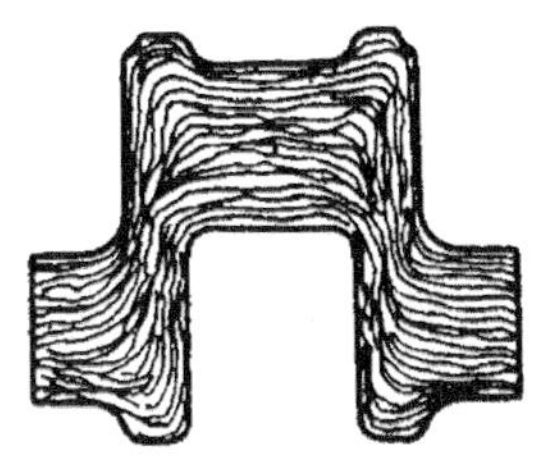

(a) 流线分布合理

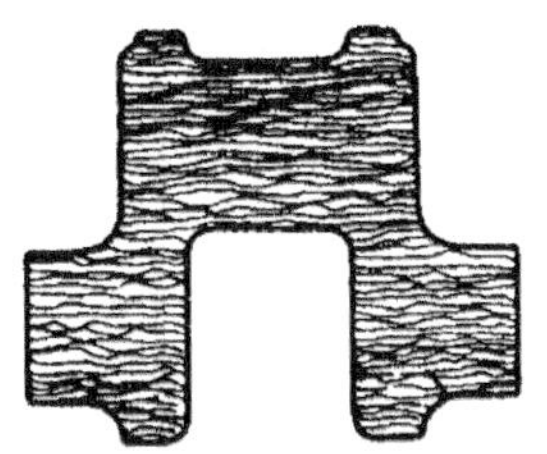

(b) 流线分布不合理

图 3.21　锻钢曲轴中的流线分布

第4章　二元合金相图与铁碳相图

虽然纯金属在工业生产中得到了一定程度的应用，但在许多场合下，纯金属还不能满足机械零件及工程结构对其使用性能的要求。在工程中所使用的金属材料绝大多数是合金，而且随着科学技术的发展，人们还将不断研究和开发出各种新型合金材料，以满足实际工业生产特别是高新技术发展的需求。与纯金属相比，由于在合金中添加了各种不同的元素及其含量，使得合金的结晶过程比纯金属的结晶复杂得多。合金的性能取决于合金组织中各个相的结构、性质、形态、分布及其相对含量。为了研究合金的组织与性能之间的关系，有必要深入了解各种合金体系中的组织构成及其变化规律。

合金相图是一种反映给定合金体系中成分、温度与其组织状态之间关系的图解。由于相图是在平衡条件下测定的，因此也称为平衡状态图。合金相图不仅是分析和研制合金材料的理论基础，也是制定合金熔炼、压力加工、焊接及热处理工艺规范的重要依据。因此，合金相图是一种十分有用的工具，学习、掌握和使用相图具有重要的工程意义。

作为学习和了解复杂及多元合金相图的基础，本章主要介绍几种基本类型的二元合金相图，分析二元合金的结晶过程及其组织变化规律。

4.1　二元合金相图的建立

合金相图是根据大量的实验结果绘制而成的。通常采用热分析法测定给定合金系中若干成分不同的合金的平衡凝固温度和固态相变温度。下面以 Cu－Ni 合金为例来说明二元合金相图建立的基本方法及步骤：

① 配制一系列不同成分的 Cu－Ni 合金，例如：合金Ⅰ为 100%Cu，合金Ⅱ为 80%Cu＋20%Ni，合金Ⅲ为 60%Cu＋40%Ni，等等。

② 分别测定不同成分 Cu－Ni 合金的冷却曲线，确定各冷却曲线上的临界点（即转折点和平台）的温度。

③ 在温度-成分坐标系中绘出相应合金的成分垂线，并在成分垂线上标出各自的临界点温度，包括转变开始温度和转变终了温度。

④ 将具有相同意义的点连成曲线，即得到 Cu－Ni 二元合金相图，如图 4.1 所示。

Cu－Ni 二元合金相图中的每个点、线、区均具有一定意义。图 4.1(b)中的 A、B 两点分别表示纯铜和纯镍的熔点。AaB 线为液相线，表示合金从液相转变为固相的

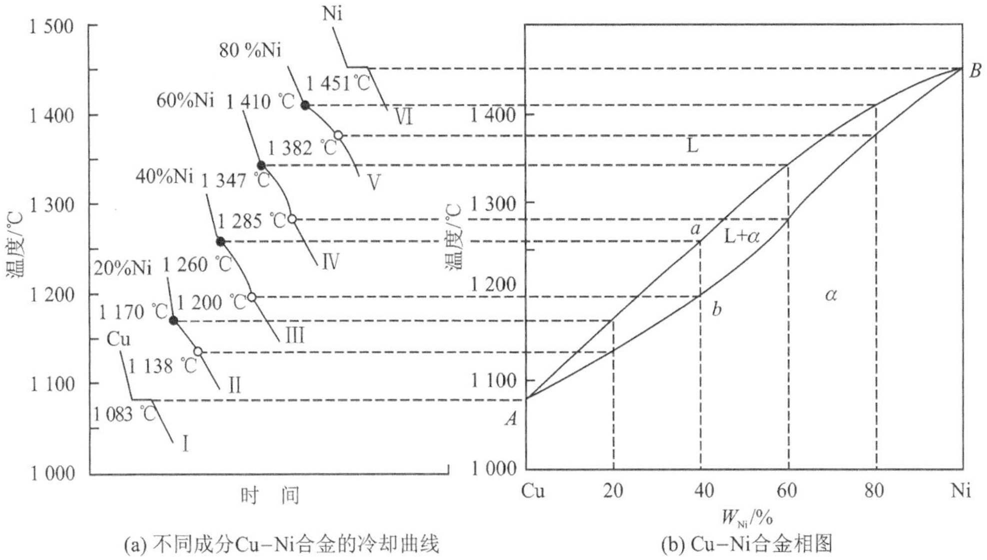

(a) 不同成分Cu-Ni合金的冷却曲线 (b) Cu-Ni合金相图

图 4.1 Cu-Ni 二元合金相图的建立

开始线；AbB 线为固相线，表示合金由液相全部转变为固相的终了线。液相线以上为液相区，以 L 表示；固相线以下为固相区，以 α 表示；液相线与固相线之间为液相与固相两相共存区，以 L＋α 表示。

4.2 二元合金相图的基本类型

合金的相图有的比较简单，有的比较复杂。但不论合金的相图多复杂，均可看成是由几类最基本的简单相图组合而成的。二元合金相图的基本类型包括匀晶相图、共晶相图、包晶相图、共析相图和形成稳定化合物的相图等。以下分别进行讨论。

4.2.1 匀晶相图

组成合金的两组元在液态和固态下均能无限互溶时所形成的相图称为匀晶相图。具有这类相图的二元合金系有 Cu-Ni、Fe-Cr、Ag-Au、Fe-Ni、W-Mo 等。下面以 Cu-Ni 合金为例进行分析。

1. 典型合金的结晶过程

Cu-Ni 合金的冷却曲线及其结晶过程示意图如图 4.2 所示。有关 Cu-Ni 合金相图中的点、线、区的意义前已述及，不再重复。现以合金Ⅰ(含 70%Ni)为例来说明典型合金的平衡结晶过程。当合金从液态缓慢冷却至 1 点温度时，开始从液相中结晶出固溶体；冷却到 t_1 点温度时，此时液相成分变为 L_1，固相成分为 α_1；冷却到 t_2 点温度时，此时液相成分变为 L_2，固相成分为 α_2……冷却到 2 点温度时，合金全部转变

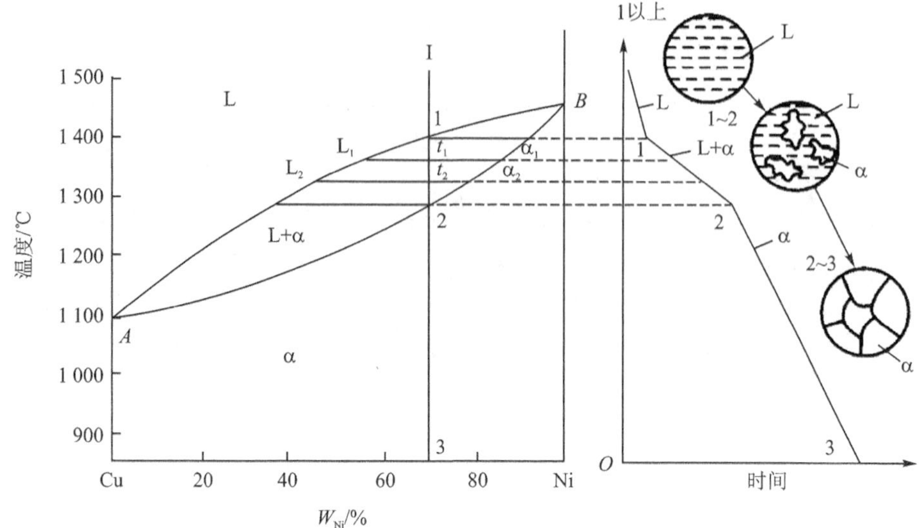

图 4.2　Cu－Ni 合金的冷却曲线及其结晶过程示意图

为 α 固溶体。继续从 2 点温度冷却到室温，合金的组织和成分不再发生变化，为单相 α 固溶体。

合金结晶过程的变化规律是：随着温度降低，液相的数量不断减少，固相的数量不断增多，同时液相和固相的成分通过原子的充分扩散不断改变，液相成分沿液相线变化，固相成分沿固相线变化。合金在室温下的组织为单相 α 固溶体。

2. 杠杆定律及应用

从上述内容可以看出，合金在两相区结晶过程中，两相的成分和相对量都在不断变化。当合金在某一温度下处于相图中的两相区时，从相图中不仅可以得知两平衡相的成分，应用杠杆定律还可以计算得出两平衡相的相对含量。现以图 4.3 中 Ni 含量 $x\%$的 Cu－Ni 合金为例来说明杠杆定律的具体应用。

如图 4.3 所示，假设合金的总质量为 W_o，在 T_1 温度下，液相的质量为 W_L，固相的质量为 W_α。此时，液相中的 Ni 含量为 $x_L\%$，固相中的 Ni 含量为 $x_\alpha\%$，由于合金中的 Ni 总含量为 $x\%$，可列出如下方程组：

$$\begin{cases} W_L + W_\alpha = W_o \\ W_L \cdot x_L + W_\alpha \cdot x_\alpha = W_o \cdot x \end{cases}$$

对方程组进行求解，可得

$$W_L / W_\alpha = bc/ab \tag{4-1}$$

即

$$W_L \cdot ab = W_\alpha \cdot bc \tag{4-2}$$

式(4－2)符合力学中的杠杆定律，故将其称为杠杆定律。

运用式(4－2)可计算得出两相所占的百分比：

$$W_L / W_o = bc/ac \times 100\% \tag{4-3}$$

$$W_\alpha / W_o = ab/ac \times 100\% \quad (4-4)$$

必须指出，杠杆定律只适用于二元合金相图中的两相区，对于三相共存区不再适用。

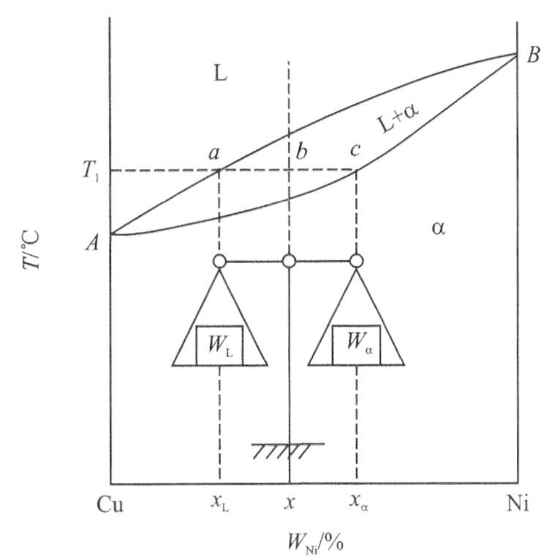

图 4.3 杠杆定律及其应用

3. 合金的非平衡结晶与枝晶偏析

上述分析的合金结晶过程是在平衡条件下进行的结晶，冷却速度非常缓慢，结晶过程中液相和固相中的原子可充分进行扩散，结晶完毕得到成分均匀的固溶体。但在实际生产条件下，由于冷却速度通常都比较快，液相、特别是固相中的原子来不及充分扩散，这种结晶过程称为非平衡结晶。结果是合金先结晶出来的固相(树枝状晶体)中含高熔点的组元多，后结晶出来的固相(分枝)中含高熔点的组元逐渐减少，造成最终得到的晶体内部化学成分不均匀，这种现象称为枝晶偏析。由于一个枝晶形成一颗晶粒，故又称为晶内偏析。

合金中存在枝晶偏析会严重降低合金的力学性能(如塑性、韧性等)，并对压力加工性能造成不利影响。因此，对于存在枝晶偏析的合金，在生产中一般采用扩散退火或均匀化退火，以消除枝晶偏析，即把合金加热到较高温度(低于合金的固相线温度)，经过长时间保温，使原子扩散能够充分进行，以达到成分均匀的目的。

4.2.2 共晶相图

许多合金在固态时不是单相固溶体，而是两相的混合组织。合金中两组元在液态时无限互溶，在固态时有限互溶，有共晶反应发生时所形成的二元合金相图称为共晶相图。所谓共晶反应是指在恒温下由一定成分的液相同时结晶出两种新固相的反应，也称为共晶转变。具有这类相图的二元合金系有：Pb-Sn、Pb-Sb、Cu-Ag、Al-Si、Pb-Bi 等。下面以 Pb-Sn 合金为例，对共晶相图及其典型合金的结晶过程进行分析。

1. 相图分析

图 4-4 所示为 Pb-Sn 二元合金相图。图中，A 为 Pb 的熔点，B 为 Sn 的熔点。相图中有 L、α、β 三种相，其中：L 为液相；α 是以 Pb 为溶剂、Sn 为溶质形成的有限固溶体；β 是以 Sn 为溶剂、Pb 为溶质形成的有限固溶体。AEB 为液相线，$AMENB$ 为固相线，MF 是 Sn 在 α 相中的溶解度线，NG 是 Pb 在 β 相中的溶解度线，MEN 为共晶线，E 点称为共晶点。图 4.4 中包含 L、α、β 三个单相区，L+α、L+β、α+β 三个两

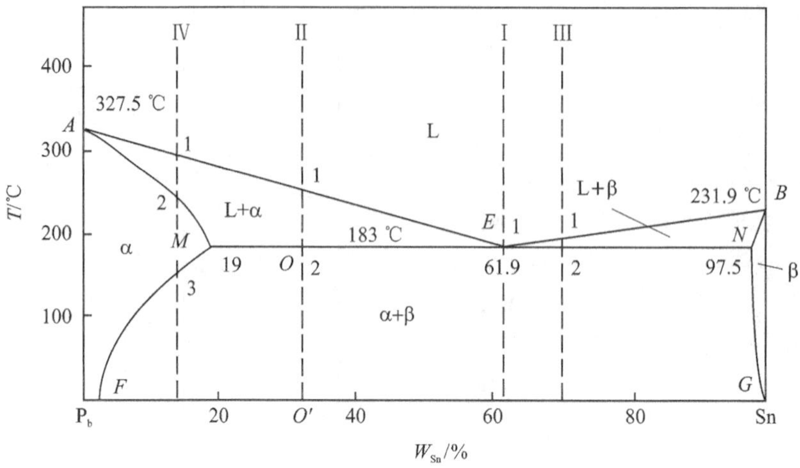

图 4.4　Pb - Sn 二元合金相图

相区，以及 *MEN* 共晶转变线（183 ℃）所处的 L＋α＋β 三相共存区。

2. 典型合金的结晶过程

1) 共晶合金

图 4.4 中具有 *E* 点成分（Sn 含量为 61.9%）的合金Ⅰ称为共晶合金。其结晶过程示意如图 4.5 所示。合金在液相线以上为液态，冷却至 *E* 点温度（183 ℃）时将发生共晶转变，同时生成由 α 和 β 两个相构成的共晶体，直到液相全部转变为固相。其反应式可用下式表示：

$$L_E \xrightarrow{183\ ℃} (\alpha_M + \beta_N)$$

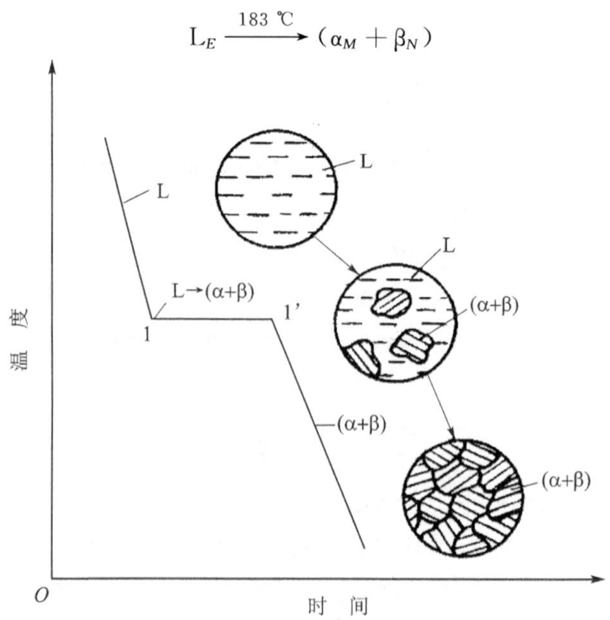

图 4.5　共晶合金的冷却曲线及结晶过程示意图

在共晶温度下，α 和 β 两种固溶体同时在液相中形核和长大并相互交替地从液相中析出，共晶体组织常呈层片状分布。此时，可利用杠杆定律计算得出两相的相对含量如下：

$$\alpha_M\% = \frac{EN}{MN} = \frac{97.5-61.9}{97.5-19.0}\times 100\% = 45.4\%$$

$$\beta_N\% = 1-\alpha_M\% = 54.6\%$$

当共晶转变完成，继续冷却时，α 相和 β 相的成分将分别沿各自的溶解度曲线 *MF* 和 *NG* 线变化，从 α 相和 β 相中分别析出 β_{II} 相和 α_{II} 相。由于这些相是从固体中析出的，故通常称为次生相，以区别于直接从液相中生成的固相（称为初生相或一次相）。次生相常与共晶体中的同类相混合在一起，在金相显微镜下难以分辨，因此，共晶合金在室温下的组织为(α+β)共晶体。

2）亚共晶合金

图 4.4 中合金成分从 *M* 点到 *E* 点之间的合金Ⅱ，称为亚共晶合金。其结晶过程示意图如图 4.6 所示。当合金从液态冷却至与液相线相交的 1 点温度时，开始从液相中析出 α 固溶体；随着温度下降，α 相逐渐增多，液相成分沿着 *AE* 线变化，固相成分沿着 *AM* 线变化；当温度降至 2 点温度（183 ℃）时，剩余液相的成分为 *E* 点成分，此时将发生共晶转变，剩余液相全部转变成(α+β)共晶体；继续冷却至共晶温度以下，α 相和 β 相的成分发生变化，将从初生的 α 相中析出 β_{II} 相。与共晶合金的结晶过程相类似，从(α+β)共晶体中的 α 相和 β 相中析出的 β_{II} 相和 α_{II} 相可不予考虑，所以

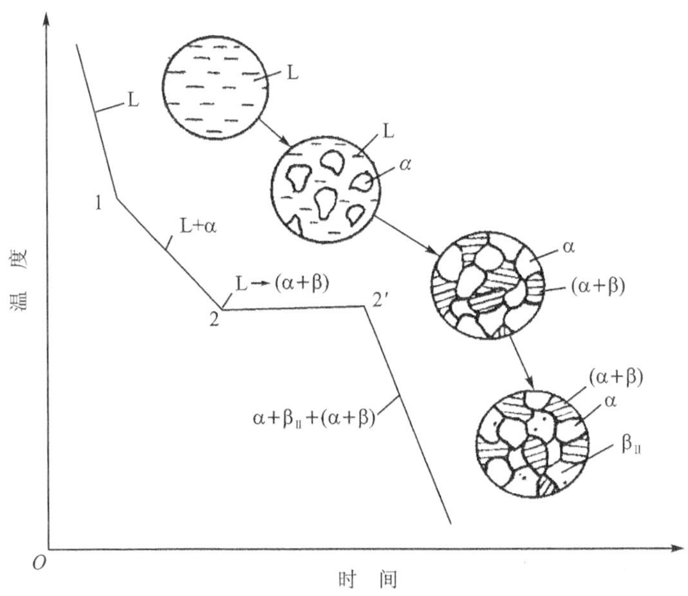

图 4.6　亚共晶合金的冷却曲线及结晶过程示意图

亚共晶合金在室温下的组织为 $\alpha+(\alpha+\beta)+\beta_{\text{II}}$。

利用杠杆定律可计算出在室温下亚共晶合金组织中相组成物的相对含量为

$$\alpha\%=\frac{O'G}{FG}\times 100\%,\quad \beta\%=\frac{FO'}{FG}\times 100\%$$

组织组成物的相对含量为

$$\alpha_{初}\%=\frac{OE}{ME}\times 100\%,\quad (\alpha+\beta)\%=\frac{MO}{ME}\times 100\%=1-\alpha_{初}\%$$

从初生的 α 相中析出的 β_{II} 相含量为

$$\beta_{\text{II}}\%=\frac{FM'}{FG}\times\alpha_{初}\%\times 100\%$$

注意:M'点为图 4.4 中过 M 点所做的成分垂线与横轴的交点。

3) 过共晶合金

图 4.4 中合金成分从 E 点到 N 点的合金Ⅲ称为过共晶合金。其结晶过程示意图如图 4.7所示。合金从液态冷却至与液相线相交的 1 点温度时,先析出 β 相;随着温度降低,结晶出的 β 相数量增多,β 相的成分沿固相线 BN 变化,液相成分沿液相线 BE 变化;当温度降至 2 点温度(183 ℃)时,剩余液相将发生共晶转变生成(α+β)共晶体。继续冷却至共晶温度以下,从初生的 β 相中析出 α_{II} 相,过共晶合金在室温下的组织为 $\beta+(\alpha+\beta)+\alpha_{\text{II}}$。

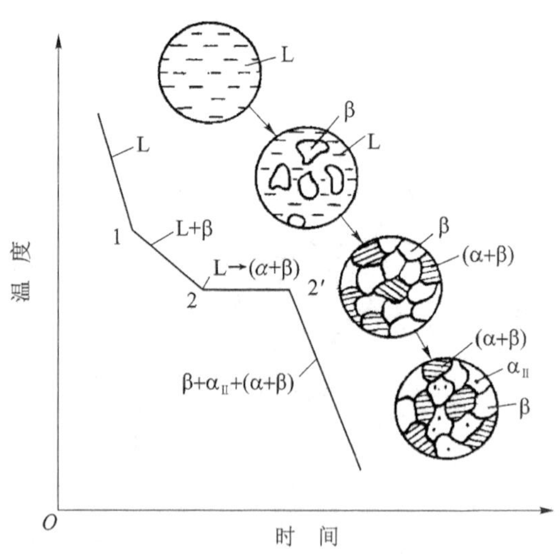

图 4.7　过共晶合金的冷却曲线及结晶过程示意图

4) 成分位于 M 点以左的合金

图 4.4 中的合金Ⅳ冷却至 1 点温度时,从液相中析出 α 固溶体,冷却至 2 点温度时,液相全部结晶成固相 α。在 2～3 点温度之间,为单相 α 固溶体的自然冷却,组织不发生变化。继续冷却至 3 点温度以下时,α 相的成分沿溶解度曲线 MF 发生变化,

将从 α 相中析出 β_{II} 相。合金的结晶过程可表示为：L→L＋α→α→α＋β_{II}，合金在室温下的组织为 α＋β_{II}。

图 4.4 中成分位于 *N* 点以右的合金，其结晶过程与合金Ⅳ相似，所不同的是，析出的初生相为 β，继续冷却到室温，从 β 相中析出次生相 α_{II}。

从以上分析可以看出，不同成分的 Pb－Sn 合金，从液相冷却至室温时，所得到的组织组成物各不相同。通常把在显微镜下观察到的具有一定形貌或形态特征的组成物称为组织组成物。图 4.8 所示为 Pb－Sn 合金标明组织组成物的相图。需要说明的是，如果从相角度来看，不论何种成分的 Pb－Sn 合金，其结晶产物中只包含有 α 和 β 两种组成相，称为相组成物。在实际应用中注意加以区别。

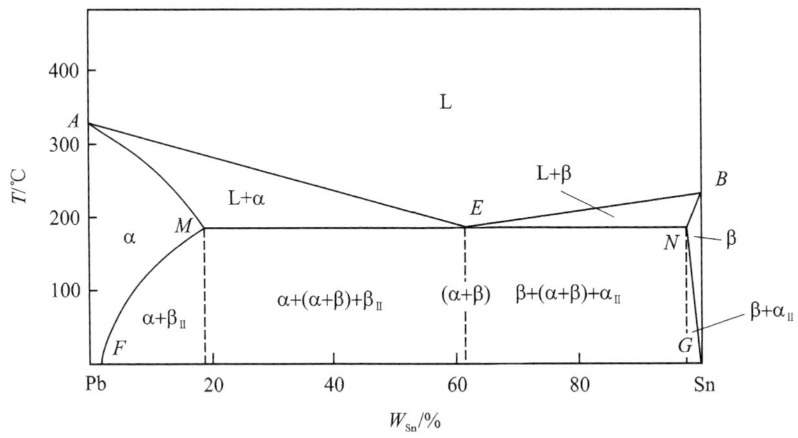

图 4.8　标明组织组成物的 Pb－Sn 合金相图

4.2.3　包晶相图及其他类型相图

1. 包晶相图

合金中两组元在液态时无限互溶，在固态时形成有限固溶体，并且有包晶反应发生时，所形成的合金相图称为二元包晶相图。

包晶反应是指在恒温下，一定成分的固相与一定成分的液相相互作用，转变为另一个新固相的反应，也称为包晶转变。具有这类相图的二元合金系有 Pt－Ag、Fe－C、Cu－Sn 等。

下面以 Pt－Ag 相图为例进行分析。

图 4.9 所示为 Pt－Ag 二元合金相图。图中，*A* 为 Pt 的熔点（1 772 ℃），*B* 为 Ag 的熔点（961.93 ℃），*D* 是包晶点，其成分为 42.4%Ag；*ACB* 为液相线，*APDB* 为固相线，*PDC* 水平线为包晶转变线，对应温度 1 186 ℃，*PE* 是 Ag 在 Pt 中的溶解度曲线，*DF* 是 Pt 在 Ag 中的溶解度曲线。

图 4.9 中 *D* 点成分的合金，冷却到液相线开始结晶出 α 相。继续冷却，剩余液

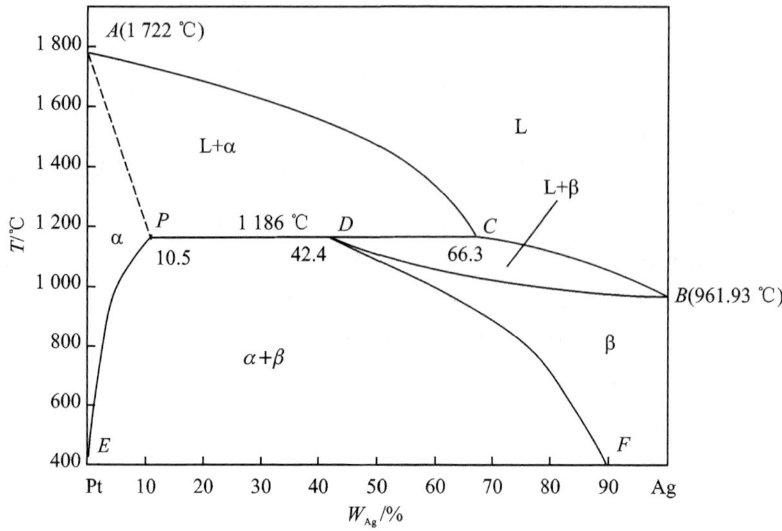

图 4.9 Pt-Ag 二元合金相图

相成分沿 AC 线变化。当温度下降到包晶温度 1 186 ℃时，剩余液相的成分为 C 点，此时将发生包晶转变，可用反应式表示如下：$L_C+\alpha_P \xrightarrow{1\ 186\ ℃} \beta_D$，即由液相 L 和 α 相共同作用转变成 β 相。在包晶温度下转变一直持续到液相 L 和 α 相全部消失，形成单一的 β 相。

2. 共析相图

在恒温下，由一种具有一定成分的固相同时转变成化学成分和晶体结构完全不同的两种新固相的反应称为共析反应，也称共析转变。共析转变反应式可表示为：$\alpha \xrightarrow{T} (\beta_1+\beta_2)$。具有共析转变发生的相图称为共析相图，如图 4.10 所示。图中的 e 点称为共析点，dec 线称为共析线，所对应的温度称为共析温度。

共析转变的产物称为共析体。共析合金的冷却结晶过程与共晶合金非常相似，只不过共析转变是在固态下进行的，转变温度低，原子扩散困难，转变时的过冷度更大，因而所得到的转变产物（共析体）要比共晶体更细小、均匀。

3. 形成稳定化合物的二元合金相图

所谓稳定化合物，是指在组元之间形成的、具有一定熔点、在熔点以下温度不发生分解的化合物。合金元素 Mg 和 Si 之间可形成稳定化合物 Mg_2Si，Mg-Si 合金相图是形成稳定化合物的二元合金相图的典型例子，如图 4.11 所示。对相图进行分析时，可以把化合物 Mg_2Si 作为一个独立组元，做成分垂线，其对应的成分为含 36.6% Si，这样将 Mg-Si 合金相图划分为 Mg-Mg_2Si 和 Mg_2Si-Si 两个独立的二元共晶相图。对合金结晶过程的分析与前面所述的二元共晶相图相似。

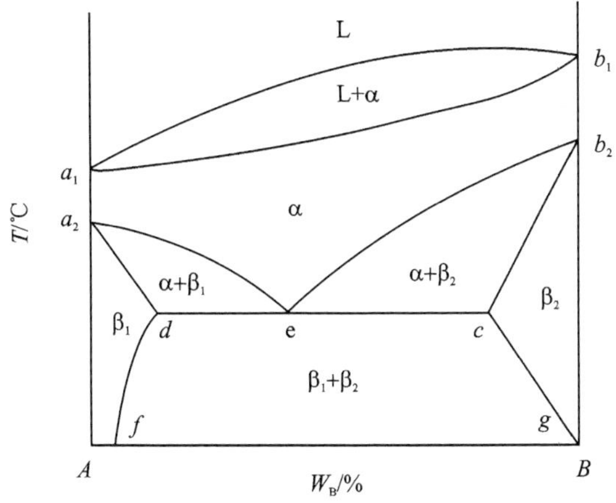

图 4.10　具有共析反应的二元合金相图

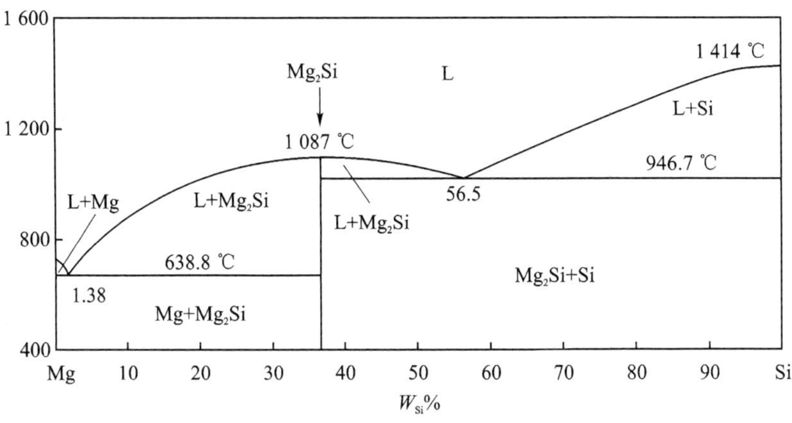

图 4.11　Mg－Si 合金相图

4.3　相图与合金性能之间的关系

合金的性能取决于合金的化学成分与内部组织。从合金相图中可知合金发生相变的温度以及在室温下的平衡组织。相图与合金性能之间存在一定的关系，依据相图可大致判断出不同成分合金的性能。

4.3.1　相图与合金力学性能之间的关系

图 4.12 所示为相图与合金力学性能之间关系的示意图。当合金的组织为单相固溶体时，由于固溶强化效应，使固溶体合金的强度和硬度一般均高于相应的纯金属，且随着合金中溶质元素含量的增加，合金的强度和硬度提高，大约在溶质元素含

量为50%时其强度和硬度最高,如图4.12(a)所示。

当合金的组织为两种相组成的机械混合物时,合金的力学性能大致为两种组成相性能的算术平均值。计算式为 $R=R_1 \cdot V_1+R_2 \cdot V_2$,$\mathrm{HBW}=\mathrm{HBW}_1 \cdot V_1+\mathrm{HBW}_2 \cdot V_2$,式中 R、HBW 分别为合金的强度和硬度,R_1、R_2 为两组成相的强度,HBW_1、HBW_2 为两组成相的硬度,V_1、V_2 为两组成相的体积分数,即性能与成分呈直线关系,如图4.12(b)所示。对于形成稳定化合物的相图,形成的化合物可作为一种组元,其性能-成分曲线在化合物处出现转折点(也称奇异点),如图4.12(c)所示。

由于双相合金的性能还与组成相的分散度有关,组成相越细小、分散,其强度和硬度就越高。对于具有共晶成分的合金,由于形成了两相交替分布的细密的共晶组织,使其强度和硬度明显提高,如图4.12(b)、(c)中的虚线所示。

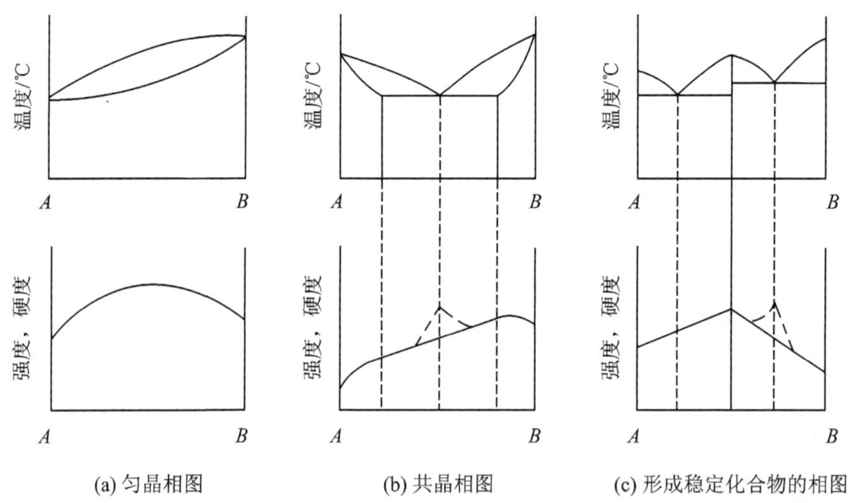

图4.12 相图与合金力学性能之间的关系

4.3.2 相图与合金工艺性能之间的关系

合金的工艺性能通常包括铸造性能、压力加工性能、热处理性能和切削加工性能等。根据合金组织与性能之间的关系,利用相图可大致判断合金的工艺性能。

图4.13所示为相图与合金铸造性能之间的关系示意图。合金的铸造性能主要表现为流动性、缩孔、裂纹和偏析倾向等。这些性能主要取决于相图中液相线与固相线之间的水平距离与垂直距离,即结晶的成分间隔与温度间隔。随着液相线与固相线之间的距离增大,合金的流动性降低,易于形成分散缩孔,偏析倾向增大,即铸造性能变差。

由图4.13可知,纯金属和具有共晶成分的合金其液相线与固相线之间间隔最小,流动性好,易于形成集中缩孔,因此具有良好的铸造性能。由于大多数纯金属的力学性能较差,因此工业中使用的铸造合金大多为共晶成分或接近共晶成分的合金。

单相固溶体合金的塑性较好，变形抗力小，适合进行压力加工。但由于固溶体的韧性较好，切削加工时不容易断屑，使加工零件的表面光洁度降低，同时切屑增加刀具的磨损，因此固溶体合金的切削加工性能较差。双相合金，特别是当其中一相为硬脆化合物且数量较多时，其塑性较差；但如果双相合金的组织中硬脆相的数量不多，则其切削加工性能比固溶体合金要好得多。

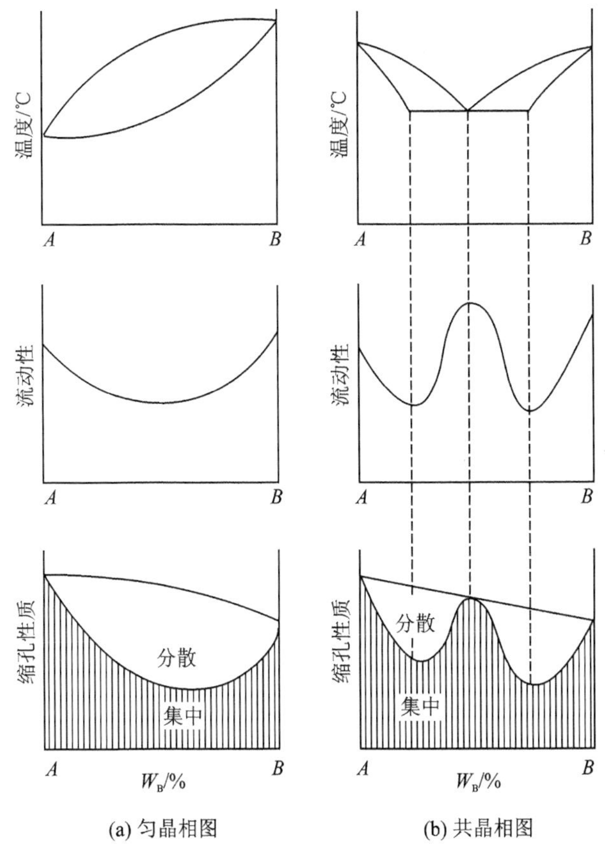

图 4.13　相图与合金铸造性能之间的关系

4.4　铁碳合金相图

碳钢和铸铁是工业生产中应用最广泛的金属材料。它们的基本组元都是铁和碳，所以统称为铁碳合金。铁碳合金相图是分析研究铁碳合金组织与性能之间关系的重要工具。铁与碳可形成 Fe_3C、Fe_2C、FeC 等一系列化合物，因此，整个铁碳相图可看成是由 Fe－Fe_3C、Fe_3C－Fe_2C、Fe_2C－FeC、FeC－C 等二元状态图所构成的。由于含碳量大于 6.69%的铁碳合金脆性极大，没有实用价值，因此只研究 Fe－Fe_3C 部分的相图。在实际中所讨论的铁碳合金相图，通常都是指 Fe－Fe_3C 相图（如图 4.14所示），相图中的 Fe_3C 作为一个独立组元。值得注意的是，如果相图的成分坐标以含碳量表示，则其变化范围为 0～6.69%。Fe－Fe_3C 相图是研究铁碳合金的基础，是选择材料和制定有关热处理工艺的重要依据。

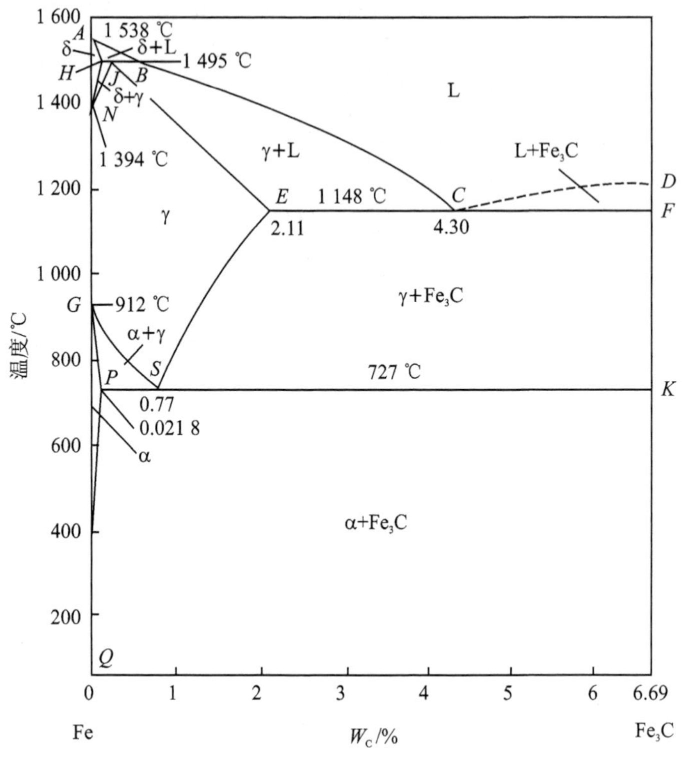

图 4.14　Fe－Fe_3C 相图

4.4.1　Fe－Fe_3C 相图中的基本相

Fe－Fe_3C 相图中的基本相，除液相(L)外，铁与碳相互作用可形成固溶体及化合物，包括碳溶于 α－Fe、γ－Fe、δ－Fe 三种同素异构体中所形成的间隙固溶体，以及铁与碳之间形成的化合物 Fe_3C。

1) 铁素体

碳溶于 α－Fe 形成的间隙固溶体称为铁素体，常用字母 F(Ferrite)或 α 表示。铁素体在 912 ℃以下稳定存在。碳在铁素体中的溶解度很小，在室温时仅为 0.000 8%，其最大溶碳量只有 0.021 8%(727 ℃时)。由于铁素体中的溶碳量很小，其力学性能与纯铁相似，即强度、硬度较低，塑性和韧性较好。

2) 奥氏体

碳溶于 γ－Fe 中形成的间隙固溶体，称为奥氏体。常用字母 A(Austenite)或 γ 表示。奥氏体在 727 ℃以上一定温度范围内稳定存在。碳在奥氏体中的溶解度较大，在 727 ℃时溶碳量为 0.77%，在 1 148 ℃时奥氏体中的溶碳量达到最大，为

2.11%。奥氏体的性能与溶碳量有关，总体上奥氏体的强度、硬度较低，但具有良好的塑性，因此钢材压力加工时，一般都要加热至奥氏体状态下进行。

3) δ 固溶体

碳溶于 δ－Fe 中形成的间隙固溶体称为 δ 固溶体或高温铁素体，常用字母 δ 表示。δ 固溶体在 1 394～1 538 ℃温度范围内存在。δ 固溶体与铁素体(α)在本质上相同，由于其晶格常数较铁素体的大，故对碳的溶解度大于铁素体。在 1 495 ℃时，δ 固溶体的溶碳量最大，为 0.09%。

4) 渗碳体

铁与碳之间形成的具有复杂结构的间隙化合物，称为渗碳体(Cementite)，以 Fe_3C 表示。其含碳量为 6.69%。渗碳体的硬度很高(800HBW)，塑性和韧性几乎为零，是铁碳合金中的一种重要强化相。渗碳体是一种亚稳化合物，在高温长时间加热条件下将发生分解：$Fe_3C \longrightarrow 3Fe + C$(石墨)。这里分解出的碳为自由碳，通常称为石墨，以符号 G(Graphite)表示。

4.4.2　Fe－Fe_3C 相图分析

1. 相图中的特性点及其含义

Fe－Fe_3C 相图中的各特性点及其含义，见表 4.1。

表 4.1　Fe－Fe_3C 中各特性点及其含义

特性点	温度/℃	W_C/%	含　义	特性点	温度/℃	W_C/%	含　义
A	1 538	0	纯铁的熔点	*H*	1 495	0.09	碳在 δ－Fe 中的最大溶解度
B	149 5	0.53	包晶转变时的液相成分	*J*	1 495	0.17	包晶点
C	1 148	4.30	共晶点	*K*	727	6.69	共析渗碳体成分点
D	1 227	6.69	渗碳体的熔点	*N*	1 394	0	γ－Fe⇌δ－Fe 同素异构转变点
E	1 148	2.11	碳在 γ 中的最大溶解度	*P*	727	0.021 8	碳在 α－Fe 中的最大溶解度
F	1 148	6.69	共晶渗碳体成分点	*Q*	0	0.000 8	室温下(0 ℃时)碳在 α－Fe 中的溶解度
G	912	0	α－Fe⇌γ－Fe 同素异构转变点	*S*	727	0.77	共析点

2. Fe－Fe_3C 相图中的特性线及其 3 个主要转变

图 4.14 中：*ABCD* 线为液相线，在 *ABCD* 线以上为液相(L)；*AHJECF* 线为固相线，在 *AHJECF* 线以下全部为固相。

图 4.14 中有如下 3 条重要水平线：

① 包晶转变线 HJB（1 495 ℃），含碳量在 0.09%～0.53%之间的铁碳合金，在 1 495 ℃时，将发生包晶转变，可用反应式表示为 $L_{0.53}+\delta_{0.09}\xrightarrow{1\,495\ ℃}A_{0.17}$。

② 共晶转变线 ECF（1 148 ℃），含碳量在 2.11%～6.69%之间的铁碳合金，在 1 148 ℃时，将发生共晶转变，可用反应式表示为 $L_{4.3}\xrightarrow{1\,148\ ℃}(A_{2.11}+Fe_3C)$。共晶转变的产物为高温莱氏体，以 Ld 表示。合金从共晶温度继续冷却到 727 ℃时，会从共晶奥氏体中析出二次渗碳体（$Fe_3C_{Ⅱ}$），剩余的奥氏体全部转变为珠光体，此时的组织称为低温莱氏体或变态莱氏体，以 Ld′表示。

③ 共析转变线 PSK（727 ℃），通常称为 A_1 线，含碳量在 0.021 8%～6.69%之间的铁碳合金，在 727 ℃时将发生共析转变，可用反应式表示为 $A_{0.77}\xrightarrow{727\ ℃}(F_{0.021\,8}+Fe_3C)$。共析转变的产物称为珠光体，以符号 P 表示。珠光体是铁素体和渗碳体组成的共析体（机械混合物），在显微镜下观察，呈层片状分布，表面具有珍珠光泽，故称为珠光体。

此外，图 4.14 中还有如下 3 条重要的固态转变线：

① GS 线是冷却时从奥氏体中开始析出铁素体或加热时铁素体全部溶入奥氏体的转变线，GS 线也称为 A_3 线。

② ES 线为碳在奥氏体中的溶解度曲线，通常称为 Acm 线。含碳量大于 0.77%的铁碳合金冷却至低于此线温度时，将从奥氏体中析出渗碳体，称为二次渗碳体（以 $Fe_3C_{Ⅱ}$ 表示），以区别于由液相中直接析出的一次渗碳体（以 $Fe_3C_{Ⅰ}$ 表示）。

③ PQ 线为碳在铁素体中的溶解度线，727 ℃时，碳在铁素体中的最大溶解度为 0.021 8%，铁碳合金从 727 ℃冷却至室温（通常以 0 ℃计）时，铁素体中的溶碳量降低至 0.000 8%。在此阶段，会从铁素体中析出极少量的渗碳体，称为三次渗碳体（以 $Fe_3C_{Ⅲ}$ 表示）。

3. Fe－Fe_3C 相图中的相区及铁碳合金分类

Fe－Fe_3C 相图中的线将整个相图划分为 5 个单相区：L 液相区、δ 固溶体区、γ 奥氏体区、α 铁素体区、Fe_3C 渗碳体区；7 个两相区：L＋δ、L＋γ、L＋Fe_3C、δ＋γ、γ＋α、α＋Fe_3C 和 γ＋Fe_3C；以及 3 个三相共存区：HJB 线为 L＋δ＋γ、ECF 线为 L＋γ＋Fe_3C、PSK 线为 γ＋α＋Fe_3C。

根据 Fe－Fe_3C 相图，各种铁碳合金按其含碳量的不同分类如下：

① 工业纯铁（＜0.021 8%）。

② 碳钢（含碳量为 0.021 8%～2.11%），包括亚共析钢（含碳量为 0.021 8%～0.77%）、共析钢（含碳量为 0.77%）和过共析钢（含碳量为 0.77%～2.11%）。

③ 白口铸铁（含碳量为 2.11%～6.69%），包括亚共晶白口铸铁（含碳量为 2.11%～4.3%）、共晶白口铸铁（含碳量为 4.3%）和过共晶白口铸铁（含碳量为 4.3%～6.69%）。

不同成分的铁碳合金从高温液相冷却至低温的平衡结晶过程中，将发生不同的

组织转变，在室温下将得到不同的显微组织。

4.4.3　几种典型铁碳合金的平衡结晶过程

1. 共析钢

图 4.15 所示为共析钢的结晶过程示意图。共析钢从高温液态缓慢冷却至 1 点温度时，开始从液相中结晶出奥氏体；至 2 点温度时，液相全部结晶为奥氏体；继续冷却至 3 点温度（727 ℃）时，发生共析转变，奥氏体全部转变成珠光体（P）。当温度继续降低时，铁素体成分沿 *PQ* 线变化，会有少量的 Fe_3C_{III} 从铁素体中析出，但由于 Fe_3C_{III} 的量很少，在显微镜下难以分辨，故可忽略不计。因此，共析钢在室温下的平衡组织为珠光体。其显微组织如图 4.16 所示，珠光体中的 F 和 Fe_3C 呈层片状交替分布。利用杠杆定律可计算出室温下珠光体中 F 和 Fe_3C 的相对含量（即相组成物的相对含量）：

$$F\% = \frac{6.69-0.77}{6.69-0.0008}\times 100\% = 88.5\%,\quad Fe_3C\% = 1-F\% = 11.5\%$$

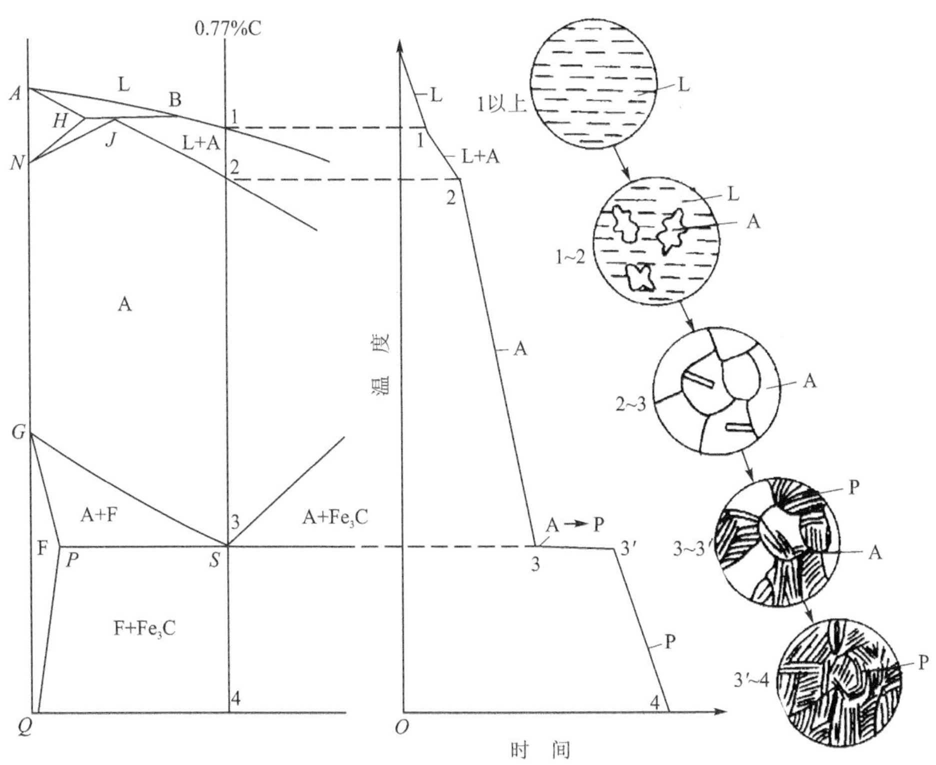

图 4.15　共析钢的结晶过程示意图

2. 亚共析钢

以含碳量为 0.4% 的碳钢为例来分析亚共析钢的平衡结晶过程，如图 4.17

所示。

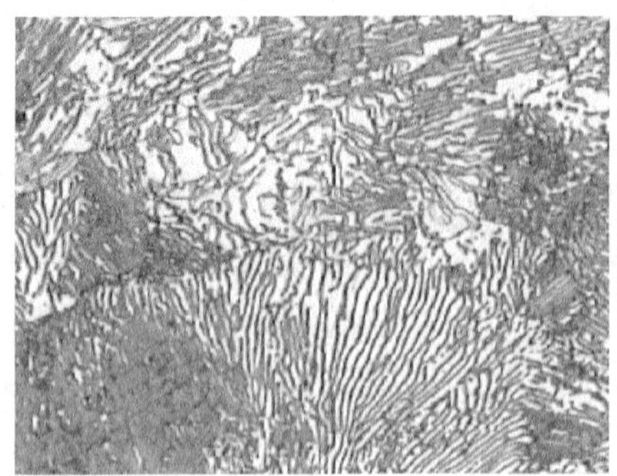

图 4.16 共析钢的显微组织

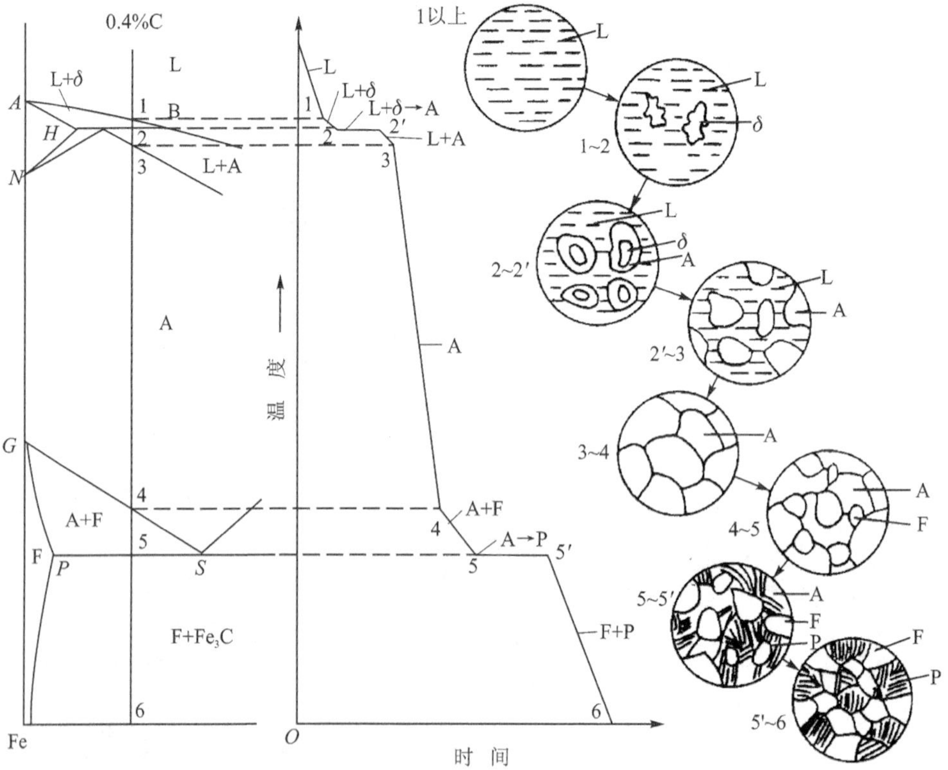

图 4.17 亚共析钢的结晶过程示意图

从液相冷却至 1 点温度时，将从液相中析出 δ 固溶体；冷却至 2 点温度(1 495 ℃)时，发生包晶转变(L＋δ ⟶ A)生成 A，反应结束后还有多余的液相；继续冷却至 3 点温度时，剩余 L 全部转变成 A；冷却至 4 点温度时，将从 A 中析出 F，并且随着温度降低，铁素体的量不断增多，成分沿 *GP* 线变化，奥氏体的量逐渐减少，成

分沿 GS 线变化；当冷却至 5 点温度时，剩余 A 的成分已达到共析点（含碳量 0.77%），将发生共析反应，A ⟶（F＋Fe_3C），生成 P。在随后的冷却过程中，会从铁素体中析出 $Fe_3C_{Ⅲ}$（数量少可忽略不计），因此亚共析钢在室温下的平衡组织为铁素体＋珠光体。其显微组织如图 4.18 所示，图中白亮色部分为铁素体，呈黑色或层片状的为珠光体。由图 4.18 可以看出，随着亚共析钢中含碳量的增加，组织中铁素体的量将减少，珠光体的数量增多。

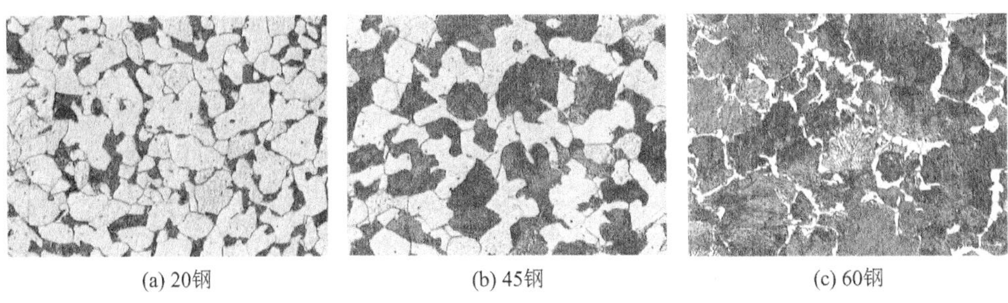

(a) 20钢　　(b) 45钢　　(c) 60钢

图 4.18　亚共析钢的显微组织

利用杠杆定律可计算出含碳量为 0.4% 的碳钢室温下组织组成物的相对含量如下：

$$F\% = \frac{0.77-0.4}{0.77-0.0218}\times 100\% = 49.45\%,\quad P\% = 1-F\% = 50.55\%$$

该钢在室温下的相组成物为 F 和 Fe_3C，利用杠杆定律可计算其相组成物的相对含量如下：

$$F\% = \frac{6.69-0.4}{6.69-0.0008}\times 100\% = 94.03\%,\quad Fe_3C\% = 1-F\% = 5.97\%$$

3. 过共析钢

以含碳量为 1.2% 的碳钢为例来分析过共析钢的平衡结晶过程（如图 4.19 所示）。从液相冷却至 1 点温度时，将从液相中结晶出 A；冷却至 2 点温度时，液相全部转变成 A；在 2～3 点温度之间，为单相 A 的自然冷却；从 3 点温度冷却至 4 点温度时，开始从奥氏体中析出 $Fe_3C_{Ⅱ}$，沿奥氏体晶界呈网状分布，随着温度降低，$Fe_3C_{Ⅱ}$ 的量逐渐增多，剩余奥氏体中的含碳量沿 ES 线变化；当温度降至 4 点温度（727 ℃）时，奥氏体的成分达到共析点（含碳量为 0.77%），此时将发生共析转变，生成珠光体。继续冷却，组织不再变化（从 F 中析出的 $Fe_3C_{Ⅲ}$ 忽略不计），因此，过共析钢在室温下的平衡组织为二次渗碳体＋珠光体。其显微组织如图 4.20 所示，图中片状或黑色组织为珠光体，白色网状组织为二次渗碳体。

利用杠杆定律可计算出含碳量为 1.2% 的碳钢室温下组织组成物的相对含量：

$$Fe_3C_{Ⅱ}\% = \frac{1.2-0.77}{6.69-0.77}\times 100\% = 7.26\%,\quad P\% = 1-Fe_3C_{Ⅱ}\% = 92.74\%$$

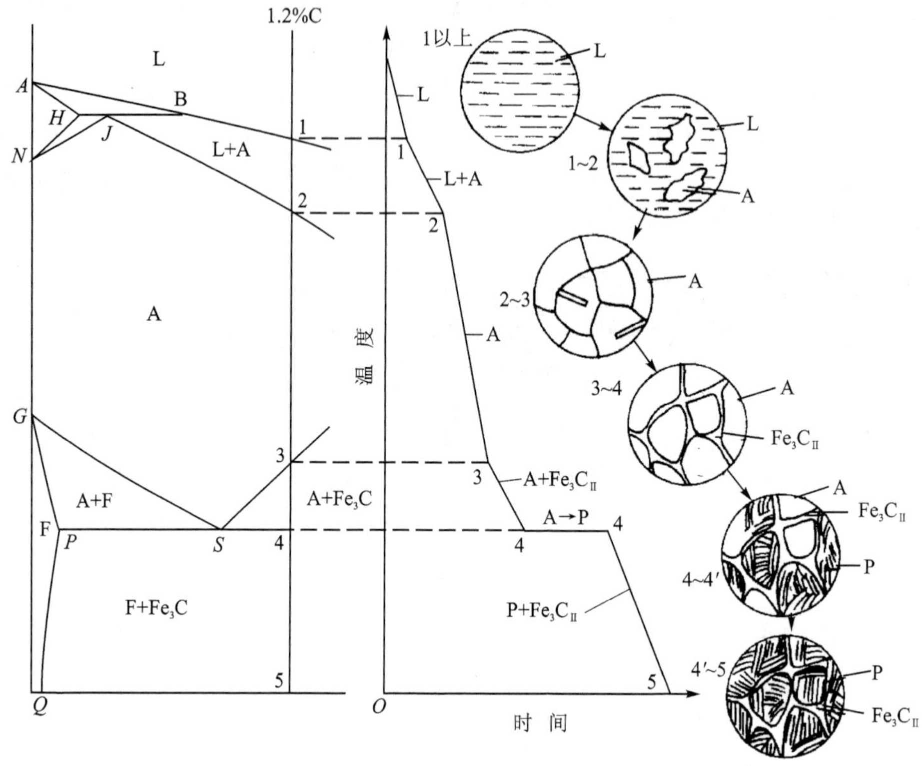

图 4.19 过共析钢的结晶过程示意图

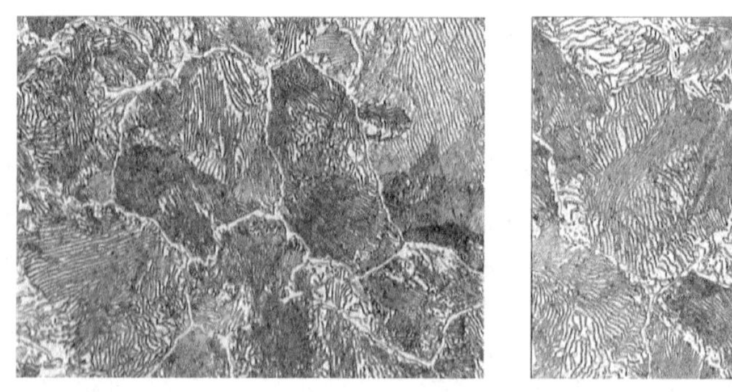
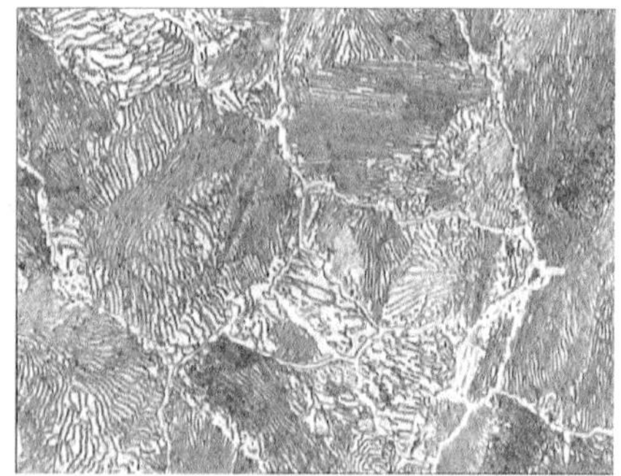

图 4.20 过共析钢的显微组织(T12 钢)

4. 白口铸铁

按照 Fe - Fe_3C 相图进行分类,含碳量为 2.11%～6.69%的铁碳合金称为白口铸铁。下面以共晶白口铸铁(含碳量为 4.3%,对应于相图中的 *C* 点成分)为例,分析白口铸铁的平衡结晶过程。图 4.21 所示为共晶白口铸铁的结晶过程示意图。

合金从液相缓慢冷却至 1 点温度(1 148 ℃)时,发生共晶反应 L ⟶(A+

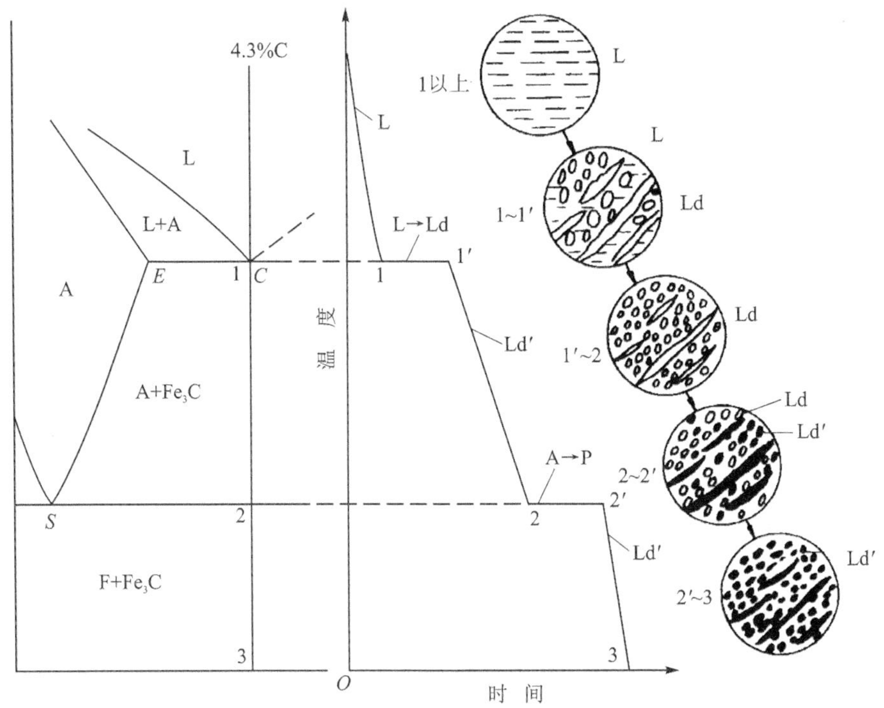

图 4.21　共晶白口铸铁的结晶过程示意图

Fe_3C)，全部转变成由奥氏体和渗碳体两相组成的混合物，称为高温莱氏体，以符号 Ld 表示。继续冷却，其中的奥氏体中将不断析出 $Fe_3C_{Ⅱ}$，奥氏体中的含碳量沿着 *ES* 线变化。当冷却至 2 点温度(727 ℃)时，A 中的含碳量达到共析成分(0.77%)，将发生共析转变，形成珠光体。因此，共晶白口铸铁在室温下的组织为珠光体和渗碳体的两相组织，称为变态莱氏体(或低温莱氏体)，以符号 Ld′表示。共晶白口铸铁的显微组织如图 4.22(a)所示。图中黑色部分为珠光体，白色基体部分为渗碳体。二次渗碳体与莱氏体中的渗碳体(又称共晶渗碳体)混在一起，在光学显微镜下难以分辨。

亚共晶白口铸铁(含碳量为 2.11%～4.3%)的结晶过程可参照共晶白口铸铁的分析方法，只不过在结晶过程中会先由液相中析出一部分 A，随后的结晶过程与共晶白口铸铁相似，亚共晶白口铸铁在室温下的平衡组织为珠光体、二次渗碳体和变态莱氏体($P+Fe_3C_{Ⅱ}+Ld'$)。其显微组织如图 4.22(b)所示，图中黑色树枝状部分为珠光体，黑色点状部分为变态莱氏体，白色基体部分为二次渗碳体和共晶渗碳体。

同理可分析过共晶白口铸铁(含碳量为 4.3%～6.69%)的结晶过程，只不过在结晶过程中会先由液相中析出一部分 $Fe_3C_{Ⅰ}$，随后的结晶过程与共晶白口铸铁相似，其在室温下的平衡组织为一次渗碳体＋变态莱氏体($Fe_3C_{Ⅰ}+Ld'$)。其显微组织如图 4.22(c)所示，图中白色条块状为一次渗碳体，基体为变态莱氏体。

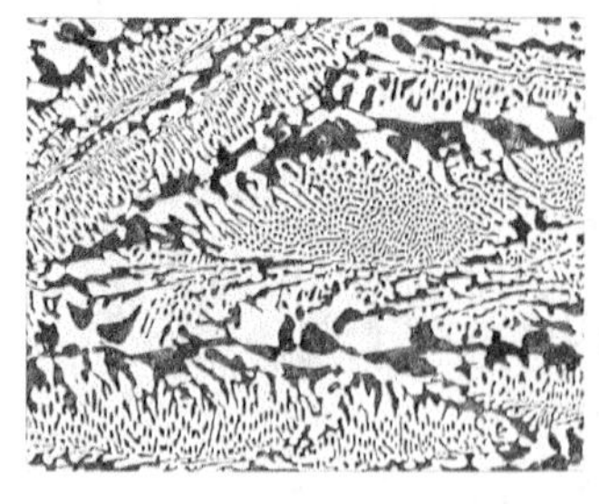

(a) 共晶白口铸铁

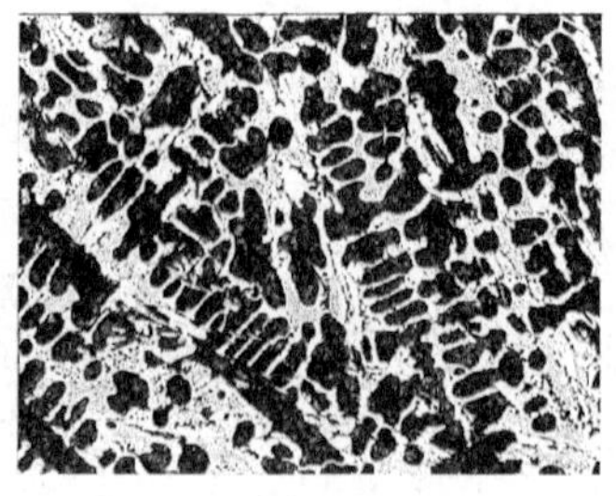

(b) 亚共晶白口铸铁

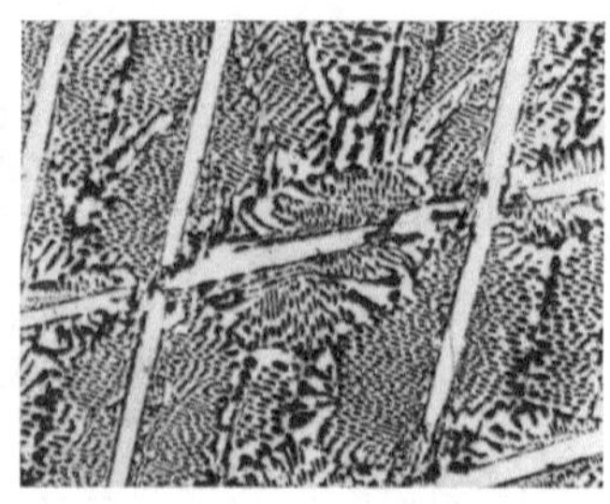

(c) 过共晶白口铸铁

图 4.22　白口铸铁的显微组织

4.4.4　铁碳合金成分、组织与力学性能之间的关系

1. 含碳量对铁碳合金显微组织的影响

由 Fe－Fe_3C 相图分析可知，各种铁碳合金在室温下的显微组织都是由铁素体和渗碳体两相构成，但成分（含碳量）不同的铁碳合金，其组织中两相的相对数量、分布及形态各不相同。因此，不同成分的铁碳合金具有不同的组织与性能。铁碳合金在室温下的组织组成物和相组成物的相对量变化情况如图 4.23 所示。

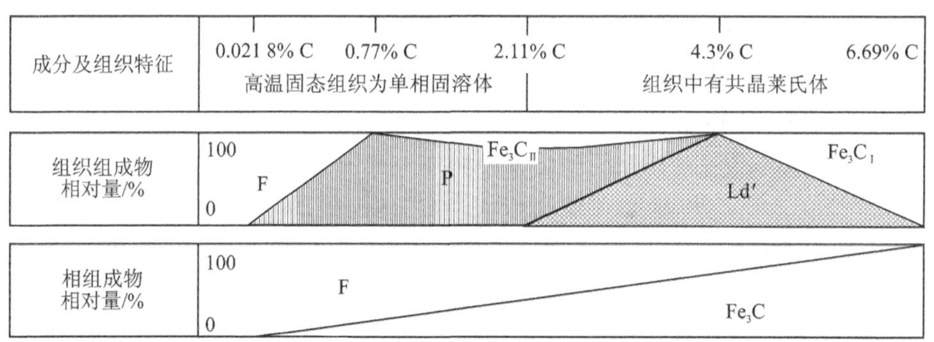

图 4.23　铁碳合金中组织组成物与相组成物的相对量变化情况

从图 4.23 中可以看出，随着铁碳合金中的含碳量逐渐增加，其室温下的显微组织变化规律如下：F→F＋P→P→P＋Fe_3C_{II}→P＋Fe_3C_{II}＋Ld′→Ld′→Fe_3C_I＋Ld′。

不同铁碳合金的相组成物的变化情况是：随含碳量的增加，其室温组织中铁素体的相对量逐渐减少，渗碳体的相对量逐渐增加。对于碳钢部分，随着含碳量的增加，亚共析钢中的铁素体量逐渐减少，过共析钢中的二次渗碳体量逐渐增加；对于铸铁部分，随着含碳量的增加，亚共晶白口铸铁中的珠光体和二次渗碳体的量逐渐减少；过共晶白口铸铁中一次渗碳体的量逐渐增加。

2. 含碳量对铁碳合金力学性能的影响

铁碳合金的力学性能取决于组织中铁素体与渗碳体的相对含量及分布状况。

图 4.24 所示为碳钢的含碳量与其力学性能之间的关系。当碳钢的含碳量小于 0.9%时，随着钢中含碳量的增加，钢的强度、硬度呈直线上升，而塑性、韧性随之降低。这是由于碳钢组织中渗碳体的量增多，铁素体的量减少所致。当碳钢的碳含量大于 0.9%时，随碳含量的进一步增加，钢的硬度继续升高，但强度开始明显下降，塑性、韧性继续降低。这是由于钢中沿晶界呈网状分布的二次渗碳体，随含碳量增加，其数量增多，网络越厚越完整，导致晶粒之间的结合力减弱，使钢的强度降低。因此，工业生产中常用的碳钢其含碳量一般不超过 1.4%。对于含碳量大于 2.11%的白口铸铁，由于合金组织中渗碳体的量太多，性能硬而脆，难以切削加工，故在实际生产中很少直接应用。

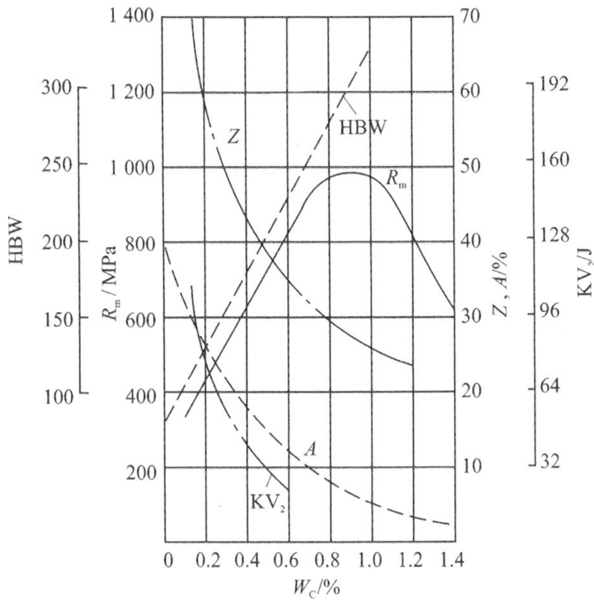

图 4.24　碳钢的含碳量与力学性能之间的关系

第 5 章　金属热处理原理与工艺

金属的热处理是指在固态下将钢加热到一定温度并在此温度下保持一定时间，然后以预定的速度冷却，从而改变其内部或表面组织结构，以改善其性能的一种加工工艺。

钢的热处理一般由加热、保温和冷却三个阶段组成，其工艺过程可用热处理工艺曲线来表示，如图 5.1 所示。钢在加热和冷却过程中，通过改变热处理工艺参数，使其整体组织或表面成分和表面组织产生转变，以获得所需的内部组织、表面成分和组织，进而实现钢的性能转变。

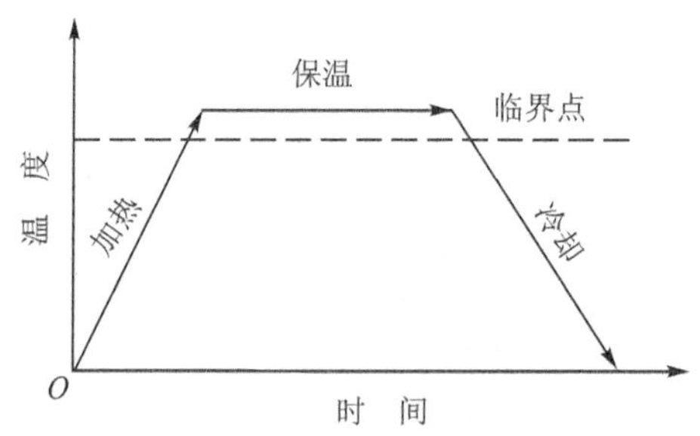

图 5.1　钢的热处理工艺曲线

在工业生产中，绝大多数金属材料在使用前都要进行热处理，使其组织与性能发生根本性改变，以满足不同工程结构或机器零件对材料的使用性能要求。例如：航空航天领域中使用的各种轴类零件、齿轮和飞机起落架部件等都要进行热处理。

5.1　钢的热处理原理

由 $Fe-Fe_3C$ 相图可知，A_1 温度是奥氏体与珠光体之间发生转变的临界温度。对钢进行加热，当温度超过 A_1 温度时，珠光体组织向奥氏体转变；而在冷却过程中，当低于 A_1 温度时具备一定的过冷度，奥氏体组织将发生转变。由于热处理时的实际加热速度一般都比较快，因此使得转变为奥氏体的温度有所提高；同样，热处理时的实际冷却速度也比平衡条件快，相应的转变温度也有所降低。与 $Fe-Fe_3C$ 相图中的平衡温度 A_1、A_3、A_{cm} 相对应，将实际加热时的临界温度表示为 A_{C1}、A_{C3}、A_{Ccm}，将实际冷却时的临界温度表示为 A_{r1}、A_{r3}、A_{rcm}，如图 5.2 所示。

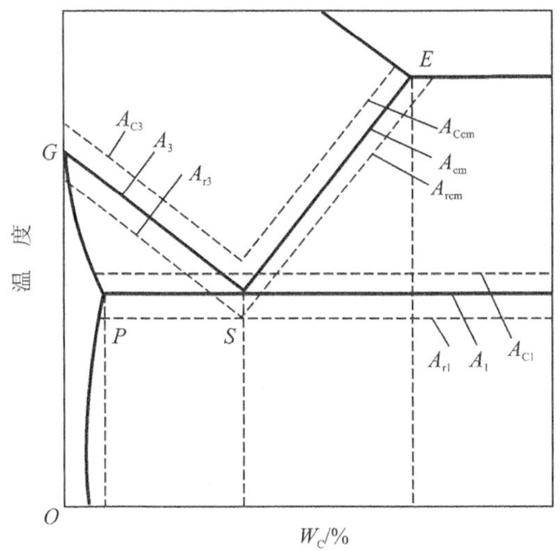

图 5.2　钢在加热和冷却时的临界温度

5.1.1　钢在加热时的组织转变

碳钢在室温下的组织是由铁素体和渗碳体两相组成的。加热是热处理的第一步，对钢进行加热的目的是为了获得成分均匀、晶粒细小的奥氏体。依据 $Fe-Fe_3C$ 相图，亚共析钢加热到 A_{C3} 以上一定温度并保持一定时间后，可获得均匀分布的奥氏体组织；共析钢加热到 A_{C1} 以上一定温度并保持一定时间后，将得到单相奥氏体组织；过共析钢则要加热到 A_{Ccm} 以上一定温度并保持一定时间后，才能获得全部奥氏体组织。将奥氏体化的钢按不同的冷却方式进行冷却，可得到不同的组织与性能。

1. 奥氏体的形成过程

下面以共析钢为例具体阐述珠光体向奥氏体的转变过程。奥氏体的形成是通过形核和晶核长大实现的。奥氏体晶核的形成伴随着铁原子和碳原子的扩散，属于扩散型相变。将共析钢加热到 A_{C1} 温度以上，奥氏体晶核优先在铁素体和渗碳体的相界上形成，通过碳原子和铁原子的扩散逐步形成成分均匀的奥氏体晶粒。奥氏体的形成过程可分为如图 5.3 所示的 4 个阶段，包括：奥氏体晶核形成、奥氏体晶核长大、残余渗碳体溶解、奥氏体成分均匀化。

亚共析钢加热到 A_{C1} 温度以上时，钢中的珠光体转变为奥氏体，此时为奥氏体和铁素体组织；当加热到 A_{C3} 温度以上时，铁素体转变为奥氏体，获得均匀的单相奥氏体组织。过共析钢加热到 A_{C1} 温度以上，钢中的珠光体转变为奥氏体，此时为奥氏体和渗碳体组织，当加热温度上升到 A_{Ccm} 以上时，发生渗碳体的溶解，得到单相奥氏体组织，但此时奥氏体晶粒已经粗化。因此，对过共析钢进行热处理时，通常只加热到 A_{C1} 温度以上，而不是加热到 A_{Ccm} 温度以上，其目的是保留钢中的一部分渗碳体，以提高钢的硬度和耐磨性。

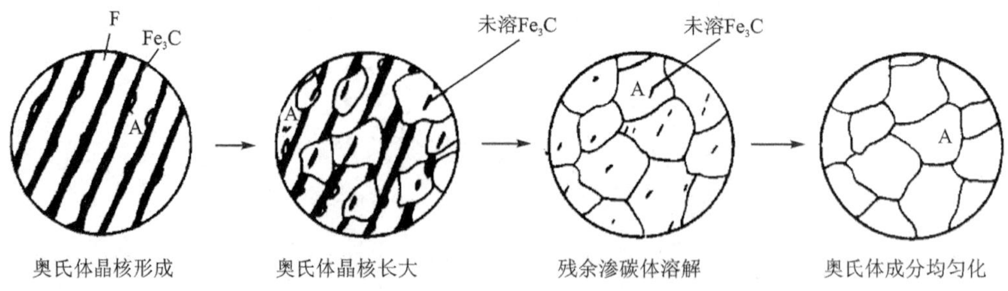

图 5.3 共析钢奥氏体形成过程示意图

2. 奥氏体晶粒度及其影响因素

钢在加热时形成的奥氏体晶粒的大小直接影响冷却后所得的组织与性能。通常奥氏体晶粒细小，冷却后获得的组织也细小，钢的强度和硬度越高，塑性和韧性越好，即钢的综合力学性能越好。

1) 奥氏体晶粒度的概念

根据奥氏体的形成过程和晶粒长大情况，奥氏体晶粒度可分为如下三种：起始晶粒度、实际晶粒度和本质晶粒度。

加热时，奥氏体转变过程刚刚结束时其晶粒的大小称为起始晶粒度。热处理工艺实际操作过程中，在某一具体加热温度下所得到的奥氏体实际晶粒大小称为实际晶粒度，一般比起始晶粒度要大。

本质晶粒度是指钢加热时奥氏体晶粒的长大倾向。有些钢随加热温度升高，奥氏体晶粒不容易长大，这类钢称为本质细晶粒钢；而有些钢随着加热温度的升高，奥氏体晶粒迅速长大，这类钢称为本质粗晶粒钢，如图 5.4 所示。

由于奥氏体晶粒大小直接影响到后续冷却时钢的组织与性能，因此在实际热处理过程中，总是希望获得成分均匀、晶粒细小的奥氏体。

在工业生产中通常采用如图 5.5 所示的标准晶粒度等级图，通过比较或测量的方法来评定钢在特定加热条件下奥氏体晶粒的大小。晶粒度通常分为 8 级，1～4 级为粗晶粒度，5～8 级为细晶粒度。

2) 奥氏体晶粒长大及其影响因素

(1) 钢的化学成分

钢中奥氏体的含碳量增加时，晶粒长大的倾向随之增大。如果碳以未溶碳化物的形式存在，则有阻碍晶粒长大的作用。例如：钢中含有碳化物形成元素（如 Ti、V、Nb、Zr 等），其形成稳定的碳化物会阻碍奥氏体晶粒长大；促进石墨化的元素（如 Si、Ni、Co）会阻碍奥氏体晶粒长大。在钢中加入适量的 Al，形成稳定的、沿晶界弥散分布的氮化物，会阻碍奥氏体晶粒长大。Mn 和 P 是促进奥氏体晶粒长大的元素。

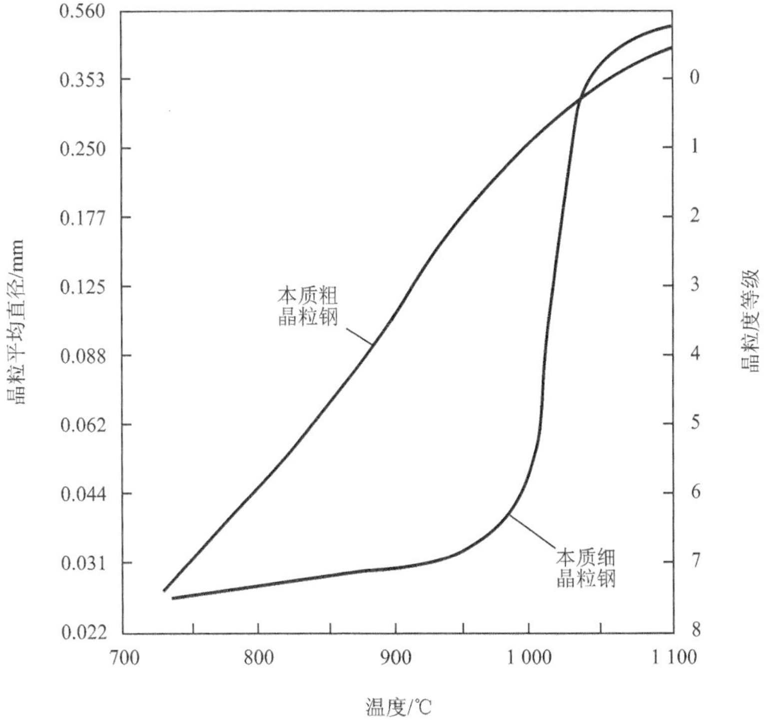

图 5.4　本质细晶粒钢与本质粗晶粒钢

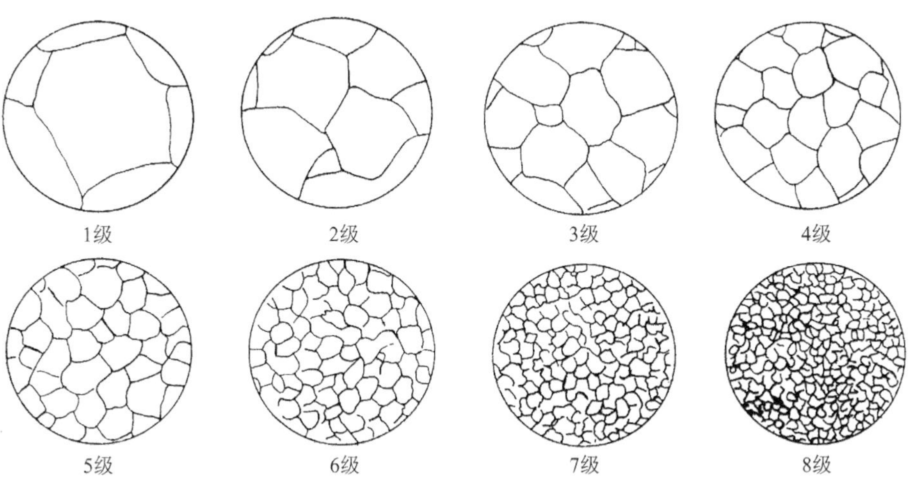

图 5.5　钢的标准晶粒度等级示意图

(2) 加热温度和保温时间

奥氏体晶粒长大伴随着晶界总面积减小，使体系能量降低，所以在高温下，奥氏体晶粒长大是一个自发过程。加热温度是影响奥氏体晶粒长大最重要的因素。随加热温度的升高，奥氏体晶粒迅速长大。在一定温度下，随保温时间的延长，奥氏体晶粒也有长大的趋势。

在实际热处理过程中，如果加热温度过高，则奥氏体晶粒过分长大，冷却后晶粒粗大，导致钢的力学性能恶化，这种现象称为过热；如果加热温度继续升高，则奥氏体晶界发生氧化或熔化，导致工件报废，这种现象称为过烧。因此，在选择确定加热温度时，应尽量避免产生过热和过烧加热缺陷。

5.1.2 钢在冷却时的组织转变

由 Fe－Fe_3C 相图可知，当共析钢从奥氏体化温度缓慢冷却到 A_1 温度以下时，将发生奥氏体向珠光体转变，但这是在平衡冷却条件下发生的。当奥氏体以非平衡方式冷却到 A_1 温度以下时，其转变产物随转变温度和冷却速度的不同而变化，即获得不同的组织。

钢的非平衡冷却方式通常有两种：等温冷却和连续冷却，如图 5.6 所示。等温冷却是将奥氏体化的钢以较快速度冷却到 A_1 温度以下的某一温度，使奥氏体在恒温下发生组织转变，随后冷却到室温。连续冷却是将奥氏体化的钢从加热温度连续冷却到室温时发生组织转变。

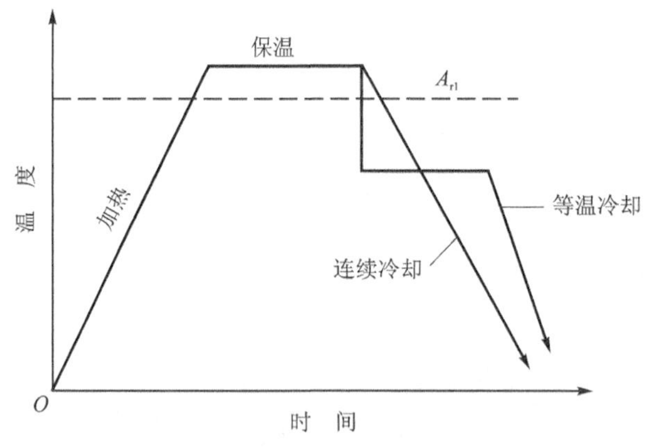

图 5.6 钢的不同冷却方式示意图

1. 过冷奥氏体的等温冷却转变

1) 共析钢 C 曲线(等温冷却转变曲线)

由 Fe－Fe_3C 相图可知，在 A_1 温度以上时奥氏体能长期稳定存在，但当温度降低到 A_1 温度以下时，奥氏体将处于不稳定状态，有自发向稳定状态转变的趋势，把此时尚未发生组织转变的奥氏体称为过冷奥氏体。钢在冷却过程中发生组织转变的

实质是过冷奥氏体向稳定状态组织的转变。

共析钢过冷奥氏体的等温转变过程和转变产物可用共析钢等温冷却转变曲线图表示，如图 5.7 所示。该图综合了温度-时间-组织转变的关系，故也称为 TTT(Time-Temperature Transformation)曲线。从外形来看，该曲线的形状与英文大写字母 C 相近，故又称为 C 曲线。一般采用实验方法(如金相法、膨胀法、磁性法、电阻法和热分析法等)测定共析钢的等温转变曲线。

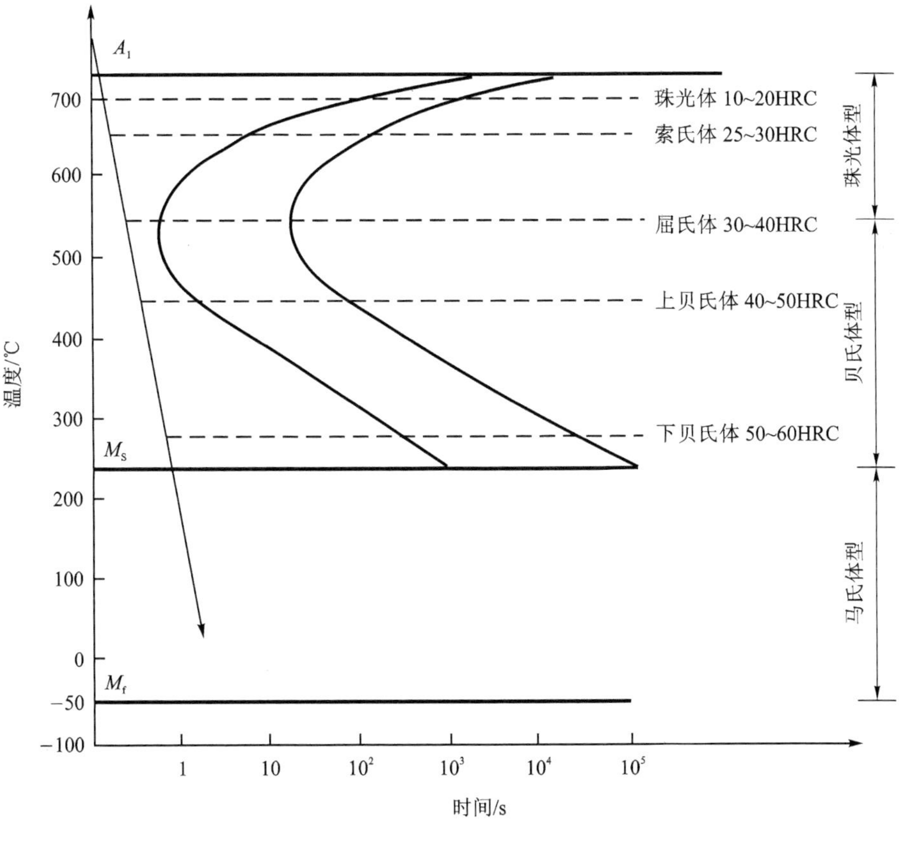

图 5.7　共析钢过冷奥氏体等温冷却转变曲线

图中 A_1 是奥氏体与珠光体平衡共存的温度。左边曲线为过冷奥氏体转变开始线，右边曲线为过冷奥氏体转变终了线，在两条曲线之间为两相组织共存区；M_S 线为过冷奥氏体转变为马氏体的开始线，M_f 线为过冷奥氏体转变为马氏体的终了线。在 A_1 温度以下，M_S 线以上、转变开始线以左的区域为过冷奥氏体区。奥氏体冷却到 A_1 温度以下至转变开始的时间称为奥氏体转变的孕育期。孕育期随等温温度的改变而变化：在 A_1～550 ℃区间，随等温温度的降低，转变开始和转变终了的时间缩短；而在 550 ℃～M_S 区间，随等温温度的降低，转变开始和转变终了的时间延长。孕育期的长短反映了过冷奥氏体的稳定性。可以看出，在图 5.7 所示 C 曲线的“鼻尖”处(约 550 ℃),孕育期最短,过冷奥氏体最不稳定。

2) 影响 C 曲线形态和位置的因素

每种钢都有各自的 C 曲线。钢的化学成分是影响 C 曲线形态和位置的主要因素。

(1) 含碳量的影响

图 5.8、图 5.9 分别为亚共析钢和过共析钢的过冷奥氏体等温冷却转变曲线。亚共析钢的过冷奥氏体等温冷却转变曲线与共析钢 C 曲线相比,在其左上方多了一条先共析铁素体析出线,表示在过冷奥氏体转变为珠光体之前,要先析出铁素体;而过共析钢的过冷奥氏体等温冷却转变曲线与共析钢 C 曲线相比,在其左上方多了一条二次渗碳体析出线,表示在过冷奥氏体转变为珠光体之前,要先析出二次渗碳体。此外,随着钢中含碳量的增加,M_S、M_f 线对应的温度有所降低。

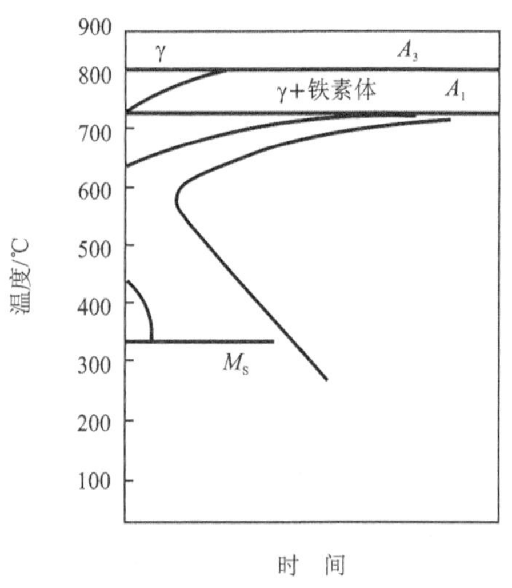

图 5.8　亚共析钢的等温冷却转变曲线

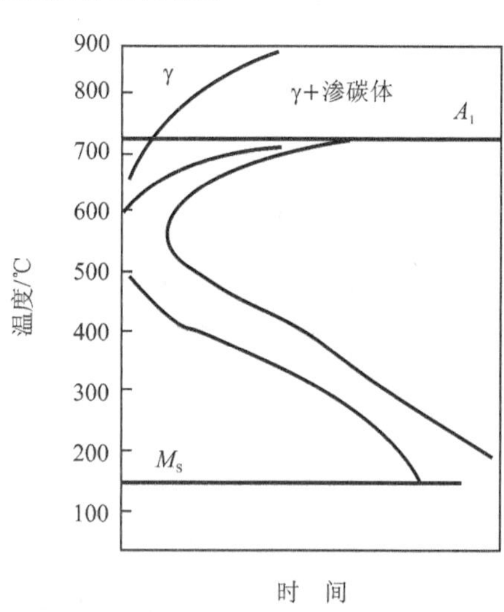

图 5.9　过共析钢的等温冷却转变曲线

(2) 合金元素的影响

除 Co 以外,所有合金元素溶入奥氏体中都会使 C 曲线右移,降低 M_S 点温度,延长奥氏体转变的孕育期,提高过冷奥氏体的稳定性。有些合金元素(如 Cr、Mo、W、V 等)不仅使 C 曲线右移,在含量较多时还会使 C 曲线的形状发生变化,如图 5.10 所示。

(3) 加热条件的影响

加热温度越高,保温时间越长,形成的奥氏体晶粒越粗大,奥氏体的成分也越均匀,提高了奥氏体的稳定性,使 C 曲线右移;而钢中未溶碳化物质点越多,奥氏体晶粒越细小,则将使 C 曲线左移。

3) 过冷奥氏体等温转变的组织和性能

图 5.7 表明,共析钢过冷奥氏体在不同的温度区间发生组织转变时,其产物有三种不同类型,分别为:在 A_1 温度至“鼻尖”温度之间,转变产物为珠光体型组织;在

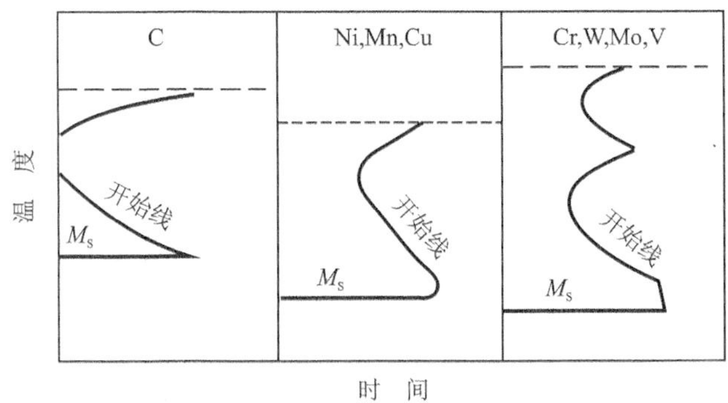

图 5.10　合金元素对 C 曲线形状和位置的影响

“鼻尖”温度至 M_S 温度之间，转变产物为贝氏体型组织；在 $M_S \sim M_f$ 温度之间，转变产物为马氏体型组织。转变产物不同，其性能也各不相同。以下分别对三种类型转变进行分析讨论。

(1) 珠光体型转变

珠光体型转变是一种扩散型转变，即铁原子和碳原子均进行扩散，其转变过程也是一个形核和核长大的过程。获得的珠光体型组织是由铁素体和渗碳体组成的机械混合物，渗碳体通常呈层片状分布在铁素体基体上。

随转变温度的高低不同，珠光体组织的形态即层片间距发生变化，转变温度越低，层片间距越小，组织越细。珠光体型组织按层片间距大小还可进一步分为珠光体(P)、索氏体(S)和屈氏体(也称托氏体，T)。其中的屈氏体因转变温度低，原子扩散困难，层片间距最小。

珠光体、索氏体和屈氏体在本质上是相同的，都是由铁素体和渗碳体形成的机械混合物，只是在形态上层片间距大小不同(如图 5.11 所示)，其对应的层片间距和力学性能随转变温度的变化而变化(见表 5.1)。其变化趋势为：随转变温度逐渐降低，P、S、T 的层片间距逐渐减小，其强度和硬度逐渐提高，塑性(Z 值)也增大。

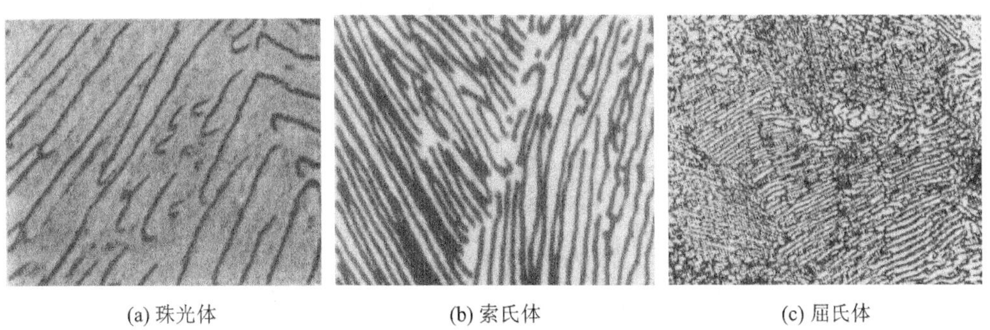

(a) 珠光体　　(b) 索氏体　　(c) 屈氏体

图 5.11　珠光体、索氏体、屈氏体的显微组织

表 5.1　珠光体型组织的转变温度和力学性能

组织名称	转变温度范围/℃	硬度 HRC	抗拉强度/MPa
珠光体(P)	650～A_1	10～20	820～880
索氏体(S)	600～650	25～30	900～1 100
屈氏体(T)	550～600	30～40	1 400～1 500

(2) 贝氏体型转变

贝氏体型转变也是形核和核长大的过程，但属于半扩散型转变，即只有碳原子发生扩散，而铁原子不发生扩散。贝氏体型组织是碳化物(渗碳体)分布在含过饱和碳的铁素体基体上的两相混合物。其组织与性能不同于珠光体。按转变温度高低不同，形成的贝氏体组织形态也不同，可分为上贝氏体和下贝氏体。贝氏体的强度、硬度随等温温度的降低而增加，这是因为温度降低，组织中铁素体中的碳过饱和度增大，位错密度增加，碳化物(渗碳体)也变得更加细小。

在 350～550 ℃温度范围内，过冷奥氏体等温转变形成的产物称上贝氏体($B_上$)，在光学显微镜下呈羽毛状，如图 5.12(a)所示。其脆性较大，尤其是冲击韧性较低，无应用价值，因此热处理时一般不希望获得上贝氏体。

在 M_S～350 ℃温度范围内，过冷奥氏体等温转变形成的产物称为下贝氏体($B_下$)，在光学显微镜下呈黑色针状，如图 5.12(b)所示。因转变温度低，碳原子不能充分扩散，碳化物细小、分布均匀，铁素体中含较多的过饱和碳，所以其硬度高、韧性好，具有较好的综合力学性能。热处理中常采用等温淬火的方法获得下贝氏体组织。

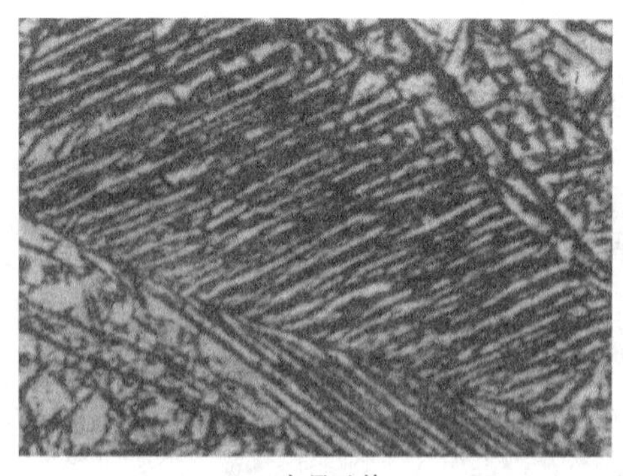
(a) 上贝氏体

(b) 下贝氏体

图 5.12　贝氏体的显微组织

(3) 马氏体型转变

马氏体组织是高温奥氏体被快速冷却到 M_S 温度以下所得到的组织。在马氏体组织的形成过程中只发生 γ－Fe 向 α－Fe 的晶格转变，不发生碳原子扩散，形成含碳过饱和的α-Fe固溶体，即马氏体，以符号M表示。按其组织形态可分为板条状马氏体和针状马氏体，如图5.13所示。含碳量低于0.2%，转变成的马氏体为韧性较

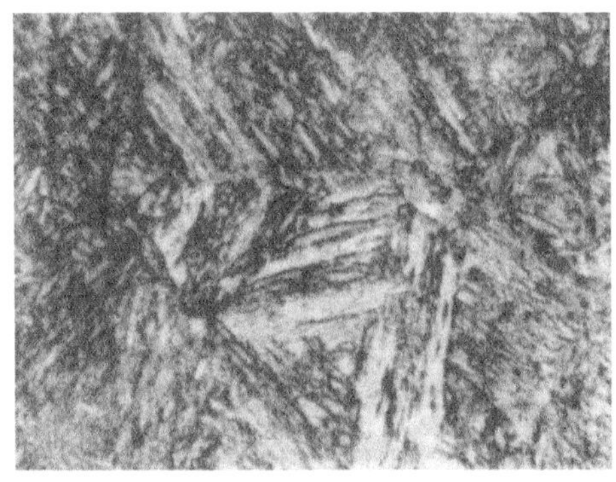

(a) 板条状马氏体

(b) 针状马氏体

图 5.13　马氏体的显微组织

好的板条状马氏体；含碳量高于 1.0%，转变成的马氏体为硬度高、脆性大的针状马氏体；含碳量在 0.2%～1.0%之间，形成的是板条状马氏体和针状马氏体的混合组织。

马氏体转变具有如下特点：

① 马氏体转变属于非扩散型转变。这是由于马氏体转变是在极大的过冷度条件下进行的，转变温度低，奥氏体中的铁原子、碳原子都不能扩散，转变时只发生 γ－Fe 向 α－Fe的晶格重组。

② 马氏体组织是在一定温度范围(M_S～M_f)形成的。当过冷奥氏体以大于 v_K(淬火临界冷却速度)冷却速度过冷到 M_S 温度以下时，就开始发生奥氏体向马氏体转变。随着温度进一步降低，马氏体的量逐渐增加。如果在 M_S 以下某一温度长时间停留，马氏体的量不会增加，反而使尚未发生转变的奥氏体更难向马氏体转变。

③ 马氏体转变不完全。即使将奥氏体过冷到 M_f 温度以下，仍有部分奥氏体保留下来，这是因为马氏体形成时伴随体积膨胀，对还未转变的奥氏体产生压力，阻止其向马氏体转变。另一方面，许多钢的 M_f 点温度处于室温之下，而在通常情况下，热处理操作只进行到室温，必然造成钢中残留有部分奥氏体。钢中含碳量对 M_S、M_f 点温度的影响如图 5.14 所示。

④ 马氏体的形成速度极快。马氏体形成时一般不需要孕育期，并且马氏体量的增加不是依靠已形成的马氏体片不断长大，而是依靠新的马氏体片不断形成。

马氏体的性能与其组织形态密切相关。面心立方晶格 γ－Fe 快速转变为体心立方晶格 α－Fe 过程中，将残留大量的晶格缺陷；过饱和碳的存在使 α－Fe 晶格产生畸变，对基体产生强化作用，使马氏体具有很高的硬度。马氏体中的溶碳量越高，过饱和度越大，固溶强化效果越明显，其硬度值也越高，但脆性也越大。含碳量对马氏体性能的影响如图 5.15 所示。

低碳马氏体(板条马氏体)的溶碳量较低，但含有大量位错，位错强化效应明显，

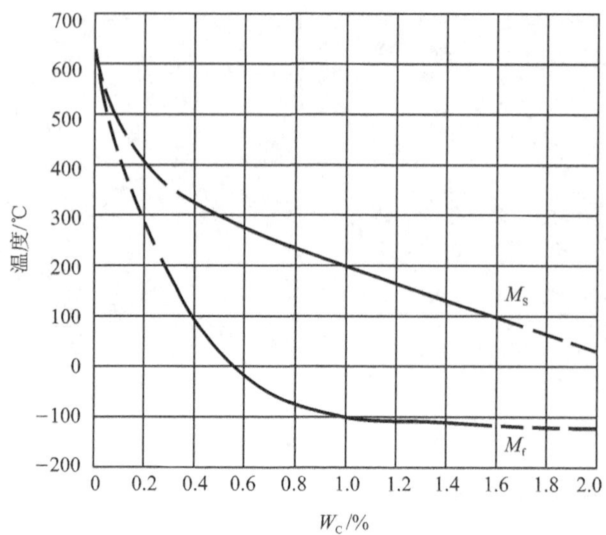

图 5.14　含碳量对马氏体转变温度的影响

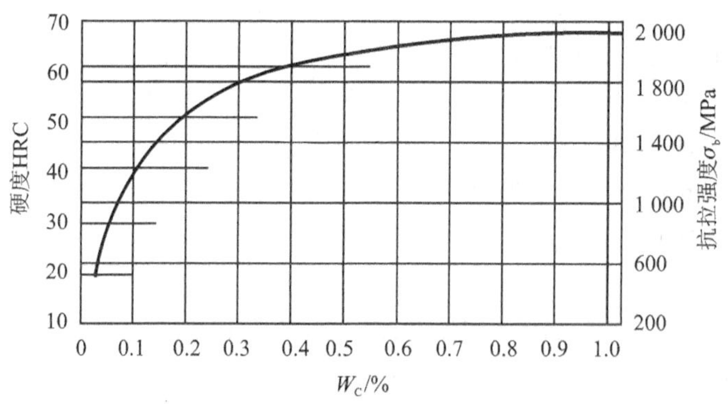

图 5.15　含碳量对马氏体性能的影响

故低碳马氏体具有较高的硬度。另外，低碳马氏体在形成过程中不会因相互撞击而形成微小裂纹，所以脆性不大。

高碳马氏体（针状马氏体）中的溶碳量较高，除产生固溶强化外，还由于针状马氏体中形成了孪晶亚结构，使其具有很高的硬度。此外，由于针状马氏体在形成过程中相互撞击导致产生微裂纹，因此脆性很大。

过冷奥氏体快速冷却到 M_S 温度以下，由于奥氏体向马氏体的转变具有不完全性，残留在钢中未发生马氏体转变的奥氏体称为残余奥氏体。奥氏体中含碳量越高，快速冷却后钢中残余奥氏体的量也越多。一般中、低碳钢淬火到室温后仍含有1%～2%的残余奥氏体，而高碳钢淬火到室温后含有 10%～15%的残余奥氏体。含碳量对钢中残余奥氏体量的影响如图 5.16 所示。

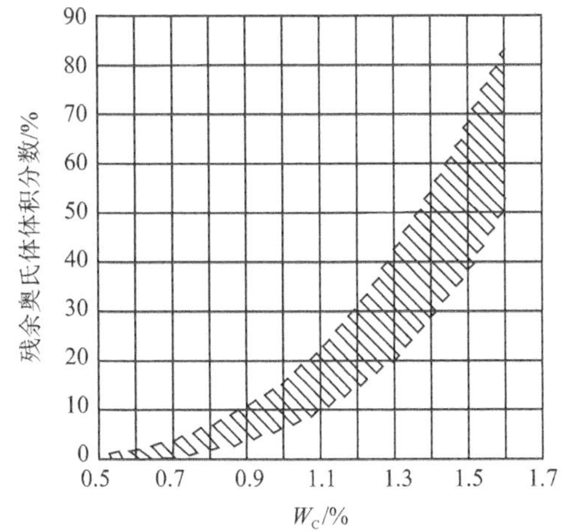

图 5.16　含碳量对钢中残余奥氏体量的影响

钢中残余奥氏体的存在一方面会降低钢的硬度、强度和耐磨性，另一方面有利于提高其塑性和韧性。由于残余奥氏体属于不稳定组织，工件在使用过程中有自发向稳定组织转变的趋势，致使工件形状和尺寸发生变化，降低工件的尺寸精度，这对于某些要求高精度的工件如精密量具、精密丝杆、精密轴承等是不允许的。在实际生产中常采用回火或冷处理来消除或减少钢中的残余奥氏体。

2. 过冷奥氏体的连续冷却转变

在实际热处理生产中，对钢加热奥氏体化后，大多采用连续冷却方式使过冷奥氏体发生转变，常用的冷却方式有炉冷、空冷、油冷、水冷等。研究过冷奥氏体的连续冷却转变规律和特点具有重要的实际意义。

1）过冷奥氏体的连续冷却转变曲线

仍以共析钢为例，通常采用实验方法测定其连续冷却转变曲线。共析钢过冷奥氏体的连续冷却转变曲线如图 5.17 所示（图中虚线），与 TTT 曲线（图中实线）相似，图中有过冷奥氏体转变为珠光体型组织的转变开始线和转变终了线。此外还有一条 KK'线，称为过冷奥氏体转变中止线，当冷却到该线时，过冷奥氏体中止向珠光体型组织的转变。由图可知，共析钢以大于 v_K 的速度冷却时，得到的组织为马氏体，v_K 称为临界冷却速度，即在热处理时使过冷奥氏体全部转变为马氏体组织的最低冷却速度。

共析钢过冷奥氏体的连续冷却转变曲线又称为 CCT（Continuous-Cooling Transformation）曲线，与 C 曲线进行比较发现它们的形状大体上相同，但也存在以下几方面的不同：①连续冷却转变曲线位于等温冷却转变曲线的右下方，其孕育期稍长，转变温度略低；②连续冷却转变曲线无贝氏体型组织转变区，当冷却曲线与 KK'线相交时，过冷奥氏体转变中止；③连续冷却时珠光体型组织转变是在一定温度范围内进行的，其层片间距因转变温度不同而不同，在较高温度下形成的层片间距要大一些。

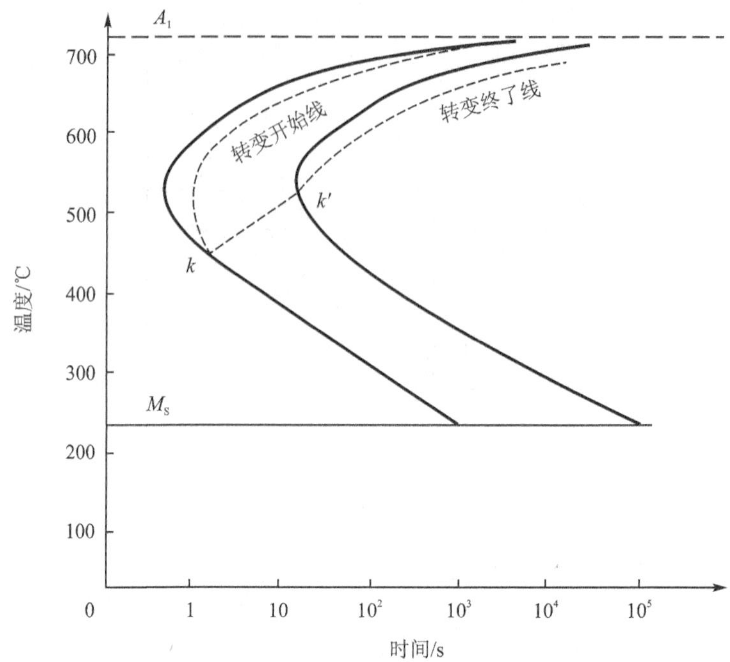

图 5.17　共析钢过冷奥氏体连续冷却转变曲线

尽管在两种冷却方式下的转变曲线有所不同，但在实际生产中仍可用 C 曲线定性分析钢在连续冷却条件下的组织转变规律。

每种钢都有各自的连续冷却转变曲线。与过冷奥氏体的 C 曲线相类似，亚共析钢的过冷奥氏体连续冷却转变曲线，在其左上方多了一条先共析铁素体析出线，而过共析钢的过冷奥氏体连续冷却转变曲线，在其左上方多了一条二次渗碳体析出线。

2）不同速度连续冷却对钢组织转变的影响

在热处理生产实践中，零件往往是连续冷却的。由于许多使用广泛的钢种其连续冷却转变曲线至今仍未测出，所以目前生产中通常采用过冷奥氏体的 C 曲线来分析过冷奥氏体在连续冷却时发生的组织转变。

图 5.18 所示为共析钢以不同冷却速度通过 C 曲线的不同位置时发生的组织转变情况：① v_1 冷却速度相当于随炉冷却，与 C 曲线相交于较高位置，转变温度在 650 ℃以上，转变后得到珠光体组织，相当于热处理工艺中的退火；② v_2 冷却速度相当于在空气中冷却，与 C 曲线的相交位置低一些，转变温度在 600～650 ℃之间，转变后得到索氏体组织，相当于热处理工艺中的正火；③ v_3 冷却速度相当于在油中冷却，与 C 曲线的相交位置更低一些，有一部分奥氏体转变为屈氏体，剩余的奥氏体冷却到 M_S 温度以下转变成马氏体（由于马氏体转变不完全，还含有少量的残余奥氏体），得到屈氏体＋马氏体＋少量残余奥氏体混合组织，相当于热处理工艺中的不完全淬火（油中淬火）；(4) v_4 冷却速度相当于在水中冷却，与 C 曲线不相交，过冷奥氏

体冷却到 M_S 温度以下时，转变成马氏体(含有少量的残余奥氏体)，最终得到马氏体＋少量残余奥氏体组织，相当于热处理工艺中的淬火(水中淬火)。图中的 v_K 为淬火临界冷却速度，冷却速度 v_1、v_2、v_3、v_4 依次增大。

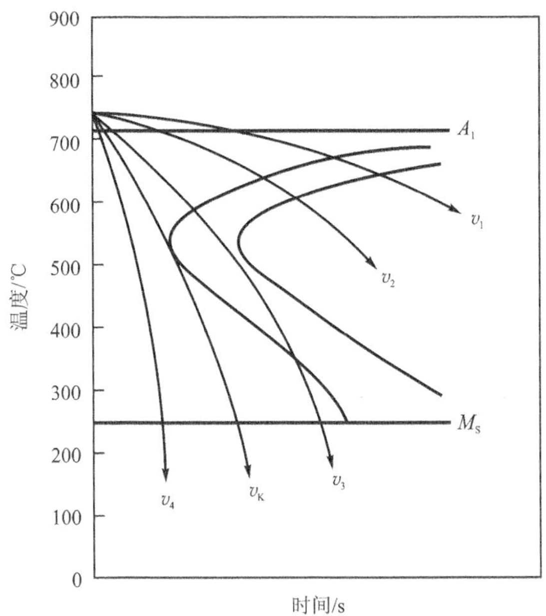

图 5.18　共析钢以不同速度连续冷却时的组织转变

5.2　钢的热处理工艺

热处理作为一种改变钢的组织与性能的重要加工手段，在实际生产中获得了广泛应用，几乎所有工程结构中的机械零部件都要经过热处理以后才能使用。热处理工艺的基本过程包括加热、保温和冷却三个阶段，对于不同的材料或构件需要加热到不同温度，按照预定的冷却速度进行冷却才能使其获得满足使用要求的组织与性能。按照加热与冷却方式的不同，钢的普通热处理工艺可按如图 5.19 所示进行分类。

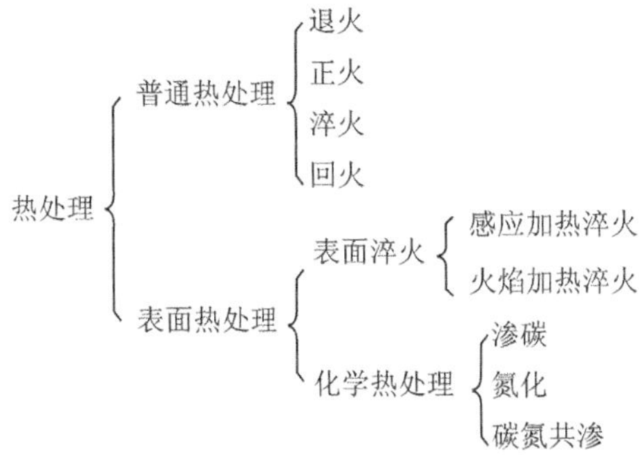

图 5.19　普通热处理工艺分类

5.2.1 退火与正火

1. 退　火

退火是将钢加热到低于或高于 A_{C1} 的温度，保温一段时间后，再以缓慢速度进行冷却（一般为炉冷），以获得接近 Fe－Fe_3C 相图上平衡组织（通常为珠光体型）的一种热处理工艺。通过退火可以达到以下目的：①改善钢在铸造、锻造和焊接后粗大且不均匀的组织，以改善钢的力学性能；②降低硬度，提高塑性，以改善钢的冷压加工和切削加工等工艺性能；③改善组织，消除内应力，为零件后续热处理做组织准备。

根据实际生产中对退火的目的和要求不同，钢的退火工艺可分为扩散退火、完全退火、等温退火、球化退火、再结晶退火和去应力退火等。碳钢各种退火工艺的加热温度范围如图 5.20 所示。

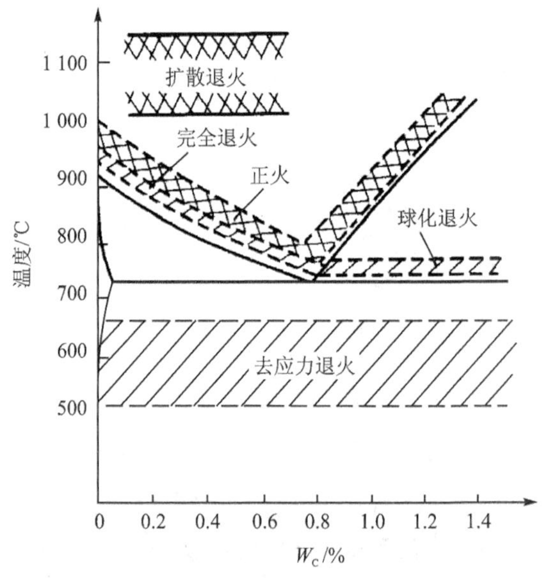

图 5.20　碳钢退火与正火加热温度范围

1）扩散退火

扩散退火又叫均匀化退火，是将钢加热到略低于固相线的温度，长时间保温后，随炉缓慢冷却，通过原子充分扩散使铸件、锻件成分和组织均匀的热处理工艺。扩散退火可用于改善或消除铸件的枝晶偏析。由于扩散退火后的组织晶粒粗大，通常还要进行完全退火或正火处理，以细化晶粒。

2）完全退火

完全退火又称重结晶退火，是将钢加热到 A_{C3} 以上 30～50 ℃，保温一定时间后缓慢冷却的热处理工艺。完全退火主要用于亚共析钢（包括一些合金结构钢）的细化晶粒，消除过热组织，降低硬度，改善切削加工性能。亚共析钢完全退火后得到的组

织为珠光体＋铁素体。对于过共析钢，不宜采用完全退火，因为加热到 A_{cm} 以上温度后缓慢冷却，钢中的二次渗碳体将沿奥氏体晶界呈网状析出，使钢的韧性大大降低，并可能在后续的热处理中引起裂纹。

3）等温退火

如图 5.21 所示，等温退火是将钢加热到 A_{C1}（共析钢和过共析钢）或 A_{C3}（亚共析钢）以上 30～50 ℃，完全奥氏体化后，以较快速度冷却到珠光体型转变温度，在该温度下停留，使过冷奥氏体发生等温转变，待转变结束后出炉空冷的热处理工艺。等温退火的目的与完全退火相近，由于等温退火是在恒温下产生组织转变，故其组织均匀，退火硬度较易控制。与完全退火相比，等温退火的特点是周期短，可节约生产时间。

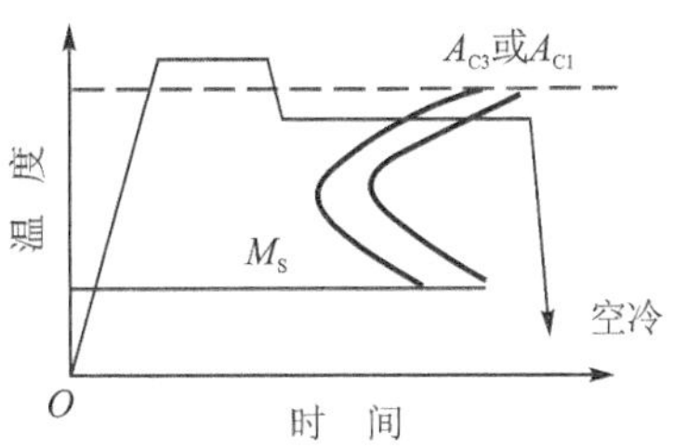

图 5.21　等温退火工艺示意图

4）球化退火

球化退火是使钢中碳化物呈球状的热处理工艺。球化退火主要用于过共析钢和合金工具钢（如高速钢、滚动轴承钢等），使钢中的二次渗碳体以及珠光体中的渗碳体呈球状，从而降低硬度，改善切削加工性能，为后续淬火做组织准备。钢经过球化退火后的显微组织为铁素体基体上分布着细小均匀的球状渗碳体，称为球化体或球状珠光体。图 5.22 所示为过共析钢球化退火后的显微组织。过共析钢的原始组织中若存在严重的连续网状二次渗碳体，必须先通过正火消除网状渗碳体后，才能进行球化退火。

图 5.22　过共析钢球化退火后的显微组织

5）再结晶退火

再结晶退火是将钢加热到再结晶温度（$T_{再}=0.4T_{熔}$）以上，保温后随炉冷却，使其发生再结晶，以消除由于塑性变形引起的加工硬化效应，形成细小等轴晶粒的热处理工艺。经过再结晶退火后，金属的硬度大大降低，塑性恢复，内应力彻底消除。主要用于经过冷变形加工的钢件，可作为冷变形钢材半成品的中间退火和冷变形钢材的最终热处理。

6）去应力退火

去应力退火又称低温退火，是将钢加热到 A_{C1} 以下某一温度（一般为 500～650 ℃），保温后随炉冷却，以消除铸造、锻造、焊接和冷变形等冷、热加工在工件内残留的内应力的热处理工艺。去应力退火时，只有原子作短距离的松动，可消除 50%～80%的内应力，以稳定钢件尺寸，减小变形，但钢件的组织不发生变化。

2. 正　火

正火（又叫常化，使钢的组织正常化）是将钢加热到 A_{C3}（亚共析钢）或 A_{Ccm}（共析钢和过共析钢）以上 30～50 ℃，保温一定时间后在空气中冷却，以获得索氏体组织的热处理工艺。碳钢的正火加热温度范围如图 5.20 所示。正火处理的冷却方式一般是在静止的空气中冷却。

正火的主要目的及其应用范围如下：

① 对于低碳钢通过正火可适当提高其硬度，改善切削加工性能。这是由于低碳钢在退火后塑性、韧性太高，切削加工时不易断屑，零件表面光洁度不高，通过正火可以改善。

② 高碳钢通过正火可消除其组织中的网状碳化物，为球化退火做组织准备。对于亚共析钢，通过正火可消除钢中的针状铁素体（魏氏组织）。

③ 对于一些不太重要的工件可用正火代替调质处理（淬火＋高温回火）作为最终热处理，防止淬火时产生变形和开裂，降低生产成本。

④ 对于铸件、锻件，正火可均匀细化组织，消除热加工造成的过热缺陷，提高其力学性能。

正火与退火的区别与联系如下：① 对于共析钢和过共析钢，两者的加热温度范围不同；② 在工艺操作方面，正火的冷却速度要快于退火，正火为空冷，而退火一般是随炉冷却；③ 在组织与性能方面，正火得到的珠光体型组织（为索氏体）比退火态的（为珠光体）层片间距小，故在性能上也存在一定差异。

由于正火生产周期短、效率高、成本低，因此在实际生产的许多场合下用正火代替退火。

5.2.2　淬火与回火

淬火是将钢加热到 A_{C3} 或 A_{C1} 以上一定温度，保温一定时间后，以大于临界冷却速度进行快速冷却（或冷却到 550 ℃～M_S 之间的温度进行等温处理），从而获得马氏体或下贝氏体组织的热处理工艺。在大多数情况下，对工件进行淬火的目的都是为了获得马氏体。之后根据不同要求，与回火工艺相配合，以达到调整钢件组织与性

能的目的。主要如下：

① 提高硬度和耐磨性。许多高碳钢制造的工件（如模具、刃具、量具和轴承等）经过淬火后得到马氏体，再经过低温回火，可显著提高硬度和耐磨性，从而延长其使用寿命。

② 提高强韧性。许多低、中碳钢制造的工件（如轴类、齿轮、渗碳零件等）经过淬火后得到马氏体，再配合以高温回火或低温回火，可显著提高其强韧性。

③ 提高弹性。高碳钢制造的弹性零件，经过淬火得到马氏体，再配合以中温回火，可使其弹性大大提高。

作为一种重要的热处理工艺，工件在淬火过程中，经常会出现氧化与脱碳、变形与开裂、金相组织不合格和硬度不符合要求等缺陷，除了与钢本身的化学成分、原始组织、工件尺寸和形状等因素有关外，还与淬火介质和冷却规范选择不当有关。因此，正确制定加热温度和保温时间，合理选择淬火介质，是保证和提高工件热处理质量的关键所在。

1. 淬火加热温度和保温时间

1）加热温度

加热的目的是为了获得成分均匀、晶粒细小的奥氏体。淬火要得到马氏体，首先应将钢加热到相变温度以上，使之奥氏体化。依据 Fe－Fe_3C 相图，亚共析钢的淬火加热温度为 A_{C3} 以上 30～50 ℃，共析钢和过共析钢的淬火加热温度为 A_{C1} 以上 30～50 ℃，如图 5.23 所示。

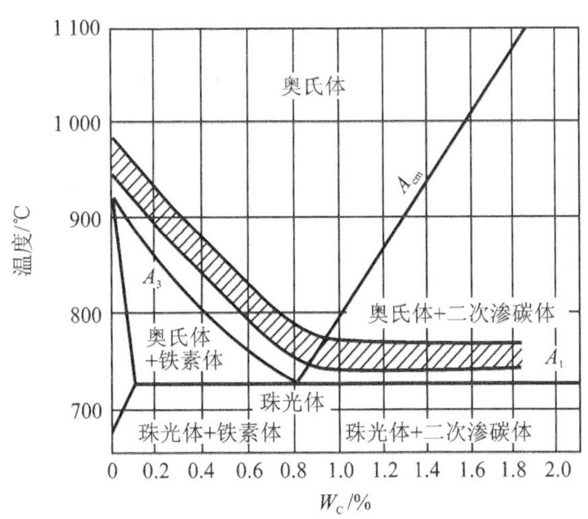

图 5.23　碳钢的淬火加热温度范围

亚共析钢的淬火加热温度如果低于 A_{C3} 温度，加热状态为奥氏体与铁素体两相组成，奥氏体化不完全，淬火冷却后在马氏体组织中将保留有自由铁素体，造成钢淬火后的硬度不足。过共析钢淬火时通常只加热到 A_{C1} 以上的两相区，这样可使组织中保留有少量未溶二次渗碳体，一方面有利于提高钢的硬度和耐磨性，另一方面由于奥氏体中的含碳量低，使其淬火冷却后转变为韧性较好的板条状马氏体，并能减少淬火后组织中残余奥氏体的量。过共析钢的淬火加热温度如果高于 A_{Ccm} 温度，钢中的渗碳体全部溶解，奥氏体中的含碳量高、晶粒粗大，淬火冷却后形成粗大的针状马氏体，使钢件的力学性能恶化，同时也增大淬火应力，使其变形和开裂倾向增大。

由于大多数合金元素（Mn、P 除外）都具有阻碍奥氏体晶粒长大的作用，为使合金元素部分或全部溶解到奥氏体中，以取得较好的淬火效果，合金钢的加热温度通常比相同含碳量的碳钢稍微提高一些。

2）保温时间

保温的目的是使工件热透，获得细小均匀的奥氏体。淬火加热包括升温和保温两个阶段，淬火保温时间是指装炉后炉温到达淬火温度至淬火冷却的时间，即钢件温度均匀并完成奥氏体化所需的时间。钢件尺寸、成分、装炉量和加热介质等不同，保温时间也不同。钢的含碳量或合金元素含量越高，零件的尺寸越大，加热时间就越长，反之越短。用空气炉加热比用盐浴炉加热时间长。生产上常用一定条件下的经验公式，根据零件的有效厚度或直径来计算加热保温时间。

2. 淬火冷却介质

冷却是决定钢件淬火质量的一个关键环节。因为要得到马氏体，故淬火冷却速度就必须大于临界冷却速度 v_K。而冷却速度快就会不可避免地造成很大的内应力，往往会引起钢件的变形和开裂。如何在淬火时，既能得到马氏体而又不致发生变形与开裂？除了选择合适的淬火工艺方法以外，寻找一种比较理想的淬火冷却介质是解决问题的重要途径。

1）理想冷却曲线

按照淬火工艺的实质，加热到奥氏体化的钢件必须以大于临界冷却速度 v_K 的方式冷却，才能避免珠光体型组织析出，使奥氏体向马氏体转变。另外，由钢的 C 曲线可知，在淬火过程中，并不需要在整个冷却过程中都快速冷却，关键是在 C 曲线的“鼻尖”温度附近，介质的冷却速度必须较快，而在“鼻尖”温度的上部与下部，由于奥氏体的稳定性较高，没有必要快速冷却。在 M_S 温度以下，为了减小由于奥氏体向马氏体转变时产生的组织应力，一般要求介质的冷却速度较慢；在略低于 A_1 温度时，过冷奥氏体转变的孕育期长，可采用缓慢冷却的方式以减小钢件因内、外冷却收缩不一致而产生的应力。理想淬火介质的冷却曲线如图 5.24 所示。采用理想的淬火介质能使工件在淬火时得到马氏体，又能减少淬火变形，防止零件淬火开裂。到目前为止，在实际中还没有找到一种淬火介质能符合这一理想淬火冷却速度的要求。

2）常用冷却介质

实际热处理生产中常用的淬火介质有：水、盐水、油及盐浴。

（1）水及盐水

水是最常用的淬火介质，其经济性好，冷却能力很强，但其冷却性能并不理想。

在高温阶段，其冷却速度慢，而在低温阶段冷却速度快，会产生很大的组织应力，容易引起工件的变形和开裂，因此只能用作尺寸较小、形状简单的碳钢零件淬火介质。在水中添加无机盐可提高其高温阶段的冷却速度，避免过冷奥氏体向珠光体型组织转变。常用盐水的质量分数为 10％～15％，含量过高不但不能增加冷却能力，反而由于溶液黏度增加使冷却速度有降低的趋势，但含量过低也会减弱冷却能力。由于盐水对工件有锈蚀作用，淬火后工件必须进行仔细清洗。盐水较适合于形状简单、硬度要求高且均匀、表面光洁度高、变形要求不严格的碳钢零件淬火，如螺钉、销子、垫圈等。

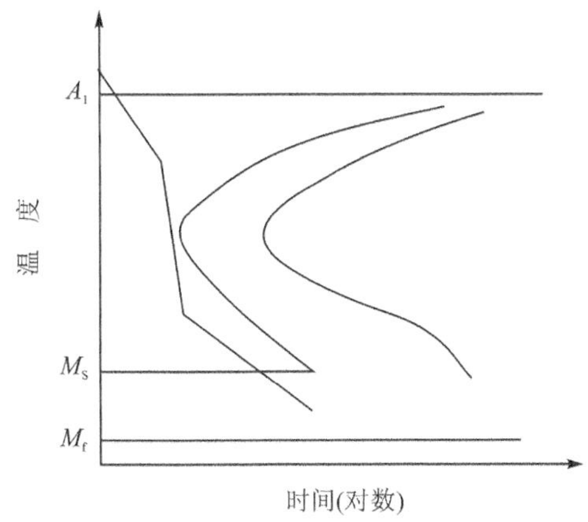

图 5.24　淬火介质的理想冷却曲线

(2) 油

油的冷却能力很弱。淬火用的油几乎全部为矿物油，使用较广泛的是 10＃机油。号数较大的机油，黏度过高；号数小的机油则容易着火。在生产上用油作淬火介质适用于过冷奥氏体稳定性较高的一些合金钢或小尺寸的碳钢工件淬火。另外，在生产实践中开发出的另一种冷却介质——淬火油，它是由基础油添加催冷剂、光亮剂和抗氧化剂等添加剂调和而成的，其特性是高温冷却速度慢于水基介质，而低温冷却平缓。采用淬火油冷却，可减少钢件淬火变形，避免开裂。

(3) 盐　浴

盐浴主要有碱浴和硝盐浴。熔融状态的盐具有较理想的冷却性能，其高温阶段冷却速度比油快，低温阶段冷却速度比水慢，能大大减少淬火时工件的变形和开裂倾向。这类介质主要用于截面不大、形状复杂、对变形要求严格的碳素工具钢、合金工具钢等的分级淬火或等温淬火。由于高温熔融盐浴对环境污染大，劳动条件差，故其使用范围受到一定限制。

3. 淬火方法

常用的淬火方法有单液淬火、双液淬火、分级淬火和等温淬火等，如图 5.25 所示。此外，还有为减少或消除钢中残余奥氏体量的冷处理等。

1) 单液淬火

单液淬火是将钢件奥氏体化后，在一种介质中连续冷却到室温获得马氏体组织的淬火方法。例如：碳钢在水中淬火，合金钢在油中淬火。该方法的优点是操作简单，易于实现连续化批量生产；缺点是水淬时工件的变形开裂倾向大，油淬时由于冷却速度小，对于大尺寸工件易产生硬度不足或硬度不均匀的现象。

2）双液淬火

双液淬火是将钢件奥氏体化后，在冷却速度较快的介质中冷却，待避开珠光体转变的“鼻尖”温度后迅速转移到冷却速度缓慢的介质中。降低低温阶段转变的速度，使马氏体转变在缓冷的介质中进行，可避免因热应力和相变应力过大而使工件产生淬火开裂，例如先水冷后油冷。该方法的主要不足之处是工艺不好掌握，操作控制有一定难度，造成性能不够稳定。适用于形状中等复杂程度的高碳钢小零件和尺寸较大的合金钢零件。

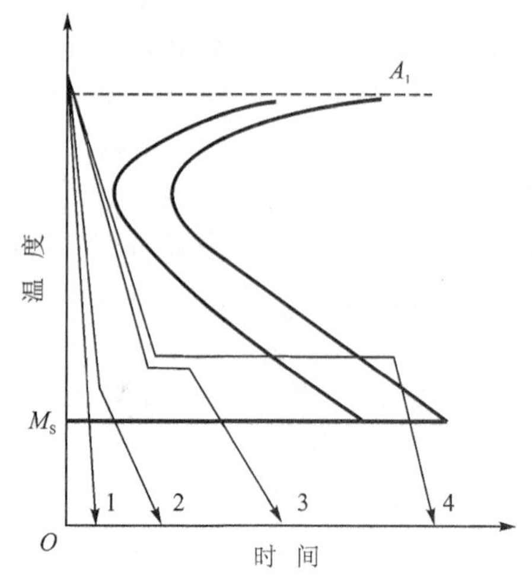

1—单液淬火；2—双液淬火；3—分级淬火；4—等温淬火

图 5.25　各种淬火方法示意图

3）分级淬火

分级淬火是将钢件奥氏体化后，在稍高于 M_S 温度的熔盐中保温，使钢件内外温度趋于均匀一致后，再缓慢冷却，产生马氏体转变。由于钢件在整个截面上几乎同时发生相变，可有效降低由工件内外温差造成的热应力，同时也降低了马氏体相变不均匀所造成的组织应力，因此，可减小淬火变形，避免开裂。同时还可克服双液淬火时出水入油时间难以控制的缺点。不足之处是硝盐浴或碱浴的冷却能力较弱，使其应用受到一定限制。适用于尺寸较小的工件，如刀具、量具和要求变形很小的精密零件。

4）等温淬火

等温淬火是将钢件奥氏体化后，冷却到高于 M_S 温度的熔盐中等温保持，以获得强韧性好的下贝氏体组织的热处理工艺。等温淬火可大大降低钢件的内应力，减少变形，适合于处理形状复杂和精度要求高的小零件，如弹簧、小齿轮、轴和丝锥等。缺点是生产周期较长、生产效率低。

5）冷处理

由于马氏体转变的不完全性，含碳量较高的钢和合金元素含量高的钢在淬火组织中往往会含有一定量的残余奥氏体，这对于某些精密零件来说是不允许的，需要采取一定措施来加以消除。在实际生产中，除了回火处理能减少钢中残余奥氏体的量以外，比较有效的方法是冷处理。

所谓冷处理就是淬火操作时，冷却到室温的钢件继续冷却到零度以下（如−70～−80 ℃，也可冷却到更低温度）使残余奥氏体继续发生马氏体转变的热处理工艺。生产上常采用干冰（固态 CO_2）与酒精混合，获得−70 ℃左右的低温。在某些特殊情况下需采用更低温度的介质（如液氮）。冷处理应紧接着淬火之后进行，时间间隔过长则效果变差。冷处理后还必须进行低温回火，以提高钢的硬度和耐磨性，并稳定钢

件的尺寸。精密量具、滚动轴承等都应进行冷处理。

4. 钢的淬透性与淬硬性

1）淬透性及其测定

淬透性是指钢接受淬火时获得马氏体的能力，淬透性的大小常用一定条件下的淬透层（或称淬硬层）深度来表示。钢在淬火时，其表面冷却速度快，心部冷却速度慢。在一定条件下，如果钢件心部的冷却速度达到或超过该钢的临界冷却速度，钢件就能淬透，即在整个钢件的横截面由表及里全部转变为马氏体；如果距表面某一深度的冷却速度接近该钢的临界冷却速度，则该位置的外层转变为马氏体，而其内部为硬度较低的非马氏体组织，钢件未淬透，形成一定深度的淬透层，如图 5.26 所示。在未淬透的情况下，从钢的表面到心部，马氏体的数量逐步减少。通常将马氏体约占 50%的位置（或称半马氏体区，其余 50%为珠光体类组织）作为淬硬层的边界，即把从钢件表面向内部深入到半马氏体区作为淬硬层深度的度量。用不同钢种制成形状和尺寸相同的工件，在相同条件下淬火，获得的淬透层深度越大，说明钢的淬透性越好，反之，淬透性越差。

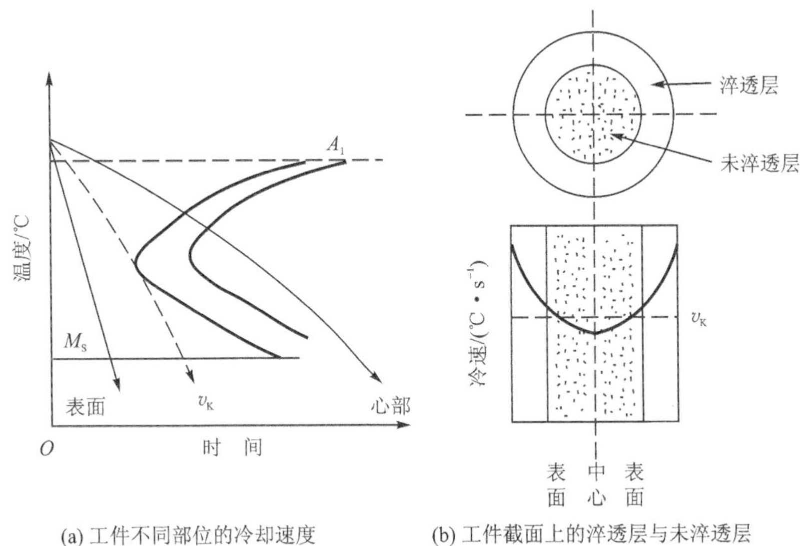

(a) 工件不同部位的冷却速度　　(b) 工件截面上的淬透层与未淬透层

图 5.26　形成淬透层的示意图

测定钢的淬透性最常用的方法是末端淬火法（又称顶端淬火法，简称端淬法）。如图 5.27 所示，其测试要点为：将尺寸为 ϕ25 mm×100 mm 的标准试样经加热奥氏体化后，迅速放入末端淬火试验机的冷却孔中，喷水冷却。试样上距末端（水冷端）的距离越远，冷却速度越低，获得马氏体组织的量逐渐减少，因而其硬度值也相应逐渐下降。端淬试样冷却后，沿其长度方向磨出一个狭条平面，在此平面上，自水冷端开始每隔一定距离测一次硬度，将硬度值随水冷端距离的变化绘成曲线，称为淬透性曲

线。钢的淬透性可用 $J\ \dfrac{\text{HRC}}{l}$ 表示。J 表示末端淬透性，l 表示至末端的距离，HRC 为该处测得的硬度值。例如：$J\ \dfrac{42}{5}$ 表示距末端 5 mm 处的硬度值为 42HRC。

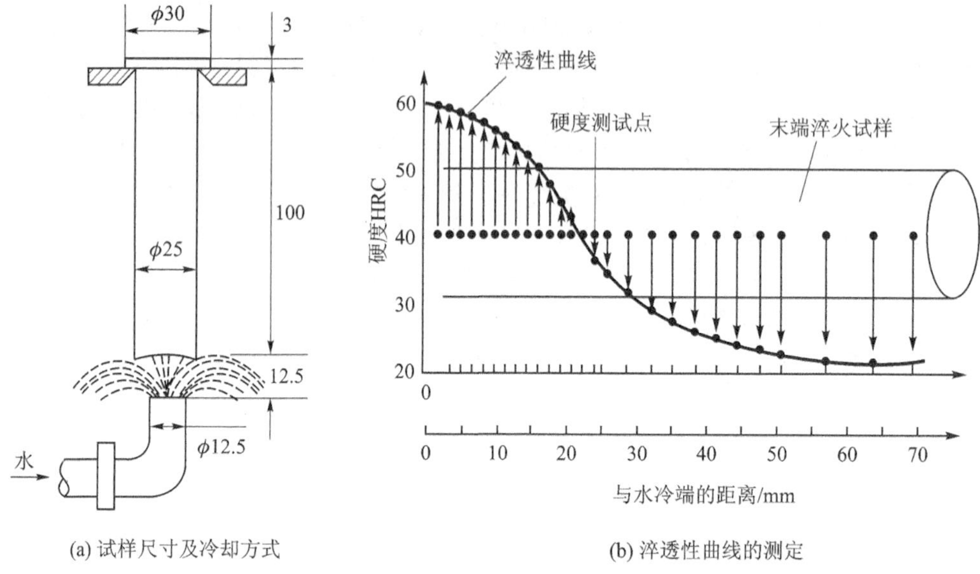

(a) 试样尺寸及冷却方式　　(b) 淬透性曲线的测定

图 5.27　用末端淬火法测定钢的淬透性曲线

在实际生产中，经常需要测定工件的淬透层深度。测试方法为工件截面上沿径向测定其各点的硬度，通常含 50%马氏体处恰好是硬度值由高至低急剧变化的位置，如图 5.28 所示。不同成分的钢在淬火后其半马氏体区的硬度值主要取决于钢中的含碳量，而与钢中合金元素的含量关系不大。以含 50%马氏体处作为界限，很容易利用测量硬度的方法来加以确定。

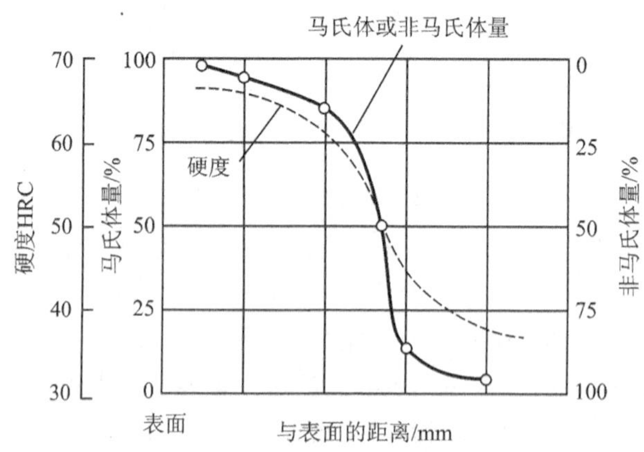

图 5.28　淬火钢件截面上马氏体量与硬度的关系

对于不同钢种淬透性的大小，常用“临界淬透直径”来表示。它是指钢在某种淬火介质中冷却时，其心部能淬透的最大直径，一般用 d_0（单位为 mm）表示。当淬火介质改变时，临界淬透直径随之改变。显然，淬火介质的冷却能力越强，钢的临界淬透直径也越大。例如：同种钢在水中的临界淬透直径就比在油中的大。在同一淬火介质中，钢的临界淬透直径越大，表示钢的淬透性越好，反之淬透性越低。

2）影响淬透性的因素

钢的淬透性大小主要取决于过冷奥氏体的稳定性，也即与钢的淬火临界冷却速度有关。凡影响过冷奥氏体稳定性的因素都影响钢的淬透性。奥氏体的化学成分、晶粒大小、均匀化程度以及非金属夹杂与未溶碳化物的存在等，都对钢的淬透性都有一定影响。

（1）钢的化学成分

如图 5.29 所示，亚共析钢随钢中含碳量的增加，临界冷却速度减小（C 曲线右移），淬透性增大；过共析钢随钢中含碳量的增加，临界冷却速度增大，淬透性降低。在碳钢中，共析钢的临界冷却速度最小，因此其淬透性最好。

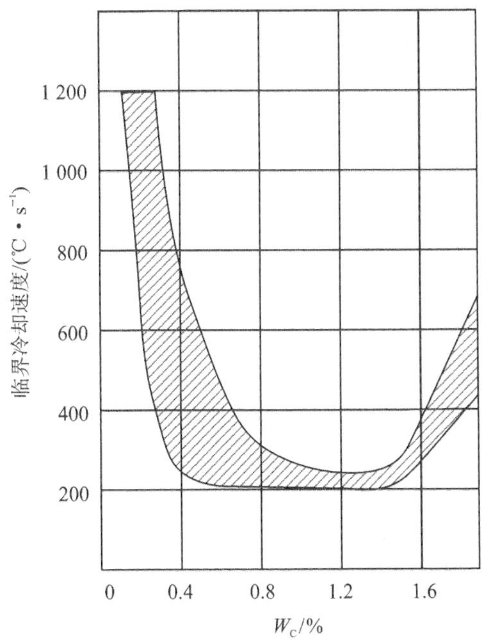

图 5.29　碳钢的临界冷却速度与含碳量的关系

除 Co 元素外，大多数合金元素（如 Mn、Mo、Cr、Al、Si、Ni 等）溶入奥氏体后，都能降低临界冷却速度，使 C 曲线位置右移，提高钢的淬透性。因此，合金钢的淬透性要好于相同含碳量的碳钢。

(2) 奥氏体化温度及钢中的未溶第二相

提高钢的奥氏体化温度,将使奥氏体晶粒长大,成分均匀化,可提高过冷奥氏体的稳定性,降低钢的临界冷却速度,使其淬透性提高。

钢中存在的非金属夹杂以及未溶入奥氏体的碳化物、氮化物等,可作为奥氏体分解时非自发形核的核心,加速过冷奥氏体的分解,降低其淬透性。

3) 淬透性与材料选用

淬透性是钢的热处理工艺性能,也是合理选用钢材的重要依据之一。工件在整体淬火情况下,从表面至中心是否完全淬透,对其力学性能具有重要影响。淬透性不同的钢材经淬火后,沿横截面的组织和力学性能相差很大。对于截面较大、形状复杂以及受力特殊的重要零件(如螺栓、连杆和锤杆等),要求其沿整个横截面的力学性能均匀分布,因此应选用淬透性好的钢,并将整个工件淬透。而对于承受扭转或弯曲载荷的轴类零件以及要求表面高耐磨性并承受冲击的一些模具,工件的表面受力很大,心部受力相对较小,一般淬透到钢截面半径的1/4～1/2即可,因此可选用淬透性较低的钢。这样既可满足性能要求,又能降低生产成本。

此外,钢件的截面尺寸不同,在相同淬火条件下,其淬透层深度也不同。通常把这种随工件尺寸增大而热处理强化效果减弱的现象称为尺寸效应。对于尺寸较大的钢件,如果要求其整个截面的力学性能均匀、整体具有较高的强度,则应选用淬透性好的材料;而对于尺寸较小的钢件,淬火冷却时其截面不同部位的冷却速度基本一致,当淬火冷却速度超过其临界冷却速度时,钢件将完全淬透。

4) 淬硬性及其影响因素

淬硬性是指钢在淬火后所获得马氏体组织的最高硬度,主要取决于马氏体中的含碳量。淬硬性高的钢其淬透性不一定就好,淬透性好的钢其淬硬性不一定就高。例如:高碳工具钢的淬硬性高,但淬透性很低;低碳合金钢的淬硬性不高,但淬透性却很好。马氏体组织的硬度随钢中含碳量的增加而急剧增大,含碳量增至0.5%～0.6%之间,硬度增大趋于平缓,这与淬火钢中出现残余奥氏体有关。

5. 淬火缺陷及其预防

钢件在淬火过程中,由于奥氏体化时的加热温度高,以及随后冷却过程中工件内外温度不均匀,若控制不好,则常常在零件中产生一些缺陷。常见的淬火缺陷主要有氧化与脱碳、淬不硬与组织缺陷、变形与开裂等。其产生原因及预防措施如下:

(1) 氧化与脱碳

钢加热时,如果加热介质中含有氧、二氧化碳和水蒸气等,由于温度高易使工件表面的铁发生氧化,在表面产生氧化皮,同时钢件表层中的碳也会被氧化烧损,使工件表面的含碳量降低,形成脱碳层。氧化和脱碳将使工件的表面硬度降低,同时还会降低工件的疲劳强度。预防措施是:空气炉中加热时可在零件表面施加保护性涂料;采用盐浴炉加热可减轻氧化和脱碳程度;对性能要求高时应采用保护性气氛或真空加热。

(2) 淬不硬与组织缺陷

产生原因主要是淬火加热温度不够或保温时间不足，未使钢完全奥氏体化，加热状态下组织中还含有铁素体；另外，加热时工件表层脱碳、冷却时未达到钢件的临界冷却速度等都会使淬火后的工件硬度不足。如果加热温度太高，则将出现过热与过烧缺陷，奥氏体晶粒粗大，淬火时将形成粗大的马氏体组织，降低钢的力学性能。预防措施是合理制定淬火加热工艺参数。

(3) 变形与开裂

变形与开裂主要是由淬火过程中产生的热应力和组织应力引起的。淬火时，由过冷奥氏体转变为马氏体时体积发生膨胀，加上工件表面与心部的冷却速度不同，表面冷却快，心部冷却慢，造成转变时间不一致，由此形成的热应力和组织应力相互叠加，数值较大时将使零件发生变形，甚至开裂。

为了减少零件在淬火过程中的变形与开裂，除了在工艺上可采用双液淬火、分级淬火和等温淬火外，零件的结构设计应该合理。设计淬火零件时，应考虑零件的结构工艺性（如图 5.30 所示），在满足使用要求的前提下，尽量减少在淬火过程中产生应力，以避免结构的变形与开裂。合理设计要点如下：①零件的结构应尽量简单，形状对称，壁厚均匀；②避免出现尖角和盲孔，必要时可增设工艺孔或采用组合结构；③避免零件的截面发生突变，一般设计成过渡结构；④注意孔与边缘和尖角之间的距离不

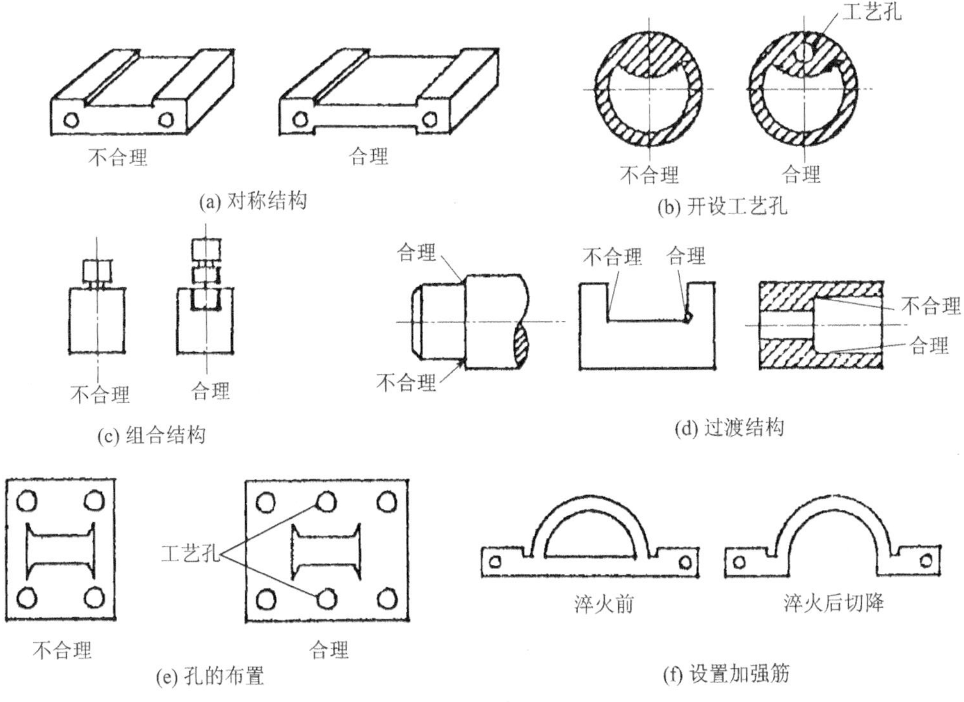

图 5.30　淬火零件的结构工艺性

能太大；⑤对于某些易产生淬火变形的零件，可通过设置加强筋以提高结构刚性，在淬火后再切除。

6. 钢的回火

回火是指钢件淬火后，将其加热到 A_{C1} 以下某一温度，保温冷却到室温的热处理工艺。淬火后的钢都要进行回火，这是因为淬火后得到的马氏体脆性高，组织不稳定，部分高合金钢中还含有不少的残余奥氏体，淬火后的残余应力大，因此，回火是钢件淬火后必不可少的后续工序。经过回火，可达到以下目的及要求：

① 调整力学性能。进行不同温度下的回火处理，可以获得不同的组织，在适当降低硬度的同时，大大改善钢的强韧性配合，从而满足不同工件对其性能要求。

② 稳定组织和尺寸。钢件淬火后的组织为马氏体和残余奥氏体，它们都是不稳定的组织，在使用过程中有自发向稳定组织转变的趋势，从而使零件的尺寸发生变化，因此必须经过回火，形成稳定的组织，以保证零件的尺寸精度。

③ 消除内应力。钢淬火以后往往存在很大的内应力，易导致零件发生变形和开裂，必须通过回火加以消除。

④ 对于某些用退火难以软化的合金钢，在淬火或正火后常进行高温回火，使钢中的碳化物适当聚集长大，以降低硬度，利于切削加工。

1）钢在回火时的组织转变

淬火钢回火时的加热温度对回火转变起着决定性作用。随着回火温度的提高，钢中淬火马氏体和残余奥氏体组织将发生一系列变化，大体可分为马氏体分解、残余奥氏体转变、碳化物聚集长大以及铁素体的回复与再结晶四个阶段。

(1) 马氏体的分解(80～200 ℃)

淬火钢在低于 100 ℃的温度下进行回火时，只发生马氏体中碳原子的微小移动(偏聚)，组织基本上不发生变化。但当回火温度提高到 100 ℃以上时，将发生回火转变，淬火马氏体将分解为低碳马氏体和 ε 碳化物($Fe_{2.4}C$)的两相混合物。ε 碳化物不是一种平衡相，而是向 Fe_3C 转变前的一种过渡相。这种有微小碳化物分布、成分不均匀、过饱和度有所下降的马氏体称为回火马氏体。回火马氏体仍保持原马氏体的形态，析出的 ε 碳化物与马氏体保持共格联系，不过由于碳化物的析出，使晶格畸变程度减轻，内应力有所降低，硬度略有下降。

(2) 残余奥氏体的转变(200～300 ℃)

回火温度为 200～300 ℃时，淬火钢中的残余奥氏体要发生分解，残余奥氏体从 200 ℃开始分解，到 300 ℃分解基本完成，一般转变为下贝氏体。与此同时，马氏体继续分解为回火马氏体，钢的硬度下降并不明显。

(3) 回火屈氏体的形成(300～400 ℃)

在 250 ℃以上温度回火时，因温度较高，碳原子的扩散能力增大，碳从过饱和的 α 固溶体中析出，使之转变为铁素体，不稳定的 ε 碳化物逐渐转变成稳定的碳化物(Fe_3C)，并与母相失去共格联系，得到由条状或针状铁素体和细颗粒状碳化物组成

的组织，称为回火屈氏体。此时淬火应力大部分消除，钢的强度和硬度降低，塑性和韧性升高。

(4) 渗碳体的聚集长大和铁素体再结晶(＞400 ℃)

回火温度高于400 ℃时，碳化物进一步聚集长大，形成较大的颗粒状渗碳体；在450 ℃以上，铁素体开始发生再结晶，由针状铁素体转变为多边形铁素体，得到由颗粒状渗碳体加多边形铁素体的组织，称为回火索氏体。此时钢的强度和硬度进一步降低，塑性和韧性进一步升高。

淬火钢在不同温度下的回火过程中，组织发生变化，与此相对应，钢的力学性能也发生变化。总体上是随回火温度的升高，钢的强度和硬度下降，塑性和韧性上升。图5.31所示为钢的力学性能与回火温度的关系。

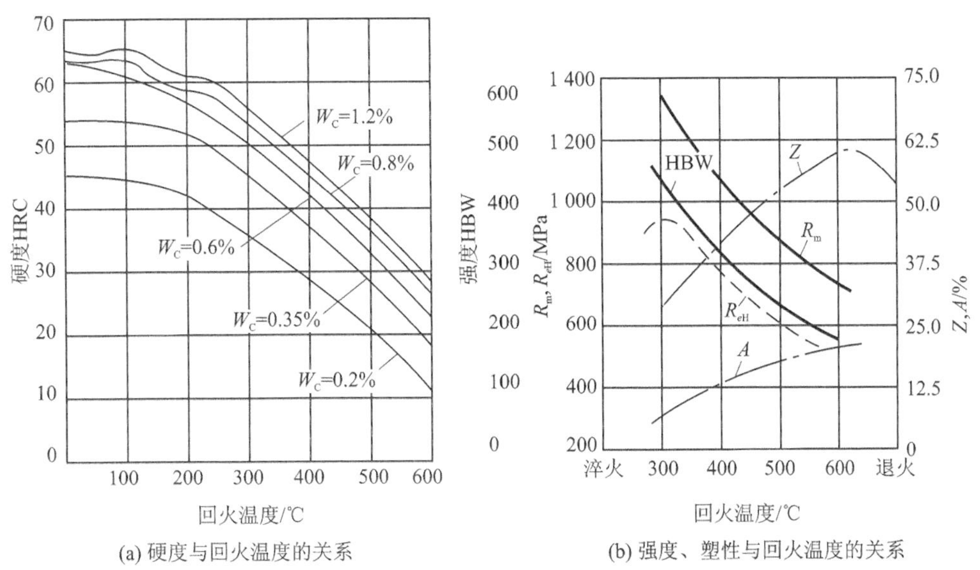

(a) 硬度与回火温度的关系

(b) 强度、塑性与回火温度的关系

图5.31 钢的力学性能与回火温度的关系

应该指出，钢经过淬火和回火处理得到的回火屈氏体、回火索氏体与直接由过冷奥氏体转变得到的屈氏体、索氏体相比，虽然两者都是由铁素体与渗碳体两相组成的机械混合物，但由于回火组织中的渗碳体呈粒状，而直接由过冷奥氏体转变得到的屈氏体、索氏体中渗碳体呈片状，因此，在强度、硬度相同时，回火屈氏体、回火索氏体的塑性和韧性更好。

2) 回火的种类及应用

淬火钢在不同温度下回火后具有不同的组织与性能。根据回火温度范围不同，可将回火分为低温回火、中温回火和高温回火。

(1) 低温回火

低温回火温度范围为150～250 ℃，回火后得到回火马氏体组织。低温回火的目的是降低钢的淬火应力和脆性，使其保持淬火后的高硬度和高耐磨性。低温回火主要用于高碳工具钢、量具钢、冷变形模具钢和滚动轴承钢的淬火后处理，以及经渗碳和表面淬火后的零件处理。

(2) 中温回火

中温回火温度范围为 350～500 ℃，回火后得到回火屈氏体组织。在此温度下回火，使钢具有很高的弹性极限和屈服强度，同时也具有一定的韧性。中温回火主要用于各种弹簧钢和弹性元件的淬火后处理。

(3) 高温回火

高温回火温度范围为 500～650 ℃，回火后得到回火索氏体组织。回火索氏体具有良好的综合力学性能，在保持较高强度的同时具有较好的塑性和韧性，内应力彻底消除。在生产实践中，将淬火加高温回火的热处理工艺称为调质处理，简称调质。淬火后高温回火的工艺广泛用于连杆、螺栓、齿轮及轴类等重要结构件的热处理。

在不同温度下回火后，钢件的组织和性能见表 5.2。

表 5.2　淬火钢在不同温度下回火后的组织、性能及应用

回火类型	回火温度范围/℃	组织及硬度	目的及应用
低温回火	150～250	回火马氏体，58～64HRC	保持高硬度，降低脆性及残余应力，用于工模具钢、滚动轴承钢、表面淬火及渗碳零件
中温回火	350～500	回火屈氏体，35～50HRC	提高弹性极限，屈强比(R_{e_L}/R_m)较高，用于弹簧等弹性元件
高温回火	500～650	回火索氏体，25～35HRC	具有良好的综合力学性能，主要用于轴类、齿轮、连杆等重要受力结构件

3) 回火脆性

从以上各回火温度范围可以看出，淬火钢没有在 250～350℃之间进行回火。因为这是钢容易发生低温回火脆性的温度范围。从理论上讲，随着回火温度的逐渐升高，淬火钢的塑性、韧性也应同时提高，但其冲击韧性在某些温度范围回火不但不提高反而会下降，即产生回火脆性。热处理实践表明，一定条件下，淬火钢在 250～400 ℃和 450～650 ℃两个温度区间回火后，其冲击韧性出现明显下降，这种随回火温度的提高而冲击韧性下降的现象称为钢的回火脆性，如图 5.32 所示。

(1) 低温回火脆性

钢淬火后在 300 ℃左右回火时产生的回火脆性称为低温回火脆性，也叫第 I 类回火脆性。在该温度区间回火时，无论采用哪种回火方法或哪种冷却速度，都难以避免钢的韧性降低。几乎所有钢都存在这类脆性。由于钢回火时的快冷、慢冷和重复回火都不能消除其脆性，所以低温回火脆性也称为不可逆回火脆性。产生低温回火脆性的原因，是由于马氏体分解时在晶界析出了碳化物薄膜，增加了脆断倾向。在制定热处理工艺时，应尽量避免在该温度区间回火。

(2) 高温回火脆性

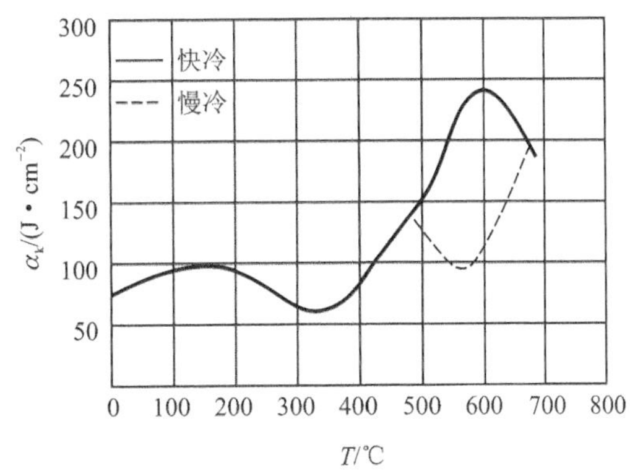

图 5.32　钢的冲击韧性与回火温度的关系

钢淬火后在 450～650 ℃回火时产生的回火脆性称为高温回火脆性，也叫第Ⅱ类回火脆性。这类回火脆性主要发生在含 Cr、Ni、Si、Mn 等元素的合金结构钢中。在该温度区间内回火，慢冷时，钢的韧性明显下降；但如果是快速冷却，则不会出现韧性下降。对于已经出现回火脆性的钢，重新加热到略高于脆化温度回火，然后快冷，脆性消失，所以高温回火脆性也称可逆回火脆性。产生高温回火脆性的原因，是由于回火时 P 等杂质元素在晶界的富集，增加了脆断倾向。在钢中加入少量的 W、Mo 元素，可抑制高温回火脆性。

7. 金属的时效处理

时效是指一些金属或合金经冷加工、热加工、热处理后，在室温保持一段时间或适当加热到一定温度(一般低温)后，材料或零件的性能发生变化的现象称为时效。在室温下发生的时效称为自然时效；加热到一定温度下进行的时效称为人工时效。时效处理与回火有所不同，回火是钢在淬火之后随即进行的，而时效并不一定是紧跟淬火之后进行。

时效在实际生产中经常遇到。如黑色金属铸件，长期在室温下放置，可减轻或消除铸件中的残余内应力、稳定工件尺寸；也可进行消除应力的低温退火(即时效处理)。对于灰铸铁件，在开箱之后立即转入 100～200 ℃的加热炉中，随炉缓慢升温至 500～600 ℃之间，经长时间(一般为 4～8 h)保温后，再缓慢冷却下来。经这样的时效处理后，消除内应力可达 90%以上。对于某些量具等精密工件，为了保持淬火后的高硬度及尺寸稳定性，有时需要在 100～150 ℃进行长时间加热(10～15 h)，这种低温长时间的回火称为尺寸稳定处理或时效处理。例如：由滚动轴承钢 GCr15 制造的精密偶件针阀体，在淬火和低温回火后甚至还要进行两次时效处理，以进一步降低应力，稳定组织和尺寸。

除了上述对某些钢件或铸铁件进行时效处理以外，在实际生产中，用得较多的是铝合金的时效处理。与淬火工艺相结合，通过后续的时效过程，使铝合金的强度和硬度提高，即产生时效强化，以满足实际结构对其力学性能的要求。以含 4%Cu 的 Al-Cu 合金为例(如图 5.33 所示)，首先将其加热到稍超过固溶线，即(500±5)℃，保温适当时间，使 $CuAl_2$(θ 相)全部溶入 α 固溶体中，然后快冷(40 ℃以下热水中冷却)使 $CuAl_2$ 相来不及析出，从而获得过饱和、不稳定的 α 固溶体，为后续的时效工序做好组织准备。(注：铝合金的淬火实质上是固溶处理，习惯上称为淬火。)

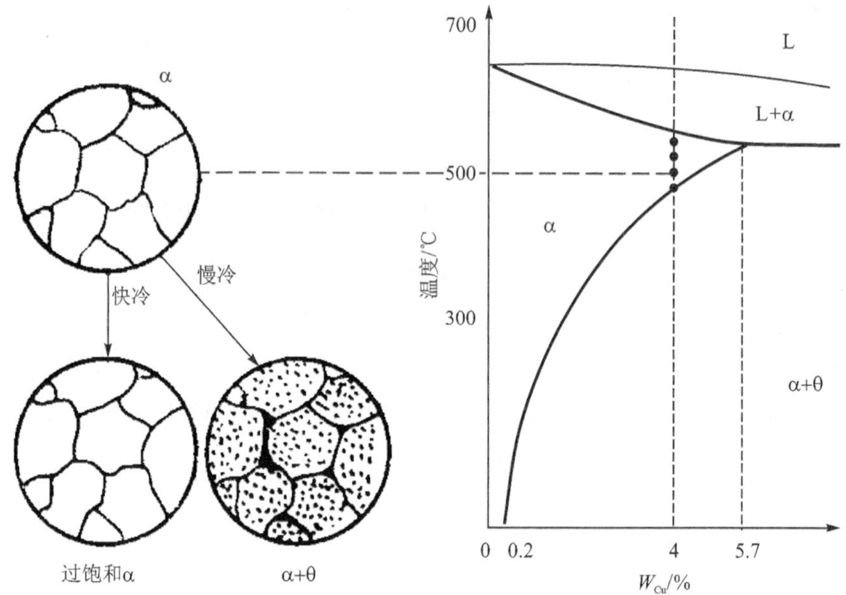

图 5.33　含 4%Cu 的 Al－Cu 合金淬火加热温度范围及快冷和慢冷后的组织

淬火后的铝合金在室温停留或加热保温一定时间后，其强度和硬度升高的现象，称为铝合金的时效。时效的实质是从淬火获得的过饱和、不稳定的 α 固溶体中自发析出 θ 强化相的过程。

5.3　表面热处理

工业生产中有很多零件是在动载荷和摩擦条件下工作的，其表面要求具有高的硬度和耐磨性，而心部却要求具有一定的强度和韧性。这时采用一般的淬火＋回火工艺将难以满足其性能要求。对零件进行表面热处理是比较可行的方法。

采取一定的工艺措施，通过改变钢件的表面组织或表面成分和组织，从而改变其表面性能的方法，称为表面热处理。表面热处理可分为表面淬火和化学热处理。

5.3.1　表面淬火

表面淬火是将钢件的表面迅速加热到奥氏体化温度，使表面层组织转变为奥氏体，在热量未充分传到钢件的心部时，迅速冷却，使钢件表面获得马氏体组织的热处理工艺。之后再进行低温回火以得到回火马氏体。表面淬火并不改变钢件表面的化学成分，仅通过一定手段改变其表面组织。零件经过表面淬火后，其表面将获得高硬度和高耐磨性，而在表面淬火前进行调质或正火处理，使其心部保持足够的塑性和韧性。

根据加热方式的不同，钢件表面淬火可分为感应加热表面淬火、火焰加热表面淬火和激光加热表面淬火等。其中最常用的是感应加热表面淬火。

1. 感应加热表面淬火

如图 5.34 所示，感应加热表面淬火是利用电磁感应的原理，将钢件置于特定形状的感应线圈内，在感应线圈内通入一定频率的交流电，钢件表面产生感应电流，形成涡流；根据集肤效应的原理，电流主要分布在钢件表面，即钢件表面的电流密度大，而心部几乎为零，使钢件表面迅速加热达到奥氏体化温度；之后切断电源，随之喷以冷却液(如水或油等)，或将零件整体迅速置于冷却液中，使工件表面获得马氏体组织，达到表面淬火的目的。

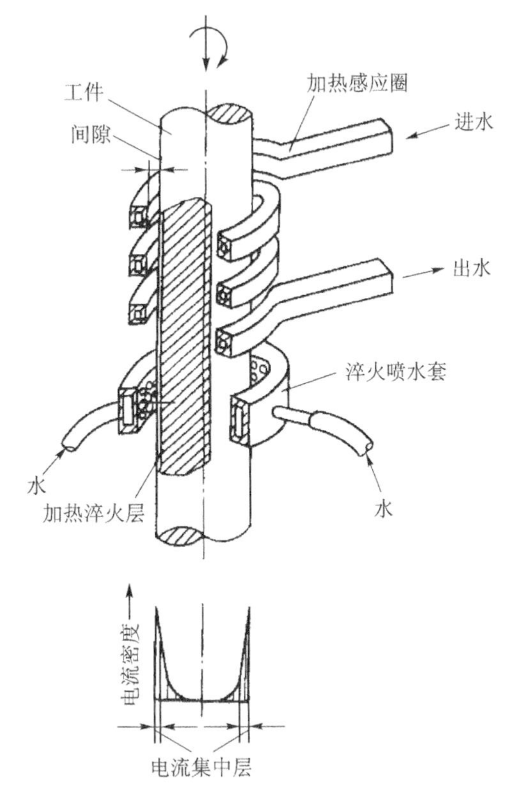

图 5.34　感应加热表面淬火示意图

感应加热表面淬火设备，根据其频率的高低可分为：①高频感应设备，其频率范围为 250～300 kHz，一般有效淬硬层深度为 0.5～2.0 mm，适用于要求淬硬层深度较小的中、小型零件，如中、小模数齿轮及中、小尺寸的轴类零件；②中频感应设备，其频率范围为 250～800 kHz，一般有效淬硬层深度为 2～10 mm，适用于要求淬硬层深度较大的大、中型零件，如尺寸较大的轴和大、中模数的齿轮等；③工频感应设备，电源频率为 50 Hz，有效淬硬层深度可达 10～15 mm，适用于直径较大的零件如轧辊、火车车轮等的表面淬火。

感应加热表面淬火时的加热速度极快，一般只需几秒到几十秒。感应加热电流透入工件表面的深度与感应电流的频率有关，工件表层加热深度(δ，单位为 mm)与电流频率(f，单位为 Hz)的平方根成反比，存在如下近似关系：$\delta=\dfrac{500\sim600}{\sqrt{f}}$。由此可见，电流频率愈高，电流的透入深度愈小，加热层也愈薄，因此，在实际热处理时，应合理选择电流频率，以得到不同深度的硬化层。

感应加热表面淬火在热处理生产中得到了广泛应用。因其加热速度快，几乎没有保温时间，故钢件的氧化脱碳少；由于其内部未加热，故钢件的淬火变形也小。此外，表面淬火时，工件表层形成的马氏体由于体积膨胀在钢件表面造成压应力，可提高其疲劳强度。

感应加热表面淬火主要用于中碳钢、中碳合金钢以及要求淬硬层较薄的中、小型零件（如齿轮和轴类等），也可用于工具钢及渗碳钢零件的表面淬火。其不足之处是设备投资大，且对于不同零件需要制作相应的感应圈，因此不适合于单件生产。

2. 火焰加热表面淬火

火焰加热表面淬火是利用氧-乙炔气体或其他可燃气体，将钢件表面迅速加热至奥氏体化温度，然后快速冷却，使钢件表面获得马氏体组织的热处理工艺，如图 5.35 所示。其淬硬层深度一般为 2～6 mm。

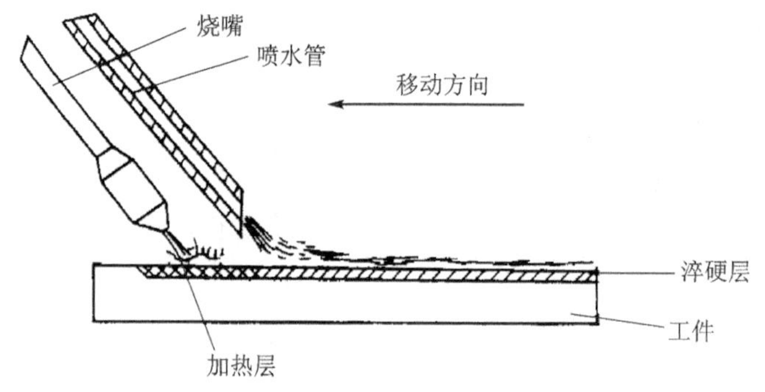

图 5.35　火焰加热表面淬火示意图

火焰加热表面淬火的特点是设备简单，操作灵活，但加热温度不易控制，故淬火质量不够稳定，应用受到一定限制。主要适用于单件或小批量生产的大型零件和需要局部淬火的工具及零件，例如大型轴类、大模数齿轮、轧辊等；也可用于铸铁件如灰铸铁、合金铸铁的表面淬火。

3. 激光加热表面淬火

激光加热表面淬火是以高能量密度的激光束作为热源的表面淬火方法。用激光束扫描钢件表面，能量被钢件表面吸收，使钢件表面迅速加热到临界温度以上；随着激光束的移动，由于基体金属的大量吸热造成极大的冷却速度，因而不需介质冷却，靠自激冷却即可使钢件表面形成极细小的马氏体组织，达到表面淬火的目的。其淬硬层深度一般为 0.3～0.5 mm。

与常规表面淬火工艺相比，激光加热表面淬火具有加热速度快、工件变形小、不发生氧化和脱碳等特点，可以对形状复杂的钢件（如盲孔、拐角、沟槽等）进行选择性局部淬火，其不足之处是设备投资大。

5.3.2　化学热处理

一些机器零件(例如齿轮、活塞销和凸轮轴等)在复杂的交变载荷下工作,承受磨损和冲击载荷,因而要求其表面具有高硬度、高耐磨性和很高的疲劳强度,而心部必须保持足够的强度和韧性。在这种情况下,采用化学热处理可满足其性能要求。所谓化学热处理,是将工件置于一定介质中加热和保温,使介质中的活性原子渗入工件表面,以改变钢件表层的化学成分和组织,从而改善钢件表面性能的工艺过程。

与表面淬火相比,经过化学热处理后,钢件表层的化学成分和组织同时发生变化。钢的化学热处理工艺有很多种,按渗入合金元素的不同可分为:渗碳、渗氮(氮化)、碳氮共渗、渗硼、渗硫、渗铬、渗铝等。以下主要介绍渗碳和氮化,工艺过程主要包括分解、吸收、扩散三个基本过程。

1. 渗　碳

渗碳是使碳原子渗入钢件表层,从而使钢件表面具有较高的含碳量(0.85%～1.0%C)。渗碳零件所用的钢材大多为低碳钢或低碳合金钢(如 20、20Cr、20CrMnTi、12Cr2Ni4A 等),经渗碳处理后,钢件心部的化学成分仍保持低含碳量不变。之后再通过淬火和低温回火,零件的表面可获得高硬度、高耐磨性的组织,而心部又具有一定的强韧性,达到“表硬里韧”。机械设备中的许多零件(例如传递功率的齿轮、活塞销、套筒等)常采用渗碳方法来提高它们承受负荷的能力和使用寿命。

根据使用渗碳剂的不同,渗碳可分为固体渗碳、液体渗碳和气体渗碳等多种方法。由于气体渗碳法生产率高,劳动条件较好,渗碳质量容易控制,并易于实现机械化和自动化,因此在实际生产中应用较多。

1) 气体渗碳法

如图 5.36 所示,将待渗碳的钢件放入密封的炉膛内,加热到 900～950 ℃,往炉内滴入煤油、甲醇、丙酮或甲苯等碳氢化合物(也可通入含碳气体),在高温下裂解成 CO、CO_2、H_2、CH_4 等气体组成的含碳气氛,含碳气体在钢件表面进行下列反应,形成活性碳原子:

$$2CO \rightleftharpoons CO_2 + [C]$$

$$CH_4 \rightleftharpoons 2H_2 + [C]$$

$$CO + H_2 \rightleftharpoons [C] + H_2O$$

活性碳原子[C]被钢件表面吸收而溶入奥氏体中,并向内部扩散,形成一定深度的渗碳层。

渗碳时最主要的工艺参数是加热温度和保温时间。加热温度越高,渗碳速度越快,扩散层的深度也越大,但温度过高会使钢件中的晶粒长大,导致钢件的性能变脆,故应合理选择加热温度。钢件的渗碳时间通常需要几小时到十几小时,渗碳层的深度一般在 0.5～2 mm 之间。对于非渗碳面即不需要渗碳部位,可用镀铜或涂料保护,也可预留加工余量,待渗碳后采用切削加工方法去除渗碳层。

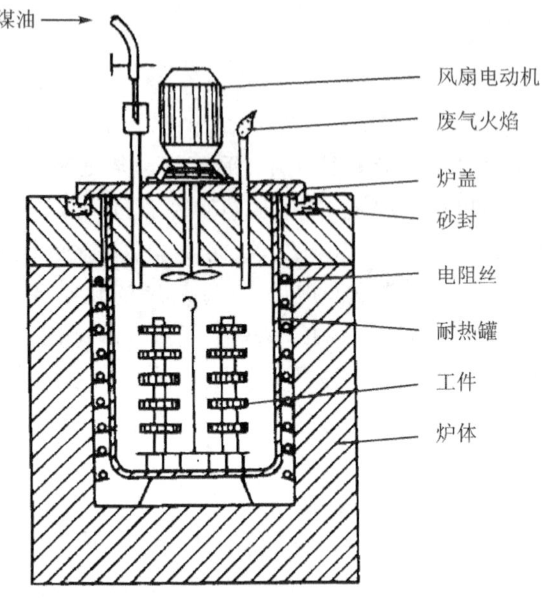

图 5.36　气体渗碳装置示意图

2）固体渗碳法

如图 5.37 所示，将工件放入周围填满固体渗碳剂的渗碳箱中，密封后加热至 900～950 ℃之间，保温一定时间后出炉，取出渗碳件。

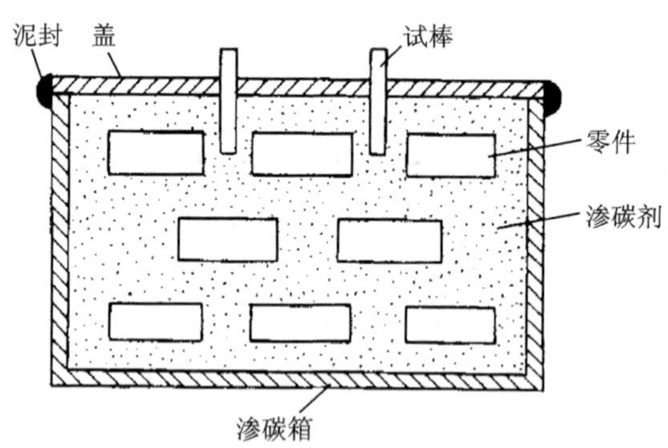

图 5.37　固体渗碳法示意图

固体渗碳剂通常由木炭粉和碳酸盐（$BaCO_3$ 或 Na_2CO_3）混合组成，碳酸盐的含量约为 15%。在高温下，固体渗碳剂分解，发生如下系列反应：

$$BaCO_3 \rightleftharpoons BaO + CO_2 \quad (\text{或}\ Na_2CO_3 \rightleftharpoons Na_2O + CO_2)$$

$$CO_2 + C \rightleftharpoons 2CO$$

$$2CO \rightleftharpoons CO_2 + [C]$$

反应中形成的活性碳原子[C]随后被工件表面吸收，并向内部扩散，形成一定深度的渗碳层。

3）渗碳件的热处理

低碳钢零件经渗碳后，由表面至心部的含碳量逐渐降低，表面含碳量达过共析钢的成分，而心部仍为钢原始含碳量，中间为过渡区域，低碳钢渗碳后缓冷至室温的组织如图 5.38 所示。一般规定，从表面到过渡层一半处的厚度作为渗碳层深度。

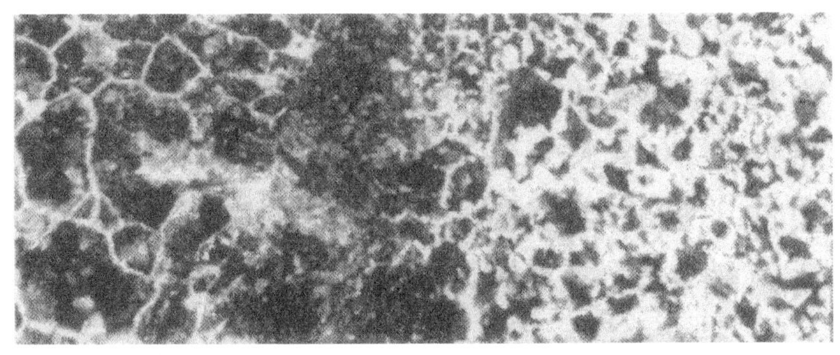

图 5.38　低碳钢渗碳后缓冷至室温的组织

工件渗碳的目的在于获得高的硬度和耐磨性。在渗碳后尽管钢件表面为过共析组织，但其硬度和耐磨性还不能满足要求，渗碳后必须进行淬火＋低温回火才能获得所要求的组织与性能。渗碳后的淬火方法有多种，如直接淬火、一次淬火、二次淬火等。

（1）直接淬火

渗碳结束后，将工件取出，在渗碳温度下直接进行淬火或预冷至 800～860 ℃后再进行淬火。该方法操作简单，成本低，生产率高，脱碳倾向小。但由于渗碳时加热温度高、保温时间长，奥氏体晶粒容易长大，淬火后马氏体组织较粗大，残余奥氏体量也较多，同时变形也较大，故该方法只适用于本质细晶粒钢或性能要求不高的零件。

（2）一次淬火

渗碳结束出炉冷却至室温，再重新加热到临界温度（如 830～860 ℃）进行淬火。这种方法在工件重新加热时奥氏体晶粒得到细化，使钢件的性能有所提高，主要用于对心部性能要求不高、表面要求硬度高且耐磨的零件。

（3）二次淬火

对于力学性能要求很高或本质粗晶粒钢零件，应采用二次淬火。即在渗碳结束冷却后，进行一次淬火以消除渗层中的网状碳化物并细化心部组织，然后再进行二次淬火，如图 5.39 所示。该方法工艺复杂，生产周期长，成本高，工件容易变形，所以该工艺大多用于要求表面高耐磨性和心部高韧性的零件。

渗碳、淬火后进行 150～200 ℃的低温回火，可起到消除应力、稳定组织和零件尺寸的作用。渗碳零件的一般工艺流程如下：毛坯锻造→正火、高温回火→机械加工→

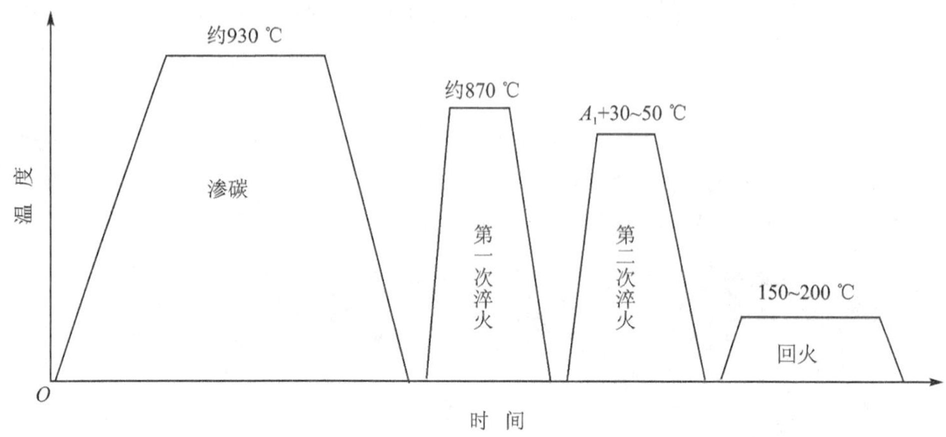

图 5.39　渗碳后二次淬火工艺示意图

非渗碳面镀铜→渗碳→退铜→淬火＋低温回火→磨削加工→表面防护。

4) 渗碳件的组织与性能

低碳钢经渗碳、淬火及低温回火后，表层组织为高碳回火马氏体＋碳化物＋残余奥氏体，表面硬度一般为 58～64HRC，耐磨性好；心部组织按钢的淬透性高低而有所不同。对于淬透性好的钢件，心部能淬透，心部组织为低碳回火马氏体，韧性好；而淬透性较低的钢件，心部未能淬透，心部组织为低碳回火马氏体＋屈氏体＋铁素体。由于渗碳件的渗碳层中马氏体的比容大，在工件表层造成压应力，可提高工件的疲劳强度。

2. 渗氮(氮化)

渗氮是将钢件置于含氮的介质中，使活性氮原子渗入钢件的表面形成富氮硬化层的化学热处理工艺。氮化用钢主要是合金钢，如 38CrMoAl 是一种典型的氮化钢，碳钢也可氮化。合金钢氮化的目的在于提高表面硬度、耐磨性、疲劳强度和抗腐蚀性等，而碳钢氮化主要是提高其抗腐蚀性能。目前生产上应用较多的是气体渗氮和离子渗氮。

1) 气体渗氮

将零件放入密封的容器中，通入氨，加热到 500～600 ℃。在高温作用下，氨分解出活性氮原子[N]：

$$2NH_3 \rightleftharpoons 3H_2 + 2[N]$$

活性氮原子[N]被工件表面吸收，在保温过程中向工件内部扩散，形成富氮硬化层。

与渗碳工艺过程相比，氮化过程的速度慢，如渗层深度为 0.4～0.5 mm 时，氮化时间长达 50 h 左右。一般渗氮层深度为 0.3～0.8 mm。

2) 离子渗氮

离子渗氮的基本原理是：将零件放入真空容器(离子氮化炉)内，并将零件接阴

极，容器壁接阳极，向真空容器通入含氮气体(例如 NH_3)，保持真空压强在 133.32～1 333.2 Pa，在阴极和阳极之间加 400～800 V 的直流电压。在电场作用下，气体被击穿而产生辉光，气体被电离成 N、H 的正离子和电子，正离子高速撞击工件表面，动能转换为热能，使工件表面温度升高到氮化温度；与此同时，氮的正离子在工件表面得到电子，还原成氮原子，被工件表面吸收、向内部扩散，形成富氮硬化层。

离子氮化的优点是渗氮时间短，为气体氮化时间的 1/4～1/2，渗层质量好，脆性低。

3）氮化零件的热处理与组织

碳钢的氮化层由 $Fe_2(N \cdot C)$、$Fe_4(N \cdot C)$和 α－Fe(N・C)固溶体构成，主要起抗蚀作用。当钢中含有 Cr、Mo、Al 等合金元素时，会形成 AlN、MoN、CrN 等极细小的氮化物。为了使工件心部具有良好的综合力学性能，在氮化前应对零件进行调质处理，获得回火索氏体组织，保证具有较高的强度和韧性。零件在氮化后，不需要再进行淬火处理就硬且耐磨。钢件在氮化后的室温组织从表面至心部大致分布为：最外层为 $Fe_2(N \cdot C)$，因其不易被腐蚀而呈白亮色，故称白亮层；紧接着白亮层的是 $Fe_4(N \cdot C)$＋α (N)组织；再往内则过渡到原来的索氏体组织。对于零件上某些不需要渗氮的部位，可镀锡加以保护。氮化零件的一般工艺流程如下：毛坯锻造→退火或正火＋高温回火→粗加工→调质→精加工→非氮化面镀锡→氮化→退锡→磨削、抛光。

4）渗氮与渗碳的比较

合金钢零件氮化后表现出比渗碳更好的性能：①氮化层的化学稳定性高，抗蚀性也较高，工件在水、过热的蒸气和碱性溶液中都很稳定，在腐蚀性润滑油等介质中工作时能长期保持光亮；②与渗碳层相比，氮化层的硬度、耐磨性高，氮化层的硬度可高达 1 000～1 200HV(相当于 65～72HRC)，并且氮化层的高硬度可以维持到 600 ℃左右不明显降低，而渗碳层硬度在 300 ℃以上就明显下降；③由于氮化过程的加热温度低，零件心部不发生相变，因此由氮化过程引起的零件变形很小；④氮化后零件表面造成压应力，使零件的疲劳强度明显提高，一般要高于渗碳零件的疲劳强度。

与渗碳相比，渗氮工艺的主要不足是：渗层形成速度慢，生产周期长，因而成本高。另外，由于氮化层的脆性较大，当零件受到较大的冲击载荷作用时，渗层容易出现裂纹和剥落现象，特别是有白亮层存在时，脆性更加明显。因此，通常采用磨削加工将白亮层去除。氮化常用于在交变载荷下工作的各种结构零件，尤其是要求耐磨性和高精密度以及在高温下工作的零件，如汽缸筒、齿轮、量规、铸模、阀门杆等。

3. 碳氮共渗

碳氮共渗的实质就是同时向工件表面渗入碳原子和氮原子，形成碳氮共渗层，兼有渗碳和渗氮的双重作用。习惯上碳氮共渗又叫氰化。其主要目的是使工件表面获得高硬度、高耐磨性、高疲劳强度、高耐腐蚀性等性能。碳氮共渗的工艺方法有多种，如固体碳氮共渗、液体碳氮共渗(氰化)和气体碳氮共渗等。以下仅对高温气体碳氮共渗和低温气体碳氮共渗进行简单介绍。

1）高温气体碳氮共渗

在800～920 ℃温度下进行共渗称为高温碳氮共渗，以渗碳为主。其工艺过程是：在共渗温度下，向炉内同时通入渗碳用气体和渗氮用气体，例如通入煤油和氨的热分解气体。在高温下可形成活性碳原子[C]和活性氮原子[N]，并渗入工件表面形成碳氮共渗层。气氛中含有一定氮时，渗碳速度比在相同温度下单独渗碳的速度要快，而且处理温度和时间相同时，碳氮共渗层要比单一渗碳层厚。高温气体碳氮共渗层的深度一般为0.3～0.8 mm。

共渗后可直接淬火，对于性能要求高的零件也可在共渗空冷后重新加热淬火。之后再进行低温回火，得到铁的碳氮化合物＋回火马氏体＋少量残余奥氏体的组织。高温气体碳氮共渗主要用于低碳钢、中碳钢和合金结构钢零件。对于一些尺寸较小的结构件，渗层深度较浅时，可用碳氮共渗来代替渗碳。

2）低温气体碳氮共渗

在500～600 ℃温度下进行共渗称为低温碳氮共渗，以渗氮为主。低温碳氮共渗又称气体软氮化。其工艺过程是：在共渗温度下，向炉内通入渗碳气体和渗氮气体（氨）；或向炉内滴入含碳、氮的液体渗剂，如三乙醇胺（$C_2H_5O_3$）N；也可向炉内投入含碳、氮的尿素$CO(NH_2)_2$。这些渗剂在共渗温度下分解出活性碳原子[C]和活性氮原子[N]，并被工件表面吸收、向内层扩散，形成碳氮共渗层。经1～4 h处理后，共渗层厚度为0.2～0.5 mm。

零件共渗后，一般不再进行热处理和机械加工，可直接使用。低温碳氮共渗层的组织，与氮化件相类似，不过最外层的白亮层[$Fe_2(N\cdot C)+Fe_4(N\cdot C)$]很薄，其脆性也没有氮化件的白亮层那样高。除白亮层外，其余为扩散层。气体软氮化处理不受钢种限制，适用于碳钢、合金钢、铸铁等材料，目前主要用于对模具、量具以及耐磨零件的处理。例如：3Cr2W8V压铸模具钢经软氮化处理后，可提高使用寿命3～5倍。高速钢刀具经软氮化处理后，一般能提高使用寿命20%～200%。

第 6 章 铁基合金与高温合金

6.1 铁碳合金

碳钢和铸铁是工业生产中重要的金属材料，在机械制造等许多领域中应用广泛，其化学组成中最基本的组元是铁和碳两种元素，所以称为铁碳合金。但是，由于各自的化学成分（主要是含碳量）不同，决定了这两类材料具有不同的组织、性能及其适用范围。

6.1.1 碳 钢

按照 Fe－Fe_3C 相图，把含碳量低于 2.11% 的二元铁碳合金称为碳钢。工业生产中所使用的碳钢的含碳量一般低于 1.3%，由于原材料、冶炼工艺及设备条件等各方面的原因，碳钢中除了含有 Fe 和 C 两种主要元素外，还或多或少地含有 Si、Mn、S、P 等杂质元素。这些杂质元素的存在对碳钢的力学性能和工艺性能会产生较大影响。

1. 杂质元素对碳钢性能的影响

1）Si 和 Mn

Si 和 Mn 是炼钢过程中因加入硅铁和锰铁脱氧而残留在钢中的有益杂质元素。Si 和 Mn 都能溶于铁素体中，起固溶强化作用，从而提高钢的强度和硬度。此外，Mn 还能与 S 化合形成 MnS，其熔点高（1 620 ℃），在热压力加工时 MnS 具有一定的塑性，可减轻 S 的有害作用。但由于碳钢中 Si、Mn 元素的含量一般较低（Si 含量低于 0.35%，Mn 含量低于 0.8%），因此它们对碳钢的力学性能影响不大。

2）S 和 P

S 和 P 是炼钢时残留在钢中的有害杂质元素。S 不溶于 Fe，以 FeS 的形式存在于钢中，FeS 常与 Fe 形成低熔点（985 ℃）共晶体分布于晶界，在 1 000 ℃以上进行热压力加工时，共晶体熔化，导致钢材沿晶界开裂，这种现象称为热脆。P 可全部溶于铁素体中，使钢的强度和硬度提高，但在室温下 P 会使钢的塑性和韧性急剧下降，脆性增大，特别是在低温时更加严重，这种现象称为冷脆。因此，必须严格控制碳钢中的 S、P 含量。工业生产中常以碳钢中 S、P 含量的多少来评判钢材的质量。

S 和 P 也存在有益的一面。在钢中加入适量的 S、P 可改善钢材的切削加工性能，使切削时切屑易断，延长刀具的使用寿命，提高零件的表面光洁度，这类钢称为易切削钢。其牌号表示方法是在钢号前加英文字母“Y”或汉字“易”，如 Y20、Y40Mn 等，后附数字为钢的平均含碳量(万分之几)。

2. 碳钢的分类与编号

碳钢的分类方法很多，通常根据碳钢的化学成分含量(含碳量)、钢材质量(S、P 含量)、用途及冶炼方法等进行分类。

1) 按碳钢的化学成分分

根据碳钢中的含碳量不同，可分为：低碳钢(≤0.25%)、中碳钢(0.25%～0.60%)、高碳钢(≥0.60%)。

2) 按碳钢的质量分

根据碳钢的冶炼质量，即根据碳钢中所含有害杂质元素 S、P 的含量多少，可分为：普通碳素钢(S≤0.055%，P≤0.045%)、优质碳素钢(S≤0.045%，P≤0.040%)、高级优质碳素钢(S≤0.030%，P≤0.035%)。

3) 按碳钢的用途分

根据碳钢的用途不同，可分为以下两大类：

碳素结构钢——主要用于制造各种金属结构(如桥梁、锅炉、建筑等)和机器零件(如螺钉、轴、齿轮等)。这类钢多数是低碳钢和中碳钢。

碳素工具钢——主要用于制造各种工具、模具及量具。这类钢的含碳量较高，属于高碳钢。

4) 按碳钢的冶炼方法分

根据所使用冶炼炉的不同可分为：平炉钢(平炉冶炼)和转炉钢(转炉冶炼)。转炉钢还可继续分为：碱性转炉钢(冶炼时造碱性熔渣)、酸性转炉钢(冶炼时造酸性熔渣)和顶吹转炉钢(冶炼时吹氧)。

根据冶炼浇注时使用的脱氧剂和脱氧程度的不同可分为：

沸腾钢——在冶炼末期和浇注前，仅用弱脱氧剂(锰铁)轻微脱氧，使大量 FeO 存在于钢液中，在浇注凝固过程中，由于 C 与 FeO 发生反应，使钢液中不断溢出 CO 气体而引起钢液表面剧烈沸腾。

镇静钢——钢液在浇注前经完全脱氧(相继用锰铁、硅铁和铝等)，凝固时不沸腾，定模内钢液平静。

半镇静钢——钢液脱氧程度介于沸腾钢与镇静钢之间，浇注时产生轻微沸腾。

3. 碳钢的牌号、性能及主要用途

1) 碳素结构钢

碳素结构钢对钢中含碳量及 S、P 杂质含量限制较宽，冶炼质量相对较差。这类钢主要保证力学性能，常用于一般工程结构和构件，产品有热轧钢板及各种型材如圆钢、方钢、工字钢、钢筋等，可供焊接、铆接和栓接构件用，一般在供货状态下使用(即不热处理直接使用)。按国家标准 GB/T 700—2006，碳素结构钢的编号方法为：由“Q”(屈服强度“屈”字的汉语拼音首字母)、屈服强度数值、质量等级符号(分 A、B、C、

D 四级，质量依次提高）和脱氧方法（F 为沸腾钢，Z 为镇静钢，TZ 为特殊镇静钢）四部分组成。例如：Q235－A・F 表示屈服强度为 235 MPa、质量等级为 A 级的碳素结构钢，为沸腾钢。这类钢共有四大牌号，表 6.1 列出了碳素结构钢的牌号、化学成分及力学性能。

碳素结构钢在工业生产中应用广泛：Q195、Q215A、Q215B 主要用于承受载荷不大的金属结构件、铆钉、垫圈、地脚螺栓、冲压件及焊接件等；Q235 系列主要用于制作金属结构件、钢板、钢筋、型钢、螺栓、螺母、短轴、心轴等，其中的 Q235C、Q235D 可用于制作重要焊接结构件；Q275 系列主要用于制作承受中等载荷的零件，如键、销、转轴、拉杆、链轮、链环片等。

表 6.1　碳素结构钢的牌号、化学成分及力学性能（摘自 GB/T 700—2006）

牌　号	等　级	化学成分含量/%（不大于）					脱氧方法	抗拉强度 R_m/MPa	伸长率 A/%
		C	Mn	Si	S	P			
Q195	—	0.12	0.50	0.30	0.040	0.035	F、Z	315～430	≥33
Q215	A	0.15	1.20	0.35	0.050	0.045	F、Z	335～450	26～31
	B				0.045				
Q235	A	0.22	1.40	0.35	0.050	0.045	F、Z	370～500	21～26
	B	0.20			0.045				
	C	0.17			0.040	0.40	Z		
	D				0.035	0.035	TZ		
Q275	A	0.24	1.50	0.35	0.050	0.045	F、Z	410～540	17～22
	B	0.21/0.22			0.045	0.045	Z		
	C	0.20			0.040	0.040	Z		
	D				0.035	0.035	TZ		

注：① Q235B 的含碳量可≤0.22%；Q275B 的厚度或直径≤40 mm，含碳量取 0.21%，若厚度或直径＞40 mm，则含碳量取 0.22%。

② 在牌号表示方法中，符号“Z”与“TZ”予以省略。

2）优质碳素结构钢

优质碳素结构钢中含 S、P 等有害杂质较少，钢的塑性和韧性较高。这类钢必须同时满足化学成分和力学性能要求。根据其化学成分不同，优质碳素结构钢又可分为普通含锰量钢和较高含锰量钢两类。

① 普通含锰量的优质碳素结构钢：含碳量小于 0.25%的钢，其含锰量在 0.35%～0.65%之间；含碳量大于 0.25%的钢，含锰量则在 0.50%～0.80%之间。

② 较高含锰量的优质碳素结构钢：含碳量为 0.15%～0.60%的钢，其含锰量在 0.70%～1.0%之间；含碳量大于 0.60%的钢，其含锰量在 0.90%～1.2%之间。

这类钢的牌号用两位数字来表示，数字代表钢中的含碳量，以0.01%（万分之一）为单位。例如：45钢表示平均含碳量为0.45%的钢。如果属于较高含锰量的优质碳素结构钢，则在代表含碳量的两位数字后面再附加化学元素符号“Mn”或汉字“锰”，例如40Mn、65Mn等。如属于沸腾钢，则在钢号后附加字母“F”，例如08F等。必须注意的是，较高含锰量的钢仍属于优质碳素结构钢，而非合金钢。较高含锰量钢与相应的普通含锰量钢相比，具有更高的强度和硬度。

国家标准GB/T 699—1999共列出了31种优质碳素结构钢，钢中S≤0.035%，P≤0.035%，Ni≤0.30%，Cu≤0.25%；如果为高级优质钢，则S≤0.030%，P≤0.030%，并在牌号后面加“A”；如果为特级优质钢，则S≤0.020%，P≤0.025%，并在牌号后面加“E”。优质碳素结构钢主要用于制造各种机器零件。表6.2中列出了常用优质碳素结构钢的牌号、力学性能和用途。

表6.2　常用优质碳素结构钢的牌号、力学性能和用途

牌　号	力学性能（不小于）					用　途
	R_{eH}/MPa	R_m/MPa	A_5/%	Z/%	KU_2/J	
08	195	325	33	60	—	这类低碳钢由于强度低，塑性好，易于冲压和焊接，一般用于制造受力不大的零件，如螺栓、螺母、垫圈、小轴、销子等。经过渗碳或氮化处理后可用于制作表面要求耐磨、耐腐蚀的零件
10	205	335	31	55	—	
15	225	375	27	55	—	
20	245	410	25	55	—	
25	275	450	23	50	71	
30	295	490	21	50	63	这类中碳钢的综合力学性能和切削加工性能均较好，可用于制造受力较大的零件，如主轴、曲轴、齿轮、连杆、活塞销等
35	315	530	20	45	55	
40	335	570	19	45	47	
45	355	600	16	40	39	
50	375	630	14	40	31	
55	380	645	13	35	—	这类高碳钢具有较高的强度、弹性和耐磨性，主要用于制造凸轮、弹簧、钢丝绳等
60	400	675	12	35	—	
65	410	695	10	30	—	
70	420	715	9	30	—	

注：试样毛坯尺寸为25 mm。

3）碳素工具钢

碳素工具钢都属于高碳钢，由于脆性较大，因此对其中S、P等有害杂质含量的限制更加严格。其牌号以“碳”或“T”后面附加数字来表示，数字表示钢中的平均含碳量，以0.1%（千分之一）为单位。例如：T8（或碳8）、T12（或碳12）分别表示平均含碳量为0.8%和1.2%的碳素工具钢。若为高级优质钢，则在牌号末尾再加“A”或

“高”字，如 T12A 或碳 12 高等。这类钢一般经过淬火和低温回火处理以获得高硬度和高耐磨性，在淬火处理后钢的硬度一般不低于 62HRC。碳素工具钢的含碳量越高，硬度和耐磨性越高，但韧性也越差。表 6.3 列出了常用碳素工具钢的牌号、化学成分、性能及用途。

表 6.3　常用碳素工具钢* 的牌号、化学成分、性能和用途(摘自 GB/T 1298—2008)

<table>
<tr><th rowspan="2">牌　号</th><th colspan="2">化学成分/%</th><th rowspan="2">淬火温度/℃</th><th colspan="2">硬　度</th><th rowspan="2">用　途</th></tr>
<tr><th>C</th><th>Mn</th><th>退火后
HBW</th><th>淬火后
HRC</th></tr>
<tr><td>T7</td><td>0.65～0.74</td><td rowspan="2">≤0.40</td><td>800～820</td><td>≤187</td><td>≥62</td><td>制造承受振动与冲击载荷、要求有较高韧性的工具，如凿子、打铁用模、各种锤子、木工工具、螺丝刀等</td></tr>
<tr><td>T8</td><td>0.75～0.84</td><td rowspan="2">780～800</td><td>≤187</td><td>≥62</td><td rowspan="3">制造承受振动与冲击载荷、要求有足够韧性和较高硬度的各种工具，如简单模具、冲头、剪切金属用剪刀、木工工具、煤矿用凿等</td></tr>
<tr><td>T8Mn</td><td>0.80～0.90</td><td>0.40～0.60</td><td>≤187</td><td>≥62</td></tr>
<tr><td>T9</td><td>0.85～0.94</td><td rowspan="5">≤0.40</td><td rowspan="5">760～780</td><td>≤192</td><td>≥62</td></tr>
<tr><td>T10</td><td>0.95～1.04</td><td>≤197</td><td>≥62</td><td rowspan="2">制造不受突然振动、刃口要求有少许韧性的工具，如刨刀、冲模、丝锥、板牙、手锯锯条、卡尺等</td></tr>
<tr><td>T11</td><td>1.05～1.14</td><td>≤207</td><td>≥62</td></tr>
<tr><td>T12</td><td>1.15～1.24</td><td>≤207</td><td>≥62</td><td rowspan="2">制造不受振动、要求极高硬度的工具，如钻头、丝锥、锉刀、刮刀、剃刀、量具等</td></tr>
<tr><td>T13</td><td>1.25～1.35</td><td>≤217</td><td>≥62</td></tr>
</table>

注：* Si≤0.35%，S≤0.030%，P≤0.035%；如果为高级优质钢，则 S≤0.020%，P≤0.030%，并在牌号后加“A”；淬火冷却介质为水。

4) 铸　钢

在机械制造中，对于一些强度和塑性要求较高的零件，由于形状复杂无法进行锻造成型，而采用铸铁又不能满足其力学性能要求时，可采用铸钢进行铸造成型。铸钢的含碳量一般控制在 0.15%～0.60%之间。按照化学成分含量不同，铸钢可分为铸造碳钢和铸造合金钢两大类，其中铸造碳钢应用较广，占铸钢总量的 80%以上。铸钢的编号方法为：以铸钢的汉语拼音首字母“ZG”后附加两组数字来表示，后面的第一组数字表示最低屈服强度值，第二组数字表示最低抗拉强度值，单位都是 MPa，例如，ZG200－400 表示屈服强度不低于 200 MPa，抗拉强度不低于 400 MPa 的碳素铸钢。表 6.4 所列为一般工程用铸造碳钢的牌号、化学成分、力学性能和用途。

表 6.4　一般工程用铸造碳钢的牌号、化学成分、力学性能和用途(摘自 GB/T 11352—2009)

<table>
<tr><th rowspan="2">牌　号</th><th colspan="4">化学成分/%
(不大于)</th><th colspan="5">力学性能
(不小于)</th><th rowspan="2">用　途</th></tr>
<tr><th>C</th><th>Si</th><th>Mn</th><th>S、P</th><th>R_{eH}
($R_{p0.2}$)/
MPa</th><th>R_m/
MPa</th><th>A_5/
%</th><th>Z/
%</th><th>KV/
J</th></tr>
<tr><td>ZG200-400</td><td>0.20</td><td rowspan="5">0.60</td><td>0.80</td><td rowspan="5">0.035</td><td>200</td><td>400</td><td>25</td><td>40</td><td>30</td><td>良好的塑性、韧性、焊接性能,用于受力不大、要求高韧性的零件,如机座、变速箱壳等</td></tr>
<tr><td>ZG230-450</td><td>0.30</td><td rowspan="3">0.90</td><td>230</td><td>450</td><td>22</td><td>32</td><td>25</td><td>一定的强度、较好的韧性和焊接性能,用于受力不大、要求高韧性的零件,如砧座、外壳、轴承盖、底板、阀体、犁柱等</td></tr>
<tr><td>ZG270-500</td><td>0.40</td><td>270</td><td>500</td><td>18</td><td>25</td><td>22</td><td>较高的强韧性,用于受力较大且有一定韧性要求的零件,如轧钢机机架、轴承座、连杆、曲轴、箱体、缸体等</td></tr>
<tr><td>ZG310-570</td><td>0.50</td><td>310</td><td>570</td><td>15</td><td>21</td><td>15</td><td>较高的强度和较低的韧性,用于载荷较高的零件,如大齿轮、缸体、制动轮、辊子等</td></tr>
<tr><td>ZG340-640</td><td>0.60</td><td></td><td>340</td><td>640</td><td>10</td><td>18</td><td>10</td><td>高的强度、硬度和耐磨性,用于制作齿轮、棘轮、联轴器等</td></tr>
</table>

注:表中所列的各牌号、性能数据适用于厚度为 100 mm 以下的铸件。

6.1.2　铸　铁

铸铁是指含碳量大于 2.11%的铁碳合金。工业生产中常用铸铁的含碳量一般在 2.5%～4.0%之间,此外还含有一定量的 Si、Mn 元素以及少量的 S、P 等杂质元素。铸铁的化学成分决定了其具有与钢不同的性能特点,如具有良好的铸造性能、切削加工性性能、耐磨性、减震性以及低的缺口敏感性等,加上其生产工艺和设备简单、价格低廉,因此铸铁是工业生产中应用最广泛的金属材料之一,可用来制造各种机器零件,如机床床身、底座、汽缸体、曲轴、活塞环等,在机床行业中的用量达 60%～90%。

然而,由于铸铁中的含碳量高、其他合金元素的种类和数量也比碳钢多,使铸铁的力学性能如抗拉强度、塑性和韧性都很低,脆性大,因此利用铸铁制作零件或毛坯只能采用铸造成型,而不能采用压力加工的方法。

1. 铸铁的石墨化

1) Fe－Fe_3C 和 Fe－G 双重相图

在铁碳合金中，碳可以两种形式存在，即化合状态的渗碳体(Fe_3C)和游离状态的石墨(Graphite，以 G 表示)。其中渗碳体(Fe_3C)是一种亚稳定相，石墨(G)才是稳定相。渗碳体在高温长时间加热时会发生分解，形成游离状石墨($Fe_3C \longrightarrow 3Fe + G$)。在铁碳合金的冷却结晶过程中，通常从液相或奥氏体中析出的是渗碳体而不是石墨，这是因为渗碳体的含碳量(6.69%)比石墨的含碳量(约 100%)更接近于合金成分的含碳量(2.5%～4.0%)，析出渗碳体时所需的原子扩散量较小，渗碳体晶核更容易形成。但是，在极其缓慢冷却(即原子有足够的扩散时间)的条件下，或合金中含有促进石墨形成的元素(如 Si 等)时，在铁碳合金的结晶过程中，会从液相或奥氏体中直接析出稳定的石墨相。

描述铁碳合金结晶过程的相图实际上有两个，一个是亚稳定的 Fe－Fe_3C 相图，另一个是稳定的 Fe－G 相图。把两者合在一起就得到一个双重相图，如图 6.1 所示。图中的实线表示 Fe－Fe_3C 相图，部分实线再加上虚线表示 Fe－G 相图。

铸铁从液态冷却到固态时，若按 Fe－Fe_3C 相图结晶就得到白口铸铁，若按 Fe－G 相图结晶就形成和析出石墨，即发生石墨化过程。如果铸铁在从液相冷却到

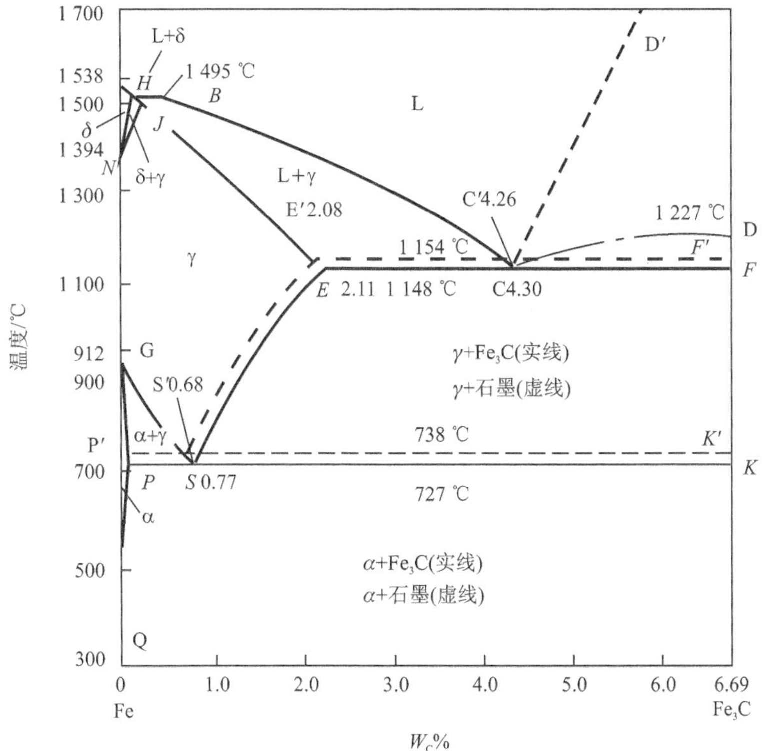

图 6.1　Fe－Fe_3C 和 Fe－G 双重相图

室温过程中，一部分按 Fe－Fe_3C 相图进行结晶，另一部分按 Fe－G 相图进行结晶，则其固态组织可由铁素体、渗碳体及石墨三种相组成。

2）铸铁的石墨化

铸铁的石墨化是指冷却结晶时铸铁中的碳原子析出并形成石墨的过程。按照 Fe－G 相图，液态铸铁在冷却过程中，碳原子除少量固溶于铁素体相外，其余都以石墨形式析出。石墨形成（即石墨化）分为如下三个阶段：

第一阶段：从过共晶成分液相中直接结晶出一次石墨（G_{I}）和在 1 154 ℃时通过共晶转变形成共晶石墨（$L_{C'} \longrightarrow A_{E}+G$）。

第二阶段：在 1 154 ℃到 738 ℃的冷却过程中，从奥氏体中析出二次石墨（G_{II}）。

第三阶段：在 738 ℃时通过共析转变形成共析石墨（$A_{S'} \longrightarrow F_{P'}+G$）。

第一阶段和第二阶段称为高温石墨化阶段，第三阶段称为低温石墨化阶段。在实际生产中，由于铸铁的化学成分、冷却速度等各不相同，因此结晶时各阶段石墨化过程进行的程度也不同，从而得到各种不同基体的铸态组织。根据铸铁在结晶过程中石墨化程度的不同，可将铸铁分为以下三大类：

灰铸铁——第一阶段和第二阶段石墨化过程都充分进行而得到的铸铁，其断口为暗灰色，在工业生产中所用的铸铁大多属于这类铸铁。

白口铸铁——三个阶段的石墨化过程全部被抑制，完全按照 Fe－Fe_3C 相图结晶得到的铸铁。这类铸铁的组织中碳全部以化合态的渗碳体（Fe_3C）形式存在，并且含有莱氏体，硬度高，脆性大，其断口呈亮白色。在工业上很少直接用它来制造机器零件，主要作为炼钢原料。

麻口铸铁——第一阶段石墨化过程未充分进行的铸铁，其组织介于灰口和白口之间，含有一定量的莱氏体，具有较大的硬脆性，在工业生产中应用较少。

表 6.5 所列为铸铁经过不同程度石墨化后所得到的显微组织。

表 6.5　铸铁经不同程度石墨化后所得到的显微组织

铸铁类型	石墨化第一阶段	石墨化第二阶段	石墨化第三阶段	显微组织
灰铸铁	充分进行	充分进行	充分进行	F+G
	充分进行	充分进行	部分进行	F+P+G
	充分进行	充分进行	未进行	P+G
麻口铸铁	部分进行	部分进行	未进行	Ld′+P+G
白口铸铁	未进行	未进行	未进行	Ld′+P+Fe_3C

3）影响石墨化的因素

铸铁的组织主要取决于石墨化三个阶段进行的程度，而石墨化程度又受到许多因素的影响。实践表明，影响铸铁石墨化的主要因素是化学成分和冷却速度。

(1) 各化学成分的影响

合金元素如 C、Si、Mn、S、P 等对铸铁石墨化的影响各不相同。其中 C 和 Si 是强烈促进石墨化的元素,它们的含量愈高,石墨化过程愈易进行。铸铁中每增加 1%Si(质量分数),共晶点碳的质量分数相应降低 1/3。此外,Si 的加入还能改善合金的铸造性能。因此,在工业生产中,常常通过调整 C、Si 的含量来控制铸铁的组织。Mn 是阻碍石墨化的元素,由于 Mn 能减弱 S 的有害作用,故允许相对较高含量范围存在;S 是强烈阻碍石墨化的元素,并恶化铸造性能,应严格限制其含量;P 对铸铁的石墨化作用影响不明显,但会增加铸铁的硬度和脆性,一般应限制其含量。

(2) 冷却速度的影响

冷却速度对铸铁的石墨化有较大影响,冷却速度愈慢,愈有利于石墨化过程的进行。冷却速度受铸造工艺方法、铸型材料、铸件形状尺寸等许多因素的影响。例如:金属型铸造比砂型铸造冷却速度快,薄壁铸件比厚壁铸件冷却速度快。

图 6.2 所示为在一般砂型铸造条件下,铸铁的化学成分(C+Si)和铸件壁厚对铸件组织(即石墨化程度)的综合影响。对于薄壁铸件,由于冷却速度快,容易形成白口铸铁组织。要想获得灰口组织,应调整铸铁的化学成分,增大其(C+Si)的含量。对于厚大铸件,应适当减小铸铁中的(C+Si)含量,以避免在组织中形成过多石墨。在实际生产中,应根据铸件的壁厚来合理调配铸铁的化学成分。由于共晶成分的铸铁具有最佳的铸造性能,故一般将其配制为接近共晶成分。

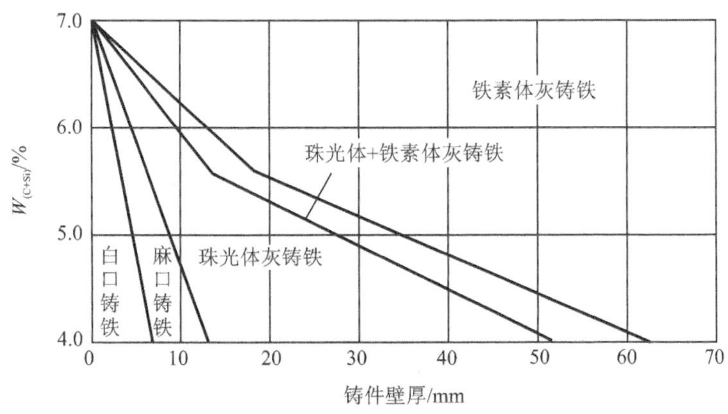

图 6.2　铸铁的成分和铸件壁厚对铸铁组织的影响

2. 常用铸铁的牌号、组织与性能

铸铁组织中的石墨形态、尺寸以及分布状况对其力学性能的影响很大。工业上使用的铸铁种类很多,除白口铸铁(碳全部以 Fe_3C 的形式存在)外,按石墨的形态(即碳的存在形式)和组织性能的不同可将铸铁分为灰铸铁、球墨铸铁、可锻铸铁和蠕墨铸铁等。

1) 灰铸铁

碳全部或大部分以自由状态的片状(或条状)石墨形式存在,断口呈深灰色的铸铁,称为灰铸铁。它是价格最低、应用最广的铸铁材料。在各类铸铁的总产量中,灰铸铁占80%以上。

(1) 灰铸铁的组织

普通灰铸铁的组织是由片状(或条状)石墨和基体两部分组成。由于不同阶段石墨化程度的不同,灰铸铁有三种不同的基体组织,分别为铁素体基(F)、铁素体-珠光体基(F-P)、珠光体基(P),这三者的强度、硬度依次增高。图6.3所示为灰铸铁的显微组织。实际中应用的灰铸铁多为珠光体基灰铸铁。在其他条件相同的情况下,珠光体的片间距越小,基体的强度和硬度越高。

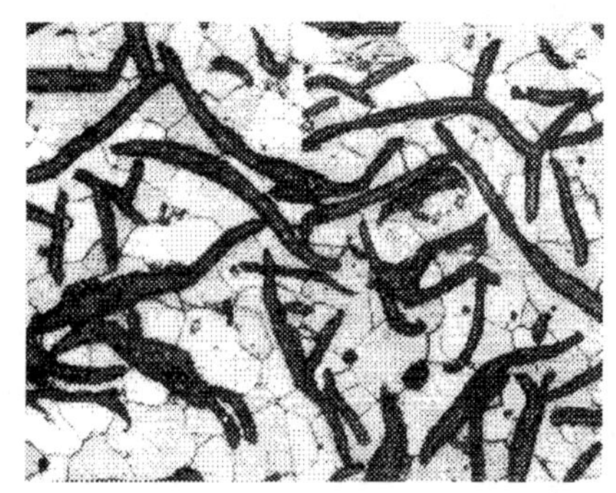

(a) 铁素体基　　(b) 铁素体-珠光体基

(c) 珠光体基

图6.3　灰铸铁的显微组织

(2) 灰铸铁的牌号与性能

灰铸铁的牌号、力学性能及用途见表6.6。牌号中的“HT”为“灰铁”二字汉语拼音的首字母,其后面的数字表示最低抗拉强度。例如:HT200表示该灰铸铁浇注出的ϕ30 mm单铸试棒测得的抗拉强度不小于200 MPa。由于铸铁的力学性能与铸件壁厚有关,因此,根据零件的性能要求来选择铸铁牌号时,应注意零件的壁厚尺寸。

表 6.6 灰铸铁的牌号、力学性能及用途(摘自 GB/T 9439—1988)

<table>
<tr><th>牌 号</th><th colspan="2">铸件壁厚/mm</th><th>抗拉强度
R_m/MPa</th><th>用 途</th></tr>
<tr><td rowspan="4">HT100</td><td>>2.5</td><td>≤10</td><td>≥130</td><td rowspan="4">承受低载荷和不重要的零件,如盖、外罩、手轮、支架、重锤等</td></tr>
<tr><td>>10</td><td>≤20</td><td>≥100</td></tr>
<tr><td>>20</td><td>≤30</td><td>≥90</td></tr>
<tr><td>>30</td><td>≤50</td><td>≥80</td></tr>
<tr><td rowspan="4">HT150</td><td>>2.5</td><td>≤10</td><td>≥175</td><td rowspan="4">承受中等载荷的零件,如支柱、底座、齿轮箱、工作台、刀架、端盖、阀体、管路附件等</td></tr>
<tr><td>>10</td><td>≤20</td><td>≥145</td></tr>
<tr><td>>20</td><td>≤30</td><td>≥130</td></tr>
<tr><td>>30</td><td>≤50</td><td>≥120</td></tr>
<tr><td rowspan="4">HT200</td><td>>2.5</td><td>≤10</td><td>≥220</td><td rowspan="8">承受较高载荷和较重要的零件,如汽缸、齿轮、机座、飞轮、床身、汽缸体、汽缸套、活塞、刹车轮、联轴器、齿轮箱、轴承座、油缸等</td></tr>
<tr><td>>10</td><td>≤20</td><td>≥195</td></tr>
<tr><td>>20</td><td>≤30</td><td>≥170</td></tr>
<tr><td>>30</td><td>≤50</td><td>≥160</td></tr>
<tr><td rowspan="4">HT250</td><td>>4</td><td>≤10</td><td>≥270</td></tr>
<tr><td>>10</td><td>≤20</td><td>≥240</td></tr>
<tr><td>>20</td><td>≤30</td><td>≥220</td></tr>
<tr><td>>30</td><td>≤50</td><td>≥200</td></tr>
<tr><td rowspan="3">HT300</td><td>>10</td><td>≤20</td><td>≥290</td><td rowspan="6">承受高载荷的重要零件,如齿轮、凸轮、车床卡盘、剪床和压力机的机身、床身、高压液压筒、滑阀壳体等</td></tr>
<tr><td>>20</td><td>≤30</td><td>≥250</td></tr>
<tr><td>>30</td><td>≤50</td><td>≥230</td></tr>
<tr><td rowspan="3">HT350</td><td>>10</td><td>≤20</td><td>≥340</td></tr>
<tr><td>>20</td><td>≤30</td><td>≥290</td></tr>
<tr><td>>30</td><td>≤50</td><td>≥260</td></tr>
</table>

灰铸铁的组织可以看成是钢的基体上分布有许多片状(或条状)石墨。由于石墨的强度低,这些石墨片就相当于在钢中存在的许多微小裂纹,不仅易在其尖端处引起应力集中,而且割裂了基体的连续性。因此,与普通碳钢相比,灰铸铁的力学性能低,其抗拉强度很低,塑性和韧性几乎为零。但是,石墨片的存在对灰铸铁的抗压强度影响不大,所以灰铸铁常用于制造机床床身、底座、工作台等受压零部件。

由于灰铸铁在冷却凝固过程中析出比容较大的石墨,有利于降低铸件的收缩率,加上铸铁的化学成分使其流动性良好,因此灰铸铁具有良好的铸造工艺性能,适宜铸造结构复杂或薄壁铸件。石墨的存在使灰铸铁件在切削加工时易于断屑,所以灰铸铁的切削加工性能良好。铸铁中的石墨有利于润滑及贮油,所以具有优良的减摩性能;由于石墨组织松软,能吸收振动能量,灰铸铁具有良好的减震性。石墨本身相当

于许多微小缺口，因此灰铸铁具有低的缺口敏感性。

(3) 灰铸铁的孕育处理

表 6.6 中所列灰铸铁的牌号中 HT100、HT150、HT200 为普通灰铸铁，HT250、HT300、HT350 属于较高强度的孕育铸铁(也称变质铸铁)，是由普通铸铁通过孕育处理而得到的。在浇注前向铸铁液中加入一定量的孕育剂(或称变质剂)，使结晶时石墨晶核的数目增多，石墨片尺寸变小、分布均匀，并细化基体组织。经孕育处理后，灰铸铁的显微组织为细珠光体基体上均匀分布着细小片状石墨。常用的铸铁变质剂(或孕育剂)有两种，分别为含 75%Si 的硅铁合金、含 60%～65%Si 和 25%～35%Ca 的硅钙合金。灰铸铁经孕育处理后不仅强度明显提高，而且塑性和韧性也有所改善。孕育铸铁常用来制造力学性能要求较高、截面尺寸变化较大的铸件。

2) 球墨铸铁

碳全部或大部分以自由状态的球状石墨形式存在且断口呈银灰色的铸铁称为球墨铸铁，简称球铁。

(1) 球墨铸铁的组织

球墨铸铁是在浇注前向灰铸铁的铁水中加入球化剂和孕育剂进行球化处理和孕育处理，使组织中石墨呈球状分布的铸铁。球墨铸铁常用的球化剂有镁、稀土或稀土镁，其作用是使石墨呈球状；常用的孕育剂(也称墨化剂)是硅铁合金(如 Si 含量 75% 的硅铁合金)和硅钙合金等，作用是促进石墨化，防止出现白口。

球墨铸铁的显微组织由球状石墨和基体两部分组成。依据化学成分和冷却速度的不同，球铁在铸态下的基体组织有铁素体、铁素体＋珠光体、珠光体三种，其强度、硬度依次增加，塑性、韧性依次降低。图 6.4 所示为球墨铸铁的显微组织。图 6.4(b)中铁素体＋珠光体基球墨铸铁显微组织，呈牛眼状，这是由于球状石墨的形成使其周围的奥氏体贫碳，随后转变为铁素体。

(2) 球墨铸铁的牌号与性能

球墨铸铁的牌号、力学性能及用途见表 6.7。牌号中的“QT”为“球铁”二字汉语拼音首字母，其后面的两组数字分别表示最低抗拉强度和最低伸长率。例如 QT400－15表示最低抗拉强度为 400 MPa、最低伸长率为 15%的球墨铸铁。

表 6.7　球墨铸铁的牌号、力学性能及用途(摘自 GB/T 1348—2009)

牌　号	主要基体组织	力学性能				用　途
		R_m/MPa (不小于)	$R_{p0.2}$/MPa (不小于)	A/% (不小于)	HBW	
QT350－22	铁素体	350	220	22	≤160	用于汽车、拖拉机的牵引框、轮毂、离合器及减速器等的壳体，农机具的犁铧、犁托、牵引架，高压阀门的阀体、阀盖、支架等
QT400－18		400	250	18	120～175	
QT400－15		400	250	15	120～180	
QT450－10		450	310	10	160～210	

续表 6.7

牌　号	主要基体组织	力学性能				用　途
		R_m/MPa（不小于）	$R_{p0.2}$/MPa（不小于）	A/%（不小于）	HBW	
QT500－7	铁素体＋珠光体	500	320	7	170～230	内燃机的机油泵齿轮、水轮机的阀门体、铁路机车车辆的轴瓦等
QT550－5		550	350	5	180～250	
QT600－3		600	370	3	190～270	
QT700－2	珠光体	700	420	2	225～305	柴油机和汽油机的曲轴、连杆、凸轮轴、汽缸套，空压机和气压机的曲轴、缸体及缸套，球磨机齿轮，桥式起重机滚轮等
QT800－2	珠光体或索氏体	800	480	2	245～335	
QT900－2	回火马氏体或屈氏体＋索氏体	900	600	2	280～360	汽车螺旋伞齿轮、拖拉机减速齿轮，农机具犁铧、耙片等

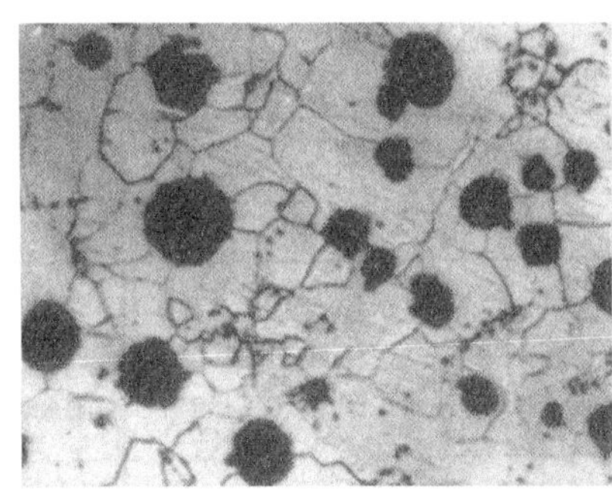

(a) 铁素体基

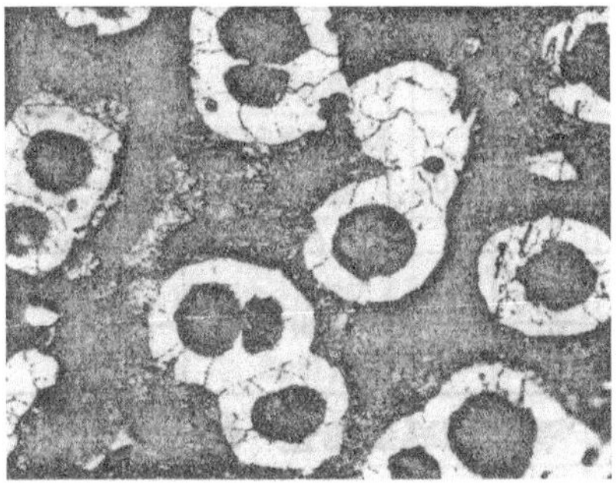

(b) 铁素体+珠光体基

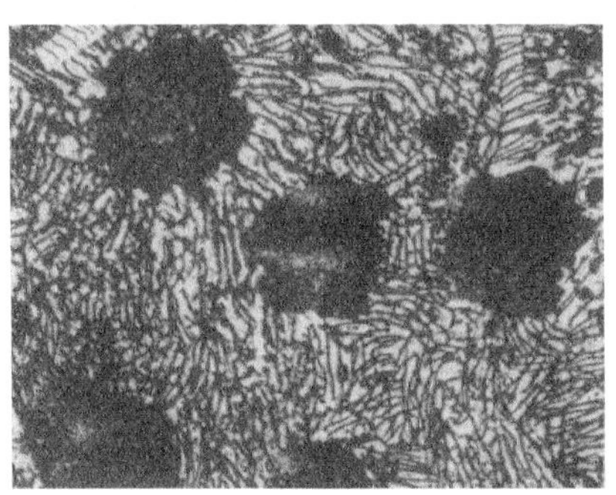

(c) 珠光体基

图 6.4　球墨铸铁的显微组织

由于球墨铸铁中的石墨呈球状，对基体金属的割裂作用大大减小，使得基体比较连续，引起的应力集中作用小。与灰铸铁相比，球墨铸铁具有较高的抗拉强度和弯曲疲劳极限，也具有良好的塑性及韧性。与碳钢相比，其抗拉强度相差不多，但屈服强度比碳钢要高得多。因此，对于承受静载荷的零件，用球墨铸铁代替碳钢，可大大减轻机器的质量。此外，球墨铸铁还具有良好的铸造性能、耐磨性以及低的缺口敏感性等，加上生产成本低，使得球墨铸铁在工业生产中应用广泛。“以铸代锻”、“以铁代钢”已在机械工业中得到了很好的体现。球墨铸铁可用以制造受力复杂、负荷较大和要求耐磨的铸件，如柴油机的曲轴、连杆、齿轮、凸轮轴、轧钢机轧辊以及汽车后桥壳等。

3）可锻铸铁

碳全部或大部分以自由状态的团絮状石墨形式存在，断口呈灰黑色或灰白色的铸铁称为可锻铸铁。

（1）可锻铸铁的组织

可锻铸铁不是直接浇注出来的，而是用碳、硅含量较低的铁水先浇注成白口铸铁，然后再经高温、长时间的石墨化退火处理，使 Fe_3C 发生分解而析出团絮状石墨得到的铸铁。可锻铸铁分为黑心可锻铸铁、珠光体可锻铸铁和白心可锻铸铁。可锻铸铁的组织与第二阶段石墨化退火的程度和方式有关。第一阶段石墨化退火充分进行后，此时的组织为奥氏体＋团絮状石墨。进一步使第二阶段石墨化也充分进行，得到铁素体＋团絮状石墨组织，其断口心部呈灰黑色，称为黑心可锻铸铁。如果第二阶段石墨化未进行，则奥氏体转变为珠光体，得到珠光体＋团絮状石墨组织，称为珠光体可锻铸铁。图 6.5 所示为可锻铸铁的显微组织。

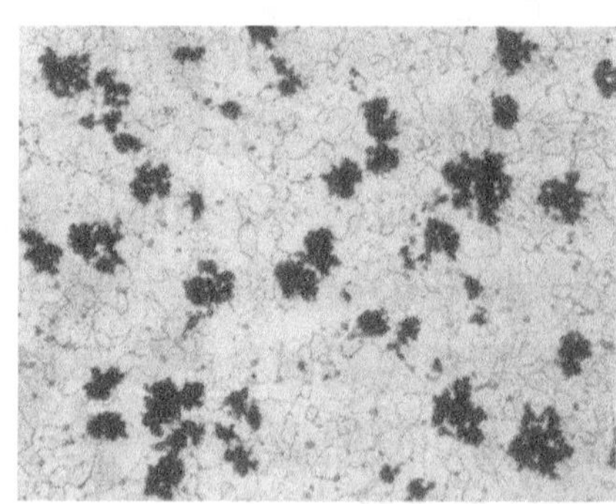
(a) 铁素体可锻铸铁

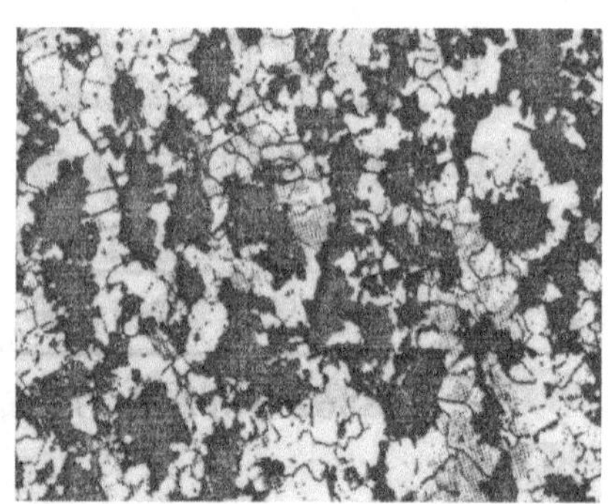
(b) 珠光体可锻铸铁

图 6.5 可锻铸铁的显微组织

如果石墨化退火在氧化性气氛中进行，使表层完全脱碳得到铁素体、心部为珠光体＋石墨组织，断口心部呈白亮色，这样的可锻铸铁称为白心可锻铸铁。白心可锻铸铁的生产周期长，性能较差，应用较少。目前生产中使用的大多数是黑心可锻铸铁和珠光体可锻铸铁。

（2）可锻铸铁的牌号与性能

可锻铸铁的牌号、力学性能及用途见表 6.8。牌号中的“KT”为“可铁”二字汉语

拼音首字母,“H”表示“黑心”,“Z”表示“珠光体基体”,“B”表示“白心”。牌号后面的两组数字分别表示最低抗拉强度和最低伸长率。例如:KTH300－06 表示最低抗拉强度为 300 MPa,最低伸长率为 6%的黑心可锻铸铁。白心可锻铸铁(KTB350－04 等)由于生产周期长,性能较差,在实际中已较少应用。

表 6.8　可锻铸铁的牌号、力学性能及用途

类　型	牌　号	试样直径 d/mm	力学性能				用　途
			R_m/MPa (不小于)	$R_{p0.2}$/MPa (不小于)	A/% ($L_0=3d$) (不小于)	HBW	
黑心可锻铸铁	KTH300－06	12 或 15	300	—	6	≤150	适用于承受低的动载荷及静载荷、气密性要求高的零件,如管道的弯头、接头、三通、中低压阀门等
	KTH330－08		330	—	8		适用于承受中等动载荷及静载荷的零件,如农机上的犁刀、犁柱、车轮壳,机床上的扳手、钢丝绳轧头等
	KTH350－10		350	200	10		适用于承受较高的冲击、振动及扭转载荷的零件,如汽车、拖拉机上的前/后轮壳、差速器壳、转向节壳及制动器等,农机上的犁刀及犁柱,铁道零件,冷暖器接头,船用电机壳等
	KTH370－12		370	—	12		
珠光体可锻铸铁	KTZ450－06		450	270	6	150～200	适用于承受较高载荷、耐磨损并要求有一定韧性的重要零件,如曲轴、凸轮轴、连杆、齿轮、摇臂、活塞环、滑动轴承、犁刀、耙片、万向接头、棘轮、扳手、传动链条及矿车轮等
	KTZ550－04		550	340	4	180～230	
	KTZ650－02		650	430	2	210～260	
	KTZ700－02		700	530	2	240～290	

注:黑心可锻铸铁中的 KTH330－08 和 KTH370－12 为过渡牌号。

可锻铸铁中的石墨呈团絮状,可明显减轻石墨对基体的割裂作用。其力学性能介于灰铸铁与球墨铸铁之间,但可锻铸铁的强度和韧性与灰铸铁相比有明显提高,近似于球墨铸铁,而减震性和加工性能优于球墨铸铁。此外,可锻铸铁还具有较好的耐腐蚀性能。值得注意的是,可锻铸铁虽然具有相对较高的塑性和韧性,但可锻铸铁仍然不能锻造。

由于可锻铸铁的石墨化退火时间长,工艺复杂,生产效率低,成本较高,使其应用受到一定程度的限制,一般用于制造形状复杂、承受振动或冲击载荷的薄壁铸件,如汽车和拖拉机的后桥壳、轮壳、轮船电机壳、管接头、阀门等。近年来一些可锻铸铁件逐渐被球墨铸铁件所代替。

4) 蠕墨铸铁

蠕墨铸铁是一种高强铸铁材料。它是由液态铁水经蠕化处理和孕育处理后使石墨呈蠕虫状的一种铸铁,又称 C/V 铸铁(Compacted/Vermicular Graphite Cast

Iron)。常用的蠕化剂有稀土硅铁镁合金、稀土硅铁合金和稀土硅铁钙合金等。

(1) 蠕墨铸铁的组织

蠕墨铸铁中的石墨形态介于片状石墨和球状石墨之间。在光学显微镜下,蠕墨铸铁中的石墨形态看起来像片状,但又与灰铸铁中的片状石墨有所不同,其片较短而厚,头部较圆,呈蠕虫状,在基体中均匀分布。图6.6所示为蠕墨铸铁的显微组织。

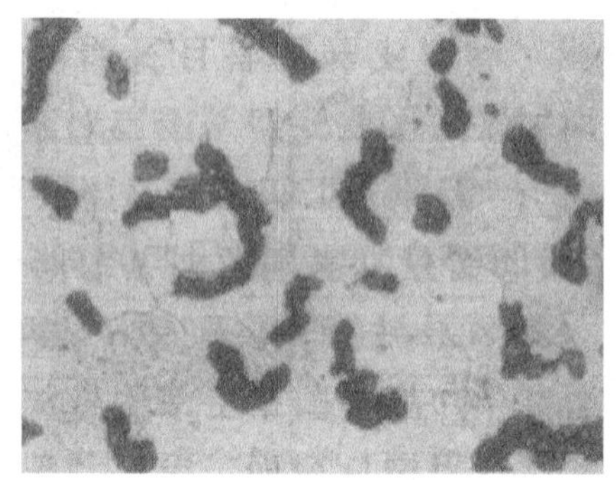

图6.6 蠕墨铸铁的显微组织

(2) 蠕墨铸铁的牌号与性能

蠕墨铸铁的牌号、力学性能及用途见表6.9。牌号中的"RuT"表示"蠕铁",其后面的数字表示最低抗拉强度。例如RuT420表示最低抗拉强度为420 MPa的蠕墨铸铁。

表6.9 蠕墨铸铁的牌号、力学性能及用途

牌号	主要基体组织	力学性能				用途
		R_m/MPa(不小于)	$R_{p0.2}$/MPa(不小于)	A/%(不小于)	硬度HBW	
RuT260	F	260	195	3.0	121～197	增压器废气进气壳体,汽车、拖拉机的某些底盘零件等
RuT300	F+P	300	240	1.5	140～217	排气管、变速箱体、汽缸盖、纺织机零件,液压件、钢锭模,某些小型烧结机篦条等
RuT340	F+P	340	270	1.0	170～249	带导轨面的重型机床件、大型龙门铣横梁,大型齿轮箱体、盖、座、刹车鼓、飞轮,玻璃模具,起重机卷筒,烧结机滑板等
RuT380	P	380	300	0.75	193～274	活塞环、汽缸套、制动盘、玻璃模具、刹车鼓、钢珠研磨盘、吸泥泵体等
RuT420	P	420	335	0.75	200～280	

注:要求蠕化率(VG)≥50%。

蠕墨铸铁中的石墨呈蠕虫状分布,对基体的割裂作用减小。蠕墨铸铁保留了灰铸铁工艺性能较好和球墨铸铁力学性能优良的特点,力学性能介于两者之间,其强度、塑性和抗疲劳性能都高于灰铸铁。此外,蠕墨铸铁还具有良好的导热性、耐磨性以及减震性能等,可用于制造重型机床床身、机座、活塞环、钢锭模、排气管和汽缸盖等。

5）特殊性能铸铁

在工业生产中，除了对铸铁的力学性能有一定要求外，有时还要求具有较高的耐磨性、耐热性和耐腐蚀性等。为此，在普通铸铁的基础上加入一定量的合金元素，可制成具有特殊性能的铸铁，也称合金铸铁。合金铸铁通常有以下三类：耐磨铸铁、耐热铸铁和耐蚀铸铁。

（1）耐磨铸铁

耐磨铸铁按其工作条件的不同可分为两类：①抗磨铸铁——在无润滑的干摩擦条件下工作的铸铁件，如犁铧、轧辊和球磨机磨球等；②减摩铸铁——在润滑条件下工作的铸铁件，如机床导轨、汽缸套、活塞环和轴承等。

白口铸铁属于抗磨铸铁，虽然其硬度高、耐磨性好，但是由于其脆性大，不能用来制作具有一定冲击韧性和强度的铸件，在生产中常采用激冷的方法，在灰铸铁表面形成一层白口铸铁层，使整个铸件既具有较高的强度和耐磨性，又能承受一定的冲击，这种铸铁称为冷硬铸铁。在普通白口铸铁中加入大量的 Cr(15%)和少量的 Mo、Ni、Cu 等合金元素后形成的高铬铸铁，既具有高的耐磨性，同时韧性也大大改善。抗磨白口铸铁的代号为“KmTB”。

国内研制开发的中锰球墨铸铁也属于抗磨铸铁。它是在稀土镁球墨铸铁中加入5.0%～9.5%Mn，控制 3.3%～5.0%Si，使其组织为马氏体＋奥氏体＋渗碳体＋球状石墨，具有较高的冲击韧性和强度，适用于同时承受冲击和磨损条件下使用，可用于制造矿山、水泥生产设备以及农机具耙片、犁铧、粉碎机锤头等零件。

减摩铸铁是在普通灰铸铁中加入适量的 P、V、Cr、Mo、RE(稀土元素)等合金元素，以增加金属基体中珠光体的数量，并使珠光体组织细化，同时也细化石墨，进一步提高铸铁的硬度和耐磨性。这种灰铸铁具有良好的润滑性和抗咬合、抗擦伤的能力。

（2）耐热铸铁

铸铁的耐热性是指在高温下具有良好的抗氧化和抗热生长能力。所谓热生长是指氧化性气体沿石墨片边界和裂纹渗入铸铁内部所造成的氧化以及因渗碳体分解成石墨而引起体积的不可逆膨胀，使铸件尺寸发生变化和产生显微裂纹。普通灰铸铁的耐热性较差，一方面在高温下易发生氧化，另一方面在反复加热过程中，还会发生热生长。

在铸铁中加入 Si、Al、Cr 等合金元素，高温下在铸铁表面形成一层致密的氧化膜如 SiO_2、Al_2O_3 和 Cr_2O_3 等，可阻止其内部继续氧化。此外，这些元素还可提高铸铁的临界温度，使基体成为单相铁素体，不发生石墨化过程，从而改善铸铁的耐热性。

按所加主要合金元素的不同，耐热铸铁可分为硅系、铝系、硅铝系及铬系等。耐热铸铁的代号为“RT”，耐热球墨铸铁的代号为“RQT”。耐热铸铁主要用于制作加热炉底板、换热器、坩埚、热处理炉内的运输链条等。

（3）耐蚀铸铁

耐蚀铸铁是指在腐蚀性介质中工作时表现出抗蚀能力的铸铁。普通铸铁组织中的石墨和渗碳体促进基体发生腐蚀，因而耐蚀性较差。在铸铁中加入一定量的合金元素可改善铸铁的耐蚀性，如：加入 Si、Al、Cr 等合金元素，能在其表面形成一层致密的保护膜；加入 Cr、Si、Mo、Cu、Ni 等合金元素，可提高铁素体的电极电位。此外，通过合金化获得单相金属基体组织，这些措施可大大提高其耐蚀性。

按所加主要合金元素的不同，耐蚀铸铁可分为高硅耐蚀铸铁、高铝耐蚀铸铁和高铬耐蚀铸铁等，其中应用最广的是高硅耐蚀铸铁。耐蚀铸铁的代号为“ST”。耐蚀铸铁在石油化工行业应用广泛，可用于制作管道、阀门、泵类、反应釜及容器等。

6.2 合金钢

碳钢冶炼加工相对容易、价格低廉，在工业生产中主要用于制造一般机械零件。由于碳钢存在淬透性低、综合力学性能不高以及不具备某些特殊性能（如耐热、耐蚀、耐磨、抗氧化等），因此，对于某些有一定性能要求的零部件大多采用合金钢制造。

合金钢是为了提高钢的力学性能、工艺性能或物理化学性能，有意往钢中加入一定量的一种或几种合金元素进行合金化所形成的钢种。加入的合金元素可以是金属元素，也可以是非金属元素。钢中可加入的合金元素有：Si、Mn、Cr、Ni、W、Mo、V、Ti、Nb、Zr、Al、Co、N、B、RE 等。

6.2.1 合金元素的类型及其在钢中的主要作用

1. 合金元素的类型及其存在形式

加入到钢中的合金元素主要以两种形式存在：一种是溶解于钢原有的组成相中，如溶入铁素体中形成合金铁素体，溶入渗碳体中形成合金渗碳体；另一种是合金元素之间相互化合形成钢中原先并不存在的某些新相，如 $Cr_{23}C_6$、Ni_3Al、TiC 等。此外，还有一些合金元素（如 Pb 等）加入到钢中既难溶于铁中，也不易形成化合物，而是以游离状态存在。这些处于游离状态的合金元素通常对钢的性能会产生不利影响，但在某些情况下对改善钢的切削加工性能有利，如易切削钢。

通常按照合金元素与碳之间亲和力的大小，将钢中的合金元素分为碳化物形成元素与非碳化物形成元素两大类。

非碳化物形成元素——有 Ni、Co、Cu、Si、Al、N、B 等，这些元素在钢中不与碳化合，主要以固溶形式存在于铁素体中，形成合金铁素体，如 α－Fe(Ni)、α－Fe(Si)、α－Fe(Al)等，也有合金元素之间相互作用形成其他化合物，如 AlN。

碳化物形成元素——有 Mn、Cr、W、Mo、V、Nb、Zr、Ti 等，这些元素在钢中能与碳化合，它们与碳的亲和力依次增强。根据与碳亲和力的大小，还可将碳化物形成元素分为强碳化物形成元素和弱碳化物形成元素。强碳化物形成元素如 Ti、Nb、Zr 等在钢中能形成结构简单、熔点高、硬度高、稳定性高的碳化物，如 TiC、NbC、ZrC 等；弱碳化物形成元素如 Mn、Cr、Mo 等可固溶于铁素体中，形成合金铁素体，也可溶于

渗碳体中形成合金渗碳体，如$(Fe \cdot Mn)_3C$、$(Fe \cdot Cr)_3C$ 等，在含量高时还可形成结构复杂的碳化物，如 Cr_7C_3、$Cr_{23}C_6$ 等。

此外，有时还在钢中加入一定量的稀土元素，一般用符号 RE 表示，以达到改善钢的某些特殊性能的目的。

2. 合金元素在钢中的主要作用

合金元素的加入对钢的组织与性能、$Fe-Fe_3C$ 相图、热处理工艺等许多方面都会产生较大的影响。以下分别进行阐述。

1）合金元素对钢力学性能的影响

对于工程材料而言，加入合金元素的目的是使钢具有更优异的力学性能，所以合金元素对钢的力学性能的影响是人们最为关心的问题。合金元素加入到钢中可产生如下几种形式的强化作用。

（1）固溶强化

合金元素溶于铁素体中形成固溶体，由于合金元素（如 Si、Mn、Ni 等）与铁的晶格类型和原子半径不同而造成晶格畸变，从而提高塑性变形抗力，产生固溶强化。固溶强化的效果与晶格畸变程度有关，也即与合金元素的种类及其在钢中的含量有关。图 6.7(a)所示为合金元素对铁素体硬度的影响。另外，合金元素在提高铁素体强度和硬度的同时，会使钢的塑性和韧性降低。图 6.7(b)所示为合金元素对冲击韧性的影响。为了使钢具有良好的综合力学性能，对钢进行合金化时，应综合考虑各种合金元素对钢性能的影响，可以采用多元微合金化，并不是某一种合金元素加得越多越好。

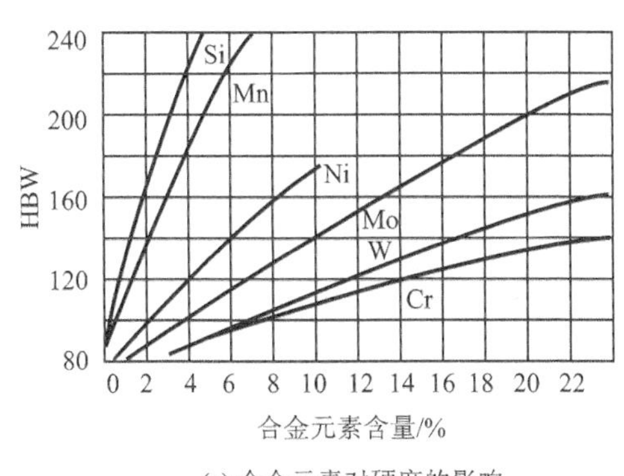

(a) 合金元素对硬度的影响

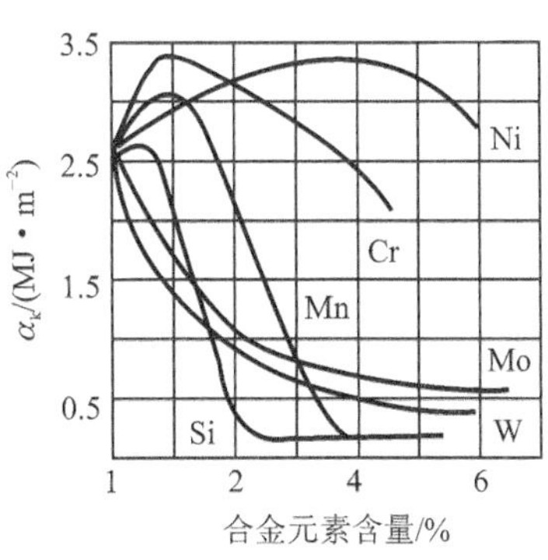

(b) 合金元素对冲击韧性的影响

图 6.7　合金元素对铁素体力学性能的影响

（2）细晶强化

在钢中加入某些强碳化物形成元素（如 V、Ti 等）及氮化物形成元素（如 Al 等）会生成各种难熔化合物（如 VC、TiC、AlN、Al_2O_3 等）。这些化合物的熔点高、硬度高、稳定性高，加热时很难溶于奥氏体中，阻碍奥氏体晶粒长大，冷却后使钢的组织晶粒细小。晶粒细化不仅可以提高钢的强度和硬度，而且可以改善钢的塑性和韧性。

细晶强化是一种较为理想的对材料进行强化的方式。

(3) 弥散强化

一些合金元素(如 Ti、Nb、V、W、Mo 等)加入到钢中,在一定条件下会析出第二相粒子。当合金元素与碳化合形成碳化物,并以细小质点弥散分布在固溶体基体上时,可起到弥散强化的作用。合金碳化物的高硬度,可提高钢的耐磨性;有些碳化物具有高熔点、高稳定性,可提高钢的耐热性,即使钢具有高的热强度。

2) 合金元素对 $Fe-Fe_3C$ 相图的影响

合金元素对铁碳合金相图具有较大影响。合金元素加入后会使 $Fe-Fe_3C$ 相图发生变化,如使奥氏体与铁素体的存在范围扩大或缩小,发生相变的临界温度 A_1、A_3 升高或降低,共析点 S 及碳在奥氏体中的最大溶解度点 E 的成分发生变化等。按照对奥氏体($\gamma-Fe$)相区的影响不同,可将合金元素分为以下两大类。

(1) 扩大奥氏体区的元素

有些合金元素(如 Ni、Mn、Cu、N 等)加入到钢中,使 $Fe-Fe_3C$ 相图的奥氏体相区扩大。图 6.8(a)所示为 Mn 对奥氏体相区的影响。这些合金元素的加入,使钢的相变温度 A_1 和 A_3 降低,S 点、E 点向左下方移动,其中与 $\gamma-Fe$ 无限互溶的元素 Ni 在一定条件下,可使奥氏体相区扩大至室温以下,使钢以稳定单相奥氏体组织存在而成为一种单相奥氏体钢,如奥氏体不锈钢。由于 A_1 和 A_3 温度降低,将直接影响热处理时的加热温度,所以这类合金钢的淬火加热温度低于相应碳钢。

(2) 缩小奥氏体区的元素

有些合金元素(如 Cr、Mo、W、Ti 等)加入到钢中,使 $Fe-Fe_3C$ 相图的奥氏体相区缩小,图 6.8(b)所示为 Cr 对奥氏体相区的影响。这些合金元素的加入,使钢的相变温度 A_1 和 A_3 升高,S 点、E 点向左上方移动,在一定条件下通过加入合金元素可使奥氏体完全消失,使钢在包括室温在内的很大温度范围内均可获得单相铁素体,

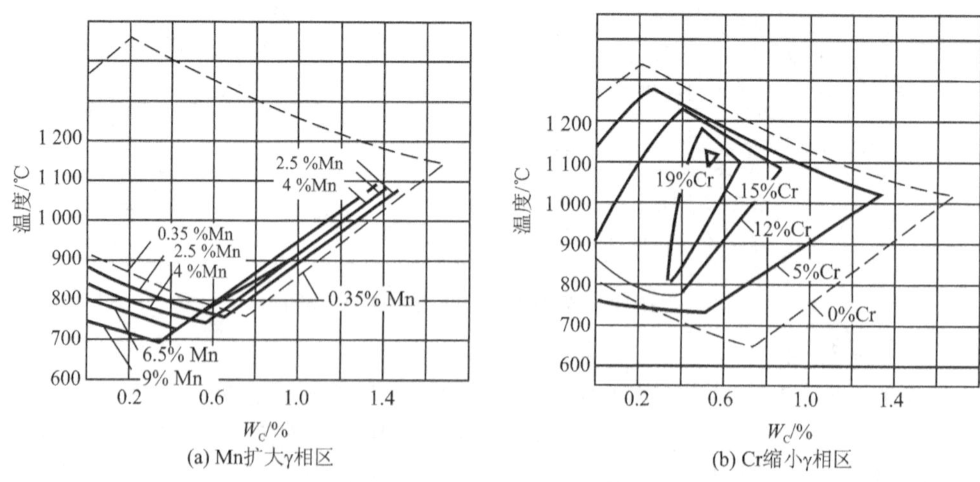

图 6.8 合金元素对 $Fe-Fe_3C$ 相图 γ 相区的影响

通常称为铁素体钢，如铁素体不锈钢和耐热钢。由于 A_1 和 A_3 温度升高，因此这类钢的淬火加热温度也要相应提高。

合金元素加入到钢中均使 S 点和 E 点发生左移。S 点左移，将使共析成分的含碳量降低，即合金钢中共析体的含碳量小于碳钢中共析体的含碳量(0.77%)，例如：钢中含铬量为 13%时，S 点的含碳量仅为 0.3%。由于 E 点左移，使发生共晶转变的含碳量降低(<2.11%)，这样当钢中的含碳量较低时，便出现莱氏体组织。例如：高速钢和高铬钢中都是因为含有大量的合金元素使 E 点左移，因而钢中含有一定量的莱氏体。

3) 合金元素对钢热处理的影响

合金钢的性能优势要在热处理以后才能充分体现出来。钢中加入的合金元素对其热处理工艺过程的影响主要表现在加热、冷却和回火过程中的转变等几个方面。

(1) 合金元素对加热转变的影响

对钢进行加热时，合金钢中加入的不同合金元素，对其奥氏体化过程具有不同影响。大多数合金元素(Ni、Co 除外)特别是强碳化物形成元素加入到钢中，会降低碳的扩散能力，形成较稳定的碳化物，大大减缓奥氏体化过程。此外，大多数合金元素(Mn、P 除外)加入到钢中，都会阻碍奥氏体晶粒长大。特别是 Ti、V、Nb、Zr 等强碳化物形成元素，能形成比铁的碳化物更稳定的碳化物，如 TiC、VC、NbC 等。这些碳化物在加热时很难溶解，强烈地阻碍奥氏体晶粒长大，起到细晶强化的作用。因此，合金钢在热处理时，要适当提高加热温度或延长保温时间，以保证奥氏体化过程充分进行。

(2) 合金元素对冷却转变的影响

大多数合金元素(Co 除外)加入到钢中，会降低铁原子和碳原子的扩散能力，提高过冷奥氏体的稳定性(即过冷奥氏体不易向珠光体转变)，使 C 曲线位置右移，降低淬火临界冷却速度，从而提高钢的淬透性。不同合金元素对过冷奥氏体冷却转变的影响有所不同。如第 5 章中图 5.10 所示，对于非碳化物形成元素和弱碳化物形成元素(如 Ni、Mn、Si 等)会使 C 曲线右移；而对中强和强碳化物形成元素(如 Cr、W、Mo、V 等)溶于奥氏体后，不仅使 C 曲线位置发生右移，而且还改变 C 曲线的形状，使 C 曲线上出现两个"鼻尖"，上面一个为珠光体转变区，下面一个为贝氏体转变区。

此外，多数合金元素(Co、Al 除外)溶入奥氏体后，使马氏体转变温度 M_S 和 M_f 点下降。钢的 M_S 点越低，M_S 点至室温的温度间隔就越小，在相同冷却条件下转变成马氏体的量越少。合金元素对钢 M_S 点的影响可用如下经验公式来估算：

$$M_S(℃) = 538 - 317\mathrm{C}(\%) - 33\,\mathrm{Mn}(\%) - 28\,\mathrm{Cr}(\%) - 17\,Ni(\%) - 11\,\mathrm{Si}(\%) - 11\,\mathrm{Mo}(\%) - 11\mathrm{W}(\%)$$

因此，凡是降低 M_S 点的元素都会使淬火后钢中的残余奥氏体量增加，这对提高钢的硬度和耐磨性不利。

(3) 合金元素对淬火钢回火转变的影响

①提高回火抗力。淬火钢在回火过程中抵抗硬度下降的能力称为回火稳定性，也称回火抗力。由于合金元素溶入马氏体及残余奥氏体中，使得钢在回火时马氏体分解、残余奥氏体转变以及碳化物的析出与聚集过程温度提高、速度减缓，即提高了钢的回火稳定性。合金钢的回火稳定性比相应碳钢要高，具体表现为：在相同温度下回火时，合金钢的强度、硬度比碳钢的高；如要获得相同的回火硬度，则合金钢的回火温度比同样含碳量的碳钢要高。图 6.9 所示为含 Mo 的合金钢与相应碳钢的回火抗力比较。

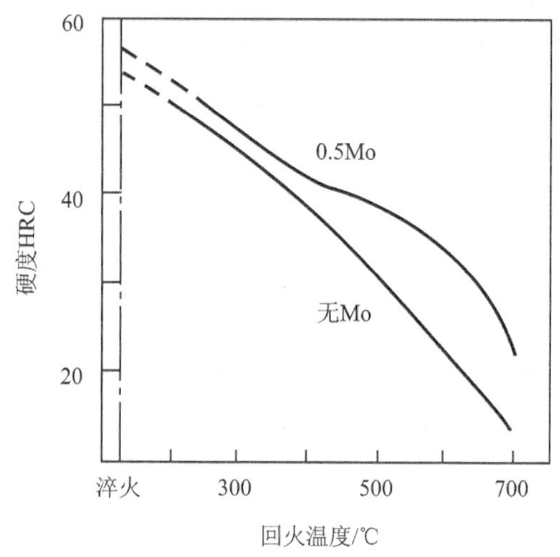

图 6.9 合金钢与碳钢的回火抗力比较

②产生二次硬化。含有较多碳化物形成元素(如 Cr、W、Mo、V 等)的高合金钢，在淬火后的 500～600 ℃回火过程中，其硬度不但不降低，反而明显升高，这种现象称为二次硬化。产生二次硬化的原因，是由于在此温度区间回火时，组织中析出了细小、弥散分布的碳化物(如 W_2C、Mo_2C、VC 等)，这些碳化物的硬度很高，在高温下的稳定性也高、不易聚集长大，大大提高了钢的强度和硬度，并使钢具有一定的热硬性(也称红硬性)。合金工具钢如高速钢在热处理后具有较高硬度的原因之一就是由于产生了二次硬化现象。

③ 回火脆性。含有 Cr、Ni、Mn、Si 等元素的合金结构钢，淬火后在 450～650℃范围内回火并缓慢冷却，会出现钢的冲击韧性急剧下降的现象，即产生高温回火脆性。从钢的合金化角度，在钢中加入少量的 W、Mo 元素(如 40CrNiMo 钢)，可抑制高温回火脆性的产生。有关这部分内容请参考 5.2.2 小节中的“淬火钢的回火”部分。

6.2.2　合金钢的分类与编号

1. 合金钢的分类

合金钢的种类繁多,分类方法也较多,一般可按钢的化学成分及主要用途进行分类。

按钢的化学成分可分为:低合金钢(合金元素总含量小于 5%)、中合金钢(合金元素总含量在 5%～10%之间)和高合金钢(合金元素总含量大于 10%)。

按钢的用途可分为:①合金结构钢,包括工程结构用钢和机器制造用钢,具体有低合金高强度结构钢、渗碳钢、调质钢、超高强度钢、弹簧钢、滚动轴承钢等;②合金工具钢,包括刃具钢、模具钢、量具钢,具体有高碳低合金工具钢、高碳高合金工具钢(如高速钢)、冷变形模具钢、热变形模具钢等;③特殊性能钢,包括不锈钢、耐热钢(高温合金)、耐磨钢等。

2. 合金钢的编号

(1) 合金结构钢

合金结构钢的编号方法为:用"两位数字＋元素符号＋数字＋…"来表示。钢号前两位数字表示平均含碳量的万分之几。合金元素以化学元素符号表示,合金元素后面的数字则表示该元素的含量,一般以百分之几表示。如果合金元素的平均含量小于 1.5%,钢号中一般只标明元素符号而不标明其含量。如果平均含量≥1.5%、≥2.5%、≥3.5%……则相应地在元素符号后面标以 2、3、4……如为高级优质钢,则在其钢号后加"高"或"A"。另外,有些合金元素如 V、Ti、Al、B、RE 等,虽然它们在钢中的含量很低,但能在钢中起相当重要的作用,对于这类元素只列出元素符号而不标出其含量。

例如:30CrMnSiNi2A 表示平均含碳量为 0.30%,合金元素 Cr、Mn、Si 的含量均低于 1.5%(约为 1%),Ni 的含量大于 1.5%(约为 2%)的高级优质合金结构钢。

低合金高强度结构钢(如 Q345C 等)的编号规则与前述碳素结构钢相同,此处不再赘述。

(2) 合金工具钢

合金工具钢的编号以"一位数字(或没有数字)＋元素符号＋数字＋…"来表示。其编号规则与合金结构钢大体相同,区别在于含碳量的表示方法,当碳含量≥1.0%时,则不予标出。如平均含碳量<1.0%时,则在钢号前以千分之几表示它的平均含碳量。例如 9Mn2V 钢,其平均含碳量为 0.90%,主要合金元素 Mn 的含量≥1.5%,V 的含量小于 1.5%。

在高合金工具钢中,不论其含碳量高低,一律不予标出。例如高速钢,钢中的含碳量小于 1.0%,在钢号中也不标出其含碳量,只标出合金元素含量平均值的百分之几。例如:W18Cr4V 钢(简称 18-4-1),含 0.7%～0.8%C;W6Mo5Cr4V2(简称 6-5-4-2),含 0.8%～0.9%C。

含碳量≥1.0%的合金工具钢以及高合金工具钢中的具体含碳量数值一般由材料手册查出。

对于含铬量低的钢，其含铬量以千分之几表示，并在数字前加“0”，以示区别。如平均含铬量为0.6%的低铬工具钢，其钢号表示为“Cr06”。

滚动轴承钢在钢号前加“滚”的汉语拼音首字母“G”，钢中含铬量以千分之几表示，例如GCr15表示含1.5%Cr的滚动轴承钢。

6.2.3 合金结构钢

合金结构钢是在碳素结构钢的基础上适当地加入一种或多种合金元素（如Cr、Mn、Si、Ni、Mo、W、V、Ti等）形成的钢种。合金结构钢主要用于制造各种机器零件及工程结构件，在航空航天、机械制造、交通运输、石油化工以及建筑工程等领域中应用广泛。

以下按对钢的性能要求、化学成分、热处理方法、典型牌号和主要用途等几个方面，分别讨论工程领域中的常见钢种：低合金高强度结构钢、渗碳钢、调质钢、超高强度钢、弹簧钢和滚动轴承钢等。

1. 低合金高强度结构钢

低合金高强度结构钢（HSLA，High Strength Low Alloy Steel）是在普通低碳钢（一般低于0.2%C）的基础上加入少量合金元素（以Mn为主，合金元素总含量一般不超过3%）得到的。该类钢主要用于制造大型钢结构、起重设备、桥梁、船舶、锅炉和输油输气管道等。

1）性能要求

（1）高强度、足够的塑性及韧性

为了减轻结构自重，节约钢材、降低生产成本，要求钢具有高的强度，屈服强度一般在300 MPa以上；为了避免结构在使用过程中发生脆断，同时使冷压成型等工艺较易进行，要求钢具有足够的塑性和韧性，一般希望伸长率A达15%～20%，室温冲击韧性α_k为>60～80 J/cm^2。

（2）良好的焊接性能

低合金高强度结构钢大多用于制造钢结构，而钢结构通常采用焊接方法生产。因此，焊接性能是对这类钢的重要性能要求之一。

（3）良好的耐蚀性

许多钢结构件在潮湿大气或海洋气候条件下工作，由于用低合金高强度钢制造的构件其截面比碳钢构件小，所以要求具有更好的抗大气、海水或土壤腐蚀的能力。

（4）低的韧脆转变温度

许多钢结构要在低温下工作，为了避免发生低温脆断，要求钢具有较低的韧脆转变温度，以保证构件在低温环境中服役的安全性。

2）成分特点

低碳含量(一般控制低于 0.2%C)，使钢具有较好的韧性、焊接性能和冷成型性。钢中主要加入元素 Mn，一方面产生明显的固溶强化效果，另一方面在细化铁素体晶粒的同时，也使珠光体组织变得细小，有利于提高钢的强度和韧性。钢中少量的 Nb、V、Ti 等强碳化物形成元素可生成碳化物或碳氮化物，在热轧时能阻碍奥氏体晶粒长大，起细晶强化作用；形成的细小化合物质点在基体中弥散分布，起弥散强化作用。此外，加入某些特定合金元素可进一步改善钢的性能。例如：加入 Cu 和 P 可提高钢在大气中的耐蚀性；加入微量稀土元素(RE)能消除部分有害杂质，改变夹杂物的形态与分布，从而改善钢的韧性和工艺性能。

3）热处理特点

低合金高强度钢大多在热轧正火状态下使用，组织为铁素体＋珠光体，不需要专门进行热处理。

4）典型牌号及其应用

典型钢种有 Q345(旧牌号 16Mn)和 Q420(旧牌号 15MnVN)等。表 6.10 列出了常用低合金高强度结构钢的牌号、化学成分、性能和用途。

表 6.10　常用低合金高强度结构钢的牌号、化学成分、性能和用途(摘自 GB/T 1591—2008)

<table>
<tr><th rowspan="2">牌号</th><th rowspan="2">质量等级</th><th colspan="6">主要化学成分/%
(不大于)</th><th colspan="3">力学性能</th><th rowspan="2">用途</th></tr>
<tr><th>C</th><th>Si</th><th>Mn</th><th>Nb</th><th>V</th><th>其他</th><th>R_m/MPa</th><th>A/%
(不小于)</th><th>KV_2/J
(不小于)</th></tr>
<tr><td rowspan="5">Q345</td><td>A</td><td rowspan="3">0.20</td><td rowspan="5">0.50</td><td rowspan="5">1.70</td><td rowspan="5">0.07</td><td rowspan="5">0.15</td><td rowspan="5">Ti:0.20
Cr:0.30
Ni:0.50</td><td rowspan="5">450～630</td><td rowspan="5">17～21</td><td rowspan="5">34
(12～150 mm)
27
(150～250 mm)</td><td rowspan="5">桥梁、车辆、船舶、压力容器、建筑结构</td></tr>
<tr><td>B</td></tr>
<tr><td>C</td></tr>
<tr><td>D</td><td rowspan="2">0.18</td></tr>
<tr><td>E</td></tr>
<tr><td rowspan="5">Q390</td><td>A</td><td rowspan="5">0.20</td><td rowspan="5">0.50</td><td rowspan="5">1.70</td><td rowspan="5">0.07</td><td rowspan="5">0.20</td><td rowspan="5">Ti:0.20
Cr:0.30
Ni:0.50</td><td rowspan="5">470～650</td><td rowspan="5">18～20</td><td rowspan="5">34</td><td rowspan="5">桥梁、船舶、起重设备、压力容器、</td></tr>
<tr><td>B</td></tr>
<tr><td>C</td></tr>
<tr><td>D</td></tr>
<tr><td>E</td></tr>
<tr><td rowspan="5">Q420</td><td>A</td><td rowspan="5">0.20</td><td rowspan="5">0.50</td><td rowspan="5">1.70</td><td rowspan="5">0.07</td><td rowspan="5">0.20</td><td rowspan="5">Ti:0.20
Cr:0.30
Ni:0.80</td><td rowspan="5">500～680</td><td rowspan="5">18～19</td><td rowspan="5">34</td><td rowspan="5">大型桥梁、高压容器、大型船舶、电站设备、管道</td></tr>
<tr><td>B</td></tr>
<tr><td>C</td></tr>
<tr><td>D</td></tr>
<tr><td>E</td></tr>
</table>

续表 6.10

<table>
<tr><th rowspan="2">牌 号</th><th rowspan="2">质量等级</th><th colspan="6">主要化学成分/%
(不大于)</th><th colspan="3">力学性能</th><th rowspan="2">用 途</th></tr>
<tr><th>C</th><th>Si</th><th>Mn</th><th>Nb</th><th>V</th><th>其他</th><th>R_m/MPa</th><th>A/%
(不小于)</th><th>KV_2/J
(不小于)</th></tr>
<tr><td rowspan="3">Q460</td><td>C</td><td rowspan="3">0.20</td><td rowspan="3">0.60</td><td rowspan="3">1.80</td><td rowspan="3">0.11</td><td rowspan="3">0.20</td><td rowspan="3">Ti:0.20
Cr:0.30
Ni:0.80</td><td rowspan="3">530～720</td><td rowspan="3">16～17</td><td rowspan="3">34</td><td rowspan="3">中温高压容器(＜120 ℃)、锅炉、化工、石油高压厚壁容器(＜100 ℃)</td></tr>
<tr><td>D</td></tr>
<tr><td>E</td></tr>
<tr><td rowspan="3">Q500</td><td>C</td><td rowspan="3">0.18</td><td rowspan="3">0.60</td><td rowspan="3">1.80</td><td rowspan="3">0.11</td><td rowspan="3">0.12</td><td rowspan="3">Ti:0.20
Cr:0.60
Ni:0.80</td><td rowspan="3">540～770</td><td rowspan="3">17</td><td rowspan="12">55
(0 ℃)
47
(−20 ℃)
31
(−40 ℃)</td><td rowspan="12">高强度钢结构件、工程机械、特种车辆制造、建筑结构、船舶制造、桥梁、石油管道、军工航天等</td></tr>
<tr><td>D</td></tr>
<tr><td>E</td></tr>
<tr><td rowspan="3">Q550</td><td>C</td><td rowspan="3">0.18</td><td rowspan="3">0.60</td><td rowspan="3">0.20</td><td rowspan="3">0.11</td><td rowspan="3">0.12</td><td rowspan="3">Ti:0.20
Cr:0.80
Ni:0.80</td><td rowspan="3">590～830</td><td rowspan="3">16</td></tr>
<tr><td>D</td></tr>
<tr><td>E</td></tr>
<tr><td rowspan="3">Q620</td><td>C</td><td rowspan="3">0.18</td><td rowspan="3">0.60</td><td rowspan="3">0.20</td><td rowspan="3">0.11</td><td rowspan="3">0.12</td><td rowspan="3">Ti:0.20
Cr:1.00
Ni:0.80</td><td rowspan="3">670～880</td><td rowspan="3">15</td></tr>
<tr><td>D</td></tr>
<tr><td>E</td></tr>
<tr><td rowspan="3">Q690</td><td>C</td><td rowspan="3">0.18</td><td rowspan="3">0.60</td><td rowspan="3">0.20</td><td rowspan="3">0.11</td><td rowspan="3">0.12</td><td rowspan="3">Ti:0.20
Cr:1.00
Ni:0.80</td><td rowspan="3">730～940</td><td rowspan="3">14</td></tr>
<tr><td>D</td></tr>
<tr><td>E</td></tr>
</table>

2. 渗碳钢

1) 工作条件及性能要求

渗碳钢常用于承受冲击和磨损条件下工作的一些机械零件(如飞机和发动机中的齿轮、活塞销、凸轮,以及汽车和拖拉机的变速齿轮等)。在工作过程中,除承受较大的冲击载荷、交变载荷、弯曲及扭转等疲劳载荷外,表面还受到相对摩擦产生很高的接触应力,因此要求渗碳钢零件的表面硬度高、耐磨性好,而心部具有足够的强度和韧性,达到"表硬里韧",以承受一定冲击载荷。

2) 成分特点

一般为低碳钢或低碳合金钢,含 0.1%～0.25%C,以保证零件心部具有足够的塑性和韧性。渗碳钢中主加合金元素有 Cr、Ni、Mn 及微量的 B 等,主要作用是提高钢的淬透性,使大截面尺寸工件能够淬透,同时保证零件心部具有较高的强度及冲击韧性。此外,渗碳钢中还含有少量的碳化物形成元素如 W、Mo、Ti 等,以防止在渗碳和随后的淬火加热过程中奥氏体晶粒长大,起到细化晶粒和提高耐磨性的作用。

按照钢的淬透性大小不同，通常将渗碳钢分为以下三类：①低淬透性渗碳钢，如 20、20Cr 等，水淬临界直径一般不超过 20～35 mm；②中淬透性渗碳钢，如 20CrMnTi、12CrNi3 等，油淬临界直径为 25～60 mm；③高淬透性渗碳钢，如 12Cr2Ni4A、18Cr2Ni4WA 等，油淬临界直径大于 100 mm。

3）热处理特点

经过渗碳后，零件的表面成分变为高碳（含 0.85%～1.0%C），而心部仍保持原来的低碳，需再经过淬火＋低温回火后使用。热处理后，零件表面组织为回火马氏体＋碳化物＋少量残余奥氏体，硬度达 58～64HRC，能满足高耐磨性的要求；心部组织与钢的淬透性及零件截面尺寸有关，完全淬透时心部组织为低碳回火马氏体，硬度可达 40～48HRC，同时保持较高的韧性，以满足承受冲击载荷的要求。对于淬透性低及大尺寸的零件，零件的心部淬不透，低碳钢仍保持原来的珠光体＋铁素体组织；低碳合金钢为低碳回火马氏体＋屈氏体＋铁素体组织，硬度为 25～40HRC。

渗碳钢的热处理工艺可以是渗碳后进行直接淬火、一次淬火或二次淬火，然后低温回火。一般碳素渗碳钢和低合金渗碳钢，经常采用直接淬火或一次淬火，而后低温回火；高合金渗碳钢则采用二次淬火＋低温回火处理。

4）典型牌号及应用

渗碳钢的牌号有很多种，如 20、20Cr、20CrMnTi、12Cr2Ni4A 等。常用渗碳钢的牌号、化学成分、热处理、性能及用途见表 6.11。

表 6.11　常用渗碳钢的牌号、化学成分、热处理、性能及用途

牌　号	化学成分/%					热处理温度/℃		力学性能（不小于）					用　途
	C	Mn	Si	Cr	其　他	淬火温度	回火温度	R_m/MPa	R_{eH}/MPa	A_5/%	Z/%	α_K/（MJ·m^{-2}）	
20	0.17～0.24	0.35～0.65	0.17～0.37			790（水冷）	180	500	280	25	55		用于制作表面要求耐磨、耐腐蚀的零件
20Cr	0.18～0.24	0.50～0.80	0.17～0.37	0.70～1.00		800（水冷、油冷）	200	850	550	10	40	0.6	齿轮、小轴、活塞销等
20MnV	0.17～0.24	1.30～1.60	0.17～0.37		V：0.07～0.12	880（水冷、油冷）	200	600	600	10	40	0.7	同上，也用于制作锅炉、高压容器、管道等
20CrMn	0.17～0.23	0.90～1.20	0.17～0.37	0.90～1.20		850（油冷）	200	950	750	12	45	0.6	齿轮、轴、蜗杆、活塞销等
20CrMnTi	0.17～0.23	0.80～1.10	0.17～0.37	1.00～1.30	Ti：0.04～0.10	860（油冷）	200	1 100	850	10	45	0.7	汽车、拖拉机的变速箱齿轮

续表 6.11

牌　号	化学成分含量/%					热处理温度/℃		力学性能(不小于)					用　途
	C	Mn	Si	Cr	其他	淬火温度	回火温度	R_m/MPa	R_{eH}/MPa	A_5/%	Z/%	α_K/(MJ·m^{-2})	
20SiMnVB	0.17～0.24	1.30～1.60	0.50～0.80		V:0.07～0.12;B:0.001～0.004	800(油冷)	200	1 175	980	10	45	0.7	同上
20CrMnMo	0.17～0.23	0.90～1.20	0.17～0.37	1.10～1.40	Mo:0.20～0.30	850(油冷)	200	1 175	885	10	45	0.7	代替含镍较高的渗碳钢作大型拖拉机齿轮、活塞销等大截面渗碳件
12CrNi3A	0.10～0.17	0.30～0.60	0.17～0.37	0.60～0.90	Ni:2.75～3.15	860(油冷)	200	930	685	11	50	0.9	大齿轮、轴
12Cr2Ni4A	0.10～0.16	0.30～0.60	0.17～0.37	1.25～1.75	Ni:3.25～3.65	860(油冷)	200	1 100	850	10	50	0.9	受力大的大型齿轮和轴类耐磨零件
18Cr2Ni4WA	0.13～0.19	0.30～0.60	0.17～0.37	1.35～1.65	Ni:4.00～4.50;W:0.80～1.20	850(空冷)	200	1 200	850	10	45	1.0	大型渗碳齿轮和轴类
20Cr2Ni4A	0.17～0.23	0.30～0.60	0.17～0.37	1.25～1.75	Ni:3.25～3.65	880(油冷)	200	1 180	1 080	10	45	0.8	同上

5) 应用实例

某航空发动机的两齿轮如图 6.10 所示,材料均为 12Cr2Ni4A。该钢含有大约 2%Cr、4%Ni,属于高淬透性合金渗碳钢,通常尺寸大小的零件均能淬透。渗碳技术要求:齿面渗碳层深度为 0.9～1.1 mm,加工余量为 0.162～0.230 mm,渗碳表面硬度≥60HRC,非渗碳表面和基体硬度为 31～41HRC。

该齿轮的制造工艺流程如下:模锻→正火→高温回火→机加工→非渗碳面镀铜→渗碳→高温回火→精加工→淬火→冷处理→低温回火→退铜→磨削。

模锻后的正火是为了改善锻造后的不均匀组织。高温回火是为了降低硬度以便于机械加工。镀铜是为了防止非渗碳面渗碳。渗碳是为了使零件表层获得更高的含碳量,一般渗碳后空冷可细化组织。渗碳后进行高温回火是为了将硬度降低至 35HRC 以下,以便于加工,同时使碳化物球化,使其在后续淬火加热时溶入奥氏体的量减少,防止形成较多的淬火残余奥氏体。淬火是为了获得马氏体+细小碳化物(含残余奥氏体)组织。冷处理可减少表面渗碳层中的残余奥氏体量。低温回火起消除应力、稳定组织和零件尺寸的作用。淬火+低温回火是为了保证所要求的组织和性

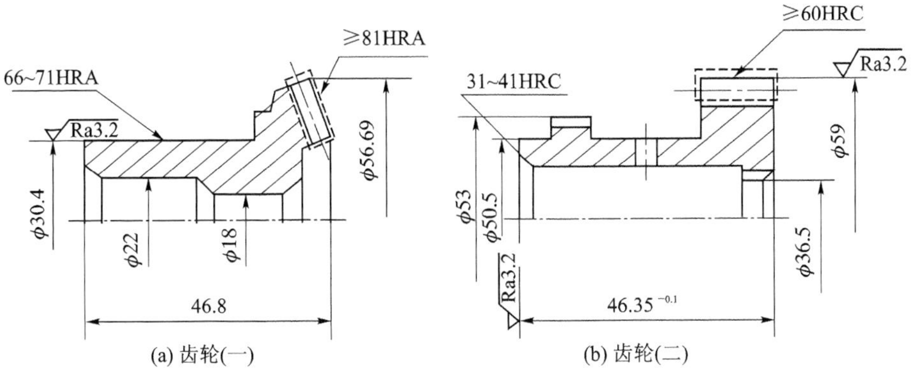

图 6.10　航空发动机渗碳齿轮

能。最终热处理后，零件表层组织为高碳回火马氏体（含少量残余奥氏体）＋细小均匀分布的碳化物；心部组织为低碳回火马氏体，能满足渗碳技术要求。

3. 调质钢

1）工作条件及性能要求

调质钢主要用于制造受力较复杂（交变载荷、冲击载荷等）的重要结构零件，如航空发动机的涡轮轴、飞机起落架的承力零件、油泵的传动轴等。它们在工作时受到很大的应力作用，往往受到强烈振动等交变载荷，因此要求钢具有较高强度的同时，还应具有良好的塑性和韧性，即具有良好的综合力学性能。调质钢还广泛用于制造发动机连杆、机床主轴、齿轮、高强度螺栓等零件。

2）成分特点

含碳量为 0.30%～0.50%，以保证调质钢在热处理后具有良好的综合性能。若含碳量过低，则钢的强度、硬度不足；而含碳量过高，虽然钢的强度、硬度高，但钢的塑性、韧性下降。钢中加入的主要合金元素有 Cr、Mn、Si、Ni 等，主要作用是强化铁素体、提高钢的淬透性和回火抗力，在钢中加入微量的 B(0.000 5%～0.003 5%)，对提高淬透性作用显著；加入 V 可阻碍奥氏体晶粒长大，起细化晶粒作用；少量的 W、Mo 元素，可抑制高温回火脆性。加入 Cr、Mo、Al 等元素形成的调质钢，在调质处理以后的氮化过程中，能在钢表面形成硬度高、耐磨性好的含 Cr、Mo、Al 等元素的氮化物，氮化效果好，也称为氮化用钢。

按淬透性的高低不同，调质钢大致可以分为三类：①低淬透性调质钢，如 45、40Cr 等；②中淬透性调质钢，如 30CrMnSi、35CrMo 等；③高淬透性调质钢，如 40CrNiMoA、37CrNi3 等。它们在油中的临界淬透直径分别为 30～40 mm、40～60 mm、60～100 mm。

3）热处理特点

调质钢的最终热处理是调质处理，即淬火＋高温回火。调质后，得到回火索氏体组织，使钢具有良好的强韧性配合，即综合力学性能良好。

有些调质钢零件，除了要求具有良好的综合力学性能外，还要求表面硬度高、耐磨性好，可在调质处理后进行感应加热表面淬火；对于含有 Cr、Mo、Al 等合金元素的调质钢，可在调质后进行氮化处理。

4）典型牌号及应用

调质钢在机械制造、航空航天等许多领域中的应用十分广泛，典型牌号有 45、40Cr、40CrNiMoA、30CrMnSi、38CrMoAl 等。常用调质钢的牌号、化学成分、热处理、性能及用途见表 6.12。

表 6.12　常用调质钢的牌号、化学成分、热处理、性能及用途

牌　号	化学成分/%						热处理温度/℃		力学性能(不小于)					用　途
	C	Mn	Si	Cr	Ni	其　他	淬火温度	回火温度	R_m/MPa	R_{eH}/MPa	A_5/%	Z/%	α_K/(MJ·m^{-2})	
45	0.42～0.50	0.50～0.80	0.17～0.37				830（水冷）	600（空冷）	800	550	10	40	0.5	受力小的一般结构件，如主轴、曲轴、齿轮、柱塞等
40Cr	0.37～0.45	0.50～0.80	0.20～0.40	0.80～1.10			850（油冷）	500（油冷）	1 000	800	9	45	0.6	较重要的轴和连杆，以及齿轮等调质件
40CrMn	0.37～0.45	0.90～1.20	0.20～0.40				840（油冷）	520（水冷或油冷）	1 000	850	9	45	0.6	代替 40CrNi
40CrNi	0.37～0.44	0.50～0.80	0.20～0.40	0.47～0.75	1.0～1.4		820（油冷）	500（水冷或油冷）	1 000	800	10	45	0.7	大截面重要调质件，如曲轴、主轴、连杆等
38CrMoAlA	0.35～0.42	0.30～0.60	0.20～0.40	1.35～1.65		Mo:0.15～0.25；Al:0.7～1.1	940（油冷）	640（油冷）	1 000	850	14	50	0.9	氮化零件，如高压阀门、缸套等
30CrMnSiA	0.27～0.34	0.80～1.10	0.90～1.20	0.80～1.10			880（油冷）	520（油冷）	1 100	900	10	45	0.5	起落架等飞机结构件，高速载荷砂轮轴、车轴上内外摩擦片等
40CrNiMoA	0.37～0.44	0.50～0.80	0.20～0.40	0.60～0.90	1.25～1.75	Mo:0.15～0.25	850（油冷）	660（油冷）	1 050	850	12	55	1.0	涡轮轴等航空轴类零件，在 500 ℃以下工作的喷气发动机承力零件
37CrNi3A	0.34～0.41	0.30～0.60	0.20～0.40	1.20～1.60	3.00～3.50		820（油冷）	500（油冷）	1 150	1 000	10	50	0.6	大截面要求高强度及高韧性的零件，如螺旋桨轴、重要螺栓等

5）应用实例

某发动机的九级压气机盘如图 6.11 所示，选用材料 30CrMnSiA 制造。该零件的技术要求为：热处理弯曲变形≤1.1 mm，布氏硬度值为 300～365HBW，横向力学

性能：$R_m \geq 990$ MPa，$R_e \geq 765$ MPa，$A \geq 5\%$，$Z \geq 27\%$，$\alpha_K \geq 0.8$ MJ/m^2。该压气机盘的制造工艺流程如下：模锻→880 ℃正火→机械加工→880 ℃淬火→550 ℃高温回火(水冷)→精加工。

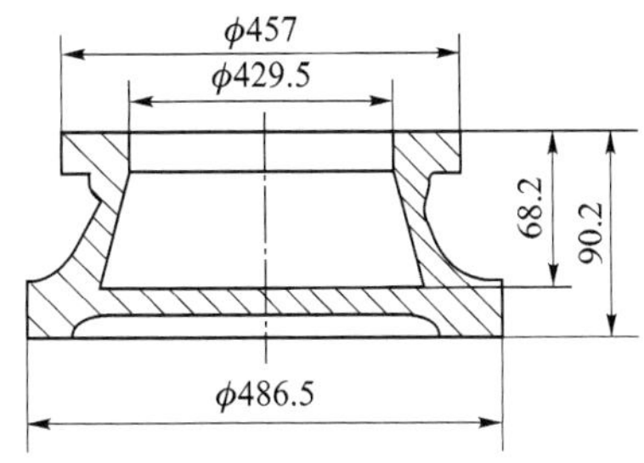

图 6.11　某发动机的九级压气机盘

模锻后的 880 ℃正火是为了改善锻造后的不均匀组织；880 ℃淬火＋550 ℃高温回火即调质处理，得到回火索氏体组织，使零件具有最佳的综合力学性能，满足技术条件要求。

4. 超高强度钢

1）工作条件及性能要求

超高强度钢是为了适应航空航天、武器装备等技术的发展要求而开发出的一类较新型钢种。在工程上一般将 $R_{eH} \geq 1\,400$ MPa 或 $R_m \geq 1\,500$ MPa 的钢称为超高强度钢。对其性能要求主要是：具有很高的强度和比强度，以及具有足够的韧性，达到较好的强韧性配合；此外，在某些场合下，除要求具有较高的强度外，还需具有某些特殊性能，如耐热性、耐蚀性等。这类钢在航空航天等领域中应用较为广泛，主要用于制造飞机起落架、机翼大梁、火箭发动机壳体，以及武器的炮筒、枪筒、防弹板等。

尽管超高强度钢具有上述优异的性能特点，但在制造及使用过程中也存在以下几方面的问题：①缺口敏感性高，易引起应力集中，疲劳强度低；②断裂韧性低；③冷变形和焊接等工艺性能差。因此，在零部件设计、制造和使用过程中应充分注意，确保零部件运行的安全可靠性。

2）成分特点和常用钢种

按化学成分和使用性能的不同，超高强度钢可分为低合金超高强度钢、中合金超高强度钢和高合金超高强度钢三类。中合金超高强度钢也称二次硬化型超高强度钢，具有良好的耐热性；高合金超高强度钢包括马氏体时效硬化钢和沉淀硬化不锈钢。马氏体时效硬化钢是以 Ni 为基形成的高合金超高强度钢，具有极好的强韧性。沉淀硬化不锈钢具有较高强度的同时，耐蚀性良好。以下仅对低合金超高强度钢进行简单介绍。

低合金超高强度钢的碳含量中等，钢中加入的合金元素主要有 Cr、Mn、Ni、Si、Mo、V、Ti、Al 等。常见低合金超高强度钢的牌号有 30CrMnSiNi2A、40CrMnSiMoVA、300M(国外牌号)等，其中应用较多的是 30CrMnSiNi2A 钢。钢中的合金元素 Ni 可降低临界温度及增加韧性，V 可细化晶粒，改善钢的强韧性。这类钢的最终热处理是淬火＋低温回火，依靠马氏体强化达到超高强度；也可以进行等温淬火并回火，依靠马氏体和下贝氏体组织的共同强化来达到强度要求。表 6.13 列出了几种常用超高强度钢的牌号、化学成分、热处理和力学性能。

表 6.13　几种常用超高强度钢的牌号、化学成分、热处理与力学性能

牌　号	化学成分/%					热处理	力学性能					
	C	Cr	Mn	Si	其　他		R_m/MPa	$R_{p0.2}$/MPa	A_5/%	Z/%	K_{IC}/(MPa·m$^{1/2}$)	α_K/(J·cm^{-2})
30CrMnSiNi2A	0.26～0.33	0.9～1.2	1.0～1.2	0.9～1.2	Ni：1.4～1.8	900 ℃油淬，260 ℃回火	1 795	1 430	11.8	50.2	260～274	40～60
40CrMnSiMoVA	0.36～0.42	1.2～1.5	0.8～1.2	1.2～1.6	Mo：0.45～0.6 V：0.07～0.12	920 ℃油淬，200 ℃回火	1 943	1 580	13.7	45.4	203～230	79
300M	0.41～0.46	0.65～0.95	0.65～0.9	1.45～1.8	Ni：1.6～2.0 Mo：0.3～0.4 V≥0.05	870 ℃油冷，315 ℃油冷	2 020	1 720	9.5	34	—	—

3）应用实例

某飞机的机翼大梁如图 6.12 所示。由于要求质量轻、强度高，故采用超高强度钢 30CrMnSiNi2A 制造。技术要求为：热处理纵向弯曲变形＜2 mm，横向弯曲变形＜0.5 mm，布氏硬度 440～510HBW，纵向力学性能 $R_m \geq 1\ 700$ MPa，$A \geq 9\%$，$Z \geq 45\%$，$\alpha_K \geq 0.6$ MJ/m^2。

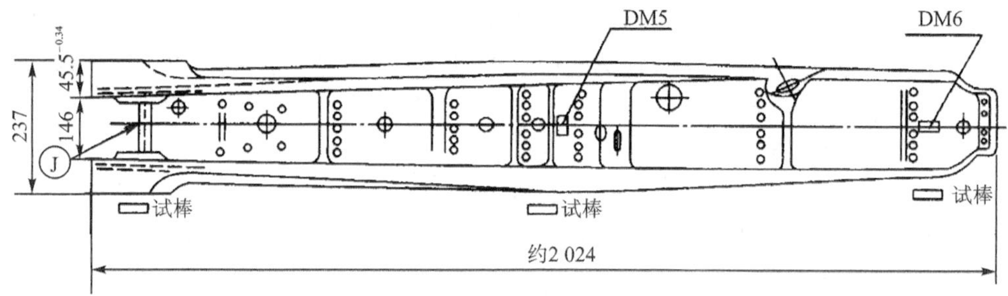

图 6.12　机翼大梁

该机翼大梁的制造工艺流程如下：轧制→900 ℃正火（空冷）→700 ℃高温回火→机械加工→650 ℃分段预热，900 ℃奥氏体化，250 ℃等温淬火（硝盐槽中）→校形→280 ℃低温回火→精加工并校形→230 ℃低温回火→表面处理（磷化）。其中 900 ℃正火是为了改善热加工造成的不均匀组织，并使组织细化；700 ℃高温回火是为了使硬度降低至 156～250HBW，便于机械加工；250 ℃等温淬火是为了获得下贝氏体＋马氏体组织；280 ℃低温回火是针对等温处理所得贝氏体和马氏体而进行的低温回火，以提高大梁的塑性和韧性；230 ℃低温回火是为了消除应力，稳定组织。

5. 弹簧钢

1）工作条件及性能要求

弹簧是利用弹性变形吸收能量以缓和振动和冲击，或依靠弹性储存能量起驱动作用。弹簧在工作时经常要承受振动、冲击等动载荷作用，以及承受长期、周期性的弯曲、扭转等交变应力，有可能造成疲劳破坏或产生永久性变形而影响其功能。因

此，对弹簧钢的性能要求如下：①高的弹性极限和高的屈服强度，尤其是屈强比(R_{eL}/R_m)要高，以防止产生永久塑性变形；②高的疲劳极限、足够的塑性和韧性，便于弹簧绕制成型，防止在使用过程中发生疲劳破坏；③淬透性好，过热敏感性低，不易脱碳等，在特殊场合下还应具有一定的耐热性、耐蚀性等。弹簧钢主要用于制作各种弹簧和弹性元件，如仪表弹簧、发动机气门弹簧、汽车板簧等。

2) 成分特点

含碳量一般为 0.5%～0.85%。含碳量过低，则屈服强度不能满足要求；含碳量过高，则塑性和韧性降低，疲劳性能下降。碳素弹簧钢(如 65、70 钢等)的淬透性较差，截面尺寸超过 12 mm 在油中就不能淬透，因此常在钢中加入一定量的合金元素形成合金弹簧钢。加入的合金元素主要有 Mn、Si、Cr、V 等。加入 Si、Mn、Cr 主要是提高淬透性和回火抗力，同时也提高弹性极限和屈强比。Cr 能降低脱碳敏感性，V 可以细化晶粒，提高钢的高温强度。

3) 热处理特点

根据弹簧的生产方式不同，可分为冷成型弹簧和热成型弹簧两类，所以弹簧钢的热处理也有所不同。

(1) 冷成型弹簧

冷成型弹簧即通过冷拔(或冷拉)、冷卷成型。小尺寸(直径小于 7 mm)弹簧一般用冷拔弹簧钢丝(片)绕制而成。由于钢丝在冷拉过程中产生加工硬化而得到强化，因此，冷卷成型的弹簧不必进行淬火处理，只需进行一次消除内应力和稳定尺寸的定型处理，即加热到 250～300 ℃，保温一段时间，从炉内取出空冷即可。对于合金弹簧钢冷拉钢丝绕制的弹簧，为了充分发挥合金元素的作用，可在成型后进行淬火＋中温回火热处理，以得到回火屈氏体组织。

(2) 热成型弹簧

热成型弹簧即通过加热绕制成型。对于直径较大或厚度较大的弹簧，在热成型后进行淬火＋中温回火，获得回火屈氏体组织，使硬度控制在 40～50HRC 范围内，具有很高的屈服强度和弹性极限，并具有一定的塑性和韧性。

弹簧的表面质量对其使用寿命影响很大，弹簧表面存在的微小缺陷(如脱碳、微裂纹、斑疤等)都可造成应力集中，大大降低其疲劳强度。为了消除或减轻弹簧表面缺陷的不利影响，在热处理后还可进行喷丸处理，使弹簧表面产生残余压应力，以提高弹簧的疲劳强度，延长使用寿命。

采用加热成型制造弹簧(如板簧)的工艺路线如下：扁钢剪断→加热压弯成型→淬火、中温回火→喷丸→装配。

4) 典型牌号及应用

弹簧钢的典型牌号有 70、65Mn、50CrVA、60Si2Mn 等。常用弹簧钢的牌号、化学成分、热处理、力学性能及用途见表 6.14。

表 6.14　常用弹簧钢的牌号、化学成分、热处理、力学性能及用途(摘自 GB/T 1222—2007)

牌　号	化学成分/%						热处理温度/℃		力学性能				用　途
	C	Mn	Si	Cr	V	其　他	淬火温度	回火温度	R_m/MPa	R_{eL}/MPa	$A_{11.3}$/%	Z/%	
70	0.62～0.75	0.50～0.80	0.17～0.37	≤0.25			830(油冷)	480	1 030	835	8	30	截面直径小于 12 mm 的弹簧
65Mn	0.62～0.70	0.90～1.20	0.17～0.37	≤0.25			830(油冷)	540	980	785	8	30	小截面弹簧
60Si2Mn	0.56～0.64	0.70～1.00	1.50～2.00	≤0.35			870(油冷)	480	1 275	1 180	5	25	低于 250 ℃的高应力弹簧
50CrVA	0.46～0.54	0.50～0.80	0.17～0.37	0.80～1.10	0.10～0.20		850(油冷)	500	1 275	1 130	10(A)	40	不超过 300 ℃的主要弹簧
55SiMnVB	0.52～0.60	1.00～1.30	0.70～1.00	≤0.35	0.08～0.16	B:0.000 5～0.003 5	860(油冷)	460	1 375	1 225	5	30	较大截面板簧和螺旋弹簧

6. 滚动轴承钢

1) 工作条件及性能要求

滚动轴承钢是用于制造滚动轴承的专用钢种。滚动轴承在工作时,滚柱或滚珠在轴承内、外圈之间滚动,承受很高、集中的周期性交变载荷;滚珠在滚动时接触面之间受到摩擦力作用,不仅有滚动摩擦,还有滑动摩擦;也可能受到冲击载荷作用;润滑油对轴承有一定的腐蚀性。因此,要求滚动轴承钢具有高且均匀的硬度,耐磨性要好,高的弹性极限和接触疲劳强度,足够的韧性和淬透性,以及一定的抗蚀能力。另外,从化学成分角度来看,滚动轴承钢也属于工具钢范畴,因此,这类钢不限于制作滚动轴承,也可用于制作精密偶件、量具、冷冲模、机床丝杆等耐磨零件。

2) 成分特点

滚动轴承钢是一种高碳铬钢,含 0.95%～1.10%C,0.4%～1.65%Cr。高含碳量是为了保证钢在热处理后具有高的硬度、强度和耐磨性。Cr 主要是提高钢的淬透性,Cr 与 C 可形成合金渗碳体$(Fe \cdot Cr)_3C$,加热时阻碍奥氏体晶粒长大,降低钢的过热敏感性,在钢中呈细小弥散、均匀分布,进一步提高钢的韧性、耐磨性和疲劳强度。此外,溶入奥氏体中的 Cr 还可提高低温回火时马氏体的回火稳定性。对于大型滚动轴承(如直径为>30～50 mm 的滚珠),在钢中再加入 Si、Mn、V 等合金元素,以进一步提高淬透性,使钢具有高的强度和弹性极限,同时不降低其韧性。

滚动轴承钢是高级优质钢,要求钢中的杂质元素、非金属夹杂物等含量很低,一般规定 S<0.02%、P<0.027%,否则会降低钢的疲劳强度,缩短轴承的使用寿命。

3) 热处理特点

滚动轴承钢的预备热处理是球化退火。球化退火的目的在于降低硬度(207～

229HBW)，便于切削加工，获得球状珠光体即铁素体基体上均匀分布细小碳化物组织(称为球化体)，为零件的最终热处理做组织准备。

最终热处理为淬火＋低温回火。滚动轴承钢对淬火加热温度要求严格，温度过高，易造成晶粒长大，增加残余奥氏体的量，使钢的韧性和疲劳强度下降；温度过低，则奥氏体中溶解的碳和铬的量不够，造成钢在淬火后硬度不足。一般要求在淬火后应立即进行低温回火，以去除内应力，提高韧性和组织稳定性。滚动轴承钢经淬火和低温回火后的组织为：极细的回火马氏体＋细小分布均匀的粒状碳化物＋少量残余奥氏体，硬度为 62～66HRC。

制造精密轴承或量具时，由于低温回火不能彻底消除内应力和残余奥氏体，在长期保存及使用过程中，由于应力释放、残余奥氏体转变等原因造成零件尺寸发生变化，所以在淬火后应进行一次冷处理(－60～－80 ℃)，并在低温回火及磨削加工后，进行低温(120～130 ℃)长时间的尺寸稳定化处理(即时效处理)，以消除应力，稳定组织和尺寸。

4) 典型牌号及应用

典型牌号有 GCr15、GCr9 等。常用滚动轴承钢的牌号、化学成分、热处理、性能及用途见表 6.15。

表 6.15　常用滚动轴承钢的牌号、化学成分、热处理、性能及用途

牌号	化学成分/%					热处理	回火后 HRC	用途
	C	Cr	Si	Mn	其他			
GCr6	1.05～1.15	0.40～0.70	0.15～0.35	0.20～0.40		850 ℃油冷，160 ℃回火	62～65	球直径＞13.5 mm，柱直径＜10 mm
GCr9	1.0～1.10	0.9～1.2	0.15～0.35	0.20～0.40		850 ℃油冷，160 ℃回火	62～65	球直径＞13.5 mm，柱直径＜20 mm
GCr9SiMn	1.0～1.10	0.9～1.2	0.40～0.70	0.90～1.20		850 ℃油冷，160 ℃回火	62～65	球直径 22.5～50 mm，柱直径 22.5～50 mm，套圈厚度＜20 mm
GCr15	0.95～1.05	1.30～1.65	0.15～0.35	0.20～0.40		845 ℃油冷，160 ℃回火 845 ℃油冷，250 ℃回火	62～65 56～61	球直径 22.5～50 mm，柱直径 22.5～50 mm，套圈厚度＜20 mm
GSiMnVRE	0.95～1.10	—	0.55～0.80	1.1～1.3	V:0.2～0.3；Re:0.1～0.15	790 ℃油冷，160 ℃回火	≥62	无 Cr，代替 GCr15

图 6.13 所示为内燃机油泵中的一对精密针阀偶件结构示意图。该零件的技术要求为：采用 GCr15 钢制造，硬度为 62～65HRC，热处理变形＜0.04 mm。

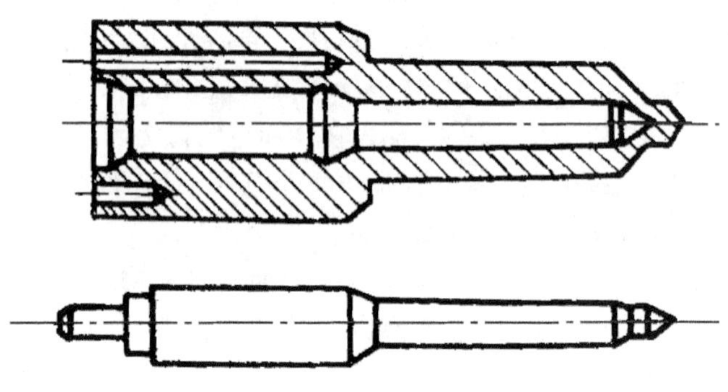

图 6.13　精密针阀偶件结构示意图

其加工工艺流程如下：下料（棒料）→900 ℃正火（空冷）→800 ℃球化退火（分段预热 710 ℃，分段冷却 710 ℃，炉冷）→机械加工→845 ℃淬火（160 ℃硝盐分级淬火、空冷）→冷处理（−70 ℃）→低温回火（160 ℃）→时效（120 ℃）→精加工→时效（120 ℃）。

正火是为了改善热轧组织，消除网状渗碳体；球化退火是为了获得球化组织，为后续工序做组织准备；采用硝盐分级淬火是为了得到隐晶马氏体，满足硬度要求，同时减小变形；冷处理是使残余奥氏体继续转变为隐晶马氏体，减少残余奥氏体的量，起稳定尺寸的作用；低温回火是为了消除应力、稳定组织、稳定尺寸；两次时效都是为了进一步消除应力、稳定组织和尺寸。

6.2.4　合金工具钢

用于制造刃具、模具和量具的钢统称为工具钢。刃具钢主要用于制造各种刀具，如车刀、铣刀等。模具钢主要用于制造各种模具，如冷冲模、冷挤模、热锻模等。量具钢主要用于制造各种量具，如块规、千分尺样板等。在实际应用中，其界限并非绝对，例如某些低合金刃具钢也可用于制作冷作模具或量具。

按照化学成分的不同，可分为碳素工具钢和合金工具钢。碳素工具钢虽然价格低廉、加工容易，但钢的淬透性低、回火稳定性差、综合力学性能不高，主要用于制作木工刀具、锤子、剪刀、锯条等手动工具以及低速、小走刀量的机用工具等；对于形状复杂、截面尺寸大、承载能力高且要求具有一定热稳定性的工具，则需要采用合金工具钢来制造。

1. 刃具钢

刃具在切削过程中，由于摩擦作用会产生很大的热量，有时温度升高至 500～600 ℃，并受到一定的冲击和振动，因此，对刃具钢通常提出如下性能要求：

① 高硬度和高耐磨性。刃具必须具有比被加工零件更高的硬度，一般要求在

60 HRC以上。由于刃具钢的硬度主要取决于马氏体的含碳量，所以刃具钢都属于高碳钢，含 0.7%～1.5%C。耐磨性的高低直接影响刃具的使用寿命。高的耐磨性不仅取决于高的硬度，而且希望有一定数量硬而细小的碳化物均匀分布在高碳回火马氏体基体上，比单一回火马氏体组织具有更高的耐磨性。

② 高红硬性。红硬性也称热硬性，是指刃部受热升温时刃具钢仍能保持高硬度(≥60HRC)的能力。红硬性主要取决于马氏体的回火稳定性，并与碳化物弥散沉淀有关。所以在钢中常加入 W、V、Nb 等合金元素，既提高钢的回火抗力，又析出弥散沉淀的碳化物，使钢具有高的红硬性。

③ 足够的塑性和强韧性。避免刃部在受到冲击、振动载荷作用下，发生突然崩刃或折断。

切削刃具的种类繁多，工况条件各有特点，性能要求也各不相同。以下主要介绍高碳低合金工具钢和高速钢。

1）高碳低合金工具钢

(1) 成分特点

高碳低合金工具钢是在碳素工具钢的基础上加入少量合金元素形成的，合金元素总含量一般不超过 5%。这类钢的含碳量一般为 0.85%～1.50%，高含碳量可保证钢具有高硬度以及形成足够数量的合金碳化物，以提高耐磨性。钢中加入的合金元素主要有 Cr、W、Mn、V、Si 等。其中，Cr、Mn、Si 主要是提高淬透性，Si 还能提高钢的回火抗力；W、V 是强碳化物形成元素，形成合金碳化物提高钢的硬度和耐磨性，V 还可起到细化晶粒的作用。

(2) 热处理特点

高碳低合金工具钢的预备热处理是球化退火，以获得球化组织，降低硬度，便于机械加工，并为后续淬火处理做好组织准备。最终热处理为淬火＋低温回火，得到的组织为高碳回火马氏体＋粒状碳化物＋少量残余奥氏体，可满足性能要求。

(3) 典型牌号及应用

常用的高碳低合金工具钢有 9Mn2V、9SiCr、CrMn、CrWMn 等。这类钢主要用来制造低速切削刃具(如车刀、铣刀和钻头等)、冷压模具(如图 6.14 所示的冲切模、拉伸模)以及量具(如游标卡尺等)。例如：9SiCr 可用于制作丝锥、板牙等。由于 Cr、Si 同时加入，淬透性明显提高，油淬直径可达 40～50 mm；Cr 还能细化碳化物，使之均匀分布，提高耐磨性，不易崩刃；Si 还能提高回火稳定性，使钢的硬度在 250～300 ℃仍能保持在 60HRC 以上。

CrWMn 主要用于制作尺寸精度要求高的工具(如拉刀、板牙等)以及量具和复杂的模具等。该钢的最大优点是在热处理后可获得较高的硬度和耐磨性，同时由于合金元素的加入使它的 M_S 点低，钢的淬火变形小，在淬火前、后尺寸基本保持不变。

部分常用高碳低合金工具钢的牌号、化学成分、热处理、性能及用途见表 6.16。

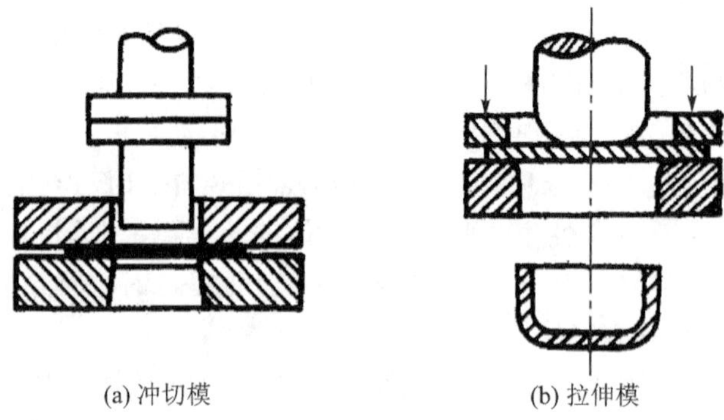

图 6.14　冷压模具

表 6.16　部分常用高碳低合金工具钢的牌号、化学成分、热处理、性能及用途

牌　号	化学成分/%					退火状态 HBW	最终热处理			用　途
	C	Mn	Si	Cr	其　他		淬火温度/℃	回火温度/℃	回火后硬度 HRC	
9SiCr	0.85～0.95	0.3～0.6	1.2～1.6	0.95～1.25		197～241	820～860	190～200	60～63	板牙、丝锥、铰刀、搓丝板、冷冲模等
CrWMn	0.9～1.05	0.8～1.1	0.15～0.35	0.9～1.2	W：1.2～1.6	207～225	800～830	140～160	62～65	长丝锥、长铰刀、板牙、拉刀、量具、冷冲模等
9Mn2V	0.85～0.95	1.7～2.0	≤0.35		V：0.10～0.25	约 229	780～810	150～200	60～62	丝锥、板牙、样板、量规、中小型模具、磨床主轴、精密丝杠等
Cr06	1.30～1.45	≤0.40	≤0.40	0.5～0.7		187～241	780～810	190～200	60～62	锉刀、刮刀、刻刀、刀片、剃齿刀
8MnSi	0.75～0.85	0.8～1.1	0.3～0.6			≤229	800～820	150～160	64～65	慢速切削硬金属用的刀具如铣刀、车刀、刨刀等，高压力工作用的刻刀等，各种量规与块规等

2）高速钢

在生产实践中，当采用高速切削或者需加工难切削材料（如不锈钢、高温合金等）时，产生的切削热可使刀刃温度升高至 500～600 ℃，甚至更高的温度。此时采用高

碳低合金工具钢刃具将难以胜任，因为它的工作温度一般不超过 250 ℃，否则硬度和耐磨性将迅速下降。而高速钢在 500～600 ℃温度下，仍能保持高的硬度和耐磨性，即具有高红硬性，且能采用比低合金工具钢更高的切削速度进行切削，由此而得名高速钢。高速钢又称锋钢，主要用于制作切削速度大、切削负荷和切削温度高的刃具，如高速车刀、钻头以及滚刀、铣刀等。

(1) 成分特点

高速钢属于高碳高合金工具钢，含 0.7%～1.5%C，以便与钢中的合金元素形成足够数量的碳化物，达到满足高硬度、高耐磨性以及具有较高红硬性的要求。此外，钢中还含有 W、Cr、V、Mo、Al、Co 等合金元素。其中的 W 是使高速钢具有热硬性的主要元素，含量范围为 6%～19%，它与钢中的 C 形成 W 的碳化物，一方面可提高钢的回火稳定性，另一方面还可在回火过程中产生二次硬化，提高钢的硬度；4%Cr，主要是提高钢的淬透性，并提高硬度和改善耐磨性；含 1%～4%V，V 与 C 的结合力比 W 与 C 的结合力大，形成的碳化物 V_4C_3（或 VC）比 W 的碳化物更稳定，硬度更高，V_4C_3 的硬度可高达 83 HRC 以上，并且颗粒细小、分布均匀，所以 V 能起到细化晶粒、提高硬度和耐磨性的作用。

高速钢中的典型牌号 W18Cr4V（简称 18－4－1）的化学成分含量为：0.7%～0.8%C、18%W、4%Cr、1%V。由于世界范围内 W 资源短缺，故在工业生产中以 Mo、Co 等元素代替 W 元素仍使钢保持高的红硬性。通常 1%Mo 大约可代替 2%W，同时改善钢的塑性，因此出现了 W6Mo5Cr4V2 钢（简称 6－5－4－2）等。

在钢中加入 Co 能减缓回火时碳化物的析出与聚集，提高钢的红硬性；加入 Al 能提高钢的淬火加热温度，使奥氏体中溶解更多的合金元素，从而获得良好的综合力学性能。因此，出现了含 Co、Al 的高速钢，如 W6Mo5Cr4V2Co8、W6Mo5Cr4V2Al。

(2) 热处理特点

高速钢在工业生产中应用广泛，可用于制造一般高速切削用车刀、刨刀、钻头和铣刀等。下面以 W18Cr4V 为例阐述高速钢的热处理特点。

由于高速钢中合金元素的作用，使 $Fe-Fe_3C$ 相图中的 E 点左移，造成高速钢的铸态组织中便出现大量的共晶莱氏体。鱼骨状的莱氏体及大量分布不均匀的大块碳化物，使得铸态高速钢既硬又脆，无法直接使用，也不能采用热处理方法消除。一般采用反复锻造的方法将碳化物破碎细化，并使它们均匀分布在基体中。由于高速钢中的合金元素含量多，使得 C 曲线右移，淬透性很大，空冷就可得到马氏体组织，因此锻造后应缓慢冷却，以避免形成马氏体组织，防止产生较大应力甚至开裂。

高速钢的预备热处理为球化退火。高速钢在锻造后必须进行退火，目的在于降低硬度（207～225HBW）以便于切削加工，同时为后续淬火做组织准备。经球化退火后的组织为索氏体＋细粒状碳化物。

高速钢的最终热处理为淬火＋三次高温回火。其热处理工艺曲线如图 6.15 所示。

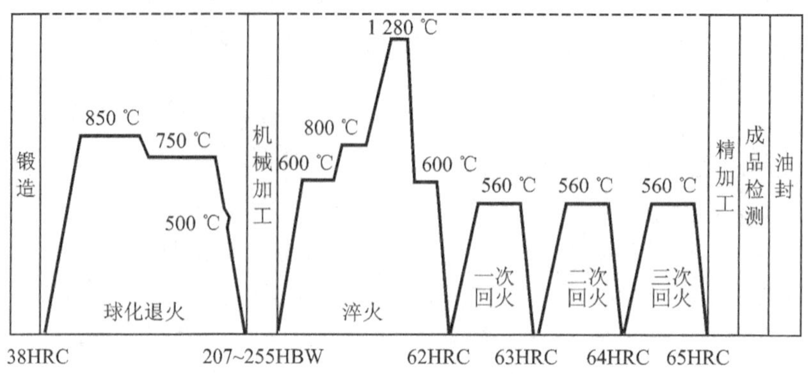

图 6.15　W18Cr4V 的热处理工艺曲线

淬火加热时的分段预热，是由于钢中的合金元素含量多，导热性差，分段预热可防止由热应力引起的变形与开裂。高速钢的淬火加热温度应尽量高些(1 280 ℃)，这样可以使较多的 W、V(提高红硬性的元素)溶入奥氏体中，但温度过高，奥氏体晶粒迅速粗大，同时使钢在淬火状态残余奥氏体的量增多，降低钢的性能。尽管高速钢的淬透性很高，但淬火冷却一般采用油冷，可以防止在空冷时氧化等。对于复杂刀具，为减小淬火变形也可采用分级淬火，即在 M_S 点附近等温停留一段时间而后油冷或空冷。高速钢的淬火组织为：马氏体＋合金碳化物＋大量残余奥氏体，硬度为 61～63HRC。

高速钢在淬火后还要进行三次 560 ℃的高温回火。这是由于高速钢在淬火后含有约 30％的残余奥氏体，仅一次回火难以全部消除，因此要进行三次回火。第一次回火使残余奥氏体的量约降至 15％，第二次回火使残余奥氏体的量降为 3％～5％，第三次回火后使残余奥氏体的量仅剩 1％～2％，而且后一次回火还可消除前一次回火由于奥氏体转变为马氏体所产生的内应力。此外，进行三次 560 ℃的高温回火，一方面加热时从残余奥氏体中析出弥散碳化物，使残余奥氏体中的碳和合金元素含量降低，提高 M_S 点，在冷却过程中残余奥氏体转变为马氏体；另一方面，在此温度范围内回火，W、Mo、V 等的碳化物 W_2C、Mo_2C、VC 等从马氏体中沉淀析出，产生弥散硬化作用。综合这两方面的影响，高速钢淬火后在 560 ℃下进行三次高温回火，使钢的硬度达到最高(63～66HRC)，如图 6.16 所示。高速钢在回火后的组织为回火马氏体＋粒状碳化物＋少量残余奥氏体。

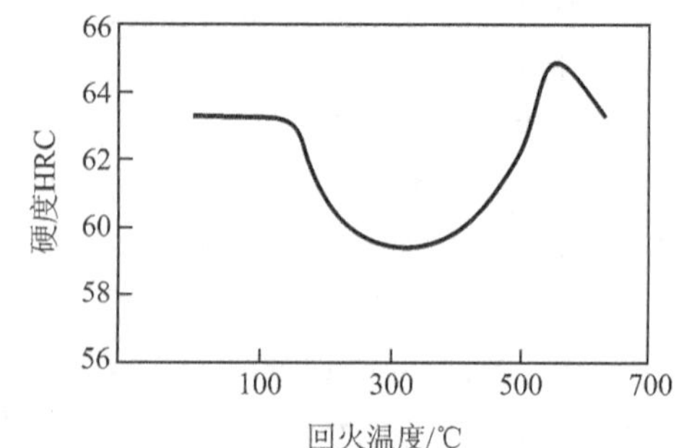

图 6.16　回火温度对高速钢硬度的影响

(3) 牌号及应用

部分常用高速钢的牌号、化学成

分、热处理及力学性能见表 6.17。国内常用的高速钢是 W18Cr4V 和 W6Mo5Cr4V2。相比较而言，这两种钢的红硬性比较接近，但 W6Mo5Cr4V2 钢的热塑性、使用状态的韧性、耐磨性均优于 W18Cr4V 钢，并且钢中碳化物细小均匀分布，钢的密度小，价格低廉，不足之处是磨削加工性能稍低于 W18Cr4V 钢，脱碳敏感性较高。W18Cr4V 适合于制造一般的高速切削刀具，如车刀、铣刀和铰刀等；W6Mo5Cr4V2 适合于制造对耐磨性和韧性要求高的高速刀具，如丝锥、齿轮铣刀和插齿刀等。

表 6.17　部分常用高速钢的牌号、化学成分、热处理和力学性能

牌号	化学成分/%						热处理温度/℃		硬度	
	C	Cr	W	Mo	V	其他	淬火温度	回火温度	退火 HBW	淬火回火 HRC
W18Cr4V (18-4-1)	0.70～0.80	3.80～4.40	1.75～19.00	≤0.30	1.00～1.40	—	1 270～1 285	550～570	≤255	≥63
W6Mo5Cr4V2 (6-5-4-2)	0.80～0.90	3.80～4.40	5.50～6.75	4.50～5.50	1.75～2.20	—	1 210～1 230	540～560	≤255	≥64
W6Mo5Cr4V3 (6-5-4-3)	1.10～1.20	3.80～4.40	6.00～7.00	4.50～5.50	2.80～3.30	—	1 200～1 240	550～570	≤255	≥64
W12Cr4V4Mo	1.25～1.40	3.80～4.40	11.50～13.00	0.90～1.20	3.80～4.40	—	1 250～1 270	550～570	≤262	≥64
W18Cr4V2Co8	0.75～0.85	3.80～4.40	17.50～19.00	0.50～1.25	1.80～2.40	Co:7.0～9.50	1 270～1 290	540～560	≤258	≥65
W6Mo5Cr4V2Al	1.05～1.20	3.80～4.40	5.50～6.75	4.50～5.50	1.75～2.20	Al:0.8～1.2	1 220～1 250	540～560	≤269	≥65

2. 模具钢

根据模具的工作条件不同，模具钢一般分为冷作模具钢(冷变形模具钢)和热作模具钢(热变形模具钢)两大类。前者用于制造冷冲模和冷挤压模等，工作温度一般不超过 200～300 ℃；后者用于制造热锻模和压铸模等，工作时模具型腔表面温度可高达 600 ℃以上。

1) 冷作模具钢

(1) 工作条件及性能要求

冷作模具钢用于制作在冷态下成型的模具，包括冲裁、剪切、拉拔、冷挤压、落料、弯曲等模具。由于在冷态下被加工材料的变形抗力较大，存在加工硬化效应，故模具的工作部位需承受很大的载荷、摩擦及冲击力的作用。主要失效形式是磨损，也常出现崩刃、断裂和变形等失效现象。因此，对冷作模具钢的性能要求是：高的硬度(58～62HRC)和耐磨性、足够的强度和韧性以及一定的疲劳抗力；对于精度要求高的冷变形模具，还要求钢的淬透性高，热处理时变形小。

(2) 成分特点

依据冷变形模具的工作特点及性能要求,对于简单的小型模具可采用碳素工具钢(如 T10 等)来制造;对于中等复杂程度的模具,可采用低合金工具钢(如 9SiCr、9Mn2V、CrWMn 等)和滚动轴承钢(如 GCr15 等)来制造;对于大型精密冷作模具则需要采用 Cr12 型工具钢(如 Cr12、Cr12MoV 等)来制造。

Cr12 型工具钢属于高碳高铬冷变形模具钢,与高速钢一样都属于高碳高合金工具钢。另外从钢号角度注意与 Cr13 型马氏体不锈钢相区别。这类钢的化学成分特点是:高的含碳量和高的含铬量,分别为 1.45%~2.3%C 和 11%~13%Cr,同时还含有少量的 Mo 和 V。由于含铬量在 11%~13%之间,故称之为 Cr12 型工具钢。

钢中的高含碳量是为了保证与铬等形成足够数量的碳化物,如 Cr_7C_3 或 $(Cr \cdot Fe)_7C_3$ 等,在淬火加热时,其中一部分溶于奥氏体,以保证马氏体组织具有较高的硬度,而未溶的碳化物起细化晶粒的作用,提高钢的硬度和耐磨性;钢中高的含铬量,一方面用以形成铬的碳化物,提高钢的耐磨性,另一方面还可以显著提高钢的淬透性,如截面尺寸为 300 mm 的大型模具,空冷便可以淬透;加入少量的 Mo 和 V,可以改善钢的淬透性和提高回火抗力,同时起到细化晶粒、改善钢中碳化物分布的不均匀性作用,从而提高钢的强度和韧性。

(3) 热处理特点

Cr12 型钢属于莱氏体钢,其铸态组织中含有莱氏体,虽然在轧制时已破碎,但其碳化物仍可能呈带状分布,所以应进行锻造,在毛坯成型的同时,使碳化物破碎细化、均匀分布。由于 Cr12MoV 钢类似于高速钢,在锻造后空冷会出现马氏体组织,因此锻造后应缓慢冷却,以避免出现裂纹。

Cr12 型钢的预备热处理是球化退火。球化退火的目的是消除应力,降低硬度,便于切削加工,为后续工序做好组织准备。退火组织为球状珠光体+均匀分布的碳化物。

Cr12 型钢的最终热处理一般是淬火+低温回火,经淬火、低温回火后的组织为回火马氏体+碳化物+少量残余奥氏体,具有较高的硬度和耐磨性,能满足性能要求。

由于钢在淬火后的组织中残余奥氏体和马氏体中溶有不少的碳和合金元素,故有时也对 Cr12 型工具钢进行淬火+高温回火(510~520 ℃)处理,以产生二次硬化,硬度达 60~62HRC,可用于制作在 400~450 ℃温度下工作的模具。

(4) 典型牌号及应用

常用冷作模具钢的典型牌号有 Cr12MoV、Cr12 等,其化学成分、热处理、力学性能和用途见表 6.18。

冷作模具钢主要用于制作截面尺寸大、精度要求高、硬度高和耐磨性好的冷变形模具,如冲孔落料模、冷挤压模、冷镦模、拉丝模等。图 6.17 所示为采用 Cr12MoV 钢制造的冲孔落料模。

表 6.18　常用冷作模具钢的牌号、化学成分、热处理、力学性能和用途

牌　号	化学成分/%					球化退火		最终热处理			用　途
	C	Cr	Mo	V	其　他	温度/℃	硬度 HBW	淬火温度/℃	回火温度/℃	硬度 HRC	
Cr12	2.0～2.3	11.5～13.0			Mn:≤0.40 Si:≤0.40	850～870	217～269	950～1 000	180～220	60～62	冷冲模冲头、冷切剪刀(硬薄的金属)、拉丝模、木工切削工具等
Cr12MoV	1.45～1.70	11.0～12.5	0.4～0.6	0.15～0.30	Mn:≤0.40 Si:≤0.40	850～870	207～255	1 020～1 040	160～180	61～62	冷切剪刀、圆锯、切边模、滚边模、标准工具与量规、拉丝模、冲孔落料模等

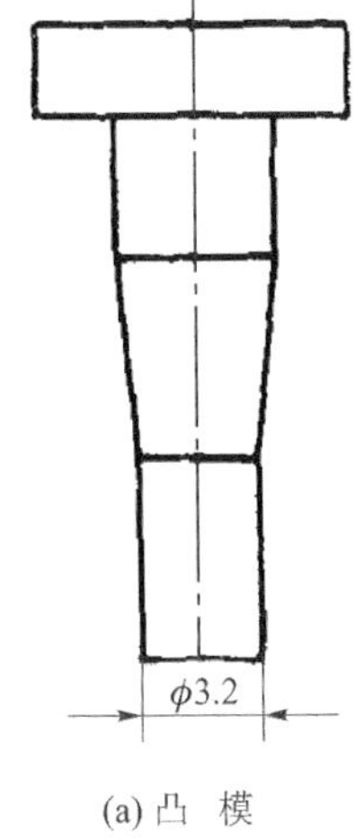

(a) 凸　模

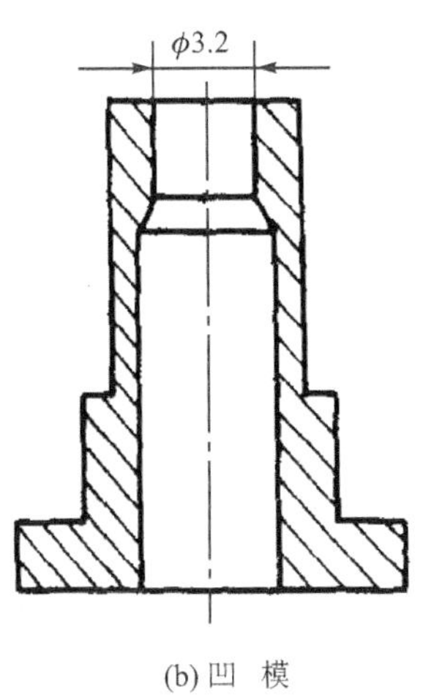

(b) 凹　模

图 6.17　冲孔落料模

2) 热作模具钢

(1) 工作条件及性能要求

使金属在较高温度下成型的模具称为热变形模具(或热作模具)，如热锻模、热挤压模和压铸模等。热作模具在工作时承受很大的冲击载荷、严重的摩擦磨损以及剧烈的冷热循环所引起的不均匀热应变和热应力，工作时模具与炽热金属接触，型腔表面温度可达 600 ℃以上，易产生高温氧化，常见的失效形式有崩裂、塌陷、磨损、热疲劳(龟裂)等。因此，对热作模具钢提出如下性能要求：在高温下具有高的硬度和耐磨性，以及高的强度和韧性配合，即具有良好的综合力学性能；具有良好的耐热疲劳性和抗氧化能力，以防止在反复受热、冷却过程中产生龟裂破坏；由于热作模具的尺寸一般较大，所以还要求钢具有高的淬透性和良好的导热性。

(2) 成分特点

热作模具钢含碳量通常为 0.3%～0.6%，属于中碳范围，因此也称中碳合金工

具钢。该含碳量范围可保证钢在淬火后具有高的硬度以及良好的强韧性配合。钢中加入的合金元素主要有 Cr、Mn、Mo、Ni、W、V、Si 等。其中 Cr、Mn、Ni、Si 的作用主要是提高淬透性,Cr 还能提高钢的回火抗力,Ni 在强化铁素体的同时增加钢的韧性;加入少量的 W、Mo 主要是抑制高温回火脆性;V 主要是细化晶粒。这类钢中一般都加入比较多的 Cr、W、Mo 等元素,它们都是缩小 γ 相区的元素,通过提高共析温度使模具在反复加热和冷却过程中不发生相变,组织较稳定,从而提高其热疲劳抗力。

(3) 热处理特点

热作模具钢一般需要反复锻造,目的是消除轧制时形成的纤维组织,使碳化物均匀分布,避免钢的性能各向异性。锻造后的预备热处理一般为完全退火,主要是为了消除锻造应力,降低硬度,以利于切削加工。

最终热处理通常为淬火+高温回火。回火后的组织依据钢的化学成分不同而有所不同。例如:热锻模用钢 5CrMnMo、5CrNiMo,回火后的组织为回火索氏体或回火屈氏体,硬度 40~50HRC;而常用的压铸模用钢 3Cr2W8V,由于合金元素含量高,已属于过共析钢,回火稳定性高,高温回火后淬火马氏体不发生分解,并且由于析出 W_2C、VC 等碳化物而产生二次硬化作用,回火后的组织为回火马氏体+粒状碳化物,硬度约为 50 HRC,可以满足压铸模的性能要求。

(4) 典型牌号及应用

典型牌号有 5CrMnMo、5CrNiMo、3Cr2W8V、4Cr5MoSiV1(相当于国外牌号 H13)等。其中 5CrMnMo、5CrNiMo 是工业生产中使用广泛的两种热锻模用钢,一般中小型热锻模具(高度小于 250 mm 的为小型模具;高度在 250~400 mm 之间的为中型模具)都采用 5CrMnMo 钢制造,而对于形状复杂、承受冲击负荷大的大型模具(高度大于 400 mm 的为大型模具)则采用含 Ni 的 5CrNiMo 钢制造,因为该钢具有很高的淬透性以及比 5CrMnMo 钢高的塑性和强韧性。3Cr2W8V 是一种常用的压铸模用钢,可用于制作压铸铝、镁合金的压铸模具。

常用热作模具钢的牌号、化学成分、热处理、性能及用途见表 6.19。

表 6.19 常用热作模具钢的牌号、化学成分、热处理、性能及用途

牌号	化学成分/%								最终热处理温度/℃		回火后	用途
	C	Mn	Si	Cr	Ni	Mo	W	V	淬火温度	回火温度	硬度 HRC	
5CrMnMo	0.5~0.6	1.2~1.6	0.25~0.60	0.6~0.9		0.15~0.30			820~850	540~600	35~45	中小型热锻模
5CrNiMo	0.5~0.6	0.5~0.8	≤0.40	0.5~0.8	1.4~1.8	0.15~0.30			820~850	520~550	35~45	压模、大型热锻模
3Cr2W8V	0.3~0.4	≤0.40	≤0.40	2.2~2.7			7.5~9.0	0.2~0.5	1 050~1 100	560~620	40~48	高应力热压模、精密锻造或高速锻模

续表 6.19

牌　号	化学成分/%								最终热处理温度/℃		回火后	用　途
	C	Mn	Si	Cr	Ni	Mo	W	V	淬火温度	回火温度	硬度 HRC	
4Cr5MoSiV	0.33～0.43	0.2～0.5	0.8～1.2	4.75～5.50		1.10～1.60		0.30～0.55	1 000～1 025	540～650	40～54	大中型锻模、挤压模
H13	0.35～0.45		0.9～1.1	5.0～5.5		1.2～1.5		0.85～1.15	1 000～1 050	550～570	50～54	压铸、挤压、塑料模

3. 量具钢

量具钢常用来制造标准量具，如游标卡尺、千分尺、块规等；也可用来制造非标量具，如卡规、塞规、样板等。用于制造量具的钢统称为量具钢。不过从严格意义上讲，量具钢并不算一种独立的钢种，因为用于制造量具的钢，可以纳入其他一些钢种范畴，如碳素工具钢（如 T10A、T12A 等）、高碳低合金工具钢（如 9SiCr、CrWMn 等）、滚动轴承钢（如 GCr15 等）、冷作模具钢（如 Cr12 等）、马氏体不锈钢（如 40Cr13、95Cr18 等）；甚至低碳钢、低碳合金钢（如 15、20Cr 等）经过渗碳处理、中碳钢（如 55、60Mn 等）经过表面淬火也可用于制造量具。

1）工作条件及性能要求

量具在使用过程中经常与工件接触和摩擦，有时还受到碰撞，为了保证量具的精度，对量具钢的主要性能要求是：有高的硬度（一般为 58～64HRC）和耐磨性，以防止在使用过程中因磨损而降低精度；要求热处理淬火变形小，组织稳定性高，在长期使用或保存过程中尺寸保持不变，保证具有较高的尺寸精度；此外，还要求磨削加工性能良好。

2）成分特点及常用钢种

由于各种量具的用途不同，其所要求的精度也不同，因此可选用不同的钢种来制作。为了满足高硬度及高耐磨性的要求，一般都采用高含碳量的钢（0.9%～1.5%C），最常用的有碳素工具钢和高碳低合金工具钢。碳素工具钢（如 T10A、T12A 等）由于采用水冷淬火，淬透性低，变形较大，因此常用于制作尺寸小、形状简单、精度要求低的量具（如塞规等）。

对于形状复杂、精度要求高的量具（如块规、量规等）应采用高碳低合金工具钢（如 CrWMn 等）或滚动轴承钢（如 GCr15 等）来制造。在 CrWMn 钢中，由于加入了 Cr、W、Mn 等合金元素，不仅提高了钢的淬透性，而且合金元素在钢中还会形成合金碳化物，可提高钢的耐磨性，此外还可有效减小钢的淬火变形，所以有“低变形钢”之称。GCr15 钢也常用于制作千分尺、螺旋塞头等量具，这是由于滚动轴承钢为高级优质钢，钢的耐磨性和尺寸稳定性都较好。

在工业生产中，有时也用冷作模具钢（如 Cr12）等制作要求精密的量具；在腐蚀性介质中使用的量具，则应采用 40Cr13、95Cr18 等马氏体不锈钢制造。

3）热处理特点

最终热处理一般为：淬火＋冷处理＋低温回火＋时效。对量具钢进行热处理的关键

在于减小变形,提高组织稳定性,保证尺寸精度。在生产实践中,通常采取以下措施:

① 在保证硬度的前提下,尽量降低淬火温度,以减少组织中的残余奥氏体量。

② 淬火后立即进行−80 ℃左右的冷处理,使残余奥氏体尽可能转变为马氏体,然后进行低温回火。

③ 对于精度要求高的量具,在淬火、冷处理和低温回火后,再进行长时间的低温回火(即温度为120~130 ℃,时间为几小时至几十小时不等的时效处理),以进一步消除应力,稳定组织和尺寸。

以CrWMn钢制块规(如图6.18所示)为例来说明其加工工艺流程。

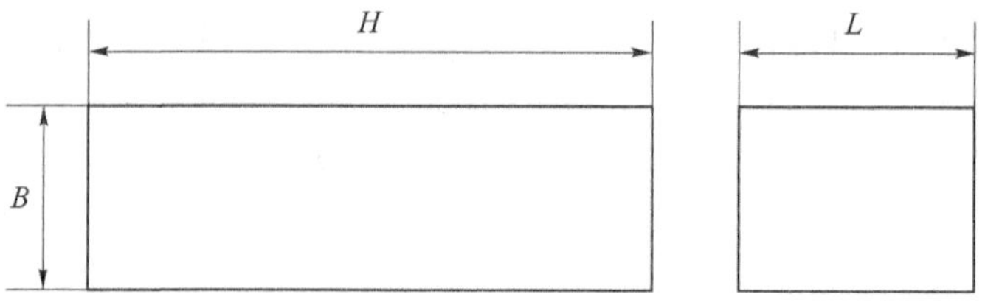

图6.18 块规示意图

块规是机械制造业中经常使用的一种标准量块,主要用来测量及标定线性尺寸。对块规的技术要求为:硬度62~65HRC,淬火直线度≤0.05 mm,并要求在长期使用中尺寸保持不变。其加工工艺路线如下:锻造→球化退火→机械加工→淬火→冷处理→低温回火→粗磨→时效→精磨→时效→研磨。

球化退火是为了获得球化组织,为后续工序做组织准备;淬火是为了获得马氏体组织;冷处理是为了减少组织中残余奥氏体的量,防止在使用过程中发生尺寸变化;低温回火是为了消除淬火、冷处理所产生的内应力,使淬火马氏体转变为回火马氏体,硬度62~65HRC;两次时效处理是为了彻底消除内应力、稳定组织,保证研磨后的尺寸精度。

表6.20所列为量具用钢的选用举例。

表6.20 量具用钢的选用举例

用　途	牌号选用举例	
	钢的类别	牌　号
尺寸小、精度不高、形状简单的量规、塞规、样板	碳素工具钢	T10A、T11A、T12A
精度不高、耐冲击的卡板、样板、直尺等	渗碳钢	15、20、15Cr
块规、螺纹塞规、环规、样套等	高碳低合金工具钢	9CrWMn、CrWMn
块规、塞规、样柱等	滚动轴承钢	GCr15
各种对精度有要求的量具	高碳低合金工具钢、冷作模具钢	9Mn2V、Cr12
各种对精度有要求的量具和耐腐蚀的量具	不锈钢	40Cr13、95Cr18

6.2.5　不锈钢与高温合金

在工业生产中还有一类具有特殊物理性能和化学性能的钢种，称为特殊性能钢。这类钢的品种有很多，并且随着科学技术的发展还在不断地研究、开发之中。目前在工程上应用较多的有不锈钢、耐热钢（高温合金）、耐磨钢等。本小节主要介绍常用不锈钢的牌号、化学成分、热处理、性能特点及应用，并对航空航天领域中应用广泛的高温合金进行简单介绍。

1. 不锈钢

在工业生产及日常生活中，通常把只能抵抗大气腐蚀的钢称为不锈钢，而把能抵抗某些强烈浸蚀性介质腐蚀作用的钢称为耐酸钢。也就是说一般的不锈钢不一定耐酸蚀，而耐酸钢却一定是不锈钢。因此，不锈钢并非不生锈，而是在不同的介质中其腐蚀行为有所不同。本节中所指的不锈钢是指在大气、水、酸、碱和盐溶液等腐蚀性介质中都具有高化学稳定性（即抗蚀性）的钢种，又称为不锈耐酸钢。不锈钢在航空航天、石油化工、食品卫生、原子能和建筑业等许多领域中应用广泛。

1）金属腐蚀的概念与类型

腐蚀是指金属及其合金与周围介质发生相互作用而逐渐被破坏的现象。按照金属与周围介质相互作用的特点及其受到危害的程度不同，通常可把金属腐蚀分为化学腐蚀和电化学腐蚀两种类型。

化学腐蚀是指金属与周围介质（非电解质）接触时，受到单纯化学作用而引起的腐蚀。如涡轮部件受高温燃气的腐蚀，飞机油管受润滑油、燃油的腐蚀，钢在高温下的氧化等，均属于化学腐蚀。化学腐蚀的特点是：腐蚀过程中不产生电流，腐蚀速度慢，危害较小。

电化学腐蚀是指金属与电解质溶液（如酸、碱、盐）之间形成微电池，产生电化学作用而引起的腐蚀。不同金属之间或金属内部的不同相之间由于电极电位存在差异，在彼此接触并遇到电解质溶液时，即构成微电池，产生电化学腐蚀。受到腐蚀的总是电位低的金属或电位低的相。电位低的金属或相为阳极，而电位高的金属或相为阴极。例如：碳钢组织中的珠光体是由铁素体（F）和渗碳体（Fe_3C）两相组成的，在电解质溶液中会形成微电池，由于铁素体的电极电位低，为阳极，被腐蚀，而渗碳体的电极电位高，为阴极而不被腐蚀，如图 6.19 所示。电化学腐蚀的特点是：腐蚀过程中有电流产生，腐蚀速度快，危害大。

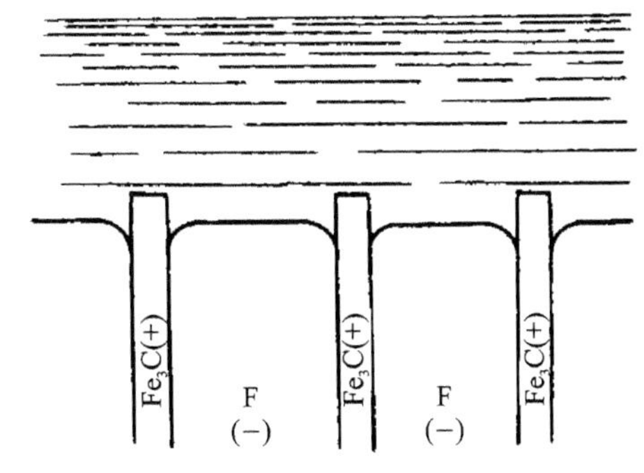

图 6.19　珠光体电化学腐蚀示意图

室温下，大部分金属受到的腐蚀都是由于电化学作用而产生的。例如：金属在海水中发生的腐蚀、地下金属管道在土壤中的腐蚀等均属于电化学腐蚀。在观察共析碳钢的金相组织时，对经过抛光的试样磨面用硝酸酒精溶液浸蚀使铁素体腐蚀后，才能在显微镜下观察到珠光体的层片状组织，也是利用电化学腐蚀的原理来实现的。

2）提高金属抗腐蚀性能的途径

由金属电化学腐蚀的基本原理可知，发生电化学作用使金属受到腐蚀，必须同时具备三个要件：不同的金属或相（电极电位不同）、腐蚀性介质（电解质溶液）、相互连接（接触），形成微电池而发生腐蚀。要提高金属的抗电化学腐蚀能力，就金属本身而言（即从合金化角度），通常有针对性地采取以下措施：

① 获得单相组织。在钢中加入缩小 γ 相区的元素（如 Cr 等）达到一定量后，可使钢在室温下的组织为单相铁素体；在钢中加入扩大 γ 相区的元素（如 Ni 等）达到一定量后，可使钢在室温下的组织为单相奥氏体。这样金属在电解质溶液中只有一个极，不能构成微电池，从而避免受到腐蚀。工业生产中常用的铁素体不锈钢和奥氏体不锈钢就是据此原理而得的。

② 提高基体的电位。对于多相合金，通过加入合金元素提高金属基体的电极电位，使基体电位与其他相（通常为碳化物）的电位持平，可避免产生电化学腐蚀。例如：在钢中加入含量大于 12％的 Cr，则铁基固溶体的电极电位由－0.56 V 提高到 0.2 V（如图 6.20 所示），从而使金属的抗蚀性能提高。

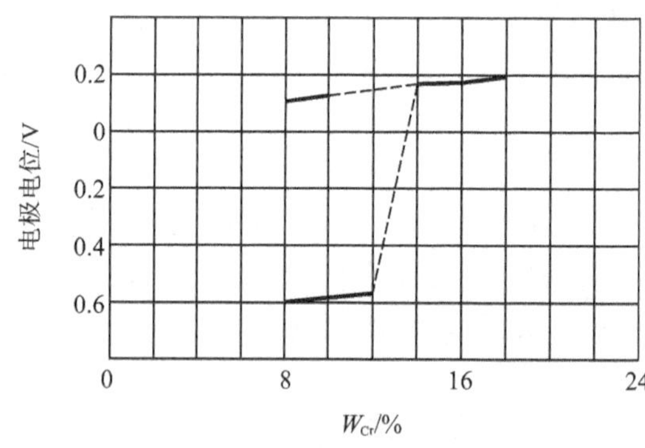

图 6.20　含铬量对铁基固溶体电极电位的影响

③ 形成钝化膜。在钢中加入合金元素（如 Cr 等），在金属表面形成一层致密的氧化膜，又称钝化膜，可起到隔绝电解质溶液的作用，防止产生进一步的腐蚀。

从以上可以看出，Cr 是不锈钢合金化的主要元素之一。在钢中加入一定量的 Cr，既能获得单相铁素体钢，也能通过提高基体的电极电位、形成一层与基体金属牢固结合的钝化膜等，以提高钢的耐蚀性。

此外，单相组织的成分不均匀区（如铸造合金的成分偏析）、冷变形金属存在残余内应力等，也会使金属中产生微电池作用，因此对合金进行成分均匀化退火和去应力退火，有利于提高钢的耐蚀性。

3）常用不锈钢

常用的不锈钢根据其化学成分及组织性能特点，可分为马氏体不锈钢、奥氏体不锈钢、铁素体不锈钢和沉淀硬化不锈钢等几种类型。以下主要对工业生产中应用较

多的马氏体不锈钢和奥氏体不锈钢进行较详细的阐述，而对铁素体不锈钢只做简单介绍。常用不锈钢的类型、牌号、化学成分、热处理、力学性能及用途见表 6.21。

表 6.21　常用不锈钢的类型、牌号、化学成分、热处理、力学性能及用途(摘自 GB/T 1220—2007)

类型	新牌号	旧牌号	化学成分/%			热处理	力学性能					用途
			C	Cr	其他		R_m/MPa	$R_{p0.2}$/MPa	A/%	Z/%	HBW	
马氏体型	12Cr13	1Cr13	0.08～0.15	11.50～13.50	Si:1.00 Mn:1.00 Ni:≤0.06	950～1 000 ℃油冷；700～750 ℃回火	540	345	22	55	≥159	制作能抗弱腐蚀性介质、能承受冲击载荷的零件，如汽轮机叶片、水压机阀、结构架、螺栓、螺母等
马氏体型	20Cr13	2Cr13	0.16～0.25	12.00～14.00	Si:1.00 Mn:1.00 Ni:≤0.06	920～980 ℃油冷；600～750 ℃回火	640	440	20	50	≥192	
马氏体型	30Cr13	3Cr13	0.26～0.35	12.00～14.00	Si:1.00 Mn:1.00 Ni:≤0.06	920～980 ℃油冷；600～750 ℃回火	735	540	12	40	≥217	
马氏体型	40Cr13	4Cr13	0.36～0.45	12.00～14.00	Si:0.60 Mn:0.80 Ni:≤0.06	1 050～1 100 ℃油淬；200～300 ℃回火	—	—	—	—	≥50 HRC	制作具有较高硬度和耐磨性的医疗工具、量具、滚珠轴承等
马氏体型	95Cr18	9Cr18	0.90～1.00	17.00～19.00	Si:0.80 Mn:0.80 Ni:≤0.06	950～1 050 ℃油淬；200～300 ℃回火	—	—	—	—	≥55 HRC	不锈切片机械刃具、剪切刃具、手术刀片、高耐磨、耐蚀零件
铁素体型	10Cr17	1Cr17	0.12	16.00～18.00	Si:1.00 Mn:1.00 Ni:≤0.06	退火 780～850 ℃空冷或缓冷	450	205	22	50	≤183	制作硝酸工厂设备，如吸收塔、热交换器、酸槽、输送管道，以及食品工厂设备等
奥氏体型	06Cr19Ni10	0Cr18Ni9	0.08	18.00～20.00	Ni:8.00～11.00 Si:1.00 Mn:2.00	固溶 1 010～1 150 ℃快冷	520	205	40	60	≤187	具有良好的耐蚀及耐晶间腐蚀性能，为化学工业用的良好耐蚀材料
奥氏体型	12Cr18Ni9	1Cr18Ni9	0.15	17.00～19.00	Ni:8.00～10.00 Si:1.00 Mn:2.00	1 100～1 150 ℃水淬(固溶处理)	520	205	40	60	≤187	制作耐硝酸、冷磷酸、有机酸及盐、碱溶液腐蚀的设备零件
奥氏体型	06Cr18Ni11Ti	0Cr18Ni10Ti	0.08	17.00～19.00	Ni:9.00～12.00 Si:1.00 Mn:2.00 Ti:5C～0.70	固溶 920～1 150 ℃快冷	520	205	40	60	≤187	耐酸容器及设备衬里，抗磁仪表，医疗器械，具有较好的耐晶间腐蚀性

(1) 马氏体不锈钢

① 成分特点

马氏体不锈钢要求高的含铬量及低的含碳量。常用马氏体不锈钢一般指 Cr13 型不锈钢，含碳量为 0.08%～0.45%，含铬量为 11.5%～14.0%。高的含铬量一方

面能显著提高基体的电极电位，同时还能在钢表面形成致密牢固的 Cr_2O_3 钝化膜；为了提高耐蚀性，马氏体不锈钢中的含碳量都控制在较低的范围，一般不超过0.45%。含碳量高，虽然可提高钢的强度和硬度，但由于钢中形成铬碳化物 $Cr_{23}C_6$ 的数量增多，使碳化物与基体之间形成的微电池数目增多，同时使基体中固溶的含铬量减小，降低基体的电极电位，使钢的抗蚀能力下降；含碳量越低，钢的耐蚀性越好。如果需要通过提高钢的含碳量来提高硬度和耐磨性，则需要相应增加钢中的含铬量，如95Cr18 不锈钢。

② 马氏体不锈钢的牌号、热处理热点及应用

航空上常用的马氏体不锈钢有 Cr13 型和 Cr18 型等。其中 Cr13 型不锈钢的典型牌号有 12Cr13、20Cr13、30Cr13、40Cr13 等。马氏体不锈钢的热处理为淬火＋回火。淬火时，将钢加热到很高的温度(Cr13 型钢约为 1 050 ℃)使碳化物 $Cr_{23}C_6$ 充分溶入奥氏体中，然后快速冷却以防止碳化物析出，从而得到单相马氏体。

Cr13 型钢在淬火后有以下两种回火制度：

含碳量较低的 12Cr13、20Cr13、30Cr13 采用高温回火(600～750 ℃)，获得回火索氏体组织，具有良好的综合力学性能。钢中的含碳量较低，回火时析出的铬碳化物数量并不多，由于高温扩散作用，使得铁素体基体中的含铬量仍然较高，且较均匀，加之经过回火处理后，内应力彻底消除，所以钢具有较高的抗蚀性。

含碳量较高的 40Cr13，平均含碳量为 0.4%，但由于合金元素 Cr 的影响，已属于共析钢或过共析钢成分，淬火后一般采用低温回火(200～300 ℃)，获得回火马氏体(含少量铬碳化物)组织，硬度高(达 50HRC)且耐磨，由于低温回火主要是消除内应力，大量的 Cr 仍保留在马氏体中，所以具有较高的抗蚀性。

Cr13 型不锈钢的性能特点如下：切削加工性能良好；焊接性、冷压成型性较差；抗蚀性不够理想，对大气、海水具有较好的抗蚀能力，但对盐酸、硫酸的抗蚀能力较差。

12Cr13 和 20Cr13 一般用于制作要求一定强度、硬度和韧性配合的耐蚀结构件，如齿轮、螺栓等；30Cr13 可用于 350 ℃以下工作的不锈钢弹性零件和耐磨零件；40Cr13 可用于要求高硬度和高耐磨性的抗蚀零件，如轴、轴承、医疗手术器械等。

为了进一步提高马氏体不锈钢的淬透性、力学性能等，在 Cr13 型不锈钢基础上调整 C 和 Cr 元素的含量，或加入其他合金元素。例如：95Cr18 就是一种高碳高铬的马氏体不锈钢，淬火回火后具有比 40Cr13 更高的硬度(≥55HRC)和耐磨性，可用于制作外科手术刀片、不锈钢轴承等。

(2) 奥氏体不锈钢

① 成分特点

Cr 是缩小 γ 相区的元素，Ni 是扩大 γ 相区的元素。在含 18%Cr 的钢中加入约9%Ni 就成为 12Cr18Ni9 不锈钢。这类钢中由于 Ni 元素的加入，扩大了奥氏体相区，使钢不论在高温还是室温下都为单相奥氏体组织，故称为奥氏体不锈钢。为了使

钢具有较高的抗蚀性，奥氏体不锈钢中的含碳量不能过高，通常控制在 0.1%C 左右，甚至在 0.03%C 以下，以抑制形成大量的碳化物，如$(Cr\cdot Fe)_{23}C_6$，使奥氏体中保持较高的含铬量可减小微电池的腐蚀作用。

② 奥氏体不锈钢的牌号、热处理热点及应用

奥氏体不锈钢属于 18－8 型铬镍不锈钢。典型牌号有 06Cr19Ni10、12Cr18Ni9、06Cr18Ni11Ti 等。奥氏体不锈钢的热处理是固溶处理，即把钢加热到 1 100 ℃左右，在高温下使碳化物全部溶入奥氏体，然后迅速冷却(水冷)，获得单相奥氏体组织，使钢具有良好的耐蚀性。

需要指出的是，固溶处理并不能使奥氏体不锈钢强化。为了提高钢的强度和硬度，生产上可对其进行冷塑性变形，产生加工硬化，使钢的强度和硬度大大提高。

奥氏体不锈钢的性能特点：与马氏体不锈钢相比，奥氏体不锈钢具有更高的抗蚀性，更好的塑性加工成型性、焊接性以及耐热性，但抗拉强度等力学性能则不如马氏体不锈钢。奥氏体不锈钢无磁性，用它制造的电器、仪表等零件，不受周围磁场的干扰。由于奥氏体不锈钢的热导率低，韧性很大，加工时不易断屑，故切削加工性能较差。

奥氏体不锈钢是目前工业生产中应用最广泛的一类不锈钢，可用于制造化工生产中的一些设备、容器及管道等。由于这类钢具有一定的耐热性，故还可作为耐热钢使用。在航空工业中，奥氏体不锈钢多用于制作既承受腐蚀又承受高温的零件，如超音速飞机的蒙皮、隔热板，涡轮喷气发动机的燃气导管、尾喷管，火箭发动机的液氧瓶、液氢瓶等。

③ 晶间腐蚀及其预防措施

奥氏体不锈钢在使用过程中，应注意防止产生晶间腐蚀现象。18－8 型不锈钢经固溶处理后所获得的奥氏体组织是不稳定的，在 600 ℃左右工作时，碳化物 $Cr_{23}C_6$ 会沿奥氏体晶粒边界析出，消耗晶界附近基体中的含铬量，从而在晶界附近形成贫铬区，当贫铬区中的含铬量低于 12%时，基体电位显著下降，造成晶间腐蚀。

晶间腐蚀会大大削弱晶粒之间的结合力，使钢的强度和塑性大幅度下降，严重时稍受力即发生碎裂。为了防止产生晶间腐蚀，在实际生产中，通常采取以下措施：在钢中加入强碳化物形成元素如 Ti、Nb 等，使之优先与碳结合形成稳定性高的 TiC 或 NbC，避免形成 $Cr_{23}C_6$，从而可防止产生晶间腐蚀；进一步降低钢中的含碳量，以减少钢中铬碳化物的形成数量，形成低碳或超低碳的不锈钢，如 06Cr18Ni11Ti、06Cr18Ni11Nb 等，其含碳量≤0.08%。

④ 稳定化处理和消除应力处理

在生产实践中发现，含 Ti 的奥氏体不锈钢有时仍会产生晶间腐蚀。这是由于固溶处理时的加热温度较高，TiC 大部分溶于奥氏体中，在固溶处理后当温度重新上升到 600 ℃左右时，钢中的 Cr 仍可能与 C 结合而析出 $Cr_{23}C_6$ 碳化物，造成晶间腐蚀。

为了解决这一问题，需要在固溶处理后再进行一次稳定化处理，即加热到 850～950 ℃，保温一定时间，然后缓慢冷却。由于此温度高于 $Cr_{23}C_6$ 的溶解温度，而

低于 TiC 的溶解温度，故 $Cr_{23}C_6$ 可完全溶解，缓冷时 TiC 充分形成，C 几乎全部保持在 TiC 中，从而避免出现晶间贫铬、消除晶间腐蚀。

对于奥氏体不锈钢冷变形件或者焊接件，需要去除由于冷加工或焊接产生的残余内应力，即进行消除应力处理，以避免在使用过程中引起应力腐蚀。对于冷变形件，加热温度一般为 300～350 ℃；而对于焊接件，为了避开晶间腐蚀敏感温度区间，加热温度通常在 850 ℃左右。

(3) 铁素体不锈钢

铁素体不锈钢的含碳量低于 0.15%，含 12%～30%Cr，有时还加入少量的 Mo 等合金元素，也属于铬不锈钢，典型牌号有 10Cr17 等。由于钢中的含碳量较低，同时含有大量缩小 γ 相区的 Cr 元素，使钢在室温下或加热到高温(1 000 ℃左右)时都具有单相铁素体组织。

铁素体不锈钢的强度不高，但其耐蚀性、塑性和焊接性均优于马氏体不锈钢。由于铁素体不锈钢在加热和冷却时不发生 $\alpha-Fe \rightleftharpoons \gamma-Fe$ 相变，因此不能通过热处理强化。铁素体不锈钢性能的主要不足是脆性较大。主要原因如下：

①加热过程中晶粒容易粗化。在钢中加入少量的钛，能细化晶粒，改善钢的韧性和焊接性能。

②这类钢在 400～550 ℃长时间停留后会引起钢的脆化，称为 475 ℃脆性。将钢重新加热到 550 ℃以上，快速冷却即可消除。

③这类钢在 600～800 ℃长期加热时会析出硬脆的 σ 相(FeCr 金属间化合物)，即产生 σ 相脆性。重新加热到 800 ℃以上快速冷却可抑制 σ 相析出。

铁素体不锈钢一般在退火或正火状态下使用，主要用于制造对强度要求不高、但对耐蚀性要求较高的零件，如生产硝酸、磷酸、氮肥的设备，以及用于石油和食品工业中。

2. 高温合金

高温合金是指能在 650～1 100 ℃温度范围长期工作的合金。高温合金的快速发展与航空航天、能源动力等工业部门的迫切需求密切相关。高温合金目前主要应用于航空发动机、工业燃气轮机等，此外在石油化工、火箭发动机、空间飞行器、核反应堆等许多领域也获得了广泛应用。

1) 对高温合金性能的基本要求

先来看一个具体实例。图 6.21 所示为某喷气发动机的工作温度和压力分布情况示意图。由图可知，发动机中的压气机盘、压气机叶片、燃烧室、涡轮导向叶片、涡轮叶片、涡轮盘等零部件，都是在较高温度下长期工作的。除温度作用外，它们还承受极复杂的机械负荷，如涡轮叶片，由于振动、气流的冲刷，特别是因旋转而造成的离心力，将承受较大的应力作用；燃料燃烧后，会产生大量的氧、水蒸气，并存在 SO_2、H_2S 等腐蚀性气体，将受到剧烈的氧化和腐蚀作用，因此，其工作条件非常复杂，工况恶劣。这时选用一般的耐热钢已不能满足其抗氧化、耐腐蚀和高温强度的要求，上

述这些零部件应采用高温合金制造。

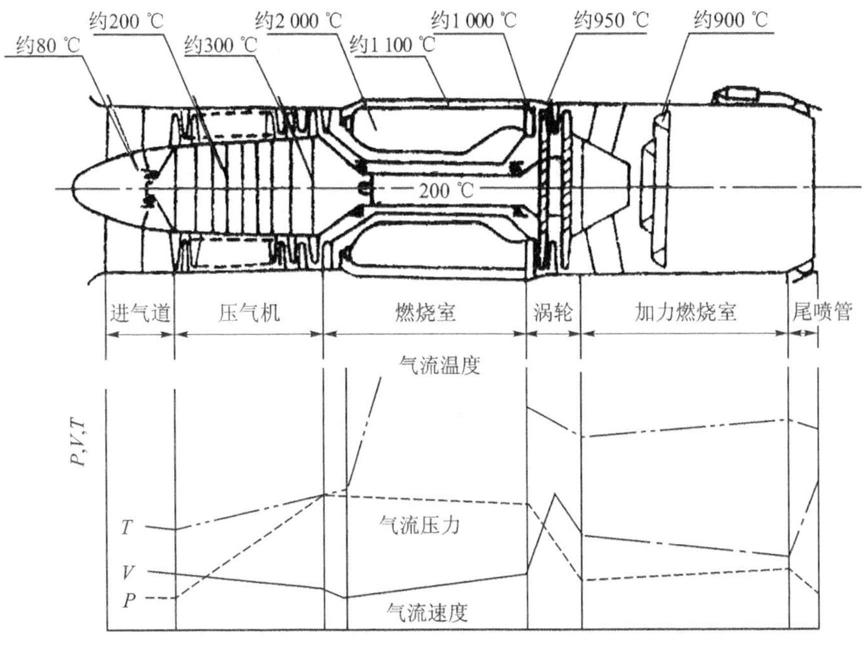

图 6.21　某喷气发动机各部件温度分布示意图

对高温合金性能的基本要求如下：①高的热稳定性，又叫热安定性，即合金在高温下具有高的抗氧化和抗腐蚀能力；②高的热强性，合金在高温下具有高的抵抗塑性变形和断裂的能力，即具有高的热强度(也称高温强度)；③良好的工艺性能，合金在冶炼、铸造、热压、冷压、焊接、热处理和切削加工等方面要有较好的工艺性。

2) 提高合金的热稳定性及热强度的途径

从合金化角度，提高高温合金热稳定性的方法与不锈钢类似，可在合金中加入一定量的 Cr、Al、Si 等合金元素，在表面形成一层致密稳定的氧化膜如 Cr_2O_3、Al_2O_3、SiO_2 等，以防止零件在温度作用下继续发生氧化；此外，Cr 还能提高基体的电极电位，使高温合金的抗蚀性提高。

高温合金的热强度主要表现在抵抗蠕变能力及持久强度两个方面。提高合金热强度的主要途径如下：

① 选用高熔点金属作为合金的基体。金属的熔点高，原子之间的结合力强，在高温下不易产生塑性变形，即蠕变抗力强。目前常用高温合金的基体金属为 Fe、Co、Ni 等。

② 晶界强化。在高温下晶界是一个薄弱环节，晶界强度低于晶内强度。在高温和应力长时间作用下，裂纹首先产生于晶界。由于晶界处易于聚集杂质原子，削弱晶界强度，在合金中加入微量的 B、Zr、Ce 等元素，使其富集于晶界，填充晶界孔隙，减少缺陷，抑制强化相在晶界聚集长大，使晶界得到强化。此外，与一般的结构钢不同，适当粗化晶粒，可减少在高温下易产生流动变形的晶界数量，有利于提高合金的高温

强度。

③ 弥散强化和时效强化。采用粉末冶金方法在高温合金中加入弥散分布的硬质点如氧化物陶瓷相等，这些质点具有高的热稳定性，可起弥散强化作用；另外，在合金中适当加入能形成碳化物或金属间化合物的合金元素，通过固溶＋时效处理使过饱和固溶体发生脱溶，沉淀析出弥散分布的碳化物（如 VC 等）或金属间化合物（如 Ni_3Al、Ni_3Ti 等），可以有效阻碍高温下位错的运动，从而显著提高合金的高温强度。

④ 利用铸造组织。铸造高温合金中的化合物，往往呈网状或骨骼状分布，晶粒通常也比较粗大，减少了晶界数量，可大大提高合金的高温强度。在化学成分相同时，铸造合金具有比锻造状态合金更高的热强度。不过，由于铸造合金的脆性大，因此主要用于制作不承受冲击载荷的高温零件。

3）高温合金的分类与编号

按合金基体成分不同，高温合金通常可分为铁基、镍基、钴基、铌基、钼基等类型，其中应用较多的是铁基和镍基；按生产工艺的不同，又可分为变形高温合金和铸造高温合金两类。

（1）变形铁基高温合金

可采用压力加工方法使毛坯成型的耐热钢，称为变形铁基高温合金。这类合金可以是铁素体基体，也可以是奥氏体基体。在航空上使用较多的奥氏体耐热钢。这是由于具有面心立方晶格的奥氏体基体组织，其原子之间的结合力较强，再结晶温度较高，比以体心立方晶格铁素体为基的合金具有更高的耐热性。其合金化特点是：在奥氏体耐热钢基础上再加入 Cr、Ni、Mn、W、Mo、V、Ti、Nb、Al 等合金元素，用以形成单相奥氏体组织提高抗氧化性，并提高再结晶温度，以及形成弥散分布的稳定碳化物和金属间化合物，从而提高合金的高温强度。

根据热处理状态及使用性能的不同，变形铁基高温合金可分为两类：固溶强化型奥氏体耐热钢和时效强化型奥氏体耐热钢。相比较而言，固溶强化型合金具有更高的热稳定性；而时效强化型合金具有更高的热强度。这类合金的常用牌号有 GH1035、GH1140、GH1131、GH2036、GH2132、GH2135 等，“GH”是“高合”的汉语拼音首字母。其中 GH1035、GH1140、GH1131 属于固溶强化型合金，采用固溶处理，获得单相奥氏体组织，抗氧化性好，冷压加工成型性和焊接性好，用于制造形状复杂、需经冷压和焊接成型，但受力不大，要求在 800～900 ℃温度下抗氧化能力强的零件，如喷气发动机的燃烧室、火焰筒等；GH2036、GH2132、GH2135 属于时效强化型合金，采用固溶＋时效处理，热处理后合金的组织为奥氏体＋弥散化合物（如 VC、$Ni_3(Al \cdot Ti)$等），使合金的高温强度好，可用于制造在 650～750 ℃温度下受力的零部件，如涡轮盘、工作叶片、高温紧固件等。

（2）变形镍基高温合金

镍的熔点较高（1 453 ℃），为面心立方晶格，在室温下镍表面能形成致密的氧化膜，防止继续发生氧化，只有在 800 ℃以上才剧烈氧化，因此镍是高温合金优良的基

本金属之一。为了提高镍基合金的高温强度及高温抗氧化性，需对其进行合金化。通常在 Ni 基体中加入的合金元素有 Cr、W、Mo、Co、V、Ti、Nb、Al 等，形成以 Ni 为基的固溶体(也称为奥氏体)，产生固溶强化，并提高再结晶温度和形成弥散分布的稳定碳化物及金属间化合物，故这类合金的抗氧化性好，并具有好的高温强度。

依据热处理状态及使用性能不同，变形镍基高温合金可分为两类：固溶强化型合金和时效强化型合金。常用牌号有 GH3030、GH3039、GH3044、GH4033、GH4037、GH4049 等。其中 GH3030、GH3039、GH3044 属于固溶强化型合金，采用固溶处理，获得单相奥氏体组织，具有良好的塑性和冷压加工性能及焊接性能，主要用于制造形状复杂、需冷压和焊接成型，但受力不大，要求在 800～900 ℃温度下抗氧化能力强的零件，如喷气发动机的燃烧室、火焰筒等；GH4033、GH4037、GH4049 属于时效强化型合金，采用固溶+时效处理，热处理后合金组织为奥氏体+大量化合物强化相(如 VC、Ni_3Al、Ni_3Ti、$Ni_3(Al·Ti)$等)，使合金具有抗氧化性好、高温强度高的性能特点，可用于制造在 800～900 ℃温度下受力的零件，如涡轮叶片等。

常用变形高温合金的牌号、化学成分、力学性能及用途见表 6.22。

(3) 铸造高温合金

为了进一步提高铁基、镍基高温合金的耐热性，通常采用多种元素进行复杂合金化。这样虽然合金的高温强度提高了，但合金的塑性和切削加工性能变差。铸造高温合金是指不能进行压力加工，只能铸造成型的高温合金。与变形高温合金相比，铸造高温合金具有以下特点：①可提高合金化程度，变形高温合金为了保持一定塑性以便进行压力加工，加入的合金元素量受到一定限制，铸造高温合金由于采用铸造成型，可以大幅提高合金化程度，以充分发挥合金元素的强化作用；②可以提高使用温度，在化学成分相近的情况下，铸造高温合金的组织稳定性和使用温度比变形高温合金要高(通常比变形合金高 50～80 ℃)；③可以对铸件的冷却速度进行控制，以获得所需的晶粒度大小，改善力学性能。

常用铸造铁基高温合金有 K211、K213、K214、K232、K273 等，其热处理特点是：高温加热后空冷(固溶处理)，使成分、组织均匀，晶粒适当粗化，消除铸造应力。铸造镍基高温合金有 K401、K403、K405、K412、K417、K418、K419 等。由于铸造高温合金的使用温度通常比时效强化处理时的温度高，加之合金内部已存在大量的化合物，靠时效处理析出强化相来提高合金的热强度已无实际意义，所以有些合金如 K405、K417 等不进行热处理，直接在铸态下使用；有些合金如 K401、K403 等虽然进行淬火，其目的是为了消除铸造应力、均匀成分和组织、适当粗化晶粒等。这类合金的组织为镍基奥氏体+大量化合物。铸造高温合金适合于在 650～1 100 ℃温度范围内使用，可用于制造飞机和火箭发动机的导向叶片、涡轮工作叶片、整铸导向器、整铸涡轮、整铸扩压器机匣、尾喷口调节片等关键部件。

常用铸造高温合金的牌号、化学成分、力学性能及用途见表 6.23。

表 6.22　常用变形高温合金的牌号、化学成分、力学性能及用途(摘自 GB/T 14992—2005)

类型	牌号	化学成分/%														热处理	力学性能(不小于)				用途
		C	Si	Mn	Cr	Ni	W	Mo	V	Ti	Nb	Al	Co	Fe	其他		R_m/MPa	$R_{p0.2}$/MPa	A/%	持久强度/MPa	
铁基高温合金	GH1035	0.06～0.12	≤0.80	≤0.70	20.0～23.0	35.0～40.0	2.5～3.5			0.70～1.20	1.20～1.70	≤0.50		余	Ce≤0.05，Ti 和 Nb 两者不得同时加入	固溶	600	300	35	$\sigma_{100}^{800}=80$	750～800 ℃涡轮发动机的燃烧室和加力燃烧室
	GH1131	≤0.10	≤0.80	≤1.20	19.0～22.0	25.0～30.0	4.8～6.0	2.8～3.5			0.70～1.30			余	B:0.005 N:0.15～0.30	固溶	850	450	41	$\sigma_{100}^{800}=110$	900 ℃以下的涡轮发动机的燃烧室、加力燃烧室和其他高温部件
	GH1140	0.06～0.12	≤0.80	≤0.70	20.0～23.0	35.0～40.0	1.4～1.8	2.0～2.5		0.70～1.20		0.20～0.60		余	Ce:≤0.05	固溶	670	260	40	$\sigma_{100}^{800}=83$	800～900 ℃涡轮发动机的燃烧室、加力燃烧室等零件
	GH2036	0.34～0.40	0.30～0.80	7.50～9.50	11.5～13.5	7.0～9.0		1.1～1.4	1.25～1.55	≤0.12	0.25～0.50			余		固溶+时效	940	600	16	$\sigma_{100}^{650}=350$	650 ℃以下的涡轮盘、环形件和紧固件
	GH2132	≤0.08	≤1.00	1.00～2.00	13.5～16.0	24.0～27.0		1.0～1.5	0.1～0.50	1.75～2.35		≤0.40		余	B:0.001～0.010	固溶+时效	1 000	600	25	$\sigma_{100}^{650}=450$	650～700 ℃的涡轮盘、环形件、冲压焊接件和紧固件
	GH2135	≤0.08	≤0.50	≤0.40	14.0～16.0	33.0～36.0	1.7～2.2	1.7～2.2		2.10～2.50		2.00～2.80		余	Ce:≤0.03 B:≤0.015	固溶+时效	1 100	600	20	$\sigma_{100}^{650}=570$	700～750 ℃的涡轮盘、工作叶片和其他高温部件

续表 6.22

类型	牌号	化学成分/%														热处理	力学性能(不小于)				用途
		C	Si	Mn	Cr	Ni	W	Mo	V	Ti	Nb	Al	Co	Fe	其他		R_m/MPa	$R_{p0.2}$/MPa	A/%	持久强度/MPa	
镍基高温合金	GH3030	≤0.12	≤0.80	≤0.70	19.0～22.0	余				0.15～0.35		≤0.15		≤1.50		固溶	750	280	39	$\sigma_{100}^{800}=45$	800 ℃以下涡轮发动机的燃烧室、加力燃烧室等零件，可用GH1140代替
	GH3039	≤0.08	≤0.80	≤0.40	19.0～22.0	余		1.8～2.3		0.35～0.75	0.90～1.30	0.35～0.75		≤3.0		固溶	850	400	45	$\sigma_{100}^{800}=70$	800～850 ℃的火焰筒及加力燃烧室等零件
	GH3044	≤0.10	≤0.80	≤0.50	23.5～26.5	余	13.0～16.0	≤1.5		0.30～0.70		≤0.50		≤4.0		固溶	830	350	55	$\sigma_{100}^{800}=110$	850～900 ℃的航空发动机的燃烧室及加力燃烧室等零件
	GH4033	0.03～0.08	≤0.65	≤0.40	19.0～22.0	余				2.40～2.80		0.60～1.00		≤4.0	Ce:≤0.02 B:≤0.01	固溶+时效	1 020	660	22	$\sigma_{100}^{800}=250$	700 ℃以下的涡轮叶片和750 ℃以下的涡轮盘等
	GH4037	0.03～0.10	≤0.40	≤0.50	13.0～16.0	余	5.00～7.00	2.0～4.0	0.1～0.5	1.80～2.30		1.70～2.30		≤5.0	Ce:≤0.02 B:≤0.02	固溶+时效	1 140	750	14	$\sigma_{100}^{800}=280$	800～850 ℃的涡轮叶片
	GH4049	0.04～0.10	≤0.50	≤0.50	9.5～11.0	余	5.00～6.00	4.5～5.5	0.2～0.5	1.40～1.90		3.70～4.40	14.0～16.0	≤1.5	Ce:≤0.02 B:≤0.025	固溶+时效	1 100	770	9	$\sigma_{100}^{800}=430$	900 ℃以下的燃气涡轮工作叶片及其他受力较大的高温部件

表 6.23　常用铸造高温合金的牌号、化学成分、力学性能及用途(摘自 GB/T 14992—2005)

类别	牌号	化学成分/%													热处理	力学性能(不小于)				用途
		C	Cr	Co	Ni	Fe	W	Mo	V	Al	Ti	B	Zr	其他		R_m/MPa	$R_{p0.2}$/MPa	A/%	持久强度/MPa	
铁基高温合金	K211	0.10～0.20	19.5～20.5		45.0～47.0	余	7.5～8.5					0.03～0.05		Si:≤0.4 Mn:≤0.5	+ 时效	500	300	7	$\sigma_{100}^{900}=50$	900 ℃导向叶片
铁基高温合金	K214	≤0.10	11.0～13.0		40.0～45.0	余	6.5～8.0			1.8～2.4	4.2～5.0	0.10～0.15		Si:≤0.5 Mn:≤0.5	淬火+时效	1 150		3	$\sigma_{100}^{900}=180$	900 ℃导向叶片
镍基高温合金	K401	≤0.10	14.0～17.0		余	≤0.20	7.0～10	≤0.30		4.5～5.5	1.5～2.0	0.03～0.10		Si:≤0.8 Mn:≤0.8	淬火+时效	950		2	$\sigma_{100}^{850}=240$	900 ℃导向叶片
镍基高温合金	K403	0.11～0.18	10.0～12.0	4.5～6.0	余	≤2.00	4.8～5.5	3.8～4.5		5.3～5.9	2.3～2.9	0.012～0.022	0.03～0.08	Ce:0.01 Si:≤0.5; Mn:≤0.5	淬火+时效	950	840	1.5	$\sigma_{100}^{900}=320$	1 000 ℃导向叶片，900 ℃涡轮叶片
镍基高温合金	K405	0.10～0.18	9.5～11.0	9.5～10.5	余	≤0.50	4.5～5.2	3.5～4.2		5.0～5.8	2.0～2.9	0.015～0.026	0.03～0.10	Ce:0.01 Si:≤0.3 Mn:≤0.5		1 030		8	$\sigma_{100}^{900}=320$	950 ℃涡轮叶片
镍基高温合金	K417	0.13～0.22	8.5～9.5	14.0～16.0	余	≤1.0		2.5～3.5	0.6～0.9	4.8～5.7	4.5～5.0	0.012～0.022	0.05～0.09	Si:≤0.5 Mn:≤0.5		1 000	780	12	$\sigma_{100}^{900}=320$	950 ℃导向叶片，900 ℃涡轮叶片

第 7 章　有色金属与合金及其应用

7.1　铝及铝合金

7.1.1　概　述

铝合金由于具有密度低，比强度高，耐蚀性好，易导热导电，塑性和加工性能良好以及成本低等一系列优点，作为航空材料的一个重要组成部分，一直是飞机机体结构的主要用材。航空航天工业技术的进步与航空航天材料科学的发展紧密联系在一起，二者相互制约，相互促进。目前，铝合金已大量应用于航空航天等领域中，极大地促进了航空航天工业的发展。在航空航天领域中应用的铝合金主要有：铝合金铸件、铝合金大型挤压型材和铝合金厚板。

由于工业纯铝的强度很低，$R_m=80\sim110$ MPa，虽然经过冷变形可使其强度和硬度提高，但同时其塑性下降，因此多数情况下不能直接用于制作结构部件。为了改善和提高纯铝的力学性能和工艺性能，在铝中通常加入铜、锌、镁、硅、锰以及稀土元素等合金元素，以得到各种性能各异的铝合金。合金元素在固态铝中的溶解度一般都是有限的，所以铝合金的组织中除了形成铝基固溶体外，还有第二相出现。以铝为基的二元合金大都是按共晶相图结晶，如图 7.1 所示。加入的合金元素不同，在铝合金基固溶体中的极限溶解度也不同，固溶度随温度的变化以及合金共晶点的位置也各不相同。

根据化学成分和加工工艺特点的不同，铝合金可分为变形铝合金和铸造铝合金。如图 7.1 所示，成分在 D 点以左的合金，与加热到固溶线以上温度时可得到均匀的单相固溶体 α，由于其塑性好，变形抗力小，适用于压力加工，所以称为变形铝合金。常用的变形铝合金中，合金元素的总含量一般小于 5%（质量分数，以下同），但在高强度变形铝合金中可达 8%～14%；成分在 D 点以右的合金具有共晶成分，流动性好，适于铸造，所以称为铸

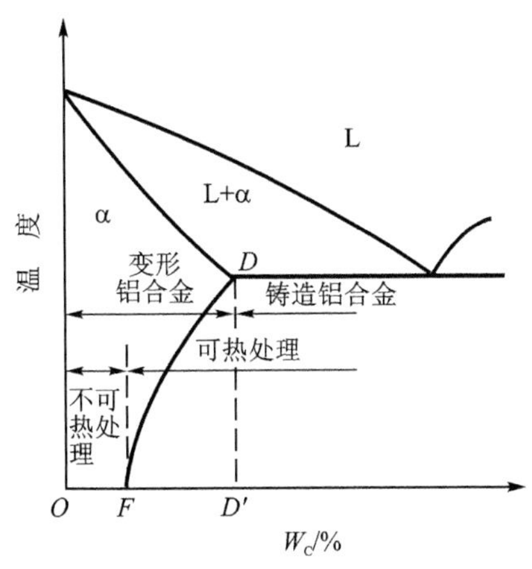

图 7.1　铝合金分类示意图

造铝合金。

在变形铝合金中，按照加热时是否有溶解度变化可分为两类：①不能热处理强化的铝合金，即合金元素的含量小于图7.1中的F点成分的合金，这类合金具有较好的抗蚀性能，故又称防锈铝合金；②能热处理强化的铝合金，即成分位于图7.1中的F与D点之间的合金，通过热处理可显著提高合金的力学性能，这类合金包括硬铝、超硬铝和锻铝。常用变形铝合金的牌号、化学成分、力学性能及用途见表7.1。

表7.1　常用变形铝合金的牌号、化学成分、力学性能及用途(摘自GB/T 3190—2008)

类别	牌号(旧牌号)	化学成分/%					材料状态	力学性能			用途
		Cu	Mg	Mn	Zn	其他		R_m/MPa	A/%	HBW	
防锈铝合金	5A02(LF2)		2.0～2.8	0.15～0.40			O	195	17	47	油箱、油管、轻载荷零件、焊接件、低压容器、铆钉、焊条
	5A05(LF5)		4.8～5.5	0.3～0.6			O	280	20	70	受力零件、焊接油箱、油管、铆钉、蒙皮骨架等
	3A21(LF21)			1.0～1.6			O	130	20	30	焊接油箱、油管、铆钉等轻载零件及制品
硬铝合金	2A01(LY1)	2.2～3.0	0.2～0.5				T4	300	24	70	中等强度和工作温度≤100 ℃的结构用铆钉材料
	2A11(LY11)	3.8～4.8	0.4～0.8	0.4～0.8			T4	420	18	100	中等强度零件，如骨架、螺旋桨叶片、铆钉
	2A12(LY12)	3.8～4.9	1.2～1.8	0.3～0.9			T4	470	17	105	高强度且在150 ℃以下工作的零件，如梁、铆钉
超硬铝合金	7A04(LC4)	1.4～2.0	1.2～1.8	0.2～0.6	5.0～7.0	Cr：0.10～0.25	T6	600	12	150	结构中的主要受力件，如飞机大梁、桁架、加强框、蒙皮、接头及起落架
	7A09(LC9)	1.2～2.0	2.0～3.0	0.15	5.1～6.1	Cr：0.16～0.30	T6	680	7	190	

续表 7.1

类别	牌号（旧牌号）	化学成分/%					材料状态	力学性能			用　途
		Cu	Mg	Mn	Zn	其　他		R_m/MPa	A/%	HBW	
锻铝合金	2A50（LD5）	1.8～2.6	0.4～0.8	0.4～0.8		Si:0.7～1.2	T6	420	13	105	形状复杂、中等强度的锻件和模锻件，如喷气发动机压气机叶轮、支杆等
	2A70（LD7）	1.9～2.5	1.4～1.8			Fe:0.9～1.5 Ni:0.9～1.5 Ti:0.02～0.1	T6	415	13	120	高温下工作的复杂锻件、内燃机活塞
	2A14（LD10）	3.9～4.8	0.4～0.8	0.4～1.0		Si:0.6～1.2	T6	480	19	135	承受大载荷的锻件和模锻件

7.1.2　不同牌号的铝合金及其典型用途

1. 不同牌号铝合金的特点及应用

铝合金的牌号通常用以 2×××～8×××系列表示。牌号的最后两位数字没有特殊意义，仅用来区分同一组中不同的铝合金。牌号的第二位字母表示铝合金的改型情况，如果牌号的第二位字母为 A，则表示为原始合金，如果是 B～T 的某一字母则表示为原始合金的改型合金。有时变形铝合金产品的牌号后面还附加有表示合金加工与热处理状态的字母。8×××系合金目前尚未获得广泛应用，在此不做介绍。

1) 2×××系合金

以 Cu 为主要合金元素的铝合金，包括 Al－Cu－Mg、Al－Cu－Mg－Fe－Ni、Al－Cu－Mn合金等，这些合金均属于可热处理强化合金。其性能特点是：强度高（常称为硬铝合金），耐热性和加工性能良好，但耐蚀性不如多数其他合金，在一定条件下会产生晶间腐蚀，往往需要包覆一层纯铝，以提高其耐腐蚀性能。该系铝合金主要用来制作飞机大梁、空气螺旋桨、铆钉及蒙皮等。其典型牌号及在航空航天等领域的应用见表 7.2。

表 7.2　2×××系合金典型牌号及其在航空航天等领域的应用

牌　号	航空航天等领域的应用
2014	应用于要求高强度与高硬度（包括高温）的场合，如飞机重型锻件、厚板和挤压材料，车轮与结构元件，多级火箭第一级燃料槽与航天器零件，卡车构架与悬挂系统零件

续表 7.2

牌 号	航空航天等领域的应用
2017	第一个获得工业应用的2×××系合金，目前的应用范围较窄，主要用作铆钉、通用机械零件、结构与运输工具结构件、螺旋桨与配件、飞机结构、铆钉、导弹构件、卡车轮毂、螺旋桨元件及其他各种结构件
2023	飞机结构
2048	航空航天器结构件与兵器结构零件
2124	航空航天器结构件
2218	飞机发动机和柴油发动机活塞、飞机发动机汽缸头、喷气发动机叶轮和压缩机环
2219	航天火箭焊接氧化剂槽，超音速飞机蒙皮与结构零件，工作温度范围为−270～300 ℃。焊接性能好，断裂韧性高，T8状态(固溶处理后经冷加工，然后进行人工时效的状态)有很高的抗应力腐蚀开裂能力
2618	模锻件与自由锻件、活塞和航空发动机零件
2A01	工作温度≤100 ℃的结构铆钉
2A02	工作温度200～300 ℃的涡轮喷气发动机的轴向压气机叶片
2A06	工作温度150～250 ℃的飞机结构及工作温度125～250 ℃的航空器结构铆钉
2A10	强度比2A01合金高，用于制造工作温度≤100 ℃的航空器结构铆钉
2A11	飞机的中等强度结构件、螺旋桨叶片、交通运输工具与建筑结构件，航空器的中等强度螺栓与铆钉
2A12	航空器蒙皮、隔框、翼肋、翼梁、铆钉等，以及建筑与交通运输工具结构件
2A16	工作温度250～300 ℃的航空航天器零件，在室温及高温下工作的焊接容器与气密座舱
2A17	工作温度225～250 ℃的航空器零件
2A50	形状复杂的中等强度零件
2A60	航空器发动机压气机轮、导风轮、风扇、叶轮等
2A70	飞机蒙皮，航空器发动机活塞、导风轮、轮盘等
2A80	航空发动机压气机叶片、叶轮、活塞、涨圈及其他工作温度高的零件
2A90	航空发动机活塞

2) 3×××系合金

以Mn为主要合金元素的铝合金，属于不可热处理强化合金。该系合金塑性高，焊接性能好，是一种耐蚀性能良好的中等强度铝合金。其典型牌号及在航空等领域的应用见表7.3。

表7.3　3×××系合金典型牌号及其在航空等领域的应用

牌　号	在航空等领域的应用
3003	用于加工需要有良好的成型性能、较高的抗蚀性、可焊性好的零部件
3A21	飞机油箱、油路导管、铆钉线材等；建筑材料与食品工业装备等

3）4×××系合金

以Si为主要合金元素的铝合金，多数不能热处理强化。该系合金熔点低，熔体流动性能好，容易补缩，并且不会使最终产品产生脆性。4×××系列铝棒代表为4A01。4000系列的铝板属于含硅量较高的系列。通常含硅量在4.5%～6.0%之间。属于建筑用材料、机械零件、锻造用材、焊接材料，其熔点低，耐蚀性好，具有耐热、耐磨的特性。其典型牌号及在工业中的应用见表7.4。

表7.4　4×××系合金的典型牌号及在工业中的应用

牌　号	在工业中的应用
4032	合金的耐热性、耐磨性良好，热膨胀系数小。用于制作活塞、汽缸头、锻件及耐热零件
4043	合金的凝固收缩小，用硫酸阳极氧化处理呈灰色。用于溶接线、建筑嵌板

4）5×××系合金

以Mg为主要合金元素的铝合金，含镁量在3%～5%之间，又称为铝镁合金，属于不可热处理强化铝合金。该系合金密度小，属于中高强度铝合金，疲劳性能和焊接性能良好，耐海洋大气腐蚀性能好。在相同面积下，铝镁合金的质量低于其他系列。在常规工业中的应用较为广泛。在国内5×××系列铝板属于较为成熟的铝板系列之一，其典型牌号及在航空等领域的应用见表7.5。

表7.5　5×××系合金典型牌号及其在航空等领域的应用

牌　号	在航空等领域的应用
5052	具有良好的成型加工性能、抗蚀性、焊接性、疲劳强度及中等静态强度，用于制造飞机油箱、油管等
5A02	飞机油箱与导管、焊丝、铆钉、船舶结构件
5A05	焊接结构件、飞机蒙皮骨架

5）6×××系合金

以Mg和Si为主要合金元素、并以Mg_2Si为强化相的铝合金，属于可热处理强化铝合金。该系合金具有中等强度，耐蚀性高，无腐蚀破裂倾向，焊接性良好，焊接区腐蚀性能不变，成型性和工艺性能良好。其典型牌号及在工业中的应用见表7.6。

表 7.6　5×××系合金典型牌号及其在工业中的应用

牌　号	在工业中的应用
6066	锻件及焊接结构挤压材料
6070	重载焊接结构及汽车工业用的挤压材料与管材
6101	公共汽车用高强度棒材、电导体与散热器材等
6151	模锻曲轴零件、机器零件与生产轧制环，供既要求有良好的可锻性能、高的强度，又要求有良好抗蚀性的构件
6205	造厚板、踏板与耐高冲击的挤压件
6351	车辆的挤压结构件，水、石油等的输送管道
6A02	飞机发动机零件，形状复杂的锻件与模锻件

6) 7×××系合金

以 Zn 为主要合金元素的铝合金，属于可热处理强化铝合金。加入 Mg 元素则为 Al－Zn－Mg 合金，具有良好的热变形性能，淬火范围较宽，在适当的热处理条件下可获得较高强度，焊接性能良好，属于高强可焊铝合金。其室温强度很高，达 500～700 MPa。这类合金除了强度高外，韧性储备也很高，且具有良好的工艺性能，是飞机工业中重要的结构材料。其典型牌号及在航空等领域的应用见表 7.7。

表 7.7　7×××系合金典型牌号及其在航空等领域的应用

牌　号	在航空等领域的应用
7005	挤压材料，用于制造既要求高强度又要求高断裂韧性的焊接结构，如交通运输车辆的桁架、杆件、容器，大型热交换器，焊接后不能进行固溶处理的部件，还可用于制造体育器材如网球拍与垒球棒
7039	冷冻容器、低温器械与储存箱、消防压力器材、军用器材、装甲板、导弹装置
7049	用于锻造静态强度与 7079－T6 合金的相同而又要求有高抗应力腐蚀开裂能力的零件，如飞机与导弹零件——起落架液压缸和挤压件。零件的疲劳性能与 7075－T6 合金的大致相等，而韧性稍高
7050	飞机结构件用中厚板、挤压件、自由锻件与模锻件
7075	用于制造飞机结构件及其他要求强度高、抗腐蚀性能好的高应力结构件、模具制造
7175	锻造航空器用的高强度结构件
7178	航空航天器的要求抗压、屈服强度高的零部件
7475	机身用包铝与未包铝的板材，机翼骨架、桁条等，其他既要求高强度又要求高断裂韧性的零部件
7A04	飞机蒙皮、螺钉以及受力构件如大梁桁条、隔框、翼肋、起落架等

2. 铝合金在民机上的应用实例

从波音 B707 发展到以波音 B777 和空客 A380 飞机为代表的新一代飞机，国外

大型民机的主体结构材料发生了很大变化，但目前正在服役的民用客机中，仍大量使用铝合金，甚至占据主体地位。2224、2524、7050、7055 等铝合金成功应用于波音 B777 和空客 A380 飞机的机翼、蒙皮、桁架和座椅滑轨等结构部件，可满足结构对性能的要求。目前最新的空客 A350XWB 飞机的地板梁、翼肋及起落架舱门都是采用铝合金制造的。表 7.8 所列为波音、麦道和空中客车公司不同时期大型客机的选材结构比例。

表 7.8　一些民用客机选材结构比例

机　型	首飞时间	铝合金/%	钢铁/%	钛合金/%	复合材料/%	其他/%
B747	1969 年	81	13	4	1	1
B757	1982 年	78	12	6	3	1
B767	1981 年	80	14	2	3	1
B777	1994 年	70	11	7	11	1
DC10	1970 年	78	14	5	1	2
MD11	1990 年	76	9	5	8	2
A300	1972 年	76	13	4	5	2
A320	1987 年	76.5	13.5	4.5	5.5	0
A340	1991 年	75	8	6	8	3
A380	2005 年	61	5	10	22	2

不同型号的铝合金在民用客机不同部位的应用实例见表 7.9，由此可见，不同时期不同型号大型飞机上铝合金都得到了普遍应用。

表 7.9　铝合金在民用客机上的应用实例

<table>
<tr><th rowspan="2">机　型</th><th colspan="2">机　身</th><th colspan="3">机　翼</th><th colspan="2">尾　翼</th></tr>
<tr><th>蒙皮</th><th>桁条</th><th>部位</th><th>蒙皮</th><th>桁条</th><th>垂直尾翼蒙皮</th><th>水平尾翼蒙皮</th></tr>
<tr><td rowspan="2">L-1011</td><td rowspan="2">2024-T3</td><td rowspan="2">7075-T6</td><td>上</td><td>7075-T6</td><td>7075-T6</td><td rowspan="2">7075-T6</td><td rowspan="2">7075-T6</td></tr>
<tr><td>下</td><td>7075-T76</td><td>7075-T6</td></tr>
<tr><td rowspan="2">DC-3-80</td><td rowspan="2">2024-T3</td><td rowspan="2">7075-T6</td><td>上</td><td>7075-T6</td><td>7075-T6</td><td rowspan="2">7075-T6</td><td rowspan="2">7075-T6</td></tr>
<tr><td>下</td><td>2024-T3</td><td>2024-T3</td></tr>
<tr><td rowspan="2">DC10</td><td rowspan="2">2024-T3</td><td rowspan="2">7075-T6</td><td>上</td><td>7075-T6</td><td>7075-T6</td><td rowspan="2">7075-T6</td><td rowspan="2">7075-T6</td></tr>
<tr><td>下</td><td>2024-T3</td><td>7178-T6</td></tr>
<tr><td rowspan="2">B737</td><td rowspan="2">2024-T3</td><td rowspan="2">7075-T6</td><td>上</td><td>7178-T6</td><td>7075-T6</td><td rowspan="2">7075-T6</td><td rowspan="2">7075-T6</td></tr>
<tr><td>下</td><td>2024-T3</td><td>2024-T3</td></tr>
<tr><td rowspan="2">B727</td><td rowspan="2">2024-T3</td><td rowspan="2">7075-T6</td><td>上</td><td>7075-T6</td><td>7075-T6</td><td rowspan="2">7075-T6</td><td rowspan="2">7075-T6</td></tr>
<tr><td>下</td><td>2024-T3</td><td>2024-T3</td></tr>
</table>

续表 7.9

机型	机身		机翼			尾翼	
	蒙皮	桁条	部位	蒙皮	桁条	垂直尾翼蒙皮	水平尾翼蒙皮
B747	2024 - T6	7075 - T6	上	7075 - T6	7075 - T6	7075 - T6	7075 - T6
			下	2024 - T3	2024 - T3		
B757	2024 - T3	7075 - T6	上	7075 - T6	7150 - T6	7075 - T6	2024 - T3 7075 - T6
			下	2324 - T39	2224 - T3		
B767	2024 - T3	7075 - T6	上	7150 - T6	7150 - T6	7075 - T6	7075 - T6
			下	2324 - T39	2324 - T39		
A300	2024 - T3	7075 - T6	上	7075 - T6	7075 - T6	7075 - T6	7075 - T6
			下	2024 - T3	2024 - T3		

1) 在波音 B747 客机上的应用

为了进一步形象地展示民用客机不同部位铝合金的使用情况，下面以波音 B747 飞机为例，介绍铝合金的应用情况，如图 7.2 所示。表 7.10 所列为铝合金在波音 B747 客机上的应用部位。

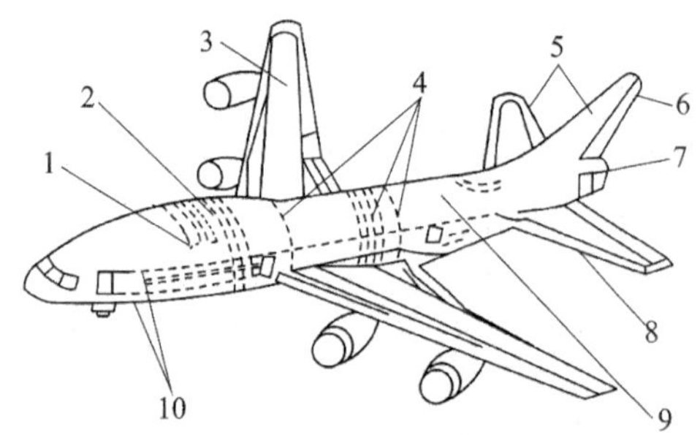

1—桁条；2—骨架；3—翼盒；4—主骨架；5—升降舵与主向舵；6—垂直安定面、蒙皮与桁条；7—中发动机支架；8—水平安定面整体加强壁板；9—机身蒙皮；10—大梁

图 7.2　铝合金在波音 B747 客机上的应用部位示意图

表 7.10　铝合金在波音 B747 客机上的应用

序号	部件	铝合金应用
1	桁条	包铝的 7075 - T6
2	骨架	7075 - T6、7178 或包铝的 7178
3	翼盒	上表面包铝的 7075 - T76；下表面 7075 - T6；翼梁帽 7075 - T76
4	主骨架	7075 - T6 锻件，包铝的 7075 - T6，7075 - T6 挤压型材
5	升降舵与主向舵	包铝的 2024 - T3

续表 7.10

序　号	部　件	铝合金应用
6	垂直安定面、蒙皮与桁条	包铝的 7075 - T6
7	中发动机支架	Ti6A14V,包铝的 2024 - T3,包铝的 2024 - T81
8	水平安定面整体加强壁板	7075 - T76,挤压的
9	机身蒙皮	包铝的 2024 - T3,包铝的 7075 - T76
10	大梁	4 个,7075 - T6 挤压型材

2) 在空客 A300 客机上的应用

空中客车公司生产的大型民用客机在铝合金的应用上与波音公司生产的飞机略有不同。为了能直观地介绍其应用情况,以常见机型空客 A300 为例,铝合金在其上的应用部位如图 7.3 所示。

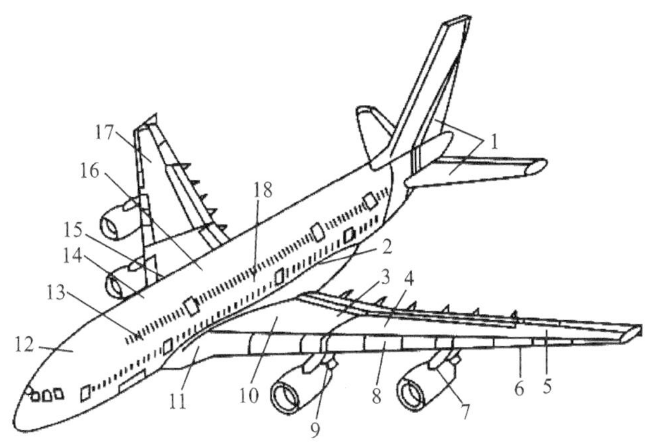

1—垂直稳定翼紧固件;2—地板梁;3—机翼齿轮肋及支撑配件;4—翼梁(厚板);5—上翼蒙皮;6—下翼蒙皮;7—发动机吊架紧固件;8—襟翼紧固件;9—发动机吊架支撑结构;10—翼梁(锻件);11—机翼、机身连接件;12—下机架(Hay Landing)及支撑锻件;13—座位轨道;14—机身蒙皮;15—机身连接件;16—机身纵梁;17—翼肋(厚板);18—翼盒紧固件

图 7.3　空客 A300 客机上的铝合金部件示意图

3) 在空客 A380 客机上的应用

空客 A380 是当今世界最大的客机,也是最高效的载人飞机,为三级客舱布局,上下两层客舱共设 506 个座席。据称制造该机铝合金采购量约为 1 000 t,而铝制零部件的飞行质量约为 1 00 t。在设计 A380 客机时,为了尽可能降低最大起飞质量(MTOW,Maximum Take-Off Weight),最大限度地使用了铝合金,采购铝合金的质量占材料总采购量的 78%,而实际起飞时铝合金质量仍占 66%(如图 7.4 所示)。并且采用了一些新型铝合金如 6113 - T6、2524 - T3、C68A - T3、C68A - T36(固溶处理,冷作变形约 6%,并自然时效)等。这几种铝合金的断裂韧性由大到小的顺序为:

2524－T3＞C68A－T3＞C68A－T36＞6013－T6＞2024－T3；而屈服强度由大到小的顺序为：C68A－T36＞C68A－T3＞6013－T6＞2024－T3 及 2524－T3。

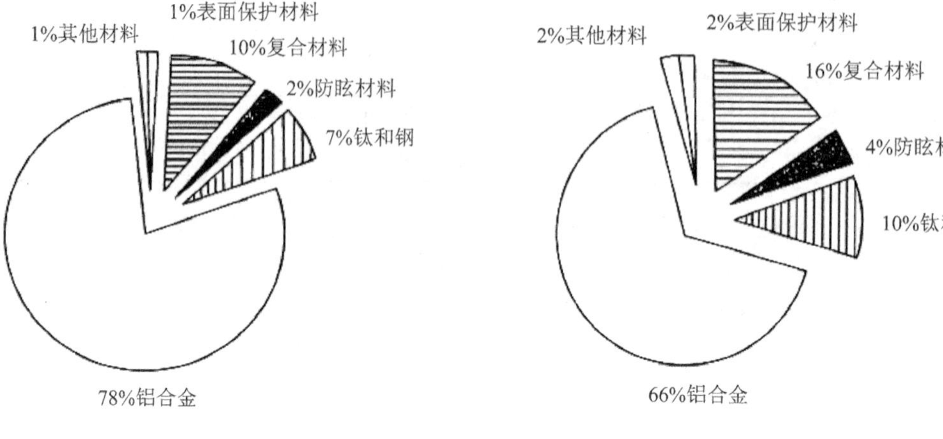

图 7.4　空客 A380 飞机在设计时各材料的采购比与飞行时各材料的实际使用比例

此外，在生产制造过程中，大量采用激光焊接（LBW，Laser Beam Welding）代替铆接工艺，对降低结构自身质量也起到了很大作用。铝合金在机身及机翼中的应用分别如图 7.5、图 7.6 所示。表 7.11 列出了空客 A380 客机机翼各部件的选材情况。

表 7.11　空客 A380 客机机翼各部件的选材

序　号	部　件	选用材料
1	桁条	7055－T7×511
2	翼梁	7040－T76、7010/7050－T7651、C80A
3	阻流板、外折翼、副翼	复合材料
4	外翼	黏结金属片
5	固体导流缘	耐热塑料
6	前翼	2024－HDT、IS249/262－T351

4）在波音 B777 客机上的应用

在飞机结构上，传统习惯于在易发生损伤的部位采用 2024 铝合金，在强度要求高的部位采用 7075 铝合金。据波音公司报道，自 1943 年以来，在 7075 和 2024 铝合金之后，约有 20％的新型铝合金在波音飞机上获得广泛应用。例如 7050 铝合金，其成分与 7075 铝合金相比有较大变动，增加了 Zr、Cu 元素含量，而 Fe、Si 等杂质元素含量大大降低，使该合金的强度、断裂韧性和抗应力腐蚀性能明显优于 7075 铝合金，

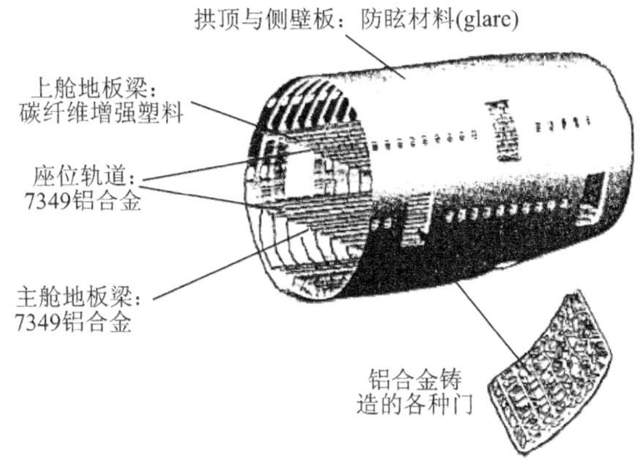

图 7.5　铝合金在空客 A380 客机机身上的应用

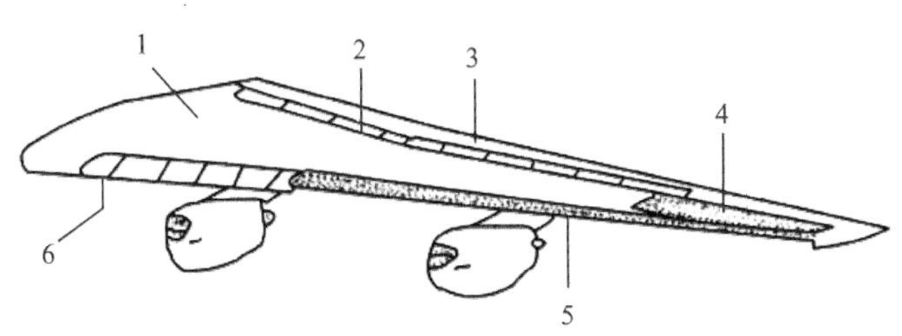

1—桁条；2—翼梁；3—阻流板、外折翼、副翼；4—外翼；5—固体导流缘；6—前翼

图 7.6　空客 A380 客机机翼铝合金应用情况示意图

特别是其淬火敏感性低，因此适于制造厚截面锻件。2324－T39（固溶处理并进行一定量的冷作变形，以达到所规定的力学性能，冷作变形可在自然时效以前或以后进行）和 2224－T3511 铝合金是在 2024 铝合金的基础上加以改进的，其断裂韧性和抗应力腐蚀性能都明显提高。波音 B777 客机采用了高强、高韧、耐蚀铝合金，其主要部位选材如表 7.12 所列。

表 7.12　波音 B777 客机的主要部位选材

序　号	应用部位	选用材料
1	上翼面蒙皮	7055－T7751
2	翼梁弦、长桁、龙骨、座椅滑轨	7150－T77511
3	长桁	7055－T77511
4	机翼前缘壁板、起落架舱门	玻璃-碳/环氧混杂复合材料
5	锻件	7150－T77
6	襟翼滑轨、起落架轮托架	Ti－10－2－3

续表 7.12

序　号	应用部位	选用材料
7	机身蒙皮	C-188-T3
8	地板梁、尾翼翼盒	T800H/3900-2
9	起落架	高强度钢
10	轮	Michelin AIR X 子午线轮
11	尾喷管、尾锥、后整流罩	β21S
12	刹车块	碳-碳复合材料
13	雷达天线罩	S-2 玻璃环氧复合材料

鉴于以往合金的强度与抗蚀性、韧性不能同时兼顾，人们一直在努力寻求一种既保持抗蚀性，同时又不牺牲强度的工艺，在被称为 T77 的热处理状态下生产出了 7150-T7751(铝合金厚板)和 7150-T77511(超硬铝合金)铝合金材料，它们的强度与韧性和抗腐蚀性能结合良好，被应用于麦道公司的 C-17 军用运输机。然而这种合金的强度仍不能满足需求，于是近些年人们又研制出一种强度更高，同时具备可接受的断裂韧性和抗腐蚀能力的新型 7055-T77 铝合金材料，用于新型民航客机波音 B777。7055 铝合金的名义成分见表 7.13，其性能改善十分明显。7055 铝合金的比压缩屈服强度及比拉伸屈服强度与 7150-T6 及 T77 铝合金相比提高约 10%，强度比 7075-T6 提高约 25%，比 7075-T7(固溶处理后进行过时效的状态)提高 40%。7055-T7751 和 T77511 铝合金的抗腐蚀能力介于 7150-T6 与 7150-T77 铝合金之间。7055-T7751 铝合金板材的平面应力断裂韧性值(K_{IC})比 7150-T6/T77 铝合金的稍差，但二者的平面应变断裂韧性值(K_{IC})几乎相同。从以上可看出，调整合金成分及改进热处理状态是目前铝合金性能改良的重要途径。

表 7.13　7055 铝合金的名义成分

合金元素	Zn	Mg	Cu	Fe	Si	Al
含量/%	8.1	2.05	2.34	<0.15	<0.1	其余

由于机身材料的断裂韧性是关键，因此除了 7××× 系改型铝合金外，波音公司在波音 B777 机身上还采用了 2×××-T3 铝合金，称为 C-188。其性能特点是抗蚀性好，化学成分及生产方法均属专利。它与候选的 2091-T3 及 8090-T81(固溶处理后经冷加工约 1%，然后进行人工时效的状态)铝锂合金进行比较，长横向断裂韧性分别高 1/6 及 3/4。在同等强度条件下，韧性及抗裂纹扩展能力均较 2024-T3 铝合金提高 20%，同时具有良好的抗蚀性。

波音 B777 飞机的上翼面原打算采用铝锂合金，但由于铝锂合金的韧性不够，于是改用 7055-T7751 铝合金，韧性提高 1/3。与美国波音公司不同，空中客车公司在 A330/A340 飞机的次要结构上采用铝锂合金制造。铝锂合金在以俄罗斯为首的前

苏联独联体国家的民机上得到了广泛应用。

7.1.3　铝锂合金及其应用

1. 铝锂合金概述

1）铝锂合金简介

锂(Li)是元素周期表中质量最小的金属元素，密度为 0.534 g/cm³。在铝合金中加入元素 Li，可降低合金密度，提高合金的弹性模量。研究表明，在铝中每加入 1%(质量比)的 Li，可使合金的密度降低 3%，并增加弹性模量约 6%。因此，铝锂合金成为一种综合性能良好、具有巨大开发潜力的轻质合金，具有低密度、高比强度和比刚度、良好的疲劳性能、耐腐蚀性能和优异的超塑成型性能，并且在淬火和人工时效后硬化效果优良，用其取代常规铝合金，可使构件质量减轻 10%～15%，刚度提高 15%～20%。铝锂合金的制备工艺与普通铝合金没有原则上的差别，可沿用普通铝合金的技术和设备，用铝锂合金替代飞机结构上使用的传统铝合金，不需要对适航条例进行大的修改。此外，由于铝锂合金的成型、维修等都比复合材料方便，成本也远低于复合材料，因此铝锂合金被认为是未来航空航天工业最理想的轻质高强结构材料之一。

铝锂合金主要是为飞机和航空航天设备的减重而研制的，因此主要应用于航空航天领域，以及用作军械和核反应堆用材、坦克穿甲弹、鱼雷和其他兵器结构件等。此外，在汽车、机器人等领域中也有广泛应用。从 20 世纪 30 年代开始，德、美、英、苏联等国对铝锂合金进行研制，但是真正具有商业价值的是 1957 年美国 Alcoa 公司研制成功的含锂 1.1%的 X2020 合金。目前主要使用的铝锂合金有 2×××系(Al-Li-Cu-Zr)和 8×××系(Al-Li-Cu-Mg-Zr)等 10 余种牌号，最大铸锭规格达到25 t 以上，其轧制、挤压和锻造加工技术已达到常规铝合金的水平。

2）铝锂合金的工艺方式

目前，铝锂合金的研究和应用已经进入了实用阶段，其工艺方式主要表现在以下几个方面。

(1) 合金制备

铸锭冶金法(IM)是铝锂合金的主要生产方法。国内西南铝业集团有限公司、美国的 Alcoa 公司、英国的 Alcan 公司和法国的 Pechiney 公司等都采用 IM 法生产铝锂合金。IM 法的优点是成本较低，可生产大规格铸锭。

粉末冶金法(PM)是一种可以制备复杂形状结晶型产品的生产技术，也是生产铝锂合金的一种非常重要的方法。由于冷却速度比较快，在很大程度上提高了合金元素的溶解度，使得合金的微观组织均匀细小，减少了偏析，从而改善合金的塑性，提高合金的强度。但该工艺存在流程较长、粉末易氧化、铸锭尺寸小、成本较高等缺点。

(2) 合金化及微合金化

铝锂合金中通常加入的合金元素有 Cu、Mg、Zr、Cd、Sc、Ce 等，用来影响合金的析出行为和析出相的化学组分、类型、形状与数量、尺寸与分布，改善晶界特性，从而全面提高合金的各项性能。

在铝锂合金中添加 Cu 元素能析出沉淀强化相 $T_1(Al_2CuLi)$，极大地提高合金的刚度；但如果 Cu 元素含量过高，将导致韧性下降，密度增大。目前在铝锂合金中一般 Cu 的加入量(质量比)为 1.0%～4.5%。Mg 可以促进 $T_1(Al_2CuLi)$ 相的析出，抑制 $\delta(Al_3Li)$ 相的析出。添加 Mg 元素可产生固溶强化，并且强化无析出带，使其有害作用减弱。当在铝锂合金中同时加入 Cu 和 Mg 时，还可以形成 $S(Al_2CuMg)$ 弥散相。S 相优先在位错等缺陷附近呈不均匀析出，使位错难以切过而只能绕过，从而降低合金的共面滑移倾向，并且激发其产生交滑移，促进合金均匀变形并改善韧性。但如果 Mg 元素含量过高，则 T_1 相优先在晶界析出而使脆性增大。目前在铝锂合金中一般 Mg 的加入量为 0.2%～2.3%。

合金中添加 Zr 元素能形成 $\beta(Al_3Zr)$ 相弥散质点，一般在晶界或亚晶界析出，对晶界具有钉轧作用，能抑制合金的再结晶并细化晶粒，改善合金刚度；并且 β 相还可以成为 δ 相形核的位置，δ 相在其周围生长，形成牛眼状的结构，提高合金的强度。同时 Zr 还可以使合金的时效速率加快。但如果 Zr 元素的含量过高，将使晶界上出现含 Zr 的粗大析出物，破坏晶界性能并使合金的体积和质量都增大。目前铝锂合金中 Zr 元素含量限制在 0.08%～0.10%范围内。

(3) 焊接技术与工艺

苏联用焊接工艺代替铆接工艺连接铝锂合金结构件，大大减轻结构质量，提高结构刚度，同时节约能源，节省装配时间。焊接技术成为铝锂合金在航空航天工业中应用的关键技术。铝锂合金的焊接大多采用熔化焊，所采用的焊接工艺有电弧焊、激光焊、电阻焊、点焊、真空电子束焊、TIG 焊、变极性等离子弧焊等。在实际生产中，国内常采用真空电子束焊接。图 7.7 所示为铝锂合金真空电子束焊机实物图，其工艺过程是将被焊工件置于真空环境中进行焊接，具有焊缝窄、深宽比大、焊接应力和变形较小等特点，在工业领域中得到了广泛应用。

(4) 热处理

铝锂合金的热处理主要集中在形变热处理、分级时效两方面。有人研究淬火后形变时效对新型高强度铝锂合金 2197 组织和性能的影响，结果表明：淬火后立即进行预变形引入位错，随后双级时效过程形成位错环将增加基体中 T_1 和 θ 相的数量，并使 T_1 相细化，分布更加均匀。淬火变形后进行双级时效(100 ℃/8 h，45 ℃/12 h)处理，合金的抗拉强度、屈服强度和伸长率分别为 553.5 MPa、494.5 MPa 和 10.4 %，形变时效处理在一定程度上改善了合金的强塑性匹配。有学者采用微观相场的方法，通过建立微观相场的动力学模型，对铝锂合金的单级时效、分级时效和回归再时效工艺进行模拟，得到与实际接近的结果，为铝锂合金的热处理提供了新的研究

图 7.7　铝锂合金真空电子束焊机实物图

手段。

2. 铝锂合金的发展及应用

1）铝锂合金的发展

铝锂合金的发展大体上可划分为如下三个阶段：

第一阶段是初步发展阶段，时间为 20 世纪 50 年代至 60 年代初。虽然早在 1924 年德国的材料专家就开发出了第一个含锂的铝合金 Scleron，但是直到 1957 年美国 Alcoa 公司研究成功 X2020 铝锂合金，1961 年苏联开发出 BAД 23 合金，铝锂合金才真正引起人们的关注。

第二阶段是繁荣发展阶段，时间为 20 世纪 70 年代至 80 年代后期。相继研制成功了低密度型、中强耐损伤型和高强型等一系列较为成熟的铝锂合金产品。例如苏联研制成功的 1420 铝锂合金、美国 Alcoa 公司研制出的 2090 铝锂合金、英国 Alcan 公司研制出的 8090 铝锂合金和 8091 铝锂合金等。

第三阶段是第三代新型铝锂合金开发阶段，时间为进入 20 世纪 90 年代后。目前已开发出的新型合金主要有高强度可焊的 1460 铝锂合金和 Weldalite（高强可焊铝锂合金）系列合金；低各向异性的 AF/C489 和 AF/C458 合金；高韧的 2097 铝锂合金和 2197 铝锂合金；高抗疲劳裂纹的 C2155 合金以及经过特殊真空处理的 XT 系列合金等。

2）铝锂合金的应用状况

第一代铝锂合金具有明显的缺点，如延展性和断裂韧性低、缺口敏感性高、加工生产困难、价格高昂等，导致第一代铝锂合金未能获得进一步的推广应用。

第二代铝锂合金同样存在一些明显的缺点，包括：①各向异性严重，短横向强度较低；②塑韧性水平较低；③热暴露后会严重损失韧性；④大部分合金不可焊；⑤强度水平总体较低。这些缺点使第二代铝锂合金的综合性能和价格难以与原有的 2××× 系、7××× 系铝合金竞争，除苏联的 1420 铝锂合金在米格－29、苏－27、苏－35 等

军机上获得了较广泛的应用外，欧美开发的大部分第二代铝锂合金都未得到大量应用。

第三代铝锂合金属于 Al－Cu－Li 系合金。第二代铝锂合金中的 Li 含量高（>2 %，质量百分比，以下同），而其他元素含量低；第三代铝锂合金降低了 Li 含量（<2%），增加了 Cu 含量（一般>3%）。此外，与第二代铝锂合金不同的是，第三代铝锂合金还添加了少量 Mg、Mn、Zn、Ag、Sc 等微合金化元素。第三代铝锂合金的性能不仅优于第二代，也明显优于航空航天工业中使用的一些传统铝合金。第三代铝锂合金具有以下特点：密度小、模量高；良好的强度－韧性平衡；耐损伤性能优良；各向异性小；热稳定性好；耐腐蚀；加工成型性好。其中尤以低各向异性铝锂合金和高强可焊铝锂合金最为引人注目。由于综合性能的提高，第三代铝锂合金在航空航天工业中已获得了广泛应用。

中强、可焊的 1420 铝锂合金是俄罗斯研究、使用最成熟的一种铝锂合金。该合金于 20 世纪 70 年代用于铆接的直升机和军舰上。图 7.8 所示为采用 1420 铝锂合金制成的舷窗配架。20 世纪 80 年代以焊接代替铆接结构用于米格－29 超音速战斗机机身、油箱、座舱，因该合金密度低，又不用密封、铆钉、螺纹等连接件，共可减重 24%。高强度 1450 铝锂合金板材 $R_m = 580$ MPa，$R_{p0.2} = 490$ MPa，伸长率 $A = 9\%$，该合金作为非焊接结构用于现代运输机挤压结构件的机身外蒙皮、框、门和骨架等部位，与被取代的 1370 铝锂合金相比，减重 12%～15%。20 世纪 80 年代将 1460 铝锂合金取代 1201 铝锂合金（相当于 2219）用于制造俄罗斯大型运载火箭“能源号”的低温贮箱，该合金制作的液氧贮箱还于 1996 年用于美国 DC－XA 运载器，减重 20%。迄今为止，俄罗斯已将铝锂合金用于火箭、“暴风雪”号航天飞机，军用飞机米格－27、米格－29、米格－33，苏－27、安－70T，以及民用飞机图－204、图－144 上。

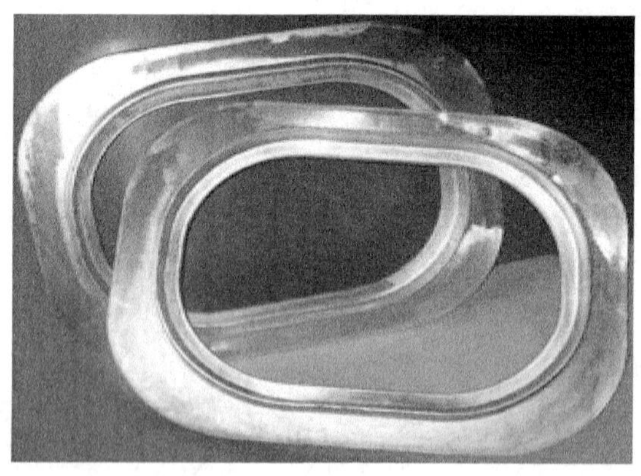

图 7.8　采用 1420 铝锂合金制作的舷窗配架

美国在世界上开创了应用铝锂合金的先例。早在 20 世纪 50 年代就将 X2020 合金应用于海军 RA－5C 军用预警飞机的机翼蒙皮和尾翼水平安定面上，获得 6%

的减重效果。这种飞机共生产了 177 架，服役近 20 年，于 1969 年停止生产。美国经过 20 世纪 80 年代对铝锂合金的研究高潮后，对铝锂合金的应用进入实际阶段。通用动力公司用 2090 - T3 合金制成的 30 根翼梁、3 块搭接蒙皮和 3 个中间框架作宇宙神有效载荷舱的零件和装配件，与原来所用的 2024 - T3 合金相比减重 8%。麦道公司用 2090 - T81 代替 2014 - T6 合金制造了 Delta 运载火箭低温贮箱试验件，焊后结构质量减轻 5%～15%。洛克西德 · 马丁公司利用 8090 合金铆接制造 Atlas 有效载荷舱，使结构减重 182 kg。值得指出的是，超高强的 2195 合金从定型生产到用该合金制造出 90 t 重的航天飞机液氢、液氧贮箱仅用四年时间，并决定 X - 33 运载火箭的液氧箱使用该合金。1997 年 12 月美国“奋进号”航天飞机外贮箱用 Weldalite 049 合金取代 2219 合金，使航天飞机的运载能力提高了 3.4 t。C - 17 军用运输飞机上使用了 2 846 kg 的 2090 - T83 薄板、T86 挤压件，用于制作飞机的隔框、地板、襟翼蒙皮、垂直尾翼。A330/A340 民用飞机上使用了 500 kg 的 2090 - T84 合金。2097 合金比目前战斗机用的 2124 铝合金的疲劳强度高、密度小，已用于 F - 16 战斗机的后隔框，由于部件的使用寿命提高 1 倍，美国空军一次装机 850 架，节约成本 2 100 万美元。此外，F - 15、B747 飞机也使用了铝锂合金。图 7.9 所示为“Y”形铝锂合金连接框。

图 7.9　“Y”形铝锂合金连接框

欧洲各国对铝锂合金的研究及应用主要以与其他国家合作的方式进行，未形成自己独特的体系。其中比较成功的应用是，英国和意大利采用 8090 板材、模锻件和 Al - 905XL 模锻件制造了 EH101 直升机，使飞机减重 200 kg。图 7.10 所示为采用铝锂合金加工成的机身等直段部段。其他如日本、韩国等都还处于研究阶段，未将铝锂合金付于实际应用。

3. 铝锂合金在民机上的应用实例

1) 在空客 A380 客机上的应用

空客 A380 上使用了 2099、2199、2196 等铝锂合金制作飞机的地板梁，如横梁、座椅滑轨、座舱以及应急舱地板结构、电子设备安装架及角形物，可减重几百千克。

图 7.10　某客机铝锂合金机身等直段部段

表 7.14 所列为第三代铝锂合金在 A380 等上的应用情况。

表 7.14　部分第三代铝锂合金的基本特征及在 A380 上的应用

牌　号	密度/(g·cm^{-3})	产品规格	屈服强度/MPa	基本特征	状　态	应　用
2195	2.71	厚板管材	580	高强、在低温高韧性、可焊接	T8	燃料储箱舱段
2098	2.70	中厚板薄板	530	高强、高韧性、抗疲劳	T8	军机机身
2198	2.70	中厚板薄板	510	高强、高韧性、耐损伤、抗疲劳	T8	机身蒙皮
2196	2.63	挤压件	530	低密度、高韧性	T8	加强筋板、地板梁、下翼桁条
2197	2.65	厚板 38～152 mm	420	高耐损伤、抗疲劳、耐腐蚀	T8	机身框、翼梁、舱段隔板
2099	2.63	挤压件	505	高强、耐腐蚀、耐损伤	T8	机身结构、下翼桁条、火箭舱段
2199	2.64	薄板中厚板	480	低密度、高耐腐蚀、抗疲劳裂纹生长	T8	机身蒙皮、下翼蒙皮
2050	2.70	厚板 12～127 mm	520	高弹性模量、高耐腐蚀	T8	机身框梁、翼桁、筋板

2）在空客 A350 客机上的应用

空客 A350 客机作为空中客车公司最新型的客机之一，它在设计之初，选材上就考虑最大限度地发挥不同材料的各自性能特长，应用于最适合的部位。相对于机翼，机身容易与行李装载车、补给车、旅客过桥发生碰撞，对于碳纤维层合板结构，撞击所造成的损伤不容易察觉，而金属机身受到碰撞发生变形，容易确定损伤位置，并容易修复。机翼和尾翼选材着重考虑抗疲劳性能。A350 的最初结构用材比例是铝锂合

金占 21%，复合材料占 39%，钢材占 14%，其他铝合金占 11%，钛合金占 9%，其他材料占 6%。铝锂合金主要用于机身，包括机身蒙皮、桁条、机身框、肋板、地板梁、座椅滑轨等。与 A330 相比，飞机减重 8 t，其中使用铝锂合金减重 2.5 t。

通过几轮设计验证后，修改后的 A350 XWB 最终用材比例为：复合材料 52%，钛 14%，钢 7%，铝合金/铝锂合金为 20%。机身为混合结构，由铝锂合金/铝合金机身框、纵梁、肋板、地板梁、起落架舱等组成“导电网络”，一方面为飞机上的电子设备提供必要的回路，另一方面能有效防止复合材料不利于电气设备的雷击保护问题。此外，金属机身框架还有利于吸收机身遭受撞击的能量。复合材料主要用于机翼、尾翼、机腹整流罩、机身蒙皮。驾驶舱主要采用铝锂合金。钛合金主要用于起落架、挂架、连接件。铝锂合金用于机身结构件，采用如图 7.11 和图 7.12 所示的加工技术制作。A350 机身使用铝锂合金可以带来 600 kg 的减重效果。

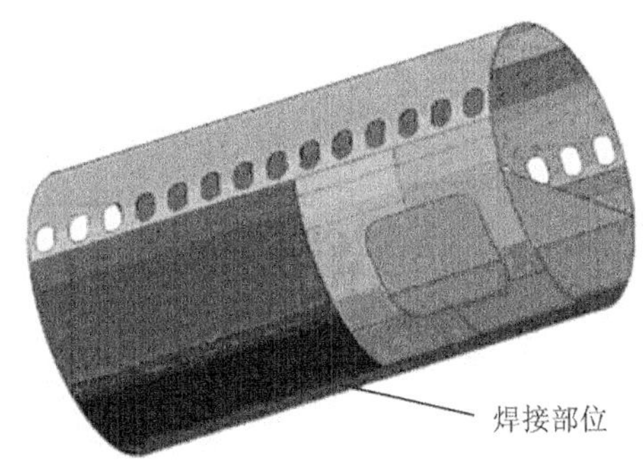

图 7.11　激光焊接技术在大型客机前机身应用部位示意图

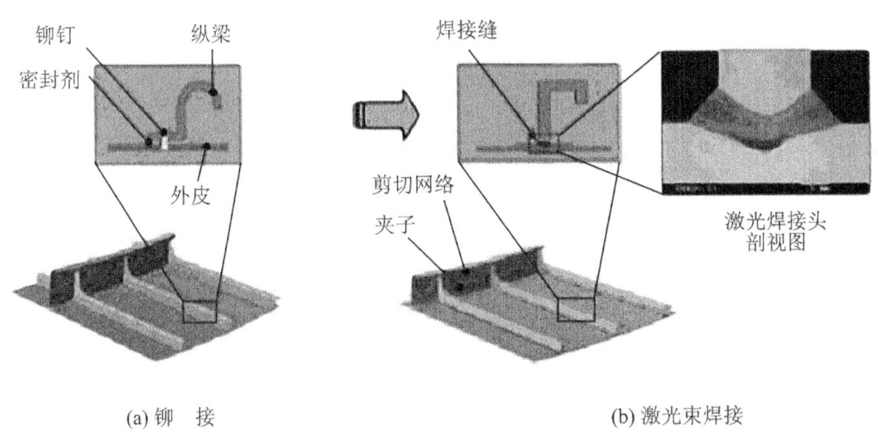

图 7.12　空客 A350 上的铝锂合金铆接和激光焊接技术对比

7.1.4 铸造铝合金

按加入主要合金元素的不同,铸造铝合金可分为 Al-Si 系、Al-Cu 系、Al-Mg 系和 Al-Zn 系合金等。铸造铝合金可用牌号或代号表示。铸造铝合金的牌号用“Z+基本元素(铝元素)符号+主加合金元素符号+主加合金元素的百分含量”表示。例如:ZAlSi12 表示含 12%Si(质量分数),余量为 Al 的铸造铝硅合金。铸造铝合金的代号用“ZL”(铸铝的拼音首字母)加三位数字表示。在三位数字中:第一位数字代表合金类别:1 表示 Al-Si 系合金,2 表示 Al-Cu 系合金,3 表示 Al-Mg 系合金,4 表示 Al-Zn 系合金;第二、第三位数字表示合金的顺序号,如 ZL102 表示 02 号的铸造铝硅合金。

1. 铝硅合金

这是工业生产中应用最广泛的一类铸造铝合金,铸造铝硅合金又称为硅铝明。在 Al-Si 系铸造合金中,除含 Al、Si 元素(通常含 11%~13%Si)以外,不含其他合金元素的称为简单硅铝明,代号为 ZL102。由于 Si 在 Al 中的溶解度很小,所以 ZL102 不能采用热处理方法进行强化。依据 Al-Si 系合金相图(如图 7.13 所示),ZL102 合金成分位于 Al-Si 合金相图中共晶成分附近,具有较好的流动性,铸造后几乎全部得到(α+Si)共晶体组织。由于采用一般铸造工艺得到的共晶组织中 Si 呈粗大的针状分布,使合金的强度和塑性都很低,难以满足使用性能要求,因此,在合金铸造过程中需加入少量变质剂进行变质处理,以细化晶粒,改善合金的组织与性能。图 7.14 所示为铸造铝硅合金 ZL102 变质前、后的组织。

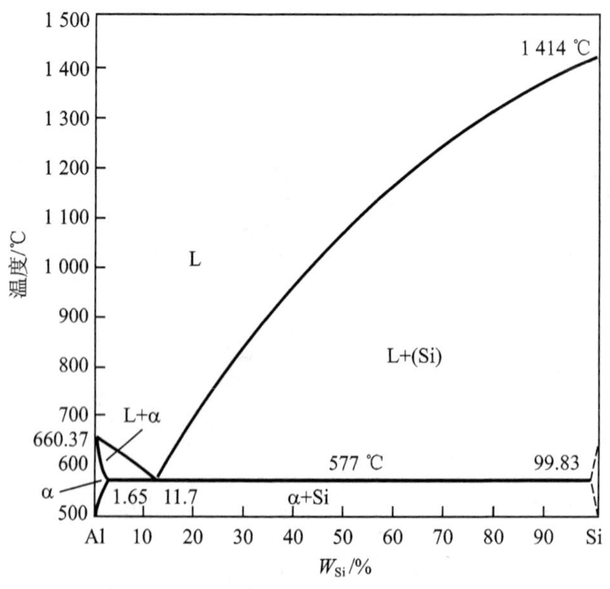

图 7.13 Al-Si 系合金相图

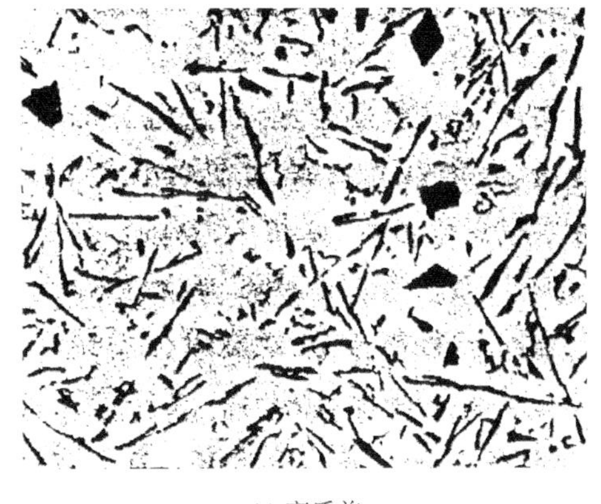

(a) 变质前

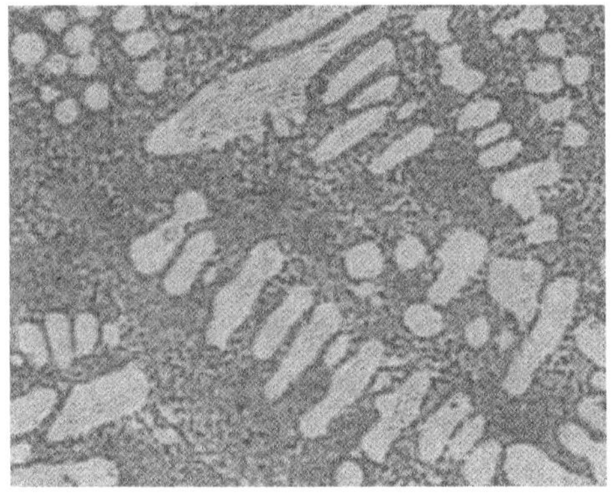

(b) 变质后

图 7.14　铸造铝硅合金 ZL102 变质前、后的组织

为了进一步提高 Al－Si 系合金的强度，合金中除含 Si 元素以外，还加入一定量的 Mg、Cu、Mn 等其他合金元素，由此得到的铸造铝硅合金称为复杂硅铝明，也叫特殊硅铝明，如 ZL105 等。由于 Cu、Mg 在 Al 中有溶解度变化，因此复杂硅铝明可采用淬火＋时效方法进行强化，以提高合金的强度。

Al－Si 系铸造铝合金的性能特点是，铸造性能优良（流动性好、收缩率小、热裂倾向小），抗蚀性较高（组织中的 α 相与 Si 相电位差很小，不易形成微电池作用），并具有一定的耐热性和焊接性。简单硅铝明可用于制造形状复杂但承受载荷较小的铸件，如仪表壳体等；复杂硅铝明可用于制造形状复杂的承受低、中等载荷的铸件，如内燃机活塞、电机壳体、汽缸头等。

2. 铝铜合金

Al－Cu 系铸造铝合金的性能特点是具有较高的强度和耐热性，缺点是耐蚀性差，铸造性能不好，具有热裂倾向。常用代号有 ZL201、ZL203 等。这类合金主要用于制造在较高温度下工作且要求较高强度（即具有一定热强性）的零件，如发动机活塞、内燃机汽缸头等。

3. 铝镁合金

Al－Mg 系铸造铝合金的性能特点是强度高，耐蚀性好，密度小，缺点是铸造性能差（流动性不好），耐热性差。常用代号有 ZL301、ZL303 等。这类合金在化工部门和造船工业应用较多，主要用于制造能承受一定冲击载荷、在腐蚀性介质下工作、形状不太复杂的零件，如舰船和内燃机配件等。

4. 铝锌合金

Al－Zn 系铸造铝合金的性能特点是铸造性能好，强度较高，价格低廉，缺点是热裂倾向大，耐蚀性较差。常用代号有 ZL401、ZL402 等。这类合金主要用于制造形状复杂的汽车、拖拉机发动机零件，以及飞机、仪器零件、日用品等。

部分铸造铝合金的牌号、代号、化学成分、力学性能及用途见表 7.15。

表 7.15　部分铸造铝合金的牌号、代号、化学成分、力学性能及用途(摘自 GB/T 1173—1995)

类别	牌号	代号	化学成分/%					铸造方法	状态代号	力学性能(不小于)			用途
			Si	Cu	Mg	Mn	其他			R_m/MPa	A_5/%	HBW	
铝硅合金	ZAlSi7Mg	ZL101	6.5~7.5		0.25~0.45			J	T4	185	4	50	形状复杂的零件，如飞机、仪器零件、抽水机壳体
								J	T5	205	2	60	
								SB	T6	225	1	70	
	ZAlSi12	ZL102	10.0~13.0					SB	F	145	4	50	形状复杂，耐蚀性和气密性高，强度不高的薄壁零件，如飞机、仪器零件等
								J	F	155	2	50	
								SB	T2	135	4	50	
								J	T2	145	3	50	
	ZAlSi9Mg	ZL104	8.0~10.5		0.17~0.35	0.2~0.5		J	T1	195	1.5	65	200 ℃以下形状复杂零件，如电机壳体、汽缸体
								J	T6	235	2	70	
	ZAlSi5-Cu1Mg	ZL105	4.5~5.5	1.0~1.5	0.4~0.6			J	T5	235	0.5	70	形状复杂、工作温度≤250 ℃的零件如汽缸体、汽缸盖、发动机箱体等
								J	T7	175	1	65	
铝铜合金	ZAlCu5Mn	ZL201		4.5~5.3		0.6~1.0	Ti:0.15~0.35	S	T4	295	8	70	承受中等载荷，工作温度≤300 ℃的飞机受力铸件、内燃机汽缸头
								S	T5	335	4	90	
	ZAlCu4	ZL203		4.0~5.0				J	T4	205	6	60	承受中等载荷，形状比较简单的零件如曲轴箱支架等
								J	T5	225	3	70	
铝镁合金	ZAlMg10	ZL301			9.5~11.0			S	T4	280	10	60	承受高静载荷、冲击载荷，工作温度≤200 ℃，长期在大气和海水中工作的零件如船舰配件等
	ZAlMg5Si1	ZL303	0.8~1.3		4.5~5.5	0.1~0.4		S	F	145	1	55	承受中等载荷，工作温度≤200 ℃的耐蚀零件如轮船、内燃机配件
								J					
铝锌合金	ZAlZn11Si7	ZL401	6.0~8.0		0.1~0.3		Zn:9.0~13.0	S	T1	195	2	80	承受高静载荷，形状复杂，工作温度≤200 ℃的铸件，如汽车、仪表零件
								J	T1	245	1.5	90	
	ZAlZn6Mg	ZL402			0.5~0.65		Cr:0.4~0.6；Zn:5.0~6.5；Ti:0.15~0.25	J	T1	235	4	70	承受高静载荷或冲击载荷，不进行热处理的铸件，如活塞、精密仪表零件等
								S	T1	215	4	65	

7.2 钛及钛合金

7.2.1 概 述

钛和钛合金具有比强度高、耐腐蚀性好、焊接性好等许多优点，其取代铝合金、镁合金和钢构件，成为航空航天领域中最具应用前景的轻质抗高温结构材料之一。此外，在医疗行业，由于钛及钛合金具有无毒、质轻及良好的生物相容性等优点，在人体关节、骨创伤用品、人工心脏瓣膜等方面也应用广泛。在民用汽车行业，钛合金在提升汽车的综合性能、定位档次和乘坐舒适性等方面有其独特的优势。按用途不同，钛合金可分为：高强度钛合金、耐蚀钛合金、常温结构钛合金和高温钛合金（即热强钛合金）、高强高韧（α+β）型钛合金、阻燃钛合金、Ti－Al 系金属间化合物、颗粒增强钛基复合材料、航空用钛合金、民用钛合金等。按退火组织不同，钛合金可分为三类：α 型钛合金、β 型钛合金、（α+β）型钛合金。钛合金的典型牌号及其力学性能见表 7.16。

表 7.16 典型钛合金材料及其力学性能

牌 号	名义成分	类 型	热处理	R_m/MPa	$R_{p0.2}$/MPa	A_5/%
TA7	Ti－5Al－2.5Sn	α	退火	880～890	755～765	7.6
TB2	Ti－5Mo－5V－8Cr－3Al	β	退火	420～450	350～380	3.2
TC4	Ti－6Al－4V	α+β	退火	940～960	850～860	1.9

1. α 型钛合金

α 型钛合金是指退火状态的组织为单相 α 固溶体或 α 固溶体加微量金属间化合物的钛合金，牌号用“TA”表示。主要添加合金元素为 α 稳定元素 Al 和中性元素 Sn，起固溶强化作用。Ti－Al 系合金的强度随着含铝量的增加而提高，但使用温度不能超过 500 ℃；Ti－Al 系合金中加入少量 Sn，在不降低塑性的条件下，可提高合金的高温、低温强度。合金中的杂质元素为 O 和 N，对塑性不利，应予以限制。α 型钛合金包括各种不同级别的工业纯钛和广泛应用的 TA7 合金等。工业纯钛具有最高的拉伸塑性，能够采用各种方式进行焊接，使用温度最高可达 250～300 ℃，主要用于制造飞机和发动机上各种受力不大的板材结构件，其中工业纯钛 TA1 的强度最低，塑性最好。TA7 合金具有中等的室温抗拉强度和良好的焊接性能。与工业纯钛相比，该合金的工艺塑性稍低，热强性更高，长时间工作温度可高达 450 ℃。

在飞机或发动机设计中，主要根据零件的工作温度和应力水平选择合金牌号，同时结合零件的制造工艺方案考虑相应的成型和焊接等工艺性能。不同类型的钛合金其性能特点不同，使用的具体部位也有差别。α 型合金不能热处理强化，具有中等水平的室温强度，但组织稳定，抗蠕变性能好，可在较高温度下长期稳定工作，是新型耐热钛合金的基础，一般用作承力较大的钣金件和锻件。表 7.17 所列为 α 型及近 α 型钛合金在航空领域中的应用情况。

表 7.17　α 型及近 α 型钛合金在航空领域中的应用

牌　号	使用部位
工业纯钛	民用飞机过道、洗漱间底部支撑结构、楼梯和托架、防冰和环控系统中管道、飞机发动机舱的内蒙皮、波纹板、防火墙等
TA7	前机匣壳体,封严圈壳体,板材也常热压成型用作衬板、支架座和壁板等零件
TA11	航空发动机高压压气机盘、叶片和机匣等
TA12	航空发动机压气机盘、鼓筒和叶片等
TA13	机匣、排气收集器的加强带
TA15	400 ℃以下长时间工作的飞机、发动机零件和焊接承力零部件
TA18	燃油管路、蜂窝结构
TA19	压气机机匣和飞机蒙皮
Ti-6242S	发动机转动部件、发动机安装架、散热系统及导风罩
Ti-5Al-2.5V	涡轮泵中高压燃料的氢侧
Ti-8Al-1Mo-1V	军用发动机的风机叶片
Ti1100	T55-712 改型发动机的高压压气机盘和低压涡轮叶片
IMI834	波音 B777 的大型发动机 Trent700
IMI829	RB211-535E4 引擎的压气机盘、刀片和垫圈,该引擎用于波音 B757
Ti-55	发动机高压压气机轮盘、鼓筒和叶片

2. β 型钛合金

β 型钛合金是退火或淬火状态得到单相 β 固溶体组织的钛合金,牌号用“TB”表示。合金化的主要特点是加入大量的 β 稳定元素,使合金具有良好的塑性。如果单独加入 Mo 或者 V,则加入的量很高,Mo 含量必须大于 12%,V 含量必须大于 20%。大多数 β 型钛合金是同时加入与 β 相具有相同晶体结构的稳定元素和非活性共析型 β 相稳定元素。β 型钛合金包括稳定 β 型钛合金、亚稳定 β 型钛合金、近亚稳定 β 型钛合金。

稳定 β 型钛合金的主要特点是具有非常高的抗腐蚀能力,还有非常好的工艺塑性,可以在冷态下进行薄板轧制,可用各种方式进行焊接,但不能进行热处理强化。亚稳定 β 型钛合金在淬火状态下具有非常好的工艺塑性以及令人满意的焊接性。固溶处理可以采用水淬,也可以空冷,但长时间工作温度不能超过 150～250 ℃。由于亚稳定 β 型钛合金时效后的拉伸塑性,特别是横向拉伸塑性非常低,又由于含有大量 Cu、Cr 等元素,导致密度增加和弹性模量降低,因而在一定程度上限制了它的应用。近亚稳定 β 型钛合金综合了马氏体(α+β)型和亚稳定 β 型钛合金的优点,是目前最具发展前景的热处理强化钛合金,其主要特点是在退火或固溶处理状态下具有非常好的工艺塑性和成型性,还具有良好的抗热盐应力腐蚀能力。

β型钛合金在固溶状态下具有良好的工艺塑性，便于加工成型，时效处理后可获得很高的强度性能，但对杂质元素的敏感性高，组织不够稳定，耐热性较低，不宜在高温下使用，一般用作紧固件和飞机结构件。β型钛合金在航空领域中的应用见表 7.18。

表 7.18　β型钛合金在航空领域中的应用

牌　号	使用部位
TB2	钣金件、压力容器、波纹壳体和蜂窝结构
TB3	高强紧固件
TB5	钣金构件
TB6	飞机机身、机翼和起落架的锻造零件
Alloy C	F119 的尾喷管和加力燃烧室
Ti - 40	航空发动机结构材料，机匣
β - 21S	NASP(National Aero-Space Plane，美国国家空天飞机)的机身和机翼壁板；引擎中的喷嘴、塞子、蒙皮和各种纵梁结构
BT - 22	IL - 86 和 IL - 96 - 300 的机身、机翼、起落架和其他高承载部件
Ti - 10 - 2 - 3	波音 B777 的起落架主梁和空客 A380 的主起落架支柱，及部分货舱门、引擎机舱、尾翼
Ti - 15 - 3	波音 B777 应用控制系统管道、灭火罐、货物装卸部件和喷射引擎的振动隔音板，及转矩管、发动机支架
Ti - 13 - 11 - 13	SR - 71“黑鸟”飞机的机翼、外壳板、骨架、纵梁、隔板、肋骨、铆钉和起落架
β - C	主要用于制造弹簧，包括起落架的上、下锁弹簧，机头的中间弹簧，刹车用踏板回动弹簧，液控回动弹簧，飞行控制弹簧

β - 21S(Ti - 15Mo - 3Al - 2.7Nb - 0.2Si)合金是美国 Timet 公司为国家航天飞机开发的一种β型钛合金，可制成带材，并且具有抗氧化性，可作为复合材料使用。尽管它是β型钛合金，但具有较好的高温特性，并具有比 TC4 更好的抗蠕变性能(β型钛合金一般在高温环境下的性能不是很好)。目前已被波音和 P&W 用于 650 ℃下的工作环境。它的优点在于可较好地抵抗高温液压机液体腐蚀，这种液体是一种少数能在航天环境下腐蚀钛合金的物质，该液体在超过 130 ℃时会分解并形成一种含有机金属的磷酸导致腐蚀钛合金，更严重的是含有大量氢的泵会产生严重脆裂。β - 21S 合金是唯一能抵抗这种腐蚀的金属。这是因为β - 21S 中含有 Mo 和 Nb，可用于引擎机舱和喷射引擎部位(原先使用钢或镍基合金)。使用β - 21S 合金可减重，用于制造波音 B777 的三种引擎 P&W 4084、GE 90 以及 Trent 800 中的喷嘴、塞子、蒙皮和各种纵梁结构，可以使每架飞机减重 74 kg。P&W 特别采用β - 21S 合金制备 4168 引擎的喷嘴和塞子(4168 为空客 A330 的引擎，采用多孔夹层结构设计)。

3. (α+β)型钛合金

(α+β)型钛合金是指含β稳定元素较高的钛合金，总量为2%～6%，退火状态组织为(α+β)固溶体，牌号用“TC”表示。(α+β)型钛合金中加入V、Mn、Cr、Fe等β稳定元素溶于β相中起固溶强化作用和提高β相稳定性，加入α稳定元素Al和中性元素Sn起强化α相作用，并通过淬火使合金产生时效强化效果。最常用的TC4(Ti-6A1-4V)合金是(α+β)型钛合金的典型代表，合金中加入适当数量的β稳定元素，特别是强β稳定元素Mo，可以提高室温下的拉伸强度，改善合金的热稳定性；加入微量的β共析元素Si，进一步提高合金的抗蠕变能力。此类合金还具有较高的高温拉伸强度和室温拉伸塑性，较高的室温低周疲劳强度，可以在一定程度上进行热处理强化，但是焊接性能不如近α型热强钛合金好。

(α+β)型合金具有良好的热强性和冷成型性，综合性能好，可淬火和时效强化，一般用作涡轮发动机机身构件。表7.19所列为α+β型钛合金在航空领域的应用。

表7.19 (α+β)型钛合金在航空领域的应用

牌 号	使用部位
TC1	板材冲压成型零件及蒙皮
TC2	板材冲压件，如飞机机尾罩前段蒙皮、发动机的下罩等
TC4	发动机的风扇、压气机轮盘、叶片，以及机身、引擎机舱、飞机起落架、机翼和尾翼、挡风玻璃框架、鳍板以及发动机框架、连接件等
TC4-DT	结构件(与Ti-64ELI类似)
TC6	承力构件，航空发动机的压气机盘和叶片
TC11	航空发动机的压气机盘、叶片、鼓筒等
TC17	航空发动机风扇盘、压气机盘、离心叶轮、直升机浆毂等
TC18	起落架部件，飞机翼梁、横梁、紧固件和弹簧等
Ti-6-22-22S	F-22战斗机用材料，X-33教练机，联合攻击战斗机等
Ti-6-6-2	波音B747的起落架结构，飞机起落架的阻力杆、顶销等
Ti-6-2-4-6	主要用于军用发动机(F-110,F-119)
Ti-17	可用于400℃下的风扇和压气机轮盘
TC21	起落架、机体连接架、发动机框架、发动机舱隔板等

注：TC4-DT即TC4 ELI，在TC4合金的基础上降低了间隙元素含量。

TC4钛合金占到整个钛合金产品的60%左右，最小拉伸强度896 MPa，具有较好的疲劳性能和断裂性能(经热处理后还能改善)，可以制成铸件、锻件和挤压件，可用于制造飞机的机身、引擎机舱、飞机起落架、机翼和尾翼等。图7.15所示为某型航空发动机中用TC4钛合金制成的中压压缩机及机箱，图7.16所示为用TC4钛合金锻造的某型飞机的起落架结构。

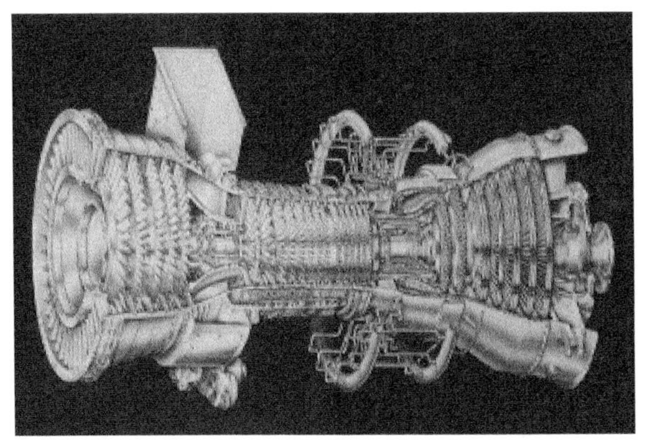

图 7.15　某型航空发动机压缩机及机箱

波音 B757、B767 和 B777 的挡风玻璃框架都是由 TC4 钛合金压铸而成，而其上面的顶板是由 TC4 合金板制成，这是由于 TC4 钛合金具有较高的强度以抵抗飞机在飞行过程中受到鸟的撞击。波音 B777 的鳍板由 TC4 钛合金热成型板制成，尺寸为 3 300 mm×762 mm×5 mm，这是由于它的热膨胀系数与碳纤维吻合较好。经退火的 TC4 合金锻件也可用于制造波音 B777 机身的水平鳍板和垂直鳍板，这是由于钛与石墨的抗腐蚀相容性较好。波音 B777 的机身末端(如图 7.17 所示)以及发动机引擎框架、连接件等(如图 7.18 所示)由于温度高而采用 TC4 钛合金。该部位的工作温度较高，选用铝合金不合适，而选用钢或镍基合金又太重。

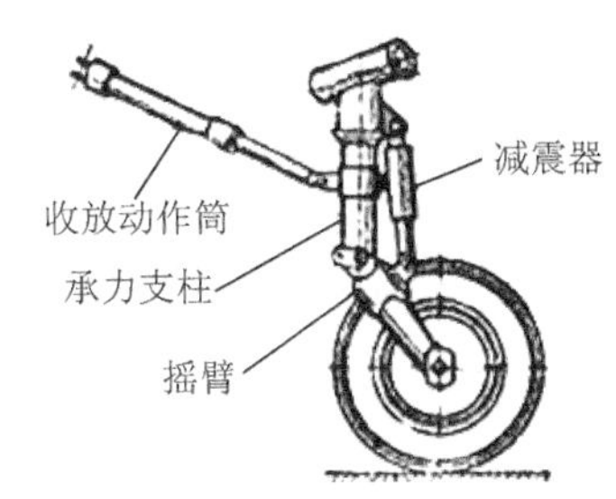

图 7.16　某型飞机起落架结构

图 7.17　波音 B777 尾翼

图 7.18　波音 B777 航空发动机引擎

7.2.2 航空高性能钛合金的发展现状

1. 高强度钛合金

高强度钛合金是为了满足机身减重和高负载部件的使用而提出的，抗拉强度在1 000 MPa以上，在飞机上用于机身的承力隔梁、起落架的扭力臂、支柱等。目前高强度钛合金的研究以β型钛合金为主，也包括(α+β)两相合金。合金化的主要特点是加入较多的β稳定元素(如V、Cr、Mn、Fe等元素)，严格控制N、H、O等元素含量，并在高温下进行固溶时效处理得到稳定的β相组织。具有代表性的高强度钛合金有Ti1023、Ti153、β-21S、Ti-6-22-22S及BT22、TB10、TC21等。表7.20中列出了几种典型高强钛合金的性能特点。

表7.20 几种典型高强钛合金的性能特点

牌　号	Al含量/%	Mo含量/%	相变温度/℃	性能特点
Ti1023	4.0	11.1	790～850	较高的淬透性；显著的热处理强化效果
Ti153	5.0	15.7	750～770	合金成型即可进行时效；较小的裂纹形成敏感性
β-21S	4.0	15.8	793～810	高强度、良好的蠕变强度和热稳定性；良好的变形能力
BT22	6.0	11.8	860～990	良好的加工性能和焊接性能
TB10	4.0	11.5	810～830	良好的淬透性和断裂韧性
TC21	6.0	2.0	945～955	强度高，韧性和疲劳性能好，高损伤容限性

1) Ti-10-2-3合金

Ti-10-2-3(Ti-10V-2Fe-3Al)合金是美国Timet公司于1971年研制成功的，是迄今为止应用最为广泛的一种高强韧近β型钛合金，已成功应用于C-17大型运输机的起落架。它是一种为适应损伤容限性设计原则而研制的高效益、高可靠性和低成本的锻造钛合金，V和Fe为主要的β稳定元素。为了提高合金的锻造性能和断裂韧性，Fe的含量低于2%，O的含量限制在0.13%以下。该锻件的抗拉强度、拉伸强度、屈服强度分别为965 MPa、1 105 MPa和1 190 MPa，同时具有良好的疲劳性能。该合金是波音B777中用量最大的β型钛合金，起落架几乎全部由该合金制成，如图7.19所示。空客A380的主起落架支柱也是采用该合金，使用Ti-10-2-3合金可为每架飞机减重270 kg，此外还可消除采用钢时产生的应力腐蚀。Mcdonnell Douglas采用Ti-10-2-3合金制作货舱门、引擎机舱、尾翼。Ti-10-2-3合金在疲劳强度方面的优势也使其广泛应用于直升机。

2) Ti-15-3合金

Ti-15-3(Ti-15V-3Cr-3Sn-3Al)合金是20世纪70年代由美国空军部门资助开发的一种亚稳定β型的高强抗腐蚀合金。V和Cr抑制马氏体转变并稳定β相，热处理后板材的$R_m \geqslant$ 1 310 MPa，显微组织为β基体和弥散的α相。该合金具

图 7.19　波音 B777 的起落架

有优良的冷变形性、时效硬化性能、焊接性能和很好的疲劳性能等特点。用于波音 B777 的应用控制系统管道，替代原来的低强度工业纯钛，为每架飞机减重 63.5 kg；替代 21－6－9 钢（即 0Cr21Ni6Mn9N 含氮奥氏体不锈钢）制作灭火罐，使每架飞机减重 23 kg；由于它在强度、抗腐蚀能力和成型性方面的优势，还用于制作波音 B777 上的许多夹子和支架等。Ti－15－3 合金铸件也用于波音 B777，强度达 1 140 MPa，制作货物装卸部件和喷射引擎的振动隔音板。P&W 将 Ti－15－3 合金用于制造新型发动机上一种温度较低部分的支架，比用钢减重很多。Allied Signal-Bandix 用 Ti－15－3合金铸件制作制动转矩管（用于 F－18EF 战斗机），抗拉强度达 1 045 MPa（TC4 为 830 MPa），高强度可使转矩管的体积减小，可加大碳的用量，以提高刹车装置的寿命。

3) BT22 合金

BT22（Ti－5V－5Mo－1Cr－1Fe－5Al）合金是俄罗斯研制的，退火状态下为（α＋β）结构。该合金的塑性和焊接性能优异，已用于 IL86（如图 7.20 所示）和 IL96－300 的机身、机翼、起落架等高负载航空部件。为了进一步提高合金的强度，研发人员对 BT22 进行改进，在其中加入 Sn、Zr 等元素，即形成 BT22M 合金，使其室温强度达到 1 200 MPa 以上，用于制造飞机发动机盘和叶片。

4) TC21 合金

国内从 20 世纪 60 年代开始自主开发 TB6、TB10 和 TC21（Ti－6Al－2Zr－2Sn－2Mo－1.5Cr－2Nb）等高强度钛合金，其中 TB10 和 TC21 最为典型。TB10 的比强度高，断裂韧性好，淬透性高，已在国内航空领域中获得了实际应用。TC21 钛合金是一种新型高强、高韧、高损伤容限钛合金，类似 Ti－6－22－22S 合金，是在 TC4 合金的基础上，运用晶体结构理论和钛合金的“少量多元”设计准则，将多种 β 稳定元素和中性元素加入到钛合金中。TC21 钛合金通过一定的热处理制度得到的网篮组织比其他组织形态具有更好的强度、塑性、韧性和裂纹扩展速率匹配。其断裂韧性、裂

图 7.20 俄罗斯 IL86 大型客机

纹扩展抗力、热稳定性在不低于 TC4 合金的条件下，强度比 TC4 合金高一个数量级，与 Ti-6-22-22S 合金相当。同时 TC21 钛合金的各种性能都非常稳定，抗拉强度达 1 100 MPa，抗剪强度达 700 MPa，断裂韧性高达 70 MPa·$m^{\frac{1}{2}}$裂纹扩展速率低至 2×10^{-5} mm/cycle。TC21 合金在室温下的力学性能见表 7.21。

表 7.21 TC21 合金的室温力学性能

抗拉强度 R_m/ MPa	屈服强度 $R_{p0.2}$/MPa	伸长率 A/%	断面收缩率 Z/%
1 110	1 060	15.67	20.67

目前 TC21 合金是国内高强高韧钛合金综合力学性能匹配较好的钛合金之一，可用于飞机的机翼接头结构件、机身与起落架、发动机吊挂接头等部位，以及对强度和耐久性要求较高的重要或关键承力部件的制作。图 7.21 所示为 TC21 合金棒材，图 7.22 所示为 TC21 合金制成的飞机起落架。

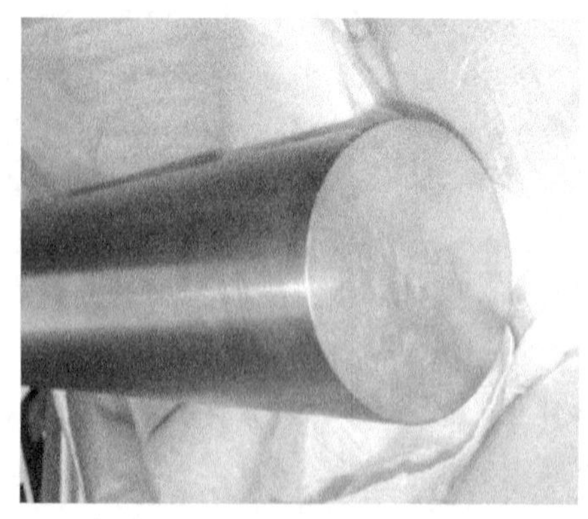

图 7.21 TC21 合金棒材

图 7.22 TC21 合金制成的飞机起落架

2. 高温钛合金

高温钛合金是现代航空发动机的重要材料，主要用于飞机发动机的压气机盘、机

匣和叶片等部件，以减轻发动机质量，满足发动机更高的工作温度，提高推重比。常规钛合金的工作温度较低，一般低于 500 ℃。目前，美、英等国已研制出了使用温度达 550～600 ℃的高温钛合金。目前，美国的 Ti-6242S、Ti1100，英国的 IMI829、IMI834，俄罗斯的 BT18Y、BT36 以及我国自行研制的 Ti-60、Ti-600 等为几种主要的高温钛合金。表 7.22 所列为几种典型高温钛合金的性能特点。

表 7.22　几种典型高温钛合金的性能特点

牌　号	Al 含量/%	Mo 含量/%	相变温度/℃	性能特点
Ti-6242S	6	2	995±10	热稳定性和蠕变强度的良好结合
Ti1100	6	0.4	1 015	良好的高温蠕变性能
IMI834	5.5	0.3	1 045±10	较宽的两相区热加工工艺窗口；良好的疲劳性能和蠕变性能匹配
BT36	6.2	0.7	1 000～1 025	良好的高温蠕变性能；非常细小的显微组织
Ti-60	5.8	1	1 025	良好的热稳定性和高温抗氧化性

1）Ti-6242S 合金

Ti-6242S(Ti-6Al-2Sn-4Zr-2Mo-0.1Si)合金是美国早期研制的一种高温钛合金，为近 α 型结构，强度达 930 MPa，最高使用温度为 540 ℃，研发人员通过对 Ti-6242S 中的合金元素含量进行调整，研制出了 Ti1100(Ti-6Al-2.75Sn-4Zr-0.4Mo-0.45Si)，将使用温度提高到 600 ℃，该合金已应用于 T55-712 发动机的高压压气机轮盘和低压涡轮叶片等部件。美国惠普公司近年研制出的 Ti-1270 高温钛合金，试验过程中使用温度可达 700 ℃，计划用于 X-33 演示机及 F35 联合战斗机。

2）IMI834 合金

IMI834(Ti-5.8Al-4Sn-3.5Zr-0.7Nb-0.5Mo-0.35Si)合金是英国研制的 IMI829 的改进型。合金中 Nb 元素的加入在保证热稳定性的基础上，最大限度地提高了合金的强度，使其室温强度达 1 070 MPa。该合金的焊接性能优异，已应用于波音 B777 飞机的 Trent 700 发动机上。

3）BT36 合金

BT36(Ti-6.2Al-2Sn-3.6Zr-0.7Mo-0.1Y-5.0W-0.15Si)合金是俄罗斯在 20 世纪 90 年代研制的一种重要的高温合金，使用温度达 600～650 ℃，合金中加入 Y 起到细化晶粒、改善塑性的效果，加入 W 提高了合金的热强性。

4）Ti-60 合金

国内研制了 Ti-55、Ti-60(Ti-5.8Al-4.8Sn-2Zr-1Mo-0.35Si-0.85Nd)、Ti-600、Ti-53311S 等高温合金。Ti-53311S 的使用温度在 550 ℃左右，其成分与 IMI829 类似，但 Mo 含量更高，高温瞬时强度高，高温下具有良好的承载能力，在航空领域已获得应用。Ti-60 属于 Ti-55 的改型，其使用温度达 600 ℃，室温强度达

1 100 MPa,合金元素 Nd 改善了合金的热稳定性。Ti－600 合金在 600 ℃时的强度达 740 MPa 以上,同时保持良好的伸长率和断面收缩率。

5) Ti－Al 系金属间化合物

近年来,钛铝金属间化合物开始受到关注,Ti－Al 系金属间化合物合金被国际上公认为最有希望的航空航天、汽车等发动机用新型轻质高温结构材料。主要以 Ti_3Al 和 TiAl 为基础,最高使用温度达 800 ℃以上,抗氧化能力强,抗蠕变性能好,且质量更轻。以 Ti_3Al 为基的 Ti－21Nb－14Al 和 Ti－24Al－14Nb－3V－0.5Mo 在美国已开始批量生产,但目前研制的钛铝合金塑性较差,使其在航空发动机上的应用受到一定限制。典型 Ti－Al 系金属间化合物包括 Ti_3Al、TiAl 和 $TiAl_3$。其性能和普通钛合金的比较见表 7.23。

表 7.23　普通钛合金、Ti_3Al、TiAl 合金的性能对比

合　金	Ti 基合金	Ti_3Al 基合金	TiAl 基合金
结构	Hcp/bcc	DO_{19}	$L1_0$
密度/($g \cdot cm^{-3}$)	4.5	4.1～4.7	3.7～3.9
弹性模量/GPa	95～115	110～145	160～180
屈服强度/MPa	380～1 150	700～990	350～600
断裂强度/MPa	480～1 200	800～1 140	440～700
室温塑性/%	10～25	2～10	1～4
高温塑性/%	12～50	10～20/660	10～600/870
室温断裂韧性/($MPa \cdot m^{1/2}$)	12～18	13～30	12～35
抗蠕变极限/℃	600	750	750①～950②
抗氧化极限/℃	600	650	800③～950④

注:①双态组织;②板条状组织;③无涂层;④涂层/控制冷却。

(1) TiAl 基合金

由于未来航空发动机的推重比将达到 10 以上,为了提高航空航天飞行器发动机的推重比,节省燃料,提高材料的工作温度并减轻其结构质量是一种较为重要的方法。TiAl 基合金具有低密度、低扩散率、高熔点、高弹性模量以及良好的高温强度、抗蠕变性能、结构稳定性、抗氧化性能、阻燃性能等优点,其高温强度和刚性都高于 Ni 基和 Ti 基合金,成为航空航天领域具有巨大潜力的新型高温结构材料。其密度为 3.76 g/cm^3,小于 Ni 基合金(密度 8.3 g/cm^3)和 Ti 基合金(密度 4.5 g/cm^3),因此应用 TiAl 基合金可有效减轻材料质量。图 7.23 所示为各种航空结构材料在不同温度下的比强度。

图 7.24 所示为近几十年发动机用材的发展趋势。其中,TiAl 基合金在航空方面的表现尤为突出。γ－TiAl 基合金作为减重材料代替 Ni 基超合金,已经应用在喷气式发动机和一些非航空用结构件上。

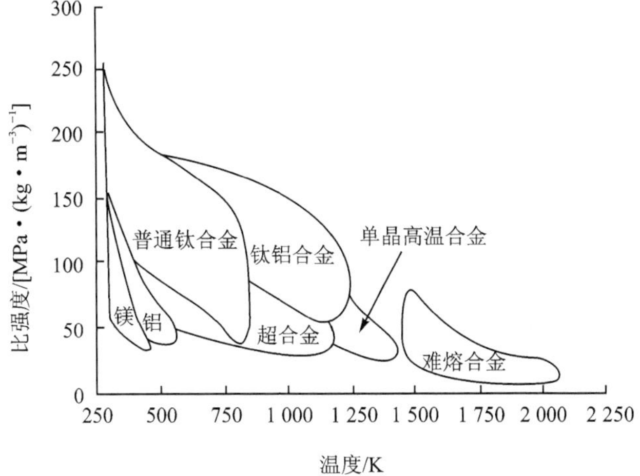

图 7.23　航空结构材料的比强度随温度的变化

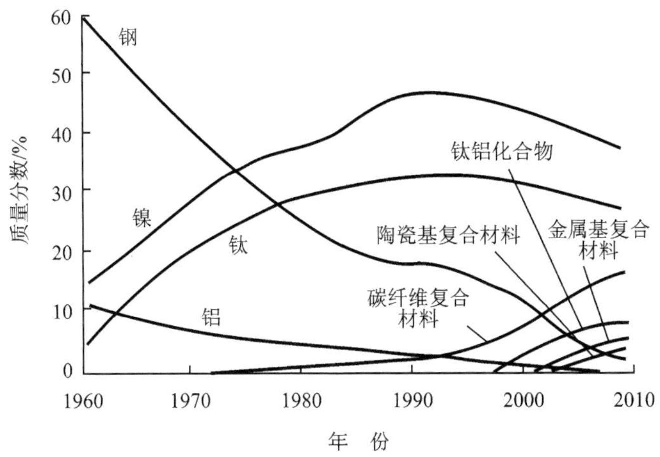

图 7.24　发动机用材的发展趋势

TiAl 基合金的比刚度(E/ρ)比发动机中的常用材料高 50%，γ－TiAl 基合金在先进喷气涡轮发动机中主要应用有：制作框架、密封支撑、机匣、隔板、涡轮叶片以及喷口区域的零件。例如：美国通用电气公司采用铸造和锻压制造的 TiAl 基合金航空发动机叶片、叶片盘等，已部分应用于波音 GEnx 发动机的低压涡轮后两级，使发动机减重 180 kg，有助于提高发动机的燃油效率，如图 7.25(a)所示。图 7.25(b)所示为国内采用精密离心铸造方法制造的 TiAl 基合金低压涡轮叶片。

TiAl 基合金在 600～750 ℃温度区间具有良好的抗蠕变性，可部分代替高密度的镍基合金；良好的抗燃烧性能使 TiAl 基合金有可能代替密度较大、价格高昂的钛基阻燃合金。表 7.24 所列为典型 TiAl 基合金的拉伸性能。

(a) GEnx发动机上的低压涡轮

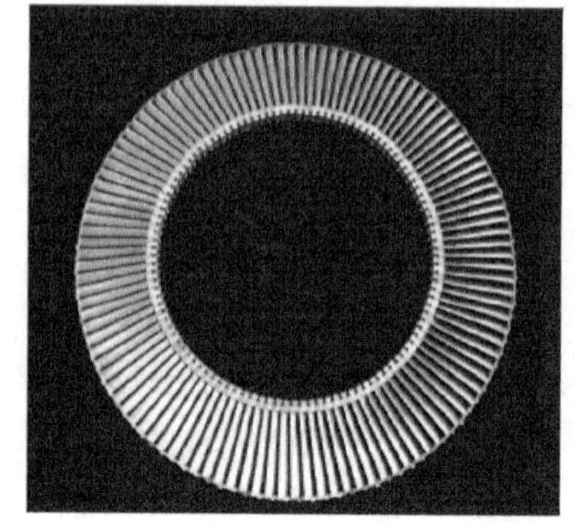
(b) TiAl基合金低压涡轮叶片精密铸件

图 7.25　TiAl 基合金在低压涡轮叶片上的应用

表 7.24　典型 TiAl 合金的拉伸性能

合金成分(原子百分比)/%	组织状态	拉伸性能		
		$R_{p0.2}$/MPa	R_m/MPa	A/%
Ti-46.5-2.5V-1.0Cr	FL	399	428	1.6
	NL	420	460	1.4
	DP	450	535	4.8
	NG	369	427	1.5
Ti-48Al-2Cr-2Nb	FL	454	—	0.5
	DP	480	—	3.1
Ti-46Al-2Cr-3Nb-0.2W	FL	473	473	1.2
	DP	462	462	2.8

注:FL——全层片组织;NL——近层片组织;DP——双态组织;NG——近 γ 组织。

(2) Ti_3Al 及 Ti_2AlNb 基合金

Ti_3Al 基合金作为轻质高温结构材料具有较高的弹性模量和高温比强度,是进入成熟应用研究阶段的金属间化合物,被认为是有助于航空航天飞行器发动机通过减轻结构质量实现性能提升的理想轻密度高温结构材料。但是它同时具有室温脆性和韧性低的缺点,这是因为 Ti_3Al 基合金室温时缺乏足够的形变方式和超点阵位错低的可动性。

在 Ti_3Al 基合金韧化机制的研究过程中,人们发现稳定元素 Nb 的添加可以改善 Ti_3Al 基合金的断裂韧性、室温塑性和抗高温氧化性。Nb 元素含量的增加会导致形成一种具有 Cmcm 晶体结构的新相 Ti_2AlNb,该相属于正交晶系的有序相,故称为 O 相(Orthorhombic-phase)。Nb 在 Ti_2AlNb O 相合金中的存在可以有效提高合

金的使用温度。该合金不仅具有较高的比强度、比刚度，还具有高温蠕变抗力和断裂韧性高、热膨胀系数和缺口敏感性低、无磁性等特点。可以比使用传统高温合金减重35%～40%，提高航空发动机的推重比。Ti_3Al 基合金与 Ti_2AlNb 基合金通常由 α 相、O 相及 β/B2 相中的两相或者三相组成。表 7.25 所列为 Ti_2AlNb 基合金中各相的晶格参数。

表 7.25　Ti_2AlNb 基合金中各相的晶格参数

相	晶体结构	a/nm	b/nm	c/nm
O	orthorhombic	0.609	0.957	0.467
α_2	hcp	0.58	—	0.46
B2	bcc	0.32	—	—

美国已将 Ti_2AlNb O 相合金应用于压气机机壳以及其他低风险部件中。20 世纪 90 年代末期，将 Ti_2AlNb O 相合金与铸造 γ－TiAl 合金叶轮组合使用，制成了质量和成本都低于以往的双金属离心叶轮。美国的 TEXTURE 公司以 Ti_2AlNb O 相合金箔材为金属基与 SiC 纤维增强体制作复合材料，为航天飞机蒙皮和发动机部件的制造做材料准备。采用 Ti_2AlNb O 相合金制造的构件也已成功应用于国内卫星发动机中，先后试制了 Ti－22Al－23Nb、Ti－22Al－25Nb、Ti－22Al－27Nb、Ti－22Al－24Nb－3Ta、Ti－22Al－20Nb－7Ta 等合金，最终确定 Ti－22Al－25Nb 的成分设计。该合金的拉伸性能见表 7.26，其他主要力学性能见表 7.27。图 7.26 所示为该合金的铸锭、棒材、环状产品照片。

表 7.26　Ti_2AlNb 合金的拉伸性能

合金产品	室　温				650 ℃			
	R_m/MPa	$R_{p0.2}$/MPa	A_5/%	Z/%	R_m/MPa	$R_{p0.2}$/MPa	A_5/%	Z/%
棒材	1 160	1 070	12.5	16.0	945	845	17.0	27.0
板材	1 120	1 020	8.0	—	880	730	13.5	—
环形件	1 140	1 050	10.5	14.0	880	785	20.0	65.0

表 7.27　Ti_2AlNb 合金(环形件)的其他力学性能

力学性能	断裂韧性 K_{IC}/(MPa·$m^{1/2}$)	高周疲劳强度 σ_{-1}/MPa		持久寿命 τ/h	冲击韧性 α_k/(J·cm^{-2})			超塑性 A/%
试验条件	RT	RT	650 ℃	650 ℃、320 MPa	RT	650 ℃	750 ℃	650 ℃
试验值	39	549	600	281	11	77	56	700

3. 阻燃钛合金

钛及钛合金因具有密度小、比强度高、耐蚀性好等优点，被广泛应用于航空航天

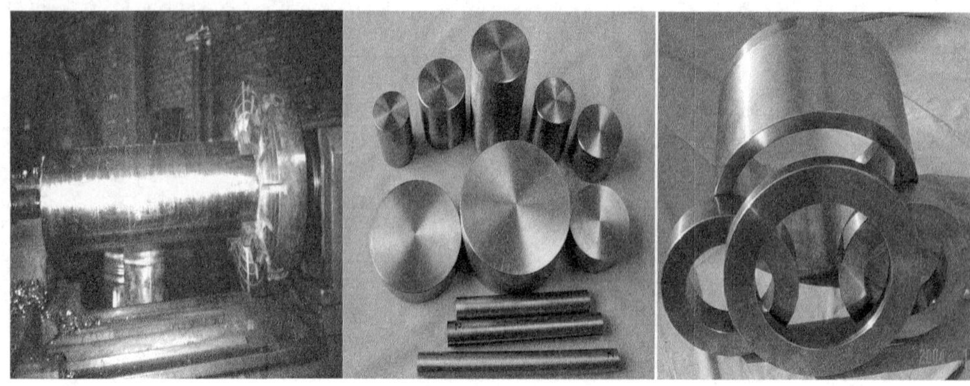

图 7.26 Ti-22Al-25Nb 合金铸锭、棒材、环状产品

等领域,例如:航空发动机上的盘件、叶片和机匣等部件都可采用钛合金制造。然而,在一定的温度、压力和气流环境下,常规钛合金容易被点燃而发生持续燃烧。燃气涡轮发动机上发生的“钛火”蔓延速度很快,从燃烧开始到结束仅 4~20 s,难以采取灭火措施,因而在一定程度上限制了钛合金在先进航空发动机中的应用。因此,世界各国都在寻找问题的原因以及解决方案。分析表明,钛合金燃烧源于高能摩擦。钛合金在空气中的燃点高于 1 600 ℃,而发动机中的工作温度远低于其燃点,本不应引起燃烧。但是与铝合金、镁合金不同的是,钛合金具有较低的热导率和较高的干摩擦系数,在航空发动机中的高温、高压环境下,极易因摩擦导致局部高温而起火。常用的钛合金阻燃技术包括阻燃涂层、表面合金化、采用替代金属和阻燃钛合金。美国普惠公司曾尝试用 Ni 基或 Fe 基合金替代钛合金,虽然可以避免燃烧事故的发生,但这将明显降低航空发动机的推重比。目前常用的阻燃方式是采用阻燃钛合金。在一定的环境温度、压力和气流速度下不易被点燃或燃烧不易蔓延的钛合金称为阻燃钛合金。

美国、苏联(俄罗斯)等从 20 世纪 70 年代开始就开展了阻燃钛合金的研究。美国研制出了 Alloy C(Ti-35V-15Cr)阻燃钛合金,属于 β 型合金,该合金具有良好的高温强度和抗氧化能力,但在高温(特别是 482 ℃以上)工作时,合金易发生氧化,该合金已应用于 F119 发动机的高压压气机机匣、导向叶片和矢量喷管。俄罗斯研制出 Ti-Cu-Al 系 BTT-1(Ti-13Cu-4Al-4Mo-2Zr)、BTT-3(Ti-18Cu-2Al-2Mo)阻燃钛合金,BTT-1 是在 Ti-Cu 二元合金的基础上添加少量 Al、Mo 和 Zr 等合金元素制成,具有良好的热加工性,被用于发动机压气机机匣和叶片。BTT-3 合金与 BTT-1 相比,塑性更高,阻燃性更好,可用于制备更加复杂的发动机零件,但这两种合金的整体力学性能和铸造性能较差,至今未能工程化应用。

国内对阻燃钛合金的研究起步较晚。经过广大科技人员的努力,目前已研制出了 Ti-40(Ti-25V-15Cr-0.4Si)阻燃钛合金。该合金中 V 元素含量较低,具有良好的力学性能,阻燃性能与 Alloy C 相当,可在 500 ℃长期使用,目前已进入工业规模的研究阶段。此后,国内多家科研院所和高校合作在 Alloy C、Alloy C^+ 和 Ti40 合

金的基础上，通过调整 Si、C 元素的含量，研制出一种新型高合金化 β 型阻燃钛合金 TF550，该合金具有良好的室温、高温拉伸、蠕变和断裂韧性等综合性能。虽然对阻燃钛合金的研究与应用已取得了一些成果，但是总体未达到成熟程度。主要问题在于熔炼困难，加工性能差，大量合金元素加入时钛合金的整体力学性能下降，贵金属含量高，成本高。常见阻燃钛合金系及应用见表 7.28。

表 7.28　常见阻燃钛合金系列及应用

系　列	牌　号	成　分	应　用
Ti-V-Cr 系	Alloy C	50Ti-35V-15Cr	高压压气机静子叶片、内环和喷口调节片
	Alloy C^+	Ti-35V-15Cr-0.6Si-0.05C	压气机整流叶片、喷口收敛调节片、尾喷管
	Ti40	Ti-25V-15Cr-0.2Si	冷成型支架和加强杆
	TF550	Ti-35V-15Cr-Si-C	高压压气机机匣、压气机整流叶片
Ti-Al-Cu 系	BTT-1	Ti-13Cu-4Al-4Mo-2Zr	压气机机匣、叶片
	BTT-3	Ti-18Cu-2Al-2Mo	板材零件
	Ti14	Ti-13Cu-1Al-0.2Si	高温和承载部件
Ti-Nb 系	Ti-45Nb	—	铆钉连接件

1) Ti-V-Cr 系阻燃钛合金

Ti-V-Cr 系阻燃钛合金是目前最具工程意义的航空发动机用功能性结构材料。Ti-V-Cr 系阻燃钛合金具有较好阻燃性能的原因如下：①V、Cr 等元素能使燃烧前沿快速形成一层致密的保护性氧化膜，有效隔离氧向基体输送，从而起到阻燃作用；②V、Cr 的燃烧产物以气相形式逸出，使燃烧过程中放热少，抑制燃烧蔓延；③合金熔点较低，在燃烧前就已软化或熔化，同时大量吸热使局部温度降低；④合金导热性好，热量能快速散开，所以可避免局部温升。

(1) Alloy C 合金

在 Ti-V-Cr 系阻燃钛合金中，最具代表性的材料是由美国普惠公司于 20 世纪 80 年代研制的一种稳定 β 型钛合金 Alloy C(Ti-35V-15Cr)，是目前工业用 β 型钛合金 Mo 当量最高的合金。Cr 元素使合金具有很好的高温强度和抗氧化能力及阻燃性。Alloy C 合金在美国的四代机动力装置上获得大量应用，取代原先采用的 Ni 基合金应用于 F119 发动机(F/A-22 战斗机的动力装置)的高压压气机机闸和矢量尾喷管及导向叶片。图 7.27 所示为 Alloy C 合金和 TC4 合金的燃烧性能比较。从图中可以看出，Alloy C 合金比 TC4 合金能承受更高的温度和压力而不发生燃烧，其阻燃性能提高了很多。

(2) Alloy C^+ 合金

在 Alloy C 合金的基础上，普惠公司还研制出了 Alloy C^+(Ti-35V-15Cr-0.6Si-0.05C)合金，该合金通过少量添加 Si 元素达到提高合金的蠕变性能，其室温屈服强度可达 1 200 MPa，同时添加 C 元素可提高合金的高温稳定性。但该合金存

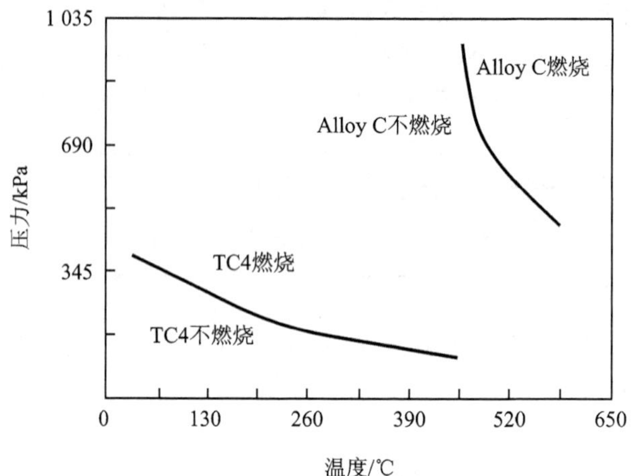

图 7.27　Alloy C 与 TC4 燃烧性能比较

在加工性能较差、高温抗氧化能力不足和价格高昂等问题。

(3) Ti40 合金

Ti40(Ti－25V－15Cr－0.4Si)合金是国内研制的一种新型稳定 β 型阻燃钛合金,室温下只有 β 相存在。经高温长时间暴露,合金中会析出第二相,如 540 ℃/100 h/250 MPa暴露,合金中析出少量 Ti_5Si_3 相。该合金具有良好的力学性能和阻燃性能,其成本比 Alloy C 阻燃钛合金低,阻燃性能与其相当。它可作为 500 ℃长期使用的钛合金材料,用于承力结构,但其使用温度最高不能超过 520 ℃。

(4) TF550 合金

以 Alloy C^+ 合金为基础,进一步优化 Ti－35V－15Cr－Si－C 合金中的 Si、C 元素含量,研发出 TF550 合金,密度为 5.33 g/cm³。该合金在 550 ℃仍具有很好的蠕变和持久性能,其使用温度比 Ti40 合金提高了 50 ℃。表 7.29 中对 Ti40 合金和 TF550 合金的热稳定性能进行了对比,表中数据为试样热暴露后测试的室温拉伸性能。可见,TF550 合金的高温性能更有优势。

表 7.29　Ti40 合金与 TF550 合金的热稳定性能对比

合　金	热暴露条件	室温拉伸性能			
		R_m/MPa	$R_{p0.2}$/MPa	A/%	Z/%
Ti40	500 ℃/100 h	1 030	1 004	10.4	16.0
	520 ℃/100 h	1 060	1 024	4.6	7.0
TF550	500 ℃/100 h	1 027	1 010	3.4	4.7
	520 ℃/100 h	1 036	975	7.6	11.2

2) Ti－Cu－Al 系阻燃钛合金

在所有共晶系合金中,Ti－Cu 系对开发阻燃钛合金最有意义。Cu 具有良好的

导热性能，当 Cu 含量达到 17%时会形成共晶体，仅少量液相就可以达到必要的阻燃效应，因而不需要合金全都是共晶体，这些液相的出现会使摩擦系数和磨损率显著下降。此外，α 相与 β 相的溶解度因随温度升高而变化，最终在界面上形成一层富 Cu 阻隔层，阻止氧向基体扩散。俄罗斯在 Ti－Cu 系合金基础上发展了 Ti－Cu－Al 合金。其基本思路是减少摩擦发热和加热金属，从而抑制合金燃烧。但与 Ti－V－Cr 系合金相比，Ti－Cu－Al 系阻燃合金的综合力学性能较差，工作温度也较低。其阻燃原理是依靠材料在高温下软化来减轻摩擦副的接触压力，避免在高温下叶片对机匣的刮磨，从而防止金属新鲜表面在高温下出现。

(1) BTT－1 和 BTT－3 合金

俄罗斯从摩擦机理入手，以 Ti－Cu 共晶系为基础成功地研制出 BTT－1 和 BTT－3 两种阻燃钛合金。BTT－1(Ti－13Cu－4Al－4Mo－2Zr)是在 Ti－Cu 二元合金的基础上添加少量的 Al、Mo、Zr 等合金元素制成的，具有良好的热变形工艺性能，可用于制造复杂的零件，工作温度可达 450 ℃。该合金的模锻件和棒材已用于制造实验用发动机的零部件，并在发动机试车台上通过了试车实验。BTT－3(Ti－18Cu－2Al－2Mo)也是在 Ti－Cu 系基础上研制的，塑性比 BTT－1 更好，适合加工成板材和箔材。BTT－1 和 BTT－3 合金的主要缺点是断裂韧性低，对应力集中比较敏感，熔炼性能很差，缩孔严重。BTT－1 合金在 650 ℃下能被点燃，而 BTT－3 合金在 800 ℃下仍不能点燃。两种合金的力学性能见表 7.30。

表 7.30　BTT－1 和 BTT－3 合金的力学性能

力学性能	BTT－1 合金（直径 20 mm 棒材）				BTT－3 合金（厚度 2 mm 板材）	
	20 ℃	350 ℃	450 ℃	500 ℃	20 ℃	350 ℃
强度极限 R_m/MPa	950～1 150	—	—	—	600～750	—
屈服极限 $R_{p0.2}$/MPa	900～1 100	—	—	—	420～460	—
伸长率 A/%	4～8	—	—	—	10	—
断面收缩率 Z/%	10～20	—	—	—	—	—
持久强度 σ_{100}/MPa	—	720	550～600	300	—	320
疲劳强度 $(2\times10^7)^{-1}\sigma_{-1}$/ MPa	45～58	—	—	—	38	—

(2) Ti14 合金

Ti14(Ti－13Cu－1Al－0.2Si)合金是一种 α＋Ti_2Cu 形式的钛合金，Ti_2Cu 的熔点为 990 ℃，超过 990 ℃时该合金为半固态，低熔点的 Ti_2Cu 相是它抗燃烧的主要原因，具有较好的加工性能、室温性能、热稳定性和阻燃性，不足之处是蠕变和熔炼性差。Ti14 合金是国内自行研制、具有自主知识产权的一种新型阻燃合金。主要用作航空发动机材料，其热稳定性能好，决定了合金的使用寿命和发动机的可靠性。

3) Ti－45Nb 合金

由于 Nb 在钛合金的主要合金元素中具有最小的氧化生成热，所以发展了 Ti－Nb 系阻燃钛合金，并且具有很好的抗蚀性能。Ti－45Nb 合金是美国华昌公司研制的一种商用阻燃钛合金，主要解决高压釜用钛合金的燃烧问题。该合金具有较好的物理性能和力学性能，可有效解决起火问题。Ti－45Nb 合金在退火态具有较好的拉伸性能(441～490 MPa)、剪切强度(365 MPa)和高的塑性(伸长率 10%，断面收缩率 50%)，适合用于制造复合材料的铆钉连接件。

7.2.3 钛合金在航空领域中的应用

钛合金具有比强度高、密度小等优异性能，与碳复合材料具有较好的相容性，是飞机机体和发动机的重要结构材料之一。作为减重效果良好的机体材料，近 50 年来钛合金在商用及军用飞机领域的用量伴随各自产品的升级换代呈稳步增长趋势。到目前为止，在国内外大飞机市场上，越是先进的新型飞机、宽体飞机，钛用量越大，如图 7.28 所示。民用飞机的钛用量增大的同时，复合材料用量也在增大，见表 7.31。

表 7.31 空客飞机钛合金和复合材料用量

机　型	钛合金	复合材料
第三代客机 A320	4.5%	5.5%
第四代客机 A340	6%	8%
A380	10%	25%

1. 在飞机机身构架上的应用

钛合金在机身构架中主要用于制作防火壁、蒙皮、隔框、大梁、舱门、起落架、翼肋、紧固件导管、拉杆等部件。钛合金在使用初期，主要用于制作受力不大的结构件，如飞机支座、接头、框架、隔热板、减速板等，其中不乏铸件，最早应用的钛合金铸件之一是襟翼滑轨。经过早期这些相对简单的非关键性结构件在飞机上的应用证明：钛合金在飞机上应用是可靠的。

从 20 世纪 80 年代开始，随着钛合金部件成型技术和本身质量的大幅提升，不少受力结构件也开始选用钛合金，如波音飞机上吊装 CF6－80 发动机的安装吊架就是受力条件非常严峻的结构件。近年来，美国、俄罗斯等发达国家不断增加飞机机身上

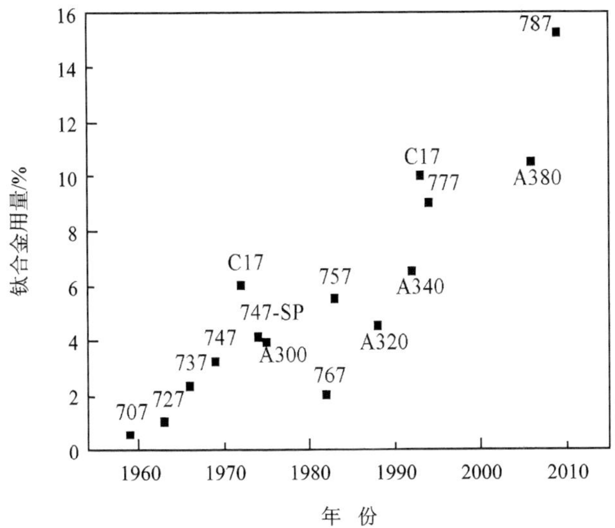

图 7.28 不同飞机结构中钛合金的用量变化

钛合金的用量。

在军用飞机领域，钛合金的用量发展非常迅速，俄罗斯的伊尔 76 运输机的钛用量达到 12%，法国幻影 2000 和俄罗斯 CY－27CK 战斗机的钛用量分别达到 23%和 18%。1950 年在 F84 战斗轰炸机上采用工业纯钛制造后机身隔热板、导风罩和机尾罩等非承力构件，钛合金在飞机制造过程中显现出了明显优势，使钛合金在机身上的应用范围逐年增长。表 7.32 所列为美国主要军用飞机上钛合金的用量，其中 F－22 和 F－35 战斗机、B1 和 B2 轰炸机的钛合金用量达到 20%以上。

表 7.32 美国主要军用飞机的钛合金用量

型 号	F/A－18 A/B	F/A－18 C/D	F/A－18 E/F	F－22	F－35	B1	B2	C17
开始服役年份	1980	1986	2002	2005	2008	1986	1991	1992
钛合金用量/%	12	13	15	41	27	21	26	10.3

在民用飞机领域，钛合金的用量也在不断增加，目前国外主流民航机机体的钛合金用量占机身总重的 6%以上。表 7.33 所列为美国及欧洲民航飞机的钛合金用量。其中美国波音 B787 飞机在研制过程中，为了大幅减重以降低 20%的油耗，投入 3 亿美元研发经费，大量采用钛合金替代铝合金，最终整个飞机机体钛合金用量达到 11%，这在民用飞机领域已经达到了很高的比重。俄罗斯正在研制的新一代客机 MS－21 的钛合金用量达到了 25%，计划在 2016 年向市场推出，这将成为世界上钛合金用量最高的民用飞机。

表 7.33　国外民航飞机的钛合金用量

型　号	波音 B777	波音 B787	A320	A340	A350	A380
开始服役年份	1994	2010	1988	1993	2013	2007
钛合金用量/%	8	11	4.5	6	9	10

国内20世纪80年代研发的歼8战斗机钛合金的用量仅为2%，质量为93 kg，歼10战斗机钛合金的用量提高到3%，但与国外第三代、第四代军用飞机的钛用量相比，仍然存在较大差距。近年来，国内加大了钛合金在军用航空领域的应用，预计国内新一代高性能战斗机的钛用量将达到25%～30%。在民用飞机领域，国内商用支线客机ARJ21的钛合金用量为4.8%，我国自主研发的C919大型客机的钛合金用量达到9.3%，超过了美国波音B777飞机。2015年11月2日，首架C919大型客机在中国商飞公司新建成的总装制造中心浦东基地厂房内正式下线。

钛合金因其高比强度和优异的耐腐蚀性等突出特性，被广泛应用于铝合金、高强钢和Ni基高温合金的质量、强度、抗蚀性和高温稳定性等综合性能不能满足要求的飞机零部件中。表7.34所列为钛合金在各种型号飞机机身上的应用部位。

表 7.34　钛合金在不同机型机身上的应用部位

机　型	钛合金	应用部位
L-1011	Ti-13-11-3	弹簧
F-15	Ti-13-11-3、Ti6-4	机体蒙皮
MD-11	Ti-38-6-44	起落架
A330，A340，A138	Ti-10-2-3、β-C	起落架
IL-86，IL 96-300	BT-22	舱壁骨架
F-22	Ti6-4、Ti6-22-22S	舱壁骨架
B777	Ti-10-2-3、β-C、Ti-15-3、Ti-6-4、β-21S	起落架、货舱栏杆、舱壁管、龙骨、隔音板

2. 在航空发动机上的应用

喷气发动机是飞机的心脏。发动机的风扇、高压压气机盘件和叶片等转动部件，不仅要承受很大的应力，而且要有一定的耐热性，即要求钛在300～650 ℃温度下具有良好的高温强度、抗蠕变性能和抗氧化性能。这样的工况条件，对铝合金来说温度太高，对钢来说密度太大，而钛合金是最佳的选择。因此，钛在先进发动机上的应用不断扩大。目前，钛合金以其优异的特性在飞机上的应用日趋扩大，在喷气发动机中可用于压气机盘、静叶片、动叶片、机壳、燃烧室外壳、排气机构外壳、中心体、喷气管、机匣等。其中，叶片、机匣等部件目前已采用钛合金铸件，Rolls-Royce(Trent900)和GE/Pratt & Whitney Engine Alliance(GP7200)两家公司生产的空客A380新型发动机的风扇直径为3 m左右，采用中空钛风扇叶片。随着航空发动机对推重比和

刚度要求的提高，要求一些关键钛合金结构件做成大型复杂薄壁的整体精铸件，因此目前大型复杂薄壁钛合金整体结构精铸技术已得到了较大发展。表7.35所列为欧美国家一些航空发动机的钛合金用量。可以看出，国外先进航空发动机的钛合金用量一般在25%以上。

表7.35　欧美国家一些航空发动机的钛合金用量

发动机型号	TF36	TF39	JT90	F100	F101	CF6	V2500	F119	GE90	Trent
服役年份	1965	1968	1969	1973	1976	1985	1989	1986	1995	2005
装备机型	C-5A	C-5A C-5B	B747 B767 F-5A	F15 F16	B1	A330 B747 B767	A320 A321	F22	B777	A380
钛合金用量/%	32	33	25	25	20	27	31	39	40	41

在飞机上使用较多的钛合金有TC4、Ti-8Al-1Mo-1V、Ti-17、Ti-6242、Ti-6246、TC6、TC9、TC11、Ti-1100、IMI829、IMI834等。发动机的一项重要性能指标是推重比，即在标准大气压和静止的条件下，飞机发动机在最大工作状态时所产生的推力与其结构质量的比值。早期发动机的推重比只有2～3，现在已达到10，国外正在研制推重比为10～20的发动机。提高推重比，必须提高涡轮前进气压缩比(进气量指标)与进气温度：工作温度越高，发动机的热效率越高；提高推重比，必须提高材料高温下的比强度和比刚度，减轻发动机自身的质量。

据计算，当压缩比达到15:1时，压气机的出口温度为590 ℃；而当压缩比达到25:1时，压气机的出口温度将达到620～705 ℃，因此需要耐热性非常好的钛合金。实验证明，常规钛合金只能用于650 ℃以下，为制造推重比在10以上的先进发动机，需要开发以Ti基复合材料、Ti_3Al和TiAl型金属间化合物为基的钛合金。目前实用性能最好的耐热钛合金是英国的IMI829、IMI834和美国的Ti-1100，已应用于RB211-53E4等改型发动机。高温钛合金以其优良的热强性和高的比强度，在航空发动机上获得了广泛应用。表7.36所列为不同型号发动机中的钛合金使用情况。

表7.36　钛合金在不同型号发动机中的应用

发动机类型	应用时间	在飞机发动机中的应用部位					
		风扇盘	风扇叶片	高压压气机盘	动叶片	静叶片	电缆管道
Pratt & Whitney J57	1954年			Ti64	Ti64	Ti64	
JT805		Ti6242	Ti6242	Ti6242	Ti6242		
JT90	1968年	Ti64	Ti64	Ti64、Ti6242	Ti64、Ti811		Ti64、IMI550
JT90	目前	Ti64	Ti64	Ti6242	Ti6242		
F-110	20世纪70年代	Ti6242	Ti811	Ti624、Ti811	Ti811、Ti626	Ti6246	
PW 2037	20世纪70年代末	Ti64		Ti6242	Ti6042		

续表 7.36

发动机类型	应用时间	在飞机发动机中的应用部位					
		风扇盘	风扇叶片	高压压气机轮盘	动叶片	静叶片	电缆管道
GM TF－39	1968 年	Ti64	Ti64	Ti6242	Ti6242		
CF6－50	1968 年	Ti64	Ti64	Ti64、Ti6242	Ti62、Ti6242	Ti64	
CF6－80	20 世纪 70 年代末	Ti64	Ti64	Ti64、Ti6242	Ti6242		
E3 F404 Rolls－Royce	20 世纪 70 年代末		Ti17				
Avon	1954 年	Ti64	Ti64	Ti64			
RB211－5248	20 世纪 60 年代末	Ti64	Ti64	IMI685			
RB211－5240	1979 年	Ti64	Ti64	IMI685			
RB211－53E4	20 世纪 70 年代末	Ti64	Ti64	IMI685、IMI829	IMI829		
Adour R/R Turbomeca		Ti64	Ti64	Ti64、IM I685	Ti64、IMI685		Ti64、Ti6242
RB199		Ti64	Ti64		IMI685		
Regasus Olimpus 593M53			IMI550				

7.3 镁及镁合金

7.3.1 概　述

1. 纯镁及其性能特点

镁是银白色金属，熔点为 650 ℃，密度为 1.74 g/cm³（约为铝的 2/3），为密排六方晶体结构，无同素异构转变。镁的电极电位很低，具有很高的金属活泼性，在潮湿大气、海水、无机酸及其盐类、有机酸、甲醇等介质中均会引发强烈的腐蚀，在室温下镁能与空气中的氧发生反应，形成保护性的 MgO 薄膜，但由于氧化膜疏松多孔、不致密，保护效果不好，故其耐蚀性很差。由于纯镁的强度和硬度很低，因此不能直接用作结构材料，通常用于熔制 Mg 合金或作为 Al 合金中的合金元素使用。

2. 镁的合金化及其分类

由于纯镁的强度低、抗蚀性差，为了充分利用镁密度小这一特性，在纯镁中加入一定量的其他合金元素形成镁合金，可适当提高其力学性能并改善工艺性能，使镁合金成为重要的航空结构材料之一。在 Mg 中加入的合金元素主要有 Al、Zn、Mn、Zr 以及稀土元素 RE(如 La、Ce、Pr、Nd 等)。合金元素加入到 Mg 中，使其强度和硬度提高，主要是由于产生了固溶强化、析出强化、弥散强化、细晶强化等几种形式的强化作用。下面分别简述镁合金中主要合金元素的作用。

(1) Al 和 Zn

Al 和 Zn 的主要作用是提高镁合金在室温下的力学性能。当含量分别不超过 10%～11%Al、4%～5%Zn 时，它们溶入合金中起固溶强化作用；但当它们在 Mg 中

的含量较高时，可分别与镁形成化合物 $Mg_{17}Al_{12}$、MgZn，在淬火、时效时起强化作用。此外，Al 还可提高合金的流动性，降低热裂倾向，但会降低合金的耐蚀性；Zn 与 Al 的作用相反，提高耐蚀性，但增大热裂倾向，降低流动性。

(2) Mn 和 Zr

Mn 能提高合金的耐蚀性，改善耐热性，并细化晶粒，同时溶于 Mg 中起固溶强化作用；Zr 主要起细化晶粒、提高合金的力学性能作用。

(3) 稀土元素(RE)

在镁合金中添加的稀土一般为混合稀土，各种稀土元素(如 La、Ce、Pr、Nd 等)在合金中的作用相似，主要是提高镁合金的耐热性，使工作温度达 300 ℃左右。RE 是耐热镁合金的主要添加元素。此外，RE 还可细化晶粒，以提高合金的强度，并改善合金的铸造工艺性能。

在纯镁中加入 Al、Zn、Mn、Zr 及稀土等合金元素，制成性能各异的镁合金。镁合金按加工工艺可分为变形镁合金和铸造镁合金两大类。在国家标准 GB/T 5153—2003 中，工业纯镁和变形镁合金的牌号命名规则为：纯镁牌号以 Mg 加数字的形式表示，Mg 后面的数字表示其质量分数，如 Mg99.95，变形镁合金牌号以“英文字母＋数字＋英文字母”的形式表示，前面的英文字母表示最主要合金元素代号(A 代表 Al，C 代表 Cu，E 代表 RE，K 代表 Zr，L 代表 Li，M 代表 Mn，Q 代表 Ag，S 代表 Si，Y 代表 Sb，Z 代表 Zn，等等)，其后的数字表示最主要合金元素的大致含量，最后的英文字母为标识代号，用以标识各具体组成元素相异或元素含量有微小差别的不同合金。例如：牌号 ZK61M 中的“Z”表示名义含量(质量分数)最高的合金元素 Zn，含量大致为 6%，“K”表示名义含量(质量分数)次高的合金元素 Zr，含量大致为 1%，“M”为标识代号。

铸造镁合金的代号用 ZM 加顺序号表示，“ZM”为“铸镁”的汉语拼音首字母，如 ZM5。值得注意的是，按照国家标准 GB/T 19078—2003，铸造镁合金锭的编号规则与变形镁合金的编号类似。例如：牌号 AZ91D 中的“A”代表名义质量分数最高的合金元素 Al，含量大致为 9%，“Z”代表名义质量分数次高的合金元素 Zn，含量大致为 1%，“D”为标识代号。

7.3.2 镁合金及其性能特点

1. 变形镁合金

变形镁合金有 M2M、AZ40M、AZ41M、AZ61M、AZ62M、AZ80M、ME20M、ZK61M 等牌号，其中 M2M 属于 Mg－Mn 系合金；ME20M 属于 Mg－Mn－RE 系合金；AZ40M、AZ41M、AZ61M、AZ62M、AZ80M 属于 Mn－Al－Zn 系合金；ZK61M 属于 Mn－Zn－Zr 系合金。在航空工业中应用较多的 ZK61M，是一种高强变形镁合金，合金中含有较多的 Zn，可通过热处理方法在合金中形成 MgZn 强化相使其强化，常用来制作承受较大负荷的零件，如飞机的机翼长桁、翼肋等。该合金的缺点是焊接

性能差，不宜用作焊接结构件，合金的使用温度不超过 150 ℃。常用变形镁合金的牌号、化学成分、力学性能及用途见表 7.37。

表 7.37 常用变形镁合金的牌号、化学成分、力学性能及用途(摘自 GB/T 5153—2003)

牌 号	旧牌号	合金系	化学成分/%				产品状态	力学性能			用 途
			Al	Mn	Zn	其他		R_m/MPa	$R_{p0.2}$/MPa	A/%	
M2M	MB1	Mg-Mn		1.3～2.5			板材退火	206	118	8	板材焊接件和模锻件，形状简单、受力不大的耐蚀零件
AZ40M	MB2	Mg-Al-Zn	3.0～4.0	0.15～0.5	0.2～0.8		棒材挤压	275	177	10	形状复杂的锻件和模锻件
AZ41M	MB3	Mg-Al-Zn	3.7～4.7	0.3～0.6	0.8～1.4		板材退火	280	190	18	板材、模锻件
AZ61M	MB5	Mg-Al-Zn	5.5～7.0	0.15～0.5	0.5～1.5		棒材挤压	294	235	12	棒材、锻件、模锻件
AZ62M	MB6	Mg-Al-Zn	5.0～7.0	0.2～0.5	2.0～3.0		棒材挤压	320	210	14	棒材
AZ80M	MB7	Mg-Al-Zn	7.8～9.2	0.15～0.5	0.2～0.8		棒材时效	340	240	15	棒材、锻件、模锻件、高强度构件
ME20M	MB8	Mg-Mn-RE		1.3～2.2		Ce：0.15～0.35	板材退火	245	157	18	板材可制作飞机蒙皮、壁板及内部零件，型材和管材可制造对汽油和润滑油耐蚀零件
ZK61M	MB15	Mg-Zn-Zr			5.0～6.0	Zr：0.3～0.9	棒材时效	329	275	6	室温下承受大载荷的零件，如机翼、长桁翼肋等，使用温度不超过 150 ℃

2. 铸造镁合金

铸造镁合金占镁合金总量的 90%以上，其中压铸是镁合金成型的主要方法。铸造镁合金有 ZM1、ZM2、ZM3、ZM4、ZM5、ZM6、ZM7、ZM10 等牌号，铸造镁合金按性能特点可分为高强镁合金和耐热镁合金。高强铸造镁合金中的 ZM5、ZM10 属于 Mg-Al-Zn 系合金，ZM1、ZM2、ZM7 属于 Mg-Zn-Zr 系合金；耐热铸造镁合金 ZM3、ZM4 属于 Mg-RE-Zr 系合金。

高强铸造镁合金具有较高的强度，良好的铸造工艺性能，但耐热性较差，使用温度一般不超过 150 ℃。在航空工业中应用较多的铸造镁合金是 ZM5，由于合金中含有较多的 Al，可形成 $Mg_{17}Al_{12}$ 强化相，通过热处理使合金的强度提高，广泛用于制造飞机、发动机、仪表等承受较大载荷的结构件或壳体；耐热镁合金的室温强度相对较低，但耐热性较高，可在 200～250 ℃下长期工作，短时使用温度可达 300 ℃，主要用于制造在 250 ℃以下工作的高气密性零件。

表 7.38 所列为常用铸造镁合金的牌号、化学成分及力学性能。

表 7.38　铸造镁合金的牌号、化学成分及力学性能(摘自 GB/T 1177—1991)

牌号	代号	化学成分/%				热处理状态	抗拉强度 R_m/MPa	屈服强度 $R_{p0.2}$/MPa	伸长率 A_5/%
		Zn	Al	Zr	其 他		不小于		
ZMgZn5Zr	ZM1	3.5～5.5		0.5～1.0		人工时效 T1	235	140	5
ZMgZn4RE1Zr	ZM2	3.5～5.0		0.5～1.0	RE:0.75～1.75	人工时效 T1	200	135	2
ZMgRE3ZnZr	ZM3	0.2～0.7		0.4～1.0	RE:2.5～4.0	铸态 F	120	85	1.5
						退火 T2	120	85	1.5
ZMgRE3Zn2Zr	ZM4	2.0～3.0		0.5～1.0	RE:2.5～4.0	人工时效 T1	140	95	2
ZMgAl8Zn	ZM5	0.2～0.8	7.5～9.0		Mn:0.15～0.5;Si:0.3	铸态 F	145	75	2
						固溶处理 T4	230	75	6
						固溶处理+时效 T6	230	100	2
ZMgRE2ZnZr	ZM6	0.2～0.7		0.4～1.0	RE:2.0～2.8	固溶处理+时效 T6	230	135	3
ZMgZn8AgZr	ZM7	7.5～9.0		0.5～1.0	Ag:0.6～1.2	固溶处理 T4	265	—	6
						固溶处理+时效 T6	275	—	4
ZMgAl10Zn	ZM10	0.6～1.2	9.0～10.2		Mn:0.1～0.5;Si:0.3	铸态 F	145	85	1
						固溶处理 T4	230	85	4
						固溶处理+时效 T6	230	130	1

3. 镁合金的性能特点及应用

① 比强度和比刚度高。镁合金是目前质量最轻的金属结构材料,具有高的比强度和比刚度。镁合金的强度接近于铝合金,由于镁合金的密度小,所以镁合金的比强度明显高于铝合金和钢,比刚度接近于铝合金。当零件质量相同时,截面可以增大,使结构的刚性增加。在航空工业中,采用镁合金代替铝合金,可以减轻飞机、发动机、仪表以及各种附件的质量,是航空航天工业轻量化的理想材料。

② 减震性能好。镁合金具有高的振动阻尼容量,即高的减震性。镁合金在外力作用下弹性变形功大,吸收的能量多,因此,能承受较大的冲击振动载荷作用,采用镁合金制造轮毂和飞机起落架等承受冲击振动载荷作用的零件,就是利用其减震性能好这一特性。

③ 切削加工性能优良。镁合金具有优良的切削加工性能,可采用高速切削加工,其切削速度可大大高于其他金属。镁合金零件在机械加工时,不需要经过磨削和抛光,不使用切削液即可得到光洁的表面。

④ 耐蚀性能较差。由于镁的电极电位很低,导致镁合金的耐腐蚀性较差,这是镁合金性能的最大缺点,使用时要采取防护措施,如阳极氧化、化学镀、涂漆保护等。镁合金零件与其他电极电位高的钢铁零件、铜质零件等装配使用时,在接触面上应采取隔绝措施(如垫浸油纸),以防止由于两者电极电位相差悬殊而产生严重的电化学腐蚀。

除航空航天工业外,近年来镁合金在汽车行业中的研究与应用呈现快速发展的趋势,目前主要用于制作汽车发动机和传动系统的壳体类零件,以及座椅零件、仪表盘、踏板托架和转向盘/柱等车内部件。此外,镁合金在电子器材中也逐步得到广泛应用,例如采用镁合金生产制造便携式电脑、移动电话、摄录器材以及数码视听产品的壳体等。

7.4 铜及铜合金

7.4.1 工业纯铜及其合金化

纯铜呈玫瑰色,表面氧化后常呈紫红色,故一般又称为紫铜。铜的熔点为 1 083 ℃,密度为 8.94 g/cm³,呈面心立方晶格结构,无同素异构转变。纯铜具有如下性能特点:良好的导电性和导热性,仅次于银;化学稳定性高,抗蚀性能好,无磁性,在大气、淡水及非氧化性介质中具有良好的抗腐蚀性能;塑性变形能力强,可采用各种冷、热压力加工成型方法(如压延、挤压和拉拔等)制成板材、带材和线材;色泽美观。工业纯铜主要用于制作电工导体以及配制各种铜合金的原料。

工业纯铜中常含有 Pb、Bi、O、S、P 等杂质元素。根据纯铜中杂质含量的不同,GB/T 5231—2012 中将纯铜分为三种:T1、T2、T3。"T"为"铜"的汉语拼音首字母,后面的数字越大,纯度越低。纯铜中还有一类叫做无氧铜,其含氧量极低,不大于 0.003%。牌号有 TU00、TU0、TU1、TU2、TU3,主要用来制作电真空器件及高导电性铜线。无氧铜制作的导线能抵抗氢的作用,不发生氢脆现象。工业纯铜的牌号、成分及用途见表 7.39。

表 7.39 工业纯铜的牌号、成分及用途(GB/T 5231—2012)

牌号	含铜量/%	杂质含量/%		杂质总量/%	用途
		Bi	Pb		
T1	99.95	0.001	0.003	0.05	导电材料和配制高纯度合金
T2	99.90	0.001	0.005	0.10	导电材料,制作电线、电缆、导电螺钉、雷管等
T3	99.70	0.002	0.010	0.30	一般用铜材,制作电气开关、垫圈、铆钉、油管等

工业纯铜的抗拉强度 R_m=200~250 MPa,伸长率 A=35%~45%。由于纯铜的强度较低,不宜直接用作结构材料。虽然可采用加工硬化的方法来提高铜的强度和硬度,但却使其塑性和韧性大大降低,因此,常采用合金化的方法来获得强度较高的铜合金。铜中加入的合金元素主要有 Zn、Sn、Al、Mn、Pb、Ni、Fe、Si 等。合金元素加入到铜中使其强度和硬度提高,主要强化方式为固溶强化、时效强化和第二相强化。

按照铜合金中所加主要合金元素的不同,可将铜合金分为黄铜、青铜和白铜三大类。黄铜是以 Zn 作为主要合金元素的铜合金;青铜包括锡青铜和无锡青铜,锡青铜

以 Sn 作为主要合金元素，无锡青铜分别以 Al、Si、Pb 等作为主要元素形成各自的铜合金；白铜是以 Ni 作为主要合金元素的铜合金。按照加工方式的不同，铜合金又分为压力加工用铜合金和铸造用铜合金。

7.4.2　常用铜合金

1. 黄　铜

以 Zn 为主要合金元素形成的铜合金称为黄铜，合金中因含 Zn 而呈金黄色。按照化学成分的不同，黄铜可分为普通黄铜和特殊黄铜两类。

1）普通黄铜

普通黄铜为铜锌二元合金。当黄铜中的 Zn 含量小于 39％时，组织为 α 固溶体。α 相是 Zn 溶于 Cu 中形成的固溶体，其溶解度随温度的下降而增大。α 相具有面心立方晶格，塑性好，适于进行冷、热压力加工。Zn 含量大于 39％时，组织中将出现 β′相或 β 相。两者都是以电子化合物 CuZn 为基形成的固溶体，具有体心立方晶格，两者的差别在于 β′相中的原子排列有序，而 β 相中的原子排列无序，β 相的高温塑性好，可以进行热压力加工，β′相的性能特点是硬而脆，不宜进行冷压力加工。

图 7.29 为 Zn 含量对黄铜力学性能的影响。当Zn≤32％时，普通黄铜的组织为单相 α 固溶体，随着 Zn 含量的增加，其抗拉强度和伸长率都升高；当Zn＞32％时，组织为 α＋β′两相混合物，因组织中出现了硬脆的 β′相，导致其塑性开始下降，强度在Zn＝45％附近时达到最大值；当 Zn 含量高达 47％时，黄铜的组织全部为 β′相，强度与塑性都很低，无实用价值。因此，工业中使用的黄铜其 Zn 含量都控制在 50％以下。

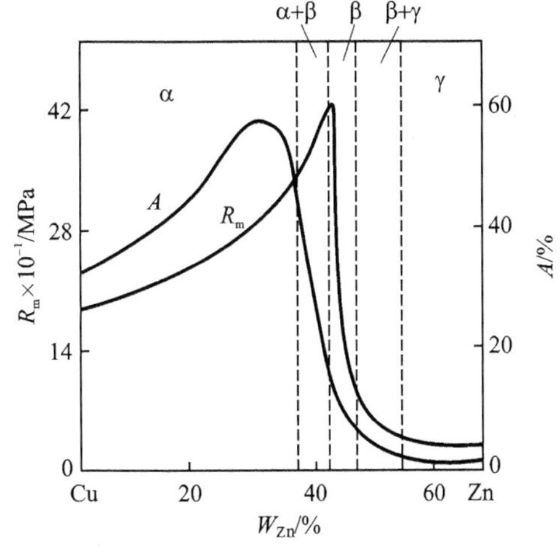

图 7.29　Zn 含量对黄铜力学性能的影响

按退火组织不同，普通黄铜分为单相黄铜和双相黄铜两大类。常用的单相黄铜牌号有 H80、H70、H68 等，“H”为“黄”的汉语拼音首字母，数字表示平均含铜量。由于其组织为单相 α 固溶体，塑性好，故适于制作冷轧板材、冷拉线材、管材及形状复杂的深冲压零件，如弹壳、冷凝器管等。常用双相黄铜的牌号有 H62、H59 等，室温组织为 α＋β′。尽管室温 β′相脆性高，但高温 β 相的塑性好，可以进行热变形加工，通常将双相黄铜热轧成棒材、板材，再经机加工制造成各种零件。由于双相黄铜的强度高，故适于制作受力零件，如垫圈、弹簧、散热器等。

2）特殊黄铜

特殊黄铜是在铜锌合金中再加入其他合金元素(如 Pb、Al、Si、Mn、Fe、Ni 等)形成的铜合金。特殊黄铜又称为复杂黄铜，主要有锡黄铜、铅黄铜、铝黄铜、硅黄铜和锰黄铜等。通过加入这些合金元素，可以提高合金的强度、抗蚀性和耐磨性，或使合金具有良好的铸造性能等。特殊黄铜可分为压力加工黄铜和铸造黄铜两大类。通常压力加工黄铜中加入的合金元素较少，使之能溶入固溶体中，保证合金具有较高的塑性；对于铸造黄铜而言，不要求高的塑性，加入合金元素的目的主要是为了提高其强度和铸造性能，因此可以加入较多的合金元素。特殊黄铜的编号方法是："H＋主加元素符号＋铜含量＋主加元素含量"，其中铸造黄铜在编号前加"Z"。例如：HPb59－1表示含 59％Cu，1％Pb，其余为 Zn 的铅黄铜；ZCuZn31Al2 表示含 31％Zn，2％Al，其余为 Cu 的铸造铝黄铜。

常用黄铜的牌号、化学成分、力学性能及用途见表 7.40。

表 7.40　常用黄铜的牌号、化学成分、力学性能及用途
（摘自 GB/T 5231—2012、GB/T 1176—2013）

类别	牌号	化学成分/％			加工状态或铸造方法	力学性能			用途
		Cu	Pb	其他		R_m/MPa	A/％	HBW	
普通黄铜	H80	78.5～81.5		Zn 余量	M	320	52	53	造纸网、薄壁管、建筑装饰用品
	H70	68.5～71.5		Zn 余量	M	320	55	—	弹壳、造纸用管、机械和电气用零件(又称弹壳黄铜)
	H68	67.0～70.0		Zn 余量	M	320	55	54	复杂的冷冲压件，散热器外壳、导管、波纹管、轴套
	H62	60.5～63.5		Zn 余量	M	330	49	56	销钉、铆钉、螺钉、螺帽、垫圈、弹簧、夹线板
特殊黄铜	锡黄铜 HSn62－1	61.0～63.0		Sn:0.7～1.1 Zn:余量	M	400	40	50	与海水和汽油接触的船舶零件(又称海洋黄铜)
	铅黄铜 HPb59－1	57.0～60.0	0.8～1.9	Zn 余量	M	400	45	90	热冲压及切削加工零件，如销、螺钉、螺帽、轴套
	铝黄铜 HAl59－3－2	57.0～60.0		Al:2.5～3.5 Ni:2.0～3.0 Zn 余量	M	380	50	75	船舶、电机及其他在常温下工作的高强度、耐蚀零件
	锰黄铜 HMn58－2	57.0～60.0		Mn:1.0～2.0 Zn 余量	M	400	40	85	海轮制造业和弱电用零件

续表 7.40

类别	牌　号	化学成分/%			加工状态或铸造方法	力学性能			用　途
		Cu	Pb	其　他		R_m/MPa	A/%	HBW	
铸造黄铜	ZCuZn38Mn2Pb2（38-2-2 锰黄铜）	57.0～60.0	1.5～2.5	Mn：1.5～2.5 Zn 余量	S	245	10	70	一般用途结构件，船舶、仪表上外形简单的铸件，如套筒、衬套、滑块、轴瓦等
					J	345	18	80	
	ZCuZn31Al2（31-2 铝黄铜）	66.0～68.0		Al：2.0～3.0 Zn 余量	S	295	12	80	适于压力铸造，如电动机、仪表等压铸件及船舶、机械制造业的耐蚀零件
					J	390	15	90	
	ZCuZn16Si4（16-4 硅黄铜）	79.0～81.0		Si：2.5～4.5 Zn 余量	S	345	15	90	接触海水工作的管配件，水泵、叶轮、旋塞及在空气、海水、油、燃料中工作的铸件
					J	390	20	100	

2. 青　铜

人类历史上使用最早的青铜是 Cu-Sn 合金，因其外观呈青黑色，故称之为锡青铜。除此以外，近代工业中已广泛应用在铜中加入 Al、Pb、Si、Cr 等合金元素形成的铜合金，分别称为铝青铜、铅青铜、硅青铜和铬青铜等，这些青铜统称为无锡青铜。

按加工工艺，青铜可分为压力加工青铜和铸造青铜两大类。青铜的编号规则是："Q＋主加元素符号＋主加元素含量（＋其他元素含量）"，"Q"为"青"的汉语拼音首字母，铸造青铜在编号前加"Z"。例如：ZCuSn10P1 表示含 10%Sn，1%P，其余为 Cu 的铸造锡青铜。青铜通常具有较高的强度、弹性、耐磨性和耐腐蚀性，以及良好的铸造性、焊接性和切削加工性等工艺性能。青铜广泛用于制造飞机及其附件中的要求受力、抗蚀和耐磨的零件，以及制造弹性元件等。

1）锡青铜

锡青铜是以 Sn 作为主加元素形成的铜合金。锡青铜的力学性能与合金中的 Sn 含量有关。图 7.30 所示为锡青铜的 Sn 含量与力学性能的关系。当Sn≤6%时，Sn 溶于 Cu 中，形成面心立方晶格的 α 固溶体，随着 Sn 含量的增加，合金的强度提高，塑性也较好。当 Sn＞6%时，组织中出现硬脆的 δ 相（以复杂立方结构的电子化合物 $Cu_{31}Sn_8$ 为基的固溶体），虽然强度继续升高，但塑性却急剧下降。因此，工业生产中使用的锡青铜其 Sn 含量一般控制在 3%～14%。Sn 含量小于 8%的锡青铜具有较好的塑性，适合于压力加工；Sn 含量大于 10%的锡青铜，由于塑性低，故只适合铸

造。锡青铜在造船、化工、机械、仪表等工业部门得到了广泛应用，主要用于制造要求具有弹性、耐磨、抗蚀的零件，如弹簧、轴承、电极、齿轮、蜗轮、垫圈等。

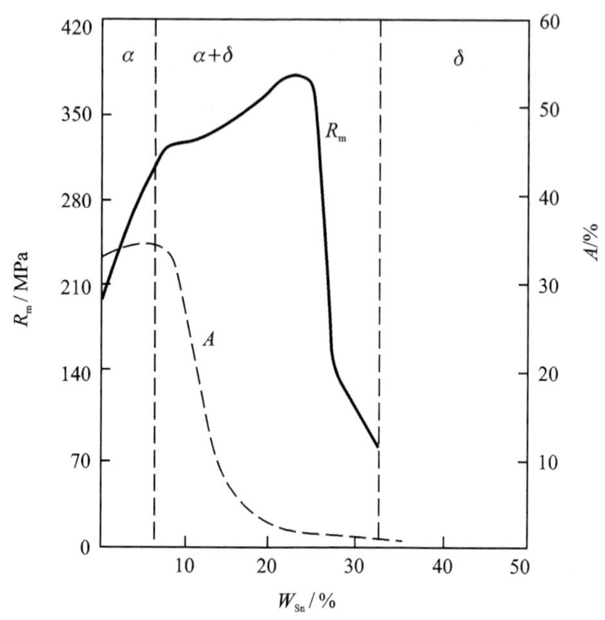

图 7.30 锡青铜的 Sn 含量与力学性能的关系

2）铝青铜

以 Al 作为主加元素形成的铜合金称为铝青铜。铝青铜的力学性能与合金中的 Al 含量有关。当 Al 含量＜8%时，组织为单相 α 固溶体，随着 Al 含量的增加，合金强度提高，塑性也很好，适合于冷、热变形加工。当 Al 含量接近 10%时，组织中出现脆性化合物，虽然强度提高，但塑性显著降低，所以通常采用铸造方法来成型零件。铝青铜可通过热处理方法使合金强化。

铝青铜具有可与钢相比的强度，高的冲击韧性和疲劳强度，以及耐磨、耐腐蚀、受冲击不产生火花等优点，在大气、海水、碳酸及大多数有机酸中具有比黄铜和锡青铜更高的耐蚀性。此外，铝青铜的铸造性能良好。它主要用于制造弹簧等要求高耐蚀性的弹性元件，以及制造在复杂条件下工作的要求高强度、耐磨和抗腐蚀的零件，如飞机上的排气门座、排气门导向套、滑油密封环、齿轮、蜗杆等。

3. 铍　铜

以 Be 作为主加元素形成的铜合金称为铍铜（原国家标准中称为铍青铜）。铍铜中的 Be 含量一般在 0.2%～2.1%之间，典型牌号 TBe2（旧牌号 QBe2）表示 Be 含量约为 2%的铍铜。铍铜可进行热处理强化。经过固溶处理和人工时效后，其抗拉强

度可达1 200～1 500 MPa，硬度可达300～400HBW，远超过其他所有的铜合金，与高强度合金钢相当。除具有很高的强度和硬度外，铍铜还具有很高的弹性极限、疲劳强度、耐磨性和抗蚀性，导电性、导热性极好，并且耐寒、无磁性，受冲击时不产生火花。铍铜常用来制造各种精密仪器仪表的重要弹性元件（如弹簧、膜片、膜盒等）及有特殊要求的耐磨零件（如航海罗盘、高温高压高速下工作的轴承、衬套、齿轮等）；此外，还用于制作各种换向开关、电接触器、电焊机电极以及防爆工具等。主要不足是铍的价格高昂，在一定程度上限制了它的使用。

表7.41所列为常用青铜及铍铜的牌号、化学成分、力学性能和用途。

表7.41 常用青铜及铍铜的牌号、化学成分、力学性能和用途

（摘自GB/T 5231—2012、GB/T 1176—2013）

类别	牌号	化学成分/%		状态	力学性能			用途
		主加元素	其他		R_m/MPa	A/%	HBW	
锡青铜	QSn4－3	Sn：3.5～4.5	Zn：2.7～3.7	M	350	40	60	制作弹性元件、化工设备的耐蚀零件、抗磁零件、造纸工业用刮刀
				Y	550	4	160	
	QSn4－4－4	Sn：3.0～5.0	Zn：3.0～5.0 Pb：3.5～4.5	M	310	46	62	航空仪表材料
				Y	600	2～4	160～180	
	QSn6.5－0.1	Sn：6.0～7.0	P：0.10～0.25	M	400	65	80	耐磨零件和弹簧等
				Y	750	10	160～200	
铝青铜	QAl9－4	Al：8.0～10.0	Fe：2.0～4.0	M	500～600	40	110	重要用途的齿轮、轴套等
				Y	800～1 000	5	160～200	
	QAl10－4－4	Al：9.5～11.0	Fe：3.5～5.5 Ni：3.5～5.5	M	650	40	150	高强度耐磨件及500 ℃以下工作的零件，其他重要耐磨耐蚀件
				Y	1 000	10	200	
铍铜	TBe2（QBe2）	Be：1.8～2.1	Ni：0.2～0.5	M	500	35	100	重要的弹簧和弹性元件，耐磨件及在高速、高压、高温下工作的轴承
				CS	1 250	3	330	
	TBe1.7（QBe1.7）	Be：1.6～1.85	Ni：0.2～0.4 Ti：0.10～0.25	C	440	50	85	各种重要的弹簧和弹性元件
				CS	1 150	3.5	360	

续表 7.41

类别	牌号	化学成分/%		状态	力学性能			用途
		主加元素	其他		R_m/MPa	A/%	HBW	
铸造青铜	ZCuSn10Pb1(10-1锡青铜)	Sn：9.0～11.5	P：0.8～1.1	S	220	3	80	在大载荷和高滑速下工作的耐磨零件，如轴瓦等
				J	310	2	90	
	ZCuSn5Pb5Zn5(5-5-5锡青铜)	Sn：4.0～6.0	Pb：4.0～6.0；Zn：4.0～6.0	S、J	200	13	60	在较大载荷、中等滑速下工作的耐磨、耐蚀零件，如轴瓦、衬套、离合器等
	ZCuAl9Mn2(9-2铝青铜)	Al：8.0～10.0	Mn：1.5～2.5	S	390	20	85	耐磨、耐蚀零件，形状简单的大型铸件和气密性要求高的铸件
				J	440	20	95	
	ZCuPb30(30铅青铜)	Pb：27.0～33.0		J	—	—	25	要求高滑速的双金属轴承、减摩零件等
	ZCuPb15Sn8(15-8铅青铜)	Pb：13.0～17.0	Sn：7.0～9.0	S	170	5	60	制造冷轧机的铜冷却管、内燃机的双金属轴瓦等
				J	200	6	65	

注：M——退火；Y——加工硬化(冷变形态)；C——淬火；CS——淬火＋人工时效；S——砂型铸造；J——金属型铸造。

第8章 先进复合材料及其应用

8.1 复合材料概述

《国家中长期科学和技术发展规划纲要(2006—2020)》和《国民经济和社会发展第十一个五年规划纲要》把大型飞机项目确定为国家重大科技专项。大型客机的立项有利于推动我国航空制造业的技术升级,材料是航空制造业的基础,这一点尤其体现在复合材料上。大型客机作为一种商品,追求的主要目标是在保证运输能力的前提下提高飞机的安全性、经济性、舒适性和环保性,以增强市场的竞争力。如何才能满足这些性能要求?其重要手段之一是大量采用先进复合材料。采用先进复合材料可以减轻飞机结构和机载设备的质量,提高飞机结构和设备的寿命与可靠性,从而达到降低飞机的油耗、价格、维护费用等。先进复合材料(ACM,Advanced Composite Material)是指可用于加工主承力结构和次承力结构,具有比强度高、比模量高、可设计性强、抗疲劳断裂性能好、耐腐蚀、尺寸稳定性好以及方便整体成型等优点,被大量应用于航空航天等领域,是制造飞机结构件的理想材料,可获得减重20%～30%的显著效果。目前复合材料已成为研制大型民用飞机的一个制高点,为了在激烈的民机市场竞争中获胜,以波音和空客为代表的民用航空公司在复合材料的用量上展开了竞争。

从国外民机复合材料的用量和发展趋势来看,复合材料已成为目前国外客机的主要结构材料。近些年国外客机上复合材料的用量大幅提升,A380复合材料的用量已达25%,而B787复合材料的用量更是高达50%,复合材料在客机结构上的应用已发展到用于制造机翼、机身等主承力结构。由于复合材料在国外客机上的大规模应用使得飞机的质量大大减轻,从而大大提高了飞机的性能,如A380仅中央翼盒采用复合材料就较使用金属减重1.5 t,减重达17%。这是由复合材料优异的性能特点所决定的。

8.1.1 复合材料概念

1. 复合材料的定义

复合材料是指把两种或两种以上宏观上不同的材料,合理地进行复合而制得的一类材料,目的是通过复合效应来提高单一材料所不能发挥的各种特性。国际标准化组织(ISO)为复合材料所下的定义为:复合材料是由两种或两种以上物理和化学性质不同的物质组合而成的一种多相固体材料。复合材料的组分材料虽然保持其相对独立性,但复合材料的性能却不是组分材料性能的简单加和,而是有着重要的改进。在复合材料中,通常有一相为连续相,称为基体(Matrix);另一相为分散相,称为增强材料(Reinforcement)。分散相是以独立的形态分布在整个连续相中,两相之间存在着相界面(Interface)。分散相可以是增强纤维(Fiber),也可以是颗粒状或弥散的填料。复合材料既可以保持原组分材料的某些特点,又能发挥组合后的新特征,它可以根据需要进行设计,从而最合理地达到所要求的性能,即具有可设计性。

2. 复合材料的结构

复合材料为"增强材料(R)+基体(M)+界面(I)"的三相结构,其性质、配置方式、相互作用及相对含量决定着复合材料的性能。复合材料中增强相的形式如图 8.1 所示,有纤维(Fiber)(包括连续纤维和短纤维)、颗粒(Particulate)、晶须(Whisker)、织物(Fabric)。

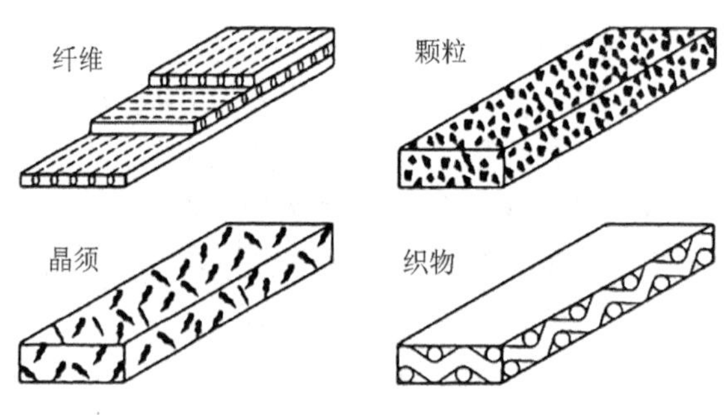

图 8.1　增强相的形式

在树脂基复合材料中,三种组成相均发挥其独特的作用:①纤维——纤维起增强作用,承载、增强增韧;②基体——基体通过界面将应力传递到纤维,成型、保护纤维;③界面——良好的界面黏结使基体发挥作用(传力),调节界面结合状态可以提高复合材料的韧性。

目前在结构上应用的纤维增强树脂基复合材料是由纤维、基体和界面三个结构单元构成的。高模量、高强度的增强纤维是承载主体,决定沿纤维方向的强度和模量;树脂基体提供对纤维的支持和保护,同时决定横向(垂直纤维方向)的强度和模量,层合结构的层间性能也主要由基体性能确定;界面将纤维和基体粘接在一起,并实现纤维与基体间的载荷传递,从而构成了沿纤维方向具有高强度、高模量的新型材料。人们通常所见到的复合材料,其典型实例是纤维增强复合材料,其性能表现为轻质高强。

1) 纤维的选择

目前常用的增强纤维有:碳纤维(如 T300、HMS、AS4、IM7、T800)、玻璃纤维(S 玻璃、E 玻璃)、芳纶纤维(Kevlar-49 等)和硼纤维。其中碳纤维占主导地位,这是由于玻璃纤维比较重,硼纤维的价格相对较高,芳纶纤维具有较低的拉伸弹性模量。玻

璃纤维可以透过无线电波，是天线罩和隐身应用的理想材料。芳纶纤维产品主要用于防弹背心等。硼纤维的应用比较广泛，但目前还没有应用于飞机机身结构中。

① 对于兼有强度、刚度要求的结构，应选用碳纤维或硼纤维。若要求高刚度，可选用高模量碳纤维。硼纤维由于价格高、密度较大、直径粗，因此其应用范围受到很大限制。

② 结构要求高的抗冲击性能和断裂韧性时可选用玻璃纤维或 Kevlar 纤维。若同时还要求高的比强度、比模量，则可在碳纤维复合材料中加入少量玻璃纤维或 Kevlar 纤维，构成混杂复合材料，以一种纤维的优点来弥补另一种纤维的缺点。

③ 雷达罩结构要求具有良好的透波性，应选用玻璃纤维或 Kevlar 纤维。不能使用具有半导体性质的碳纤维。

碳纤维作为复合材料中的重要组分材料，分为宇航级和工业级，其中宇航级是重要的战略物资。其发展特点总的来说是高性能化和多元化。高强度是碳纤维不断追求的目标之一。以国际上最大的 PAN 基碳纤维供应商日本东丽(Toray)为例，自 1971 年 T300(强度 3 535 MPa)进入市场以来，经过了 T700、T800 到 T1000 三个阶段，碳纤维的拉伸强度得到了很大提高，T1000 的拉伸强度已达 6 370 MPa，T800 是目前民机复合材料生产的主流纤维。可根据不同的使用要求，开发相应的产品。东丽公司生产的碳纤维分为三大类：①高拉伸强度(HT)纤维，具有相对较低的弹性模量(200～280 GPa)；②中模(IM)纤维，弹性模量 300 GPa；③高模(HM)纤维，弹性模量超过 350 GPa。

碳纤维的另一个重要发展方向是大丝束产品。大丝束是碳纤维产品多元化的一个重要方面，主要目的是加快纤维铺放速率，从而提高复合材料的生产效率，降低制造成本。有关这方面的研究主要是制取廉价原丝技术(包括大丝束化、化学改性、用其他纤维材料取代聚丙烯腈纤维)、等离子预氧化技术、微波碳化和石墨化技术等。碳纤维按用途大致可分 24K 以下的宇航级小丝束碳纤维(1K 的含义为一条碳纤维丝束含 1 000 根单丝)和 48K 以上的工业级大丝束碳纤维。目前小丝束碳纤维基本被日本 Toray(东丽)、Tenax(东邦)与 Mitsubishi Rayon(三菱人造丝)所垄断。而大丝束碳纤维的主要生产国是美国、德国和日本，产量大约为小丝束碳纤维的 33%，最大支数发展到 480K。工业级大丝束碳纤维可有效降低复合材料的成本，但随之带来的是树脂浸润不够充分和均匀性方面的问题。

2) 基体的选择

基体是复合材料另一种主要组分材料，包括金属基体、陶瓷基体和树脂基体，主流为树脂基体。目前作为轻质高效结构材料应用的高性能树脂基体主要有三大类，即：在 150 ℃以下长期使用的环氧树脂基体；在 150～220 ℃长期使用的双马来酰亚胺树脂基体；在 250 ℃以上使用的聚酰亚胺树脂基体。目前，环氧基体的用量最大，具有综合性能优异、工艺性好、价格低等诸多优点，在马赫数 Ma 小于 1.5 的军机和民机上得到广泛应用。双马来酰亚胺基体主要用于马赫数 $Ma \geq 1.5$ 的高性能战斗

机上。聚酰亚胺基体主要用于发动机叶片和冷端部件。

环氧基体由于固化后的分子交联密度高、内应力大,存在质脆、耐疲劳性差、抗冲击韧性低等缺点。对于航空结构复合材料,环氧树脂的增韧改性一直是重要的研究课题,双马来酰亚胺基体也存在类似问题。近几十年来,增韧改性技术取得长足发展,包括橡胶弹性体增韧、热致液晶聚合物增韧、热塑性树脂互穿网络增韧以及纳米粒子增韧等,新的品种不断开发,使用经验不断积累,使环氧复合材料技术日趋成熟。

事实上,在增强纤维选定之后,树脂基体就成了复合材料性能、成本的决定因素,因此研发高性能、低成本、可回收利用、环境友好型的树脂基体是复合材料制造技术未来发展的长期研究课题。复合材料树脂基体的分类如图 8.2 所示。

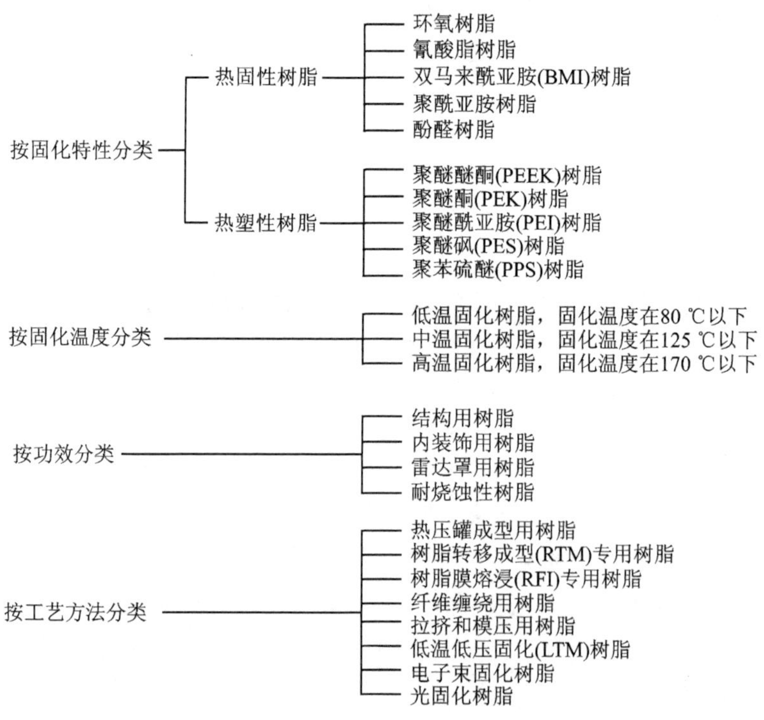

图 8.2　树脂基体的分类

① 按固化特性可分为热固性树脂和热塑性树脂。

② 按固化温度可分为低温固化树脂(80 ℃以下)、中温固化树脂(125 ℃以下)、高温固化树脂(170 ℃以上)。

③ 按功效可分为结构用树脂、内装饰用树脂、雷达罩用树脂、耐烧蚀性树脂。

④ 按工艺方法可分为热压罐成型用树脂、树脂传递模塑成型(RTM)专用树脂、树脂膜溶浸(RFI)专用树脂、纤维缠绕用树脂、拉挤和模压用树脂、低温低压固化(LTM)树脂、电子束固化树脂、光固化树脂。

先进树脂基复合材料(High Performance Fiber + High Performance Matrix

Resin)是指碳纤维、高模量有机纤维(如 Kevlar)增强的环氧、聚酰亚胺等高性能树脂基体的复合材料。目前环氧树脂体系是先进复合材料应用最广泛的基体体系，它适用于碳、Kevlar、玻璃、硼等纤维，也适用于混杂复合材料。通常它的长期使用温度在 170 ℃以下，需耐高温时可采用双马来酰亚胺或聚酰亚胺树脂，可耐 200～300 ℃高温。以上均为热固性树脂。热塑性树脂具有较高的使用温度，如聚醚醚酮可达 250 ℃，同时具有较好的层间断裂韧性和冲击后压缩强度(CAI)，但其成型温度高，到目前为止其加工方法尚未得到充分发展。

通常根据结构最高工作温度选择基体。此外，基体对复合材料在湿/热条件下的性能、抗冲击性能(CAI)和层间强度等影响较大，应给予重点考虑。国外树脂基复合材料仍以结构复合材料为主，发展的重点为耐高温、高韧性、耐腐蚀、低成本的热固性树脂基和热塑性树脂基复合材料。在提高复合材料的韧性方面，二维或三维自动编织技术将获得更为广泛的应用；在降低成本和提高工艺水平方面，将进一步扩大缠绕、RTM 成型、编织预成型等近无余量的成型应用。

8.1.2　复合材料的分类

1. 按性能分

1) 普通复合材料

普通复合材料包括普通玻璃纤维、合成纤维或天然纤维增强的普通聚合物复合材料，如玻璃钢、钢筋混凝土等。

2) 先进复合材料

先进复合材料(ACM)主要指连续纤维增强(韧)的树脂、金属、陶瓷及碳等各类基体的复合材料，具有耐高温、低密度、高比强、高比模、抗环境、高可靠性等突出的性能特点。先进复合材料体系可分为三种类型：聚合物基体复合材料(PMC)、金属基体复合材料(MMC)、陶瓷基体复合材料(CMC)。

(1) 聚合物基复合材料

聚合物基复合材料是以有机聚合物为基体制成的复合材料，主要为热固性树脂(Thermosets)和热塑性树脂(Thermoplastics)。热固性树脂包括环氧树脂(Epoxies)、聚酰亚胺树脂(Polyimides)和双马来酰亚胺树脂(Bismaleimides)。

(2) 金属基复合材料

金属基复合材料是以金属为基体制成的复合材料，如铝基复合材料、钛基复合材料等。

(3) 无机非金属基复合材料

无机非金属基复合材料是以陶瓷材料或碳作为基体制成的复合材料。

先进复合材料的分类示意图如图 8.3 所示。

2. 按基体材料分

先进复合材料按基体材料的不同可分为聚合物基复合材料(PMC)、金属基复合

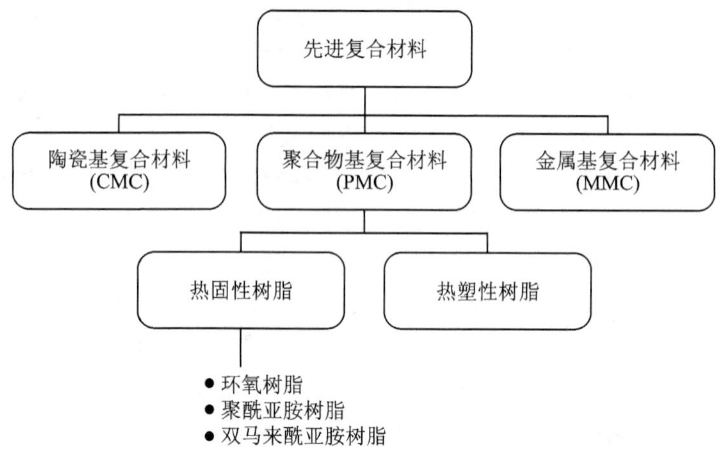

图 8.3 先进复合材料的分类示意图

材料(MMC)、陶瓷基复合材料(CMC)、碳-碳复合材料、水泥基复合材料等。

3. 按用途分

先进复合材料按其用途不同可分为结构复合材料、功能复合材料、结构/功能一体化复合材料。

采用特殊的增强相和基体,复合材料具有功能可设计性,体现了材料/结构/功能一体化的特点。随着航空航天技术的发展,针对不同需求,出现了在性能上与一般低性能的常用树脂基复合材料有所不同的高性能树脂基先进复合材料。

高性能树脂基体具有特殊的化学结构和成型特性。通常在高温下具有较高的尺寸稳定性、优异的热氧化稳定性、低吸湿性、耐磨性、耐辐射等优异的综合性能。以高性能树脂为基体的复合材料可在高温氧化、腐蚀等恶劣环境下作为结构材料长期使用。

4. 按增强剂分

按照复合材料中所使用的增强剂不同,可分为颗粒增强复合材料、晶须增强复合材料、短纤维增强复合材料、连续纤维增强复合材料、混杂纤维增强复合材料、三向编织复合材料。

8.1.3 复合材料的基本性能

1. 复合材料的优点

1) 高比强度和高比模量(刚度)

比强度=强度/密度,单位为 $MPa/(g \cdot cm^{-3})$;比模量=模量/密度,单位为 $GPa/(g \cdot cm^{-3})$。复合材料具有质量轻、强度高、模量大等特点,即用最轻的质量获得最高的强度或模量,可达到结构材料减重的目的。

复合材料,特别是聚合物基复合材料,它们的强度、刚度和成本性能特别适用于

飞机结构的应用，是飞机结构主要关注的新材料。金属基和陶瓷基复合材料是比聚合物基复合材料更早发展起来的复合材料，金属基复合材料具有优异的高温性能，可用作高温部件，但制备较困难；陶瓷基复合材料虽然耐高温、抗磨损，但脆性大、断裂韧性低，因此在大多数情况下不适合于结构性应用。

目前发展最快、应用最为广泛的是树脂基复合材料，它具有比强度和比刚度高，可设计性强，抗疲劳性能和耐腐蚀性能好，便于大面积整体成型，以及利用各向异性通过铺层设计获得较为理想的结构性能等优异特性，在航空领域得到越来越广泛的应用。与传统的钢、铝合金结构材料相比，树脂基复合材料的密度约为钢的 1/5，铝合金的 1/2，其比强度和比模量均高于钢和铝合金(见表 8.1)。这样，在强度和刚度要求相同的情况下，采用树脂基复合材料可以明显减轻结构质量，提高飞机性能和降低燃油消耗，因此迅速发展成为继铝、钢、钛之后的又一类航空结构材料，广泛用于航空航天等高科技领域。

表 8.1　不同材料的比模量和比强度

材　料	纤维体积含量/%	密度/ ($g \cdot cm^{-3}$)	比模量/ ($MN \cdot kg^{-1}$)	比强度/ ($MN \cdot kg^{-1}$)
芳纶纤维/环氧树脂	60	1.4	29	0.46
碳纤维/环氧树脂	58	1.54	54	0.25
低碳钢	—	7.8	27	$<$0.11
铝合金	—	2.7	27	0.15

2) 良好的高温性能

目前聚合物基复合材料的耐高温上限为 350 ℃；金属基复合材料按不同的基体性能，其使用温度在 350～1 100 ℃范围内变动；陶瓷基复合材料的使用温度可达 1 400 ℃；碳-碳复合材料的使用温度最高可达 2 800 ℃。

3) 良好的尺寸稳定性

增强体加入到基体材料中，不仅可以提高材料的强度和刚度，而且可以使其热膨胀系数明显下降。通过改变复合材料中增强体的含量，可以调整复合材料的热膨胀系数。

4) 耐疲劳性能好，破损安全性高

①疲劳破坏有预兆；②疲劳极限/静极限强度的百分比高。

5) 良好的蠕变、冲击和断裂韧性

陶瓷基复合材料的脆性得到明显改善。

6) 具有多种功能性

①优异的电绝缘性和高频介电性能；②良好的摩擦性能；③优良的耐腐蚀性；④有特殊的光学、电学、磁学特性。

7）良好的加工工艺性

①可根据制品的使用条件、性能要求选择原材料（纤维、树脂）；②可根据制品的形状、大小、数量选择加工成型方法；③材料、结构的制备在同一工艺过程完成，即可整体成型，减少装配零件的数量，节省工时，节省材料，减轻质量。

树脂基复合材料对于结构形状复杂的大型制件也能实现一次成型，从而使部件中零件的数目明显减少，避免过多的连接，显著降低应力集中，减少制造工序和加工量，大量节省原材料。树脂基复合材料以其独特的优点，在许多工业领域中得到了应用。

8）各向异性和性能可设计性

复合材料的力学性能、物理性能除了由纤维、基体的种类和含量（V_f）决定外，还与纤维的排列方向、铺层顺序等有关。可根据工程结构的载荷分布及使用条件不同，选择相应的材料及铺层设计来满足既定的要求，做到安全可靠、经济合理。

复合材料层合板设计即铺层设计——确定铺层要素。层合板设计的主要任务是根据层合板所受的外加载荷和已选用的组分材料的铺层性能来确定层合板的三个铺层要素：铺层角度、铺层顺序和层数（层数比）。

（1）铺层角度确定

为了最大限度地利用纤维轴向的高性能，应该用0°层承受轴向载荷；45°层承受剪切载荷，即将剪切载荷分解为拉、压分量来布置纤维承载；90°铺层用来承受横向载荷。根据需要确定设计哪几种铺向角。若需设计成准各向同性板，也可采用0°、30°、60°构成的层合板。铺层角度如图8.4所示。

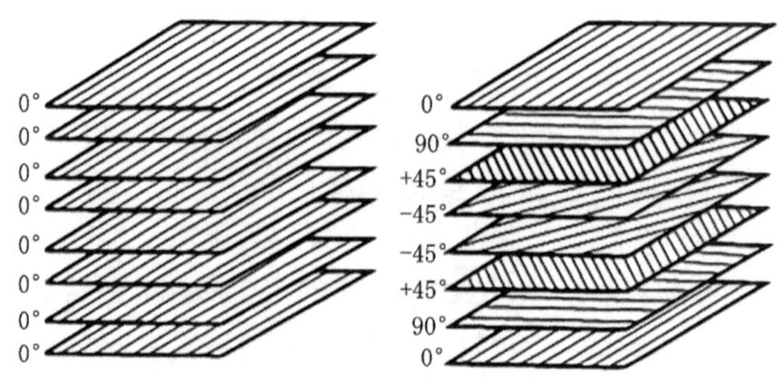

图8.4　铺层角度示意图

（2）铺层顺序的确定

除特殊要求外，应采用正交各向异性的对称铺层，避免耦合引起翘曲；同角度的铺层，沿层合板方向应尽量均匀分布，不宜过于集中，若超过4层易在两种定向铺层组的层间出现分层；层合板的面内刚度只与层数比和铺向角度有关，与铺叠顺序无关。但若层压结构的性能还与弯曲刚度有关（例如层压结构梁），则弯曲刚度与铺叠顺序有关。

(3) 铺层层数的确定

各定向铺层的层数应通过计算或计算图表来确定。一般先求出层数比,再根据所需总层数求得各种铺向角层组的层数。

2. 复合材料的缺点

复合材料虽然具有以上诸多优点,但也存在一些缺点,主要包括以下几个方面:①成型工艺成本仍然较高;②仍缺乏高性能复合材料大批量生产技术;③材料本身不能循环回收利用;④针对各向异性的设计方法较少;⑤材料的破坏模式规律性不明显;⑥生产能力受原材料制约(如纤维等)。

8.2 复合材料成型技术及其特点

由于复合材料具有优异的性能特点,在飞机结构上的应用越来越广泛,对飞机的设计和制造将带来革命性的变化。先进树脂基复合材料在飞机上应用可实现飞机结构减重 25%～30%的效果。此外,通过深层次开发复合材料结构与功能的可设计性潜力,复合材料的应用可进一步提高飞机的综合性能。人们曾经预言,21 世纪飞机上的大部分结构将采用复合材料,甚至出现全复合材料飞机。但是到目前为止,复合材料的使用量仍处于较低水平,其主要原因是,复合材料构件的成本还远高于铝合金构件,阻碍了先进树脂基复合材料在航空航天等领域的更广泛应用。因此,先进树脂基复合材料要提高应用效能、扩大应用领域首先要解决的问题是低成本化。

先进树脂基复合材料的成本构成主要包括原材料成本、设计制造成本以及使用维护成本。图 8.5 所示为复合材料的成本构成示意图,可以看出,制造成本所占的比重最大。因此,新的复合材料制造技术(如自动化制造技术、液态成型制造技术和整体化制造技术)将成为高效低成本制造技术的主流。目前,用于制造飞机结构部件的树脂基复合材料成型技术主要包括手糊成型技术、热压罐成型技术、模压成型技术、拉挤成型技术、纤维缠绕成型技术、自动铺放技术、RTM 成型技术以及复合材料的低温固化技术、电子束固化技术和复合材料结构修理技术等。以下对各种复合材料成型技术及其特点进行简要介绍。

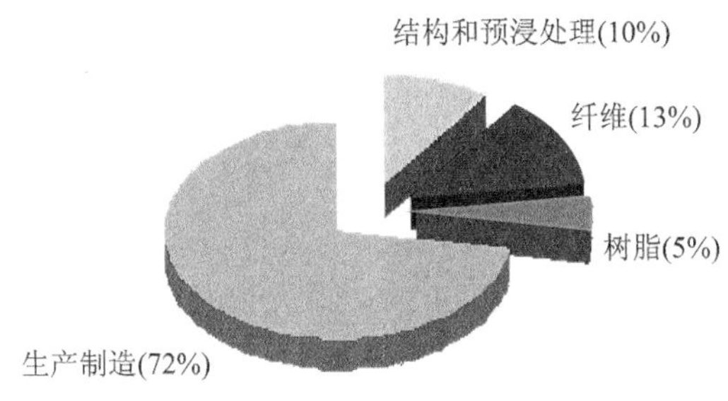

图 8.5　复合材料的成本构成示意图

8.2.1 手糊成型技术

手糊成型是最古老也是最常用的复合材料制造工艺。这种成型工艺是人工将预浸坯料经浸布浸润后连续铺层,应用工具使零件成型。这种工艺很少受到制品形状及大小的制约,模具费用也较低,因此对于那些品种多、生产量小的大型制品,手糊成型是最适合的成型技术。

图 8.6 所示为手工铺叠工艺流程示意图。手工铺叠工艺是目前国内用得最多的成型工艺,图 8.7 所示为手工铺叠复合材料机翼的生产现场。

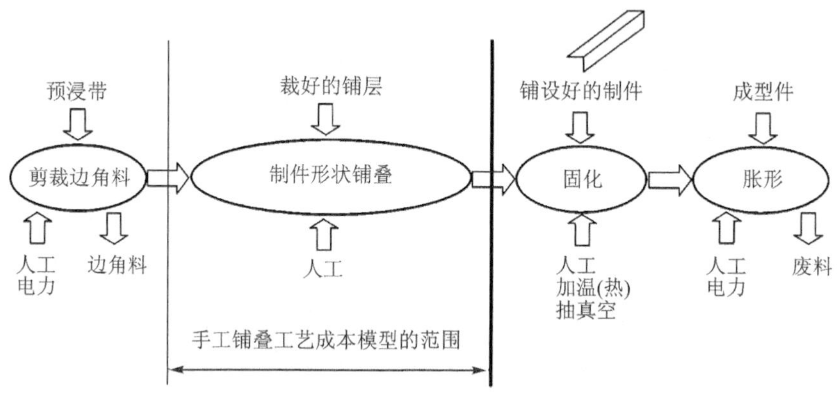

图 8.6　手工铺叠工艺流程图

图 8.7　手工铺叠生产现场

8.2.2　热压罐成型技术

热压罐成型技术是制造高质量复合材料制件的主要方法。其基本过程是，先将预浸料按尺寸裁剪、铺贴，然后将预浸料叠层与其他工艺辅助材料组合在一起置于热压罐中，在一定压力和温度下固化形成制件。热压罐成型技术的最大优点是，仅用一个模具就能得到形状复杂、尺寸较大、质量较好的制件。目前，热压罐成型技术较为成熟，已经制造出了大量的航空复合材料结构件和结构/功能一体化构件，是国内应用最广的成型技术之一。国内外许多飞机部件都是采用热压罐成型工艺制造的。

图 8.8 所示为国内最大的热压罐，图 8.9 所示为国内采用热压罐整体成型的机翼壁板。

图 8.8　国内最大的热压罐(φ5 m×17 m)

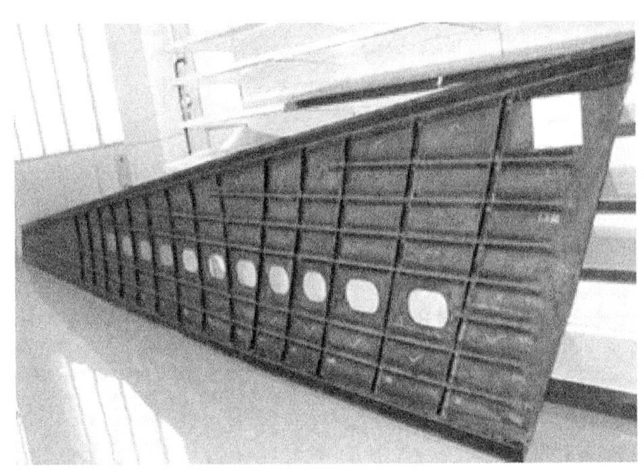

图 8.9　整体成型机翼壁板(10.5 m)

8.2.3 模压成型技术

预浸料/模压成型技术仍然是航空复合材料制造的主流技术，目前已由手工工艺发展为数字化和自动化制造工艺。图 8.10 所示为预浸料/模压成型技术发展示意图。模压成型的模具由阴、阳模两部分组成，增强材料一般为短切纤维毡、连续纤维毡和织物。坯料模压工艺是将预浸料或预混料先做成制品的形状，然后放入模具中压制(通常为热压)成制品。模压成型技术适合于生产量大、尺寸要求精确的制品。图 8.11 所示为模压成型示意图。

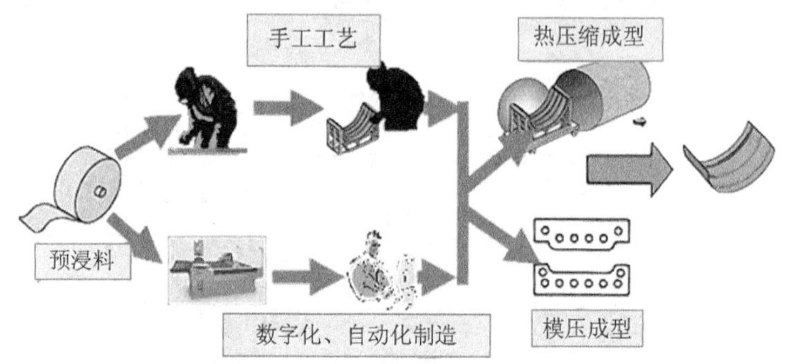

图 8.10 预浸料/模压成型技术发展示意图

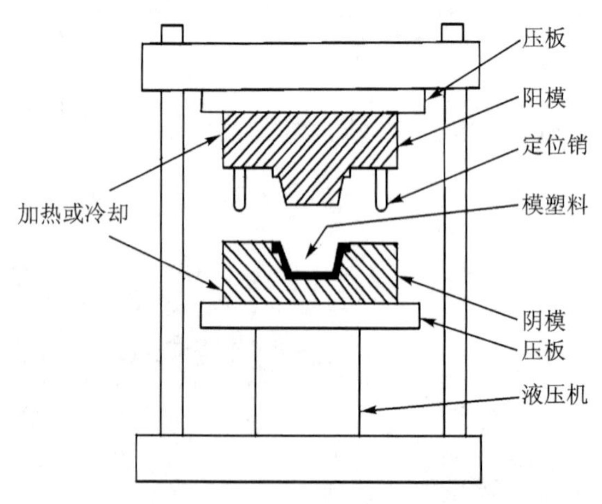

图 8.11 模压成型示意图

8.2.4 拉挤成型技术

拉挤成型是高效率生产连续、恒定截面复合型材的一种自动化工艺技术。其工艺特点是，将连续纤维浸渍树脂后，通过具有一定截面形状的模具成型并固化，成型工艺简单，效率高。主要工艺步骤包括纤维输送、纤维浸渍、成型与固化、夹持与拉

拔、切割等，工艺原理如图 8.12 所示。

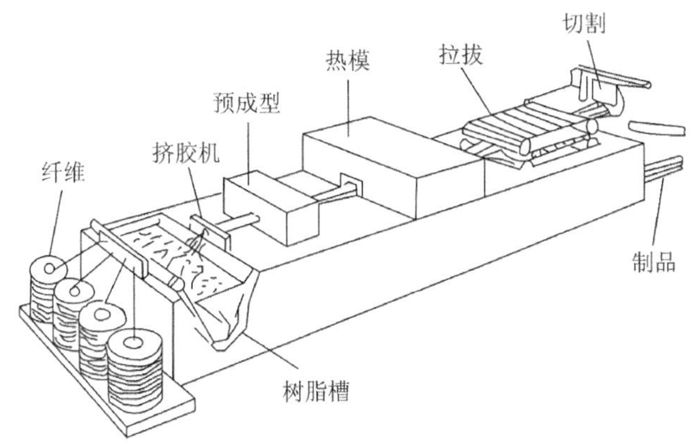

图 8.12　拉挤成型工艺原理图

拉挤成型用纤维主要为玻璃纤维粗纱，树脂主要为不饱和聚酸酯树脂，用于连续生产纤维复合材料型材。采用拉挤法制备制件时，增强纤维沿轴向平行排列，能有效利用其强度。采用纤维毡增强材料可制备各向同性制件，采用编织带可提高制件的横向强度。拉挤成型技术的关键是对固化过程的控制，固化反应放热峰如果出现太早则制件易开裂、翘曲；出现太迟则制件固化不完全，易分层。取决于型材形状和加热方式，拉挤速度在 1.5～60 m/h 之间。

采用预浸料自动拉挤制造复合材料筋、肋、梁型材最早由日本 JAMCO 公司发明，美国 ATK 公司近年也推出自己的预浸料拉挤型材技术，已经应用于 A380 和 B787 等机型。国内在这方面的研究工作刚刚起步，有待进一步发展。

8.2.5　纤维缠绕成型技术

纤维缠绕成型是一种将浸渍了树脂的纱或丝束缠绕在回转芯模上，常压下在室温或较高温度下固化成型的一种复合材料制造工艺，是一种生产各种尺寸（直径 6 mm～6 m）回转体的简单有效的方法。纤维缠绕成型的工艺过程是，在专门的缠绕机上，将浸渍树脂的纤维均匀地、有规律地缠绕在一个转动的芯模上，然后固化，除去芯模后获得制件。湿法缠绕是最普通的缠绕方法，其工艺原理如图 8.13 所示。

纤维缠绕成型方法既适用于制备简单的旋转体如筒、罐、管、球、锥等，也可以用于制备飞机机身、机翼及汽车车身等非旋转体部件。在纤维缠绕成型中常使用的增强材料包括玻璃纤维、碳纤维、芳纶纤维，缠绕用树脂基体有聚酸酯、乙烯酯、环氧和 BMI 树脂等。纤维缠绕成型的主要优点是节省原材料、制造成本低以及制件的高度重复性，最大缺点是制件固化后需除去芯模、不适宜带凹曲表面制件的制造。

纤维缠绕机的发展经历了机械式、程序控制、计算机控制纤维缠绕机三个阶段。计算机控制纤维缠绕机的出现带来了缠绕技术的革命，缠绕 CAD/CAM 技术使复杂

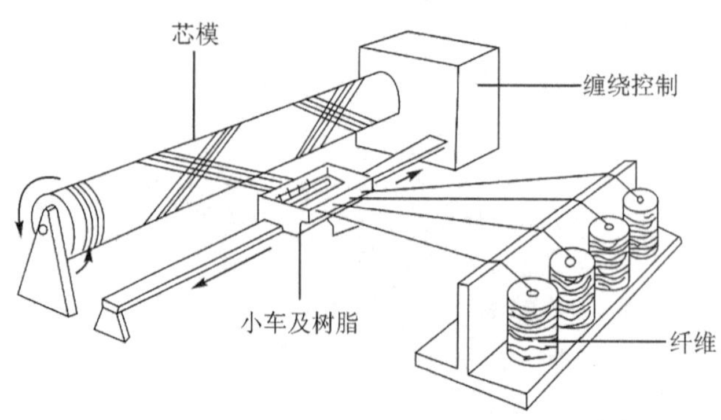

图 8.13 湿法缠绕工艺原理图

的缠绕轨迹计算成为可能,并在计算机控制纤维缠绕机上直接实现。缠绕轴数的增加不仅使复杂的运动得以完成,并且大大提高了线形精度,从而大幅提高缠绕制品的性能。纤维缠绕技术已成为应用最广泛的复合材料自动化成型技术,与自动铺放技术包括自动铺带技术和自动铺丝技术(也称为丝束铺放或纤维铺放)一起,构成先进复合材料的自动化连续成型技术。

8.2.6 自动铺放技术

复合材料自动铺放技术与缠绕技术是实现复合材料“低成本、高性能”的重要手段之一。自动铺放技术的优点是,低成本、自动化、数字化、高精度、高效率、高性能。其中自动铺带:32.66 kg/h,即 72 lb/h;自动铺丝:22.68 kg/h,即 50 lb/h(VAF-PM30.84 kg/h,即 68 lb/h),可节省工时 50%~60%,效率提高 40%以上,废料率降低 80%以上,成本降低 50%以上。在航空航天高性能复合材料结构制造中的应用极为广泛,具有相当重要的地位,近年来发展相当迅速。B787 大量应用复合材料,用量达到 50%,这在很大程度上得益于自动铺放技术。所有翼面蒙皮都采用自动铺带技术制造,全部机身都采用自动铺丝技术整体制造。

自动铺放技术是制造大型复合材料构件的重要方法。用自动铺带制造翼面蒙皮/壁板、自动铺丝制造机身已经成为发达国家航空制造业的标准。A380 中 25%的复合材料中有将近 40%(后机身、中央翼、尾翼等)采用自动铺放技术制造,B787 中 50%的复合材料中有 80%(所有翼面和全部机身)采用自动铺放技术制造。

国内现有碳纤维复合材料预浸料体系主要针对手工铺叠工艺,还不能满足自动化制造的工艺性要求。国内制造复合材料多数为手工铺放,部分单位掌握自动下料和激光投影铺放。目前已在自动铺带技术、数字化制造方面开展了应用研究,研制了适合自动铺带的预浸料以及自动铺带原理样机。对自动铺丝技术也开展了探索性研究工作。

目前国外中小型制件及利用织物预浸料时普遍采用计算机辅助的数字化人工铺

放。图 8.14 所示为计算机辅助数字化人工铺放流程图。自动铺带技术适用于大型壁板类复合材料结构制造，自动铺丝技术适用于大型回旋体类结构制造。

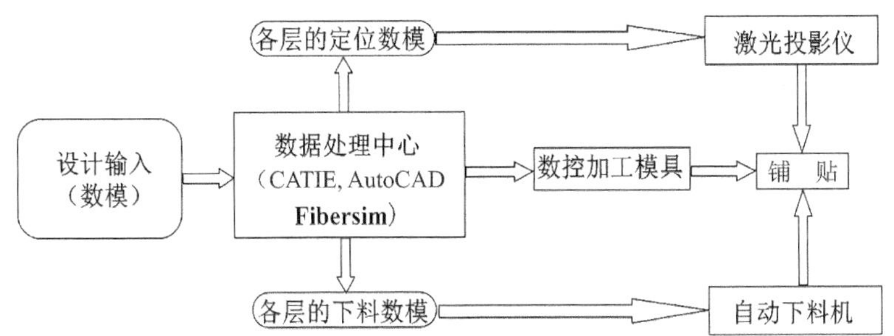

图 8.14　计算机辅助数字化人工铺放流程图

1. 自动铺带技术

自动铺带技术即 ATL(Automated Tape-Laying)，是针对机翼、壁板构件等大尺寸、中小曲率部件开发的一种复合材料自动化制造技术。国外在 20 世纪 70 年代中期开始研制自动铺带机，1983 年第一台商用铺带机进入生产领域，F16 中 80％的蒙皮件用其生产。随着飞机复合材料用量的增加，自动铺带技术的应用越来越广泛，铺带技术也日益完备，生产效率高，是手工铺叠的数十倍。目前几乎所有航空大型复合材料壁板类均采用自动铺带。自动铺带机已由第一代铺平面、窄带，带宽 7.62 cm(3 in)，第二代铺大型平面、宽带，带宽 30.48 cm(12 in)，发展到第三代铺曲面，称为外形铺带机，即曲面带铺放(CTLM)，甚至第四代可以铺放相当复杂的双曲面。A380 和 B747 飞机大量应用复合材料正是由于自动铺放技术的应用。图 8.15 所示为 A380 部件复合材料先进制造技术分布图。

从图中可以看出，A380 飞机的中央翼盒、平尾、垂尾等部件均采用自动铺带技术，同时也采用其他的复合材料先进制造技术。例如：后压力框采用 RFI 工艺，襟翼导轨面板采用 RTM 工艺制造。

自动铺带技术以带有隔离衬纸单向预浸带为原料，在铺带头中完成预定形状的切割，加热后在压辊的作用下直接铺叠到模具表面。当预浸带铺放到模具表面时，由铺带头将衬纸去除。当预浸带铺放完毕时，铺带头可以根据需要从不同角度切断预浸带。自动铺带主要采用热固性树脂预浸带，也可采用热塑性树脂预浸带。自动铺放主要过程如下：预浸料分配→稍加热→与纸分离→铺下、切断、压实。其工艺关键是铺带头，具有扇形端，随零件外形走动、均匀施压。图 8.16 所示为自动铺带设备。

自动铺带技术的应用可以明显提高复合材料的生产效率，降低制造成本。发达国家均已采用自动铺带技术制造航空复合材料构件。图 8.17 所示为波音 B777 民用飞机用自动铺带技术制造的全复合材料尾翼蒙皮。

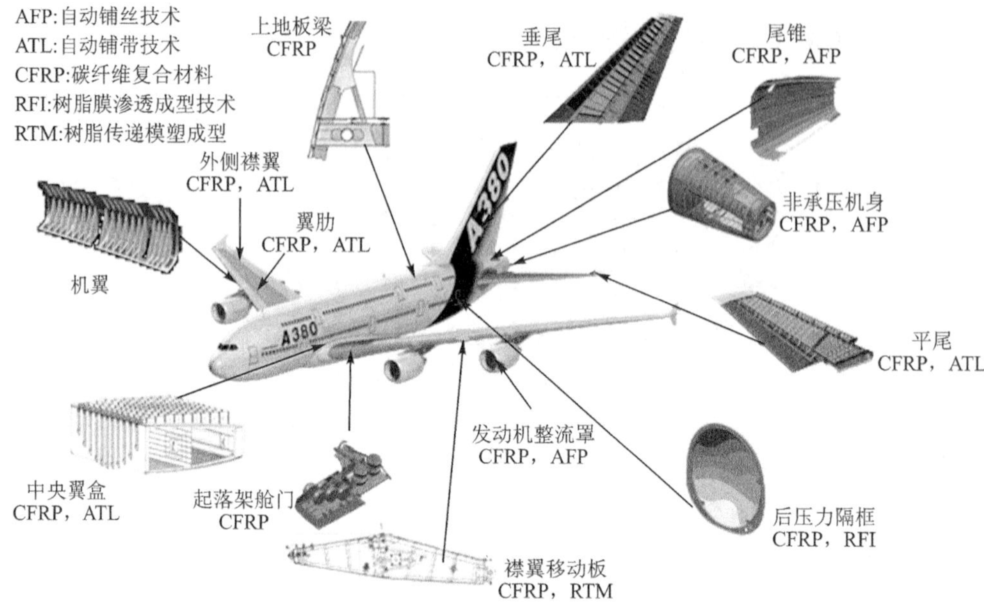

图 8.15　A380 部件复合材料先进制造技术分布图

图 8.16　自动铺带机

图 8.18 所示为 A400M 用自动铺带技术制造的复合材料机翼。

图 8.17　波音 B777 飞机尾翼蒙皮

图 8.18　A400M 机翼(23 m×4 m,约 3 t)

2. 自动铺丝技术

自动铺丝技术即 AFP(Automated Fiber Placement),全称为自动丝束铺放成型技术。20 世纪 80 年代中后期进行开发研制,旨在克服缠绕技术在"周期性、稳定性和非架空"方面及自动铺带必须沿"自然路径"的限制,用于复合材料机身制造,核心技术是多丝束铺放头的设计研制和相应材料体系开发。1990 年,第一台生产用纤维铺放机交付使用,波音直升机公司是第一家用纤维铺放机生产飞机的公司。

自动铺丝技术是将数根预浸纱用多轴铺放头(机械手)按照设计要求所确定的铺层、方向和厚度在压辊下集为一条预浸带(带宽由程序控制预浸纱根数自动调整)后铺放在芯模表面,加热软化预浸纱并压实定型,整个过程由计算机测控、协调完成。

自动铺丝技术主要工艺过程如下:各个预浸丝束从纱团中抽出→丝束按各自的速度通过导纱系统→到达铺放头,平行排列成一个纱带,加热,压实到模具表面→将一些纱带层积到模具表面成制品→铺放头定位到下一个铺放过程开始的位置。

自动铺丝技术不同于缠绕和自动铺带,优势如下:可实现连续变角度铺放,适应大曲率复杂构件成型而又具有接近自动铺带的效率;高度自动化,落纱铺层方向准确,可实现复合材料构件快捷制造,迅速形成批量生产;生产速度快,产品质量稳定,可靠性高,可以真正实现"低成本、高性能"等。

自动铺丝设备由缠绕机演化而来。早期的铺丝机采用龙门式结构,如图 8.19 所示。由于对铺丝机丝束数目的要求增多,后期发展的铺丝机多采用卧式结构,且用转动作为轴升降运动。美国辛辛那提机床厂制造的 Viper 型铺丝系统如图 8.20 所示。

图 8.19　龙门式结构铺丝机

利用自动铺丝技术制造的 V－22 飞机整体结构后机身如图 8.21 所示,比原来减少 34%的紧固件和 53%的装配量,废料率降低 90%。使用自动铺丝技术制造机身还可减轻质量,节省材料,减少部件数目,缩短工艺流程和工装时间。B787 机身段采用 AFP 制造,如图 8.22 所示。由于没有铆钉和蒙皮接点,不需要框架,整个飞机有了更多空间,并且机身整体成型,质量大大减轻,与铝合金相比,质量减轻 40%以上。

自动铺丝技术的发展趋势是,与热塑性复合材料直接固结技术、电子束固化技术相结合,替代热压罐成型技术。电子束固化与自动铺丝技术结合是最新发展方向,这是由于电子束固化可以大大节省制造时间、材料,并降低能源消耗。

图 8.20　Viper 型铺丝头

图 8.21　V－22 后机身

(a) 机身头段(ϕ6.2 m×12.8 m)

图 8.22　B787 机身段采用 AFP 制造

(b) 机身中段(44段ϕ5.8 m×8.5 m、46段ϕ5.8 m×10 m)

(c) 机身后段(47段ϕ5.8 m×7 m、48段ϕ4.3 m×4.6 m)

图 8.22　B787 机身段采用 AFP 制造(续)

8.2.7　RTM 成型技术及其衍生技术

RTM(Resin Transfer Moulding,树脂传递模塑)成型技术是一种适宜多品种、中批量、高质量复合材料制品生产的成型技术。其基本原理是,在设计好的模具中放置预成型增强体,闭合模具后,将所需的树脂注入模具,当树脂充分浸润增强材料后,加热固化,然后脱模获得产品。图 8.23 所示为 RTM 成型原理示意图。

RTM 技术有许多优点:①能够制造高质量、高精度、低孔隙率、高纤维含量的复杂复合材料构件,无需胶衣树脂也可获得光滑的双表面,产品从设计到投产时间短,生产效率高;②RTM 模具和产品可采用 CAD 进行设计,模具制造容易,材料选择面广;③RTM 成型的构件与管件易于实现局部增强或制造局部加厚的构件,带芯材的

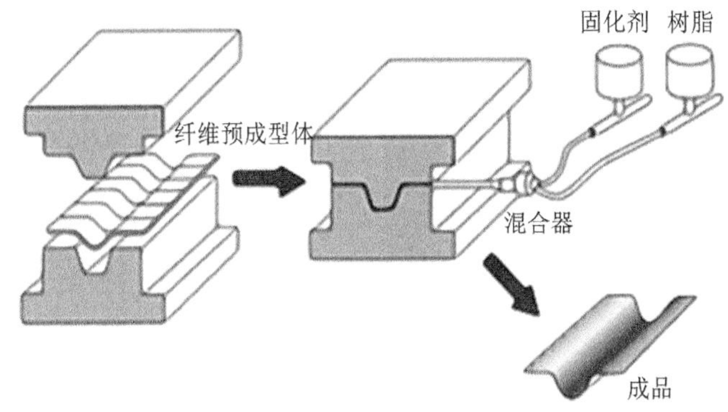

图 8.23　RTM 成型原理示意图

复合材料能一次成型；④RTM 成型过程中挥发成分少，有利于劳动保护和环境保护。

1. 树脂传递模塑成型(RTM)

RTM 技术的突出特点是将树脂浸润、固化成型过程与纤维结构设计和制造分开，使得设计者可以进行独特的材料设计剪裁来满足精确而复杂的技术要求。此外，RTM 技术为闭合模具和工艺设计，容易整体制造较大尺寸，形状复杂，带加筋、夹芯和镶件的结构。图 8.24 所示为 RTM 工艺过程，各步骤间相互关联并最终决定制品的质量。

预成型体的结构设计不仅决定制件的力学性能，而且决定树脂在预成型体中的渗透率和树脂注射充模的压力和时间，进而影响到树脂体系的选择。与此同时，树脂注射过程会影响预成型体的稳定性（注射过程中增强纤维可能被冲乱）、纤维束浸润及空气排除等因素之间的平衡关系。模具设计不仅要保证制品的几何特性，而且要

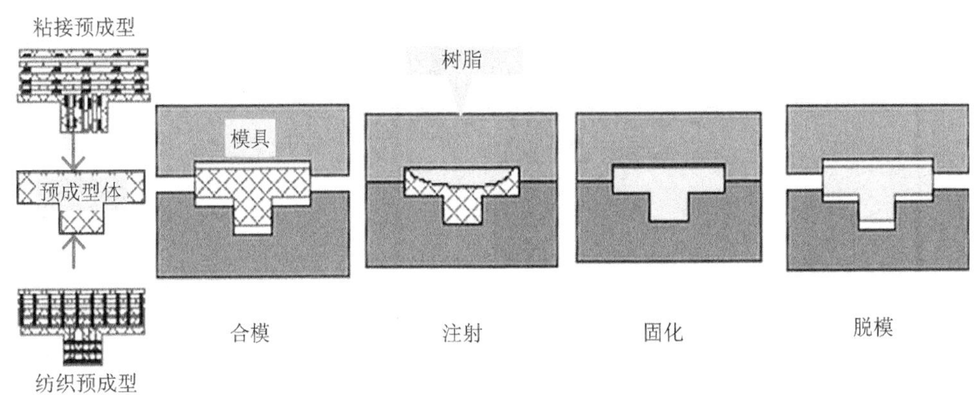

图 8.24　RTM 成型技术的工艺流程

考虑注射过程中树脂流动、树脂固化和制品脱模等工艺因素。只有把各个工艺步骤作为一个整体来统一考虑，才能最终获得高质量的制品和最好的经济性。

F－22 中大量应用了 RTM 技术，典型的 RTM 结构是机翼主承力正弦波梁，如图 8.25 所示。采用 RTM 技术使 F－22 上结构制品的公差控制在 0.5%之内，废品率低于 5%，比相同的金属制品减重 40%而成本低了 10%，采用 RTM 技术后比原设计节省开支 2.5 亿美元。F－22 上占非蒙皮复合材料结构质量约 45%的 360 件承载结构都是采用 RTM 技术制造的。空客 A330－300/340－500/600 扰流板接头也采用 RTM 技术成型，如图 8.26 所示。

图 8.25　F－22 大量应用 RTM 技术

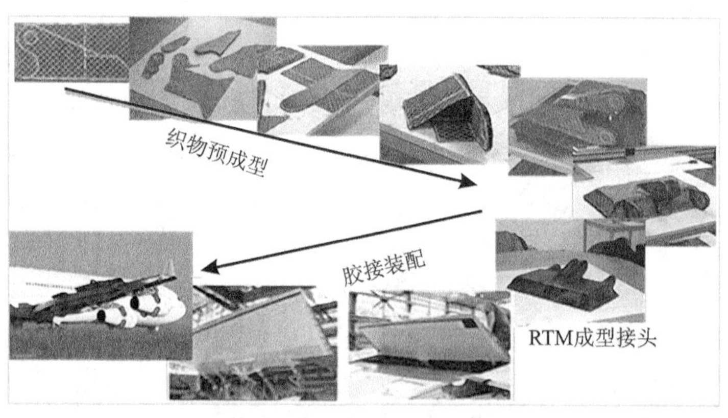

图 8.26　A330－300/340－500/600 扰流板接头采用 RTM 技术成型

国内对液体成型技术的研究工作开展相对较晚，技术成熟度较热压罐低，与国外差距不大，树脂与国外树脂相当，但应用差距较大。国内主要在以下几个方面进行了研究：编织和缝纫预成型技术、成型工艺优化技术及工艺模拟。RTM 是在 1985 年后开发出来的一类复合材料低成本制造技术，发展很快，衍生出一些特殊的 RTM 技术，主要有真空辅助 RTM(VARTM)、压缩 RTM(CRTM)、树脂膜渗透成型(RFI)、真空辅助树脂渗透 RTM(VARI)等。

2. 树脂膜渗透成型(RFI)

RFI(Resin Film Infusion,树脂膜渗透成型)技术工艺示意图如图 8.27 所示。与 RTM 技术相比,RFI 技术有许多优点:RFI 技术不需专用设备,不需要 RTM 那样复杂的模具,不需要专用的树脂基体,另外将 RTM 的树脂横向流动变成了纵向(沿厚度方向)流动,缩短了树脂流动浸润纤维的路径,使纤维更容易被树脂浸润。与预浸料/热压罐成型技术相比,RFI 不需制备预浸料,可以缩短制造周期,提高材料利用率,进而降低复合材料的成本。A380 机身球框采用 RFI 制造,如图 8.28 所示。

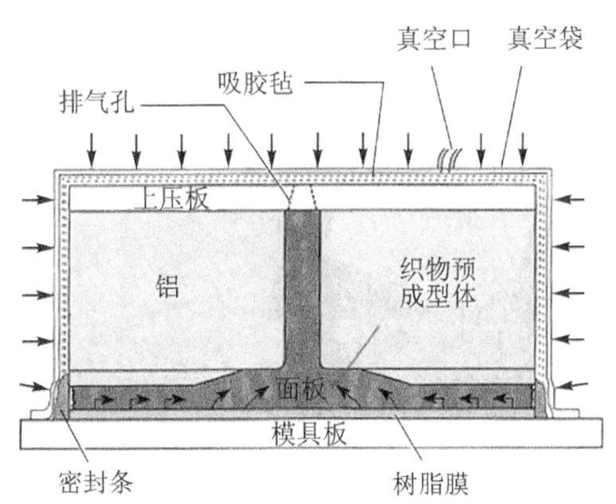

图 8.27　RFI 工艺示意图

图 8.28　A380 机身球框采用 RFI 制造

3. 真空辅助树脂渗透(VART)

VARI(真空辅助树脂渗透)成型技术是在真空状态下排除纤维增强体中的气体,完成树脂的流动、渗透,实现对增强体的浸渍,最后固化成型。采用VARI制造复合材料构件时无需预浸料和热压罐,可大幅度降低成本,非常适宜大型构件的低成本制造。图8.29所示为VARI技术原理示意图。A400M后货舱门用VARTM(VARI)技术制造,如图8.30所示。

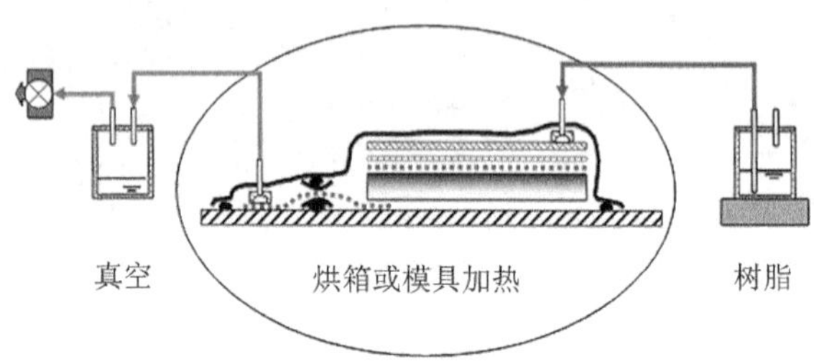

图8.29 VARI制造技术原理示意图

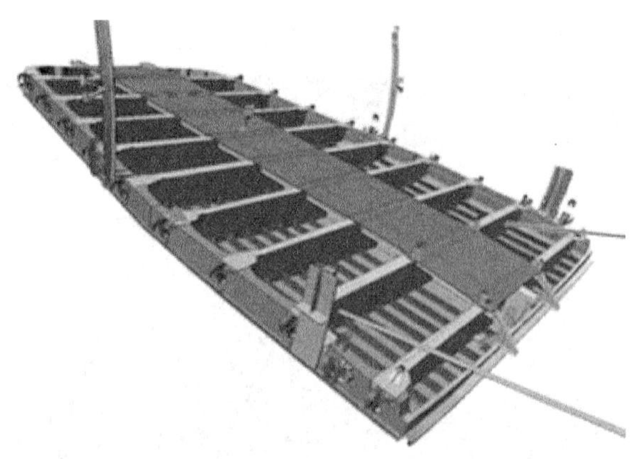

图8.30 A400M后货舱门采用VARTM(VARI)技术制造

8.2.8 复合材料低温固化技术

复合材料的低温固化技术通常指固化温度低于100 ℃,可在自由状态下进行高温后处理的复合材料及相关制造技术。树脂基复合材料构件的低温固化技术可以大大降低主要由昂贵的模具、高能耗设备和高性能工艺辅料等带来的高费用。此外,低温固化复合材料构件的尺寸精度高,固化残余应力低,适于制造大型和复杂的复合材料构件。低温固化中、高温使用树脂基复合材料不仅可用于制备航空航天复合材料构件,也可用于复合材料工装材料以及复合材料构件修补等。复合材料低温固化技术是低成本技术的重要组成部分。

低温固化,不仅要降低固化温度,同时还要降低固化压力,以便可不采用传统的

热压罐成型而采用烘箱（或烘房、空气炉等）/真空袋固化技术。低温固化中的真空袋固化技术的主要优点有：设备投资小；模具材料来源广泛，成本低廉；适合于生产大尺寸和形状复杂的复合材料构件；操作简便；制品设计自由度高；工艺辅料费用显著降低。目前，低温固化高温使用的树脂基复合材料技术发展很快，其性能已达到较高水平，已经开始应用于航空航天复合材料承力构件和复合材料工装等。

8.2.9　复合材料电子束固化技术

树脂基复合材料电子束固化技术是 20 世纪 90 年代发展起来的一种低成本制造技术。它是利用高能电子束引发复合材料树脂基体发生交联反应，制造高交联密度的热固性树脂基复合材料。复合材料电子束固化技术有许多独特的优点：

① 可以室温或者低温固化。由于能够进行低温固化，因此可以降低固化收缩率，减少固化残余应力，提高复合材料制件的尺寸精度；可以采用低成本的模具材料如泡沫、石膏和木材等，显著降低模具成本。

② 固化速度快，成型周期短，是热压罐成型速度的若干倍。

③ 适合于制造大型复合材料构件。由于电子束固化工艺不需要其他设备，只要电子加速器的屏蔽室允许即可用电子束固化技术制造大型复合材料构件。

④ 可选择区域固化。电子束固化可以在构件上选择需要固化的区域进行固化，而不必对整个构件进行固化处理，因此非常适合对复合材料的修补。

⑤ 便于实现连续化操作。电子束固化技术可以与 RTM、缠绕、纤维自动铺放和拉挤等成型工艺结合使用，进一步降低复合材料的制造成本。

目前，国外电子束固化复合材料已达到工程应用阶段，开始在航空航天领域中应用。国内已研制开发了电子束固化环氧树脂。

胶结挖补修理是纤维增强热固性塑料制件修理的一种重要方法，适于修理有严格外形表面要求的制件、最大连接效率的制件、必须避免载荷集中及偏心的制件以及采用贴补会引起厚度超出型线的厚壁制件。

国外从 20 世纪 70 年代开始对复合材料修补技术进行研究，目前已实现修补材料系列化，品种齐全，修补工艺成熟。用于修补的复合材料体系主要为双组分低黏度环氧树脂体系和预浸料，前者是在湿铺贴修补中浸渍干纤维织物，后者主要用于制造预固化补片或真空条件下进行外场热胶接修补。

8.3　复合材料在航空领域中的应用

8.3.1　国外民机上复合材料的应用

复合材料在飞机上的应用经历了从非承力构件→次承力构件（尾翼级）→主承力构件（机身、机翼等）的发展过程，目前已成为飞机结构的主要材料。图 8.31 所示为国外民机复合材料的用量和趋势。从图中可以看出，从开始使用复合材料的20世纪70年代到20世纪末，其用量在15%以内，且增长幅度不是很大；直到2005年以后，以A380、B787为代表，复合材料在机体中的用量发生了显著变化，A380复合材料用量超过20%，B787甚至达到50%。这一变化过程主要包括以下三个阶段。

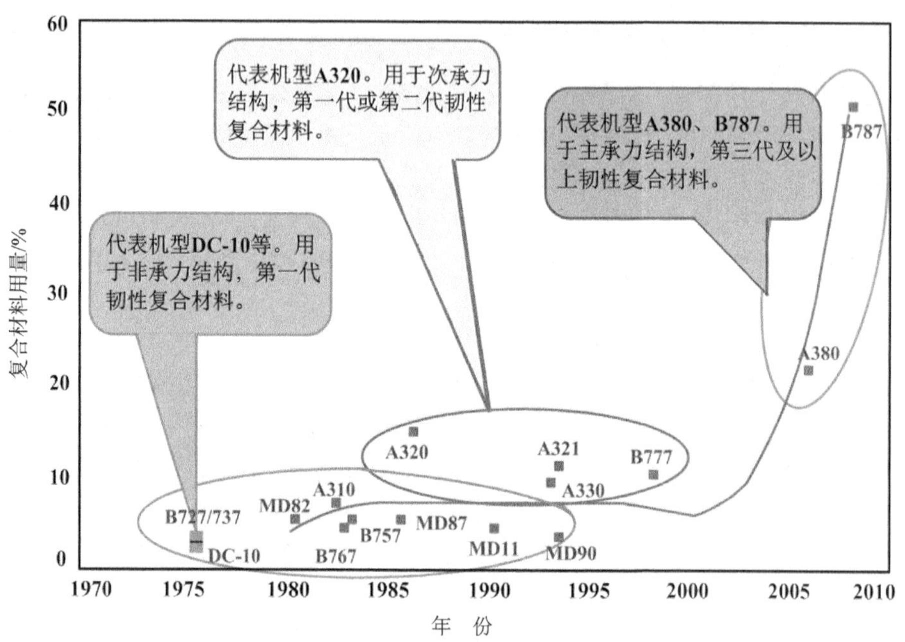

图 8.31 国外民机复合材料用量和趋势

1. 第一代脆性复合材料(1976—1986年)

第一代脆性复合材料应用的代表机型为DC-10，用于非承力结构。应用该类材料的其他机型包括A310、MD82、B757、B767、MD11、MD90、B727/737等。复合材料用量小于10%，应用部位为副翼、方向舵、扰流板、整流罩等。

本阶段，美国在ACEE计划的支持下，主要研究内容包括：复合材料和飞机结构的基础科学和工程技术；次承力复合材料结构设计、制造和试验验证；机翼和机身主承力结构探索研究；碳纤维复合材料T-300/5208的性能等。

美国Narmco公司1972年成功研发了第一代碳纤维复合材料T-300/5208，首先应用的复合材料结构包括：Lockheed L-1011副翼、Douglas DC-10方向舵、波音B727机翼扰流板。Douglas DC-10方向舵完成飞行考核，装机13架次，并推广应用于其他机型。图8.32所示为DC-10复合材料方向舵的实物照片。至此，第一代T-300/5208脆性复合材料获得成功应用。但主承力结构的复合材料应用未取得实质性进展，主要是由于复合材料易受冲击损伤且其成本高昂。

图 8.32　DC-10 复合材料方向舵

2. 第一代或第二代韧性复合材料(1986—2000 年)

第一代或第二代韧性复合材料应用的代表机型 A320,用于次承力结构。使用该类材料的其他机型有 A321、A330、B777。复合材料用量为 10%～15%,应用部位为副翼、方向舵、扰流板、整流罩、平尾、地板、雷达罩、前起舱门、发动机吊架、内外襟翼等。图 8.33 所示为 A320 机型的复合材料应用部位示意图。

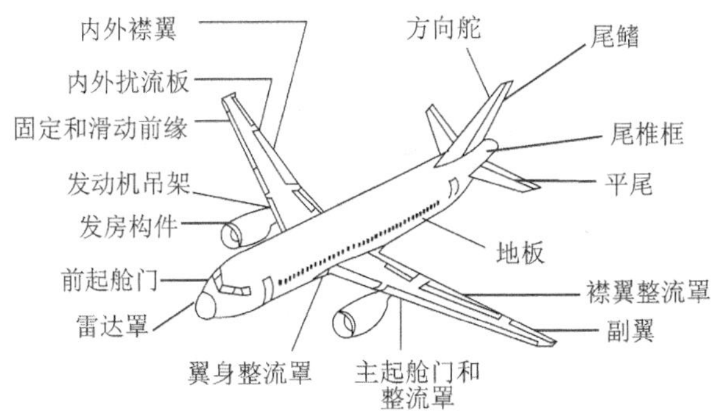

图 8.33　A320 复合材料应用部位示意图

A320 飞机用碳纤维/环氧复合材料体系包括:

① 中温(125 ℃)固化。日本东丽 Toray T300B/913(湿态长期工作温度范围为 −55～80 ℃);Toho HTA(12K)/913;等。

② 高温(177 ℃)固化。T300B/5208(NARMCO),属于第一代脆性材料;AS4/3501-6(Hexcel),属于第一代脆性材料;T300B/914(Hexcel),属于第一代韧性材

料;T400/HTA(12K)/6376(Hexcel),属于第二代韧性材料;AS4/8552(Hexcel),属于第三代韧性材料;HTA(12K)/977-2(Cytec),属于第三代韧性材料。

在这个阶段解决了第一代脆性复合材料韧性差的问题,第一代或第二代韧性复合材料获得应用,第三代韧性复合材料得到发展,从而扩大了复合材料在飞机上的应用。

3. 第三代及以上韧性复合材料(2000—2010年)

第三代及以上韧性复合材料应用的代表机型A380、B787,用于主承力结构。复合材料用量为20%~50%。在A380新一代大型客机上,先进复合材料用量扩大到23%,再加上2%的机身用GLARE层板,复合材料结构总量达到25%。A380复合材料应用部位为机翼、平尾、垂尾、机身尾段和尾椎、垂尾梁、梁、肋、接头、球框等。

A380飞机各部位采用的主要复合材料体系包括:机翼、平尾、垂尾采用IM7/M21(Hexcel),属于第三代韧性材料;机身尾段和尾椎采用IM7/AS4/8552(Hexcel),属于第三代韧性材料;垂尾梁采用IM7/977-2(Cytec),属于第三代韧性材料;梁、肋、接头等采用IM7/RTM6(Hexcel),RTM工艺成型;球框采用NCF HTA/M36(Hexcel),RFI工艺成型;主承力结构主要采用的碳纤维增强体系为IM7、AS4。

在B787"梦幻"飞机上,先进复合材料的用量达到机体结构质量的50%,复合材料几乎覆盖了飞机的表面,包括机翼、机身和尾翼等机体主要结构,如图8.34所示。

B787和A380承力结构的选材情况见表8.2。

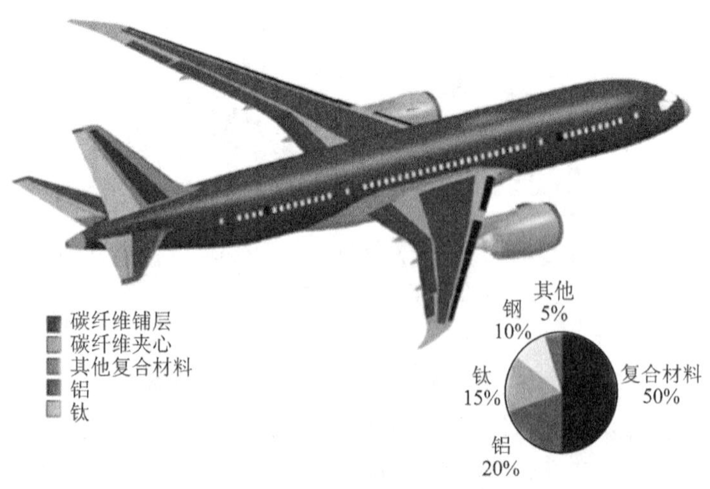

图8.34 B787复合材料应用部位

表 8.2　国外先进客机承力结构的选材情况

机　型	B787	A380
主承力结构及主要选材	机身蒙皮、机身框、中央翼盒、外翼盒、垂尾、平尾翼盒、地板梁、发动机挂架、客舱门、窗框等； T800S/3900-2、AS4/977-3； 主要规范：BMS8-276	中央翼盒、外翼盒、垂尾、平尾翼盒、地板梁、发动机挂架、客舱门、大窗框等； IM7/977-2、IM7/M21、AS4/8552
次承力结构及主要选材	垂尾、平尾、中央主起落架舱门、襟翼上下壁板、腹鳍、翼稍小翼、前缘、吊挂及发动机短舱、雷达罩等； T300 单向带及碳布/F593，Cycom970； 主要规范：BMS8-256	垂尾、平尾、中央主起落架舱门、襟翼上下壁板、腹鳍、翼稍小翼、前缘、吊挂及发动机短舱、雷达罩等； AS4 或 HTA 单向带及碳布/8552

本阶段，第三代及以上韧性复合材料获得应用，同时采用了先进的复合材料成型技术和制造工艺，如 A380 飞机采用了 RTM、RFI 成型技术，B787 采用了自动铺层技术等，使得复合材料在飞机上的用量大幅提升。

空客公司由于受到波音公司 B787 飞机复合材料高用量的影响，计划在 A350 飞机上将复合材料的用量提高到 52%，如图 8.35 所示。复合材料在飞机上的用量及其性能水平已成为飞机先进性的重要标志之一。

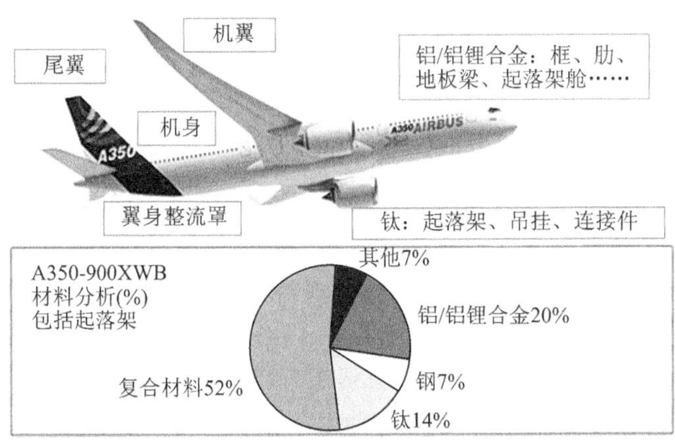

图 8.35　A350 复合材料应用情况

8.3.2　国内复合材料在航空领域中的应用

国内复合材料经过近 40 年的研究取得了较大进展，目前已达到了一定规模和水平，主要用于军机。与国外相比，国内对民机复合材料的应用研究起步较晚，目前国内 ARJ21 支线客机复合材料的用量只有 2.2%。

目前碳纤维复合材料主要依赖进口，由于碳纤维进口受国外技术封锁，且价格较高，使得碳纤维复合材料生产制造的成本较高，在一定程度上限制了先进复合材料在飞机结构的进一步应用。表 8.3 所列为国内复合材料在飞机上的应用情况，最高用量低于 10%。国内民用客机复合材料主要用于次承力结构，如垂尾、翼稍小翼、襟翼、方向舵等。主要材料为 T300 单向带及碳布/Cycom 970，规范相当于 BMS8-256。

表 8.3　部分国内飞机机型复合材料的应用情况

机　型	首飞时间	复合材料用量/%	应用部位
强 5	1985 年	1～2	垂尾、前机身(首次)
J8 Ⅰ	1985 年	1	垂尾(首次)
J8 Ⅲ	1993 年	2	垂尾、前机身
J8 Ⅱ	1995 年	5	机翼主承力结构验证
J10	1997 年	6	垂尾、鸭翼、襟副翼
X11X	—	9.6	机翼、平尾、垂尾、减速板
新舟 60	—	1	腹鳍、垂尾前缘、雷达罩、平尾翼尖等
ARJ21	2007 年	2.2	翼稍小翼、襟翼子翼、方向舵
Y12F	—	7～10	副翼、方向舵、升降舵、各种整流罩

1978 年首次将碳-玻/环氧复合材料用于强 5 型飞机的进气道侧壁。1984 年研制成功的飞机结构受力构件采用高性能环氧树脂复合材料 T-300/4211 体系，其交联密度大，弹性模量较高，耐热性好，突出优点是具有良好的工艺性能，预浸料可在室温下存放。T-300/4211 复合材料可在 120 ℃以下使用，已用于几种型号飞机的垂直安定面、飞机进气道外侧壁板等。2001 年国内首件飞机复合材料水平尾翼完成设计，除达到减重 24%外，气动特性也得到较大改善，标志着国内复合材料结构设计水平上了一个新台阶。此外，国内的液态成型复合材料技术也已取得了较大进展，制造出了中机身液态成型树脂基复合材料剪切梁，研制成功了 70 ℃固化、80～100 ℃使用的 LT-01 碳纤维增强复合材料树脂体系，并用于制造大型运输机复合材料腹鳍。

国内在 1970 年即进行了歼 8 和强 5 的尾翼、前机身应用研究，1995 年研制成功歼 8 Ⅱ带整体油箱的复合材料机翼(至今已安全飞行 20 多年)，此后进入正式应用。新设计的军机上都采用了复合材料，10 号战机 6%，11 号战机 9%，用量一般不超过 10%，但最新研制成功的国内第四代战机 J20 上复合材料的应用有了突破，达 20%左右，目标用量预计增至 29%左右，用量上可超过美国 F-22。直升机上的用量大一些，直 9、直 10 等复合材料用量在 35%以上，新研制的专用武装直升机目标用量将达

到 50%左右。

飞机结构复合材料化已成必然趋势，大型客机结构的主体材料将采用复合材料。这将从根本上改变飞机结构设计和制造传统，也将改变航空工业供应链的重组进程。能否适应这一重大变革，将直接影响到航空制造业的发展。作为国家重大专项的大型客机项目，不仅要研制出大型客机，还要取得商业上的成功，复合材料计划用量在 10%～25%，以提高复合材料在民机上的应用，应用部位由次承力结构发展到主承力结构，如机翼、尾翼、后压力框、机身尾段等。大型客机复合材料用到尾翼级部件，加上地板梁等，可达 10%左右；用到机翼级部件，用量可达 25%。

第9章　机械零件的失效分析及工程材料选择

9.1　机械零件的失效分析

9.1.1　概　述

机械零件、设备、装备、装置或系统统称为机械产品。任何机械产品均具有一定的设计功能与使用寿命。机械产品在使用过程中由于构成零件的材料受到损伤或变质引起性能发生变化，从而丧失其规定功能的现象称为失效。失效通常有以下几种表现形式：零部件完全破坏不能正常工作；或零件受到损伤继续工作不够安全；或能安全工作但已达不到设计规定的功能。机械产品的重度失效如爆破和断裂等往往会造成重大的经济损失和人身伤亡事故。航空航天零件失效的后果很严重。例如曾发生过飞机在试飞时，因发动机涡轮轴、齿轮和机翼大梁断裂失效，造成机毁人亡的重大事故。因此，有必要对机械零部件的失效原因进行科学分析。进行失效分析的依据是，机械产品的性能参数，机械零件、设备和系统的可靠性分析资料（即数理统计资料）及机械零件（部件）的失效残骸等。进行失效分析的目的是，通过对各种失效形式的特征和规律进行分析研究，从中找出零部件的失效原因并提出相应的预防和改进措施，防止同类失效事故再次发生，同时也为改进产品设计，提高产品质量，使产品安全可靠工作提供依据。

9.1.2　机械零件的失效形式

工程上的机械产品种类繁多，失效形式也多种多样。同类产品或零件可能以不同方式失效，不同产品或零件可能会以相同或类似的形式失效。根据机械零件在服役过程中所承受的载荷形式和外界环境作用条件，以及零件的失效特征不同，通常可将失效形式分为如下几类。

1. 过量变形失效

1）弹性变形失效

由于发生过大的弹性变形而造成零件的失效即为过量变形失效。例如：过量弹性变形使转子叶片与机匣相撞，接触面上会有擦痕或磨损痕迹；电动机转子轴的刚度不足，发生过大的弹性变形，造成转子与定子相撞，最后将轴撞弯，甚至折断。引起弹性变形失效的原因，主要是零部件的刚度不足。除结构因素外，零件的刚度主要取决于材料的弹性模量。因此，要预防弹性变形失效，应选用弹性模量高的材料来制作

零件。

2）塑性变形失效

由于发生过大的塑性变形而造成零件的失效即为塑性变形失效。当零件受到的实际工作应力超过材料的屈服强度，就会引起塑性变形失效。例如：变速箱中齿轮的齿形受强载荷作用发生塑性变形，使齿形不正确，轻者造成啮合不良，发生振动噪声；重者发生卡齿或断齿，引起设备事故。紧固螺栓由于拧得过紧或因过载，会使螺杆塑性伸长而降低预紧力，造成配合面松动，导致产生故障。因此，在设计、加工制造和装配时应降低工作应力，消除应力集中影响，通过合理选材、适当提高材料的屈服强度，以避免机件产生塑性变形失效。

3）蠕变变形失效

金属在高温、长时间的载荷作用下会产生蠕变变形，导致蠕变变形失效。例如锅炉、汽轮机、燃气轮机、航空发动机及其他热机的零部件，由于蠕变所致的变形、应力松弛都会使机械零件失效。通过提高材料的冶金质量、热处理、合金化（如选用热强钢、高温合金）等途径提高零件的高温蠕变抗力。

2. 断裂失效

机械零件的断裂失效，特别是在没有明显塑性变形的情况下发生的脆性断裂失效，往往会带来巨大的损失，因此必须引起充分重视。断裂失效是机械零件失效的主要形式，根据断口形貌特征和断裂产生的原因，断裂失效有如下几种形式。

1）韧性断裂失效

材料在断裂之前发生明显的宏观塑性变形的断裂称为韧性断裂。韧性断裂往往是受到很大的负荷或过载引起的。金属材料拉伸试验过程中，在超过材料的强度极限应力作用下，将产生伸长变形、形成缩颈并最后断裂，即发生韧性断裂。引起韧性断裂的原因，可能是由于设计者对使用条件估计错误，或载荷条件发生变化，使材料承受的应力高于其抗拉强度；也可能是选用材料的强度不足或材质不当、加工缺陷等，使零件不能承受正常载荷所致。防止产生韧性断裂的措施是，结构设计时控制零件所受的工作应力在许用应力范围内，在运行过程中不允许过载，从而有效防止产生韧性断裂。

2）脆性断裂失效

在工程结构中，脆性断裂是一种非常危险的失效形式。由于脆性断裂之前不发生或很少发生宏观可见的塑性变形，断裂之前没有明显预兆，裂纹长度一旦达到临界尺寸后即在瞬间发生突然断裂，这种断裂往往造成严重事故和巨大损失。

一般机械零件按传统的强度设计不致发生脆性断裂，对于高强度钢和中、低强度钢的大截面尺寸零件，常在低于屈服强度下发生低应力脆性断裂。工程上的低应力脆性断裂通常起源于材料内部存在的裂纹，或者起源于因结构不合理造成应力集中而产生的裂纹。这种裂纹可能是冶金缺陷，或是在加工过程中产生的，也可能是在使用中形成的。在低于屈服强度甚至低于常规设计的许用应力条件下，当裂纹扩展到一定的临界尺寸后，就会迅速失稳扩展，引起脆性断裂。一些材料在较低的工作温度下也会由韧性状态转变为脆性状态，产生低温脆性断裂。此外，提高材料的应变速率与降低温度有相似的效应，也会导致材料的脆性断裂。

为了防止脆性断裂引起的失效，对于高强度钢（这类钢脆性转化温度不明显，但对缺口敏感）和含裂纹的材料，在零件的设计制造时要用抵抗裂纹失稳扩展能力的力学性能指标——断裂韧性（K_{IC}）来衡量，以确保安全；对于中、低强度钢，一般都存在脆性转化温度。由这类钢制造的零件在脆性转化温度以下，且在高应力条件下工作时，容易产生脆性断裂。因此，应控制零件的使用温度和工作应力大小，以防止产生脆断。

3）疲劳断裂失效

疲劳断裂失效是指零（构）件在交变循环应力多次作用后发生的断裂，是机器零件中常见的失效形式。由于疲劳断裂是在低应力、无先兆情况下发生的，具有很大的危险性和破坏性。据统计，工程构件中80%以上的断裂失效都属于疲劳断裂。疲劳源区（或称疲劳核心）是疲劳断裂的起始位置，常发生在零件表面；在一定条件下，也可在零件的内部。因为承受交变弯曲、扭转载荷的零件表面处于最大应力区，机件表面的加工刀痕、凹槽、尖角等处，由于应力集中往往成为疲劳发源地；它可以是金属的各种缺陷如夹杂物、空隙、成分偏析等，也可以是由于在交变载荷作用下产生的不均匀微观塑性变形区，或者是由于结构不合理而产生的应力集中区。在这些区域内将导致产生微观裂纹。疲劳源的数目可以是一个，也可以是多个。图9.1所示为典型的疲劳断口。

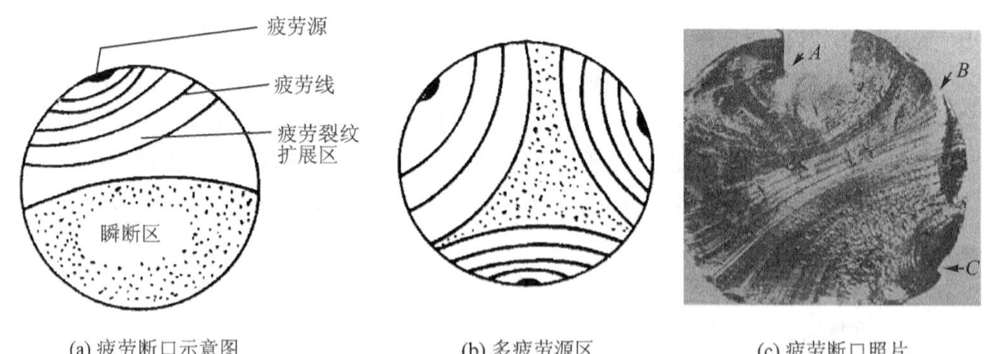

(a) 疲劳断口示意图　(b) 多疲劳源区　(c) 疲劳断口照片

图9.1　典型的疲劳断口

为了提高零件的疲劳寿命，通常可采取以下措施：

① 在工作应力选定方面，若零件是无限寿命设计，则应根据考虑了安全系数后的交变工作应力，使其低于材料的疲劳极限；若零件是有限寿命设计（工作时间不长，交变次数 N 较小），那么考虑了安全系数后的工作应力，应低于相应周次下的疲劳强度。

② 进行结构设计时应避免零件截面突然变化，避免表面加工缺陷，减小残余拉应力。

③ 对材料进行喷丸、滚压、表面热处理等强化措施，在材料表面造成压应力；提高材料的冶金质量，减少材料中的夹杂物，提高材料的疲劳强度。

3. 表面损伤失效

有些零件（例如轴与轴承、齿轮与齿轮）在配合服役过程中，由于它们相对运动时的机械作用、介质的化学作用以及机械与化学的共同作用，使零件表面及其附近的材料发生尺寸变化和表面破坏（如表面磨损、表层不均匀的剥落和表层的腐蚀坑或腐蚀裂纹等），造成零件表面损伤。这种损伤导致的零件失效，称为表面损伤失效。表面损伤失效的种类很多，主要有磨损失效、表面疲劳失效和腐蚀失效等。

1）磨损失效

零件之间做相对运动时，在机械力的作用下，使摩擦表面有微小颗粒或细屑从摩擦面分离出来，从而使零件表面尺寸减小、质量减轻，并导致零件失效的现象，属磨损失效。磨损失效主要有磨粒磨损和黏着磨损两种情况。提高材料的硬度，使组织中有较多的耐磨硬质相，可提高抗磨粒磨损的能力；选择适当的材料相配合，改善润滑条件使摩擦面的氧化膜不被破坏，提高表面光洁度，以及采用化学热处理（如氮化）提高表面硬度，降低摩擦系数（如渗硫）等，都可提高抗黏着磨损的能力。

2）表面疲劳失效

表面疲劳失效又称接触疲劳失效。两个零件做相对滚动或周期性地接触，在压应力或接触应力的作用下，经过多次应力循环后所引起的零件表面疲劳破坏现象。根据疲劳损伤程度可分成麻点（浅层剥落）与剥落（深层剥落）两种形式。可以采取以下措施提高零件的接触疲劳抗力：①制造和装配要有足够的精度，整机构架应有足够的刚度，接触面的光洁度应保持良好；②零件的材质要好，如金属材料中的非金属夹杂物要少，尽量避免其他冶金缺陷；③零件热处理后应有合适的组织，控制钢中的马氏体含碳量不要太高，晶粒要细小，热处理后的硬度要恰当。摩擦副间要有适当的硬度配合等。

3）腐蚀失效

腐蚀是金属暴露于活性介质环境中发生的一种表面损耗。金属及其合金表面腐蚀是一种普遍存在的现象。金属腐蚀的形式多种多样。通常把零件或构件的表面在介质中因化学或电化学作用而受到损伤的现象称为腐蚀失效。腐蚀失效除与零件材料本身的化学成分和组织有关外，还与介质的性质有很大关系，通常应根据环境介质的成分和性质合理选材。目前工业生产中常用的防腐措施有：选择抗腐蚀性强的材料（如不锈钢、有色金属、工程塑料等），对金属零件进行表面防腐处理，采取电化学防护措施，改善环境介质等。

实际中零件的失效形式往往不是单一的。随着外界条件的变化，失效形式可从一种形式转变为另一种形式。在通常情况下，零件失效是多种因素综合作用的结果，例如应力腐蚀、腐蚀疲劳等，此时往往具有更大的危险性。

9.1.3 失效分析的方法及零件失效的常见原因

1. 失效分析的方法及步骤

机械零件失效分析工作涉及多门学科知识。判断机械产品失效的原因是一项复杂的任务，所需要的专业技术涵盖多个工程领域，如材料科学、力学、热工学和流体力学等。由于机械零件大多数是在运行过程中发生断裂失效的，其中某一个零部件断裂失效时，与别的零部件、周围环境和操作人员等均有着十分密切的关系。分析机械零件的失效原因，需要考虑结构设计、材料质量、加工状态、维修情况、装配精度、工作环境、服役条件和操作方法等许多因素，并借助一系列的检验测试方法，包括力学性能测试、金相检验、化学成分分析、X射线衍射分析、断口观察与分析、断裂韧性试验、电子能谱分析、模拟试验等。将各种试验测试的结果与数据进行综合分析、处理，并提出改进措施，写出失效分析报告。失效分析的一般步骤及程序如下：

① 原始资料的收集与整理。原始资料是指构件服役前的全部经历、服役历史和断裂时的现场情况等。调查失效现场，包括失效产品状况、现场环境、失效经过等。个别零件失效时，一般残骸样品的数量不多。但是整机破坏(如飞机坠毁、压力容器爆破等)会产生数量很多的残骸样品。为进行失效分析，要尽量收集残骸样品，并详细记录，必要时进行拍照。从散落的失效残骸中选择有分析价值的断口和提供其他检测用的试样材料。收集、整理和分析重点样品的零件设计图纸、选材、制造加工史(如冷加工和热加工)和零件服役史，例如载荷大小及变化、温度及其变化、介质的性质、使用和维修记录等。

② 外观检查及断口分析。对收集的残骸样品，以目视、放大镜或低倍显微镜进行观测，记录、拍摄有关断裂部位的形状、尺寸和相对位置，对失效试样进行宏观与微观断口分析以及必要的金相分析。微观分析大多采用高分辨率电子显微镜进行。零件断裂处的自然表面即为断口，通常从断口上可获得与断裂有关的各种信息，如断裂性质、材料冶金、加工质量、服役条件(载荷性质和大小、环境介质、温度)，为判断失效发生的原因、确定失效事件发生的先后顺序提供依据。

③ 化学成分分析与力学性能测试。通过对失效零件进行化学成分分析，以检验材料的化学成分是否符合标准规定，或鉴别零件是由何种材料制造的。在特殊情况下，还需要对环境介质，失效零件上的腐蚀产物、残存物等进行分析。常用的材料力学性能测试项目有硬度、抗拉强度、屈服强度、伸长率、断面收缩率、冲击韧性、断裂韧性以及疲劳强度等。进行各种分析测试工作的目的是，了解残骸是否存在裂纹，它们的化学成分是否符合要求，残骸的力学性能是否符合设计要求，以及是否在工作条件下具有相应的性能来抵抗失效。

④ 综合分析与整理、撰写分析报告。根据一系列的分析、测试和其他工作，必要时需进行模拟实验等，对所获得的全部资料(调查收集的材料，测试、计算数据，照片

等)进行集中、整理、分析评价和处理,最终确定失效的具体形式和产生失效的原因。写出失效分析报告,并提出改进措施。

对机械零件失效的原因进行分析通常比较复杂。就材料的选择而言,通过对零件的工作条件和失效形式的分析,确定零件对使用性能的要求,将使用性能转化为相应的力学性能指标,再根据这些指标来选用合适的材料。表 9.1 所列为几种常用零件的工作条件和失效形式。

表 9.1　几种常用零件的工作条件和失效形式

零　件	工作条件			常见的失效形式	要求的主要力学性能
	应力种类	载荷性质	受载状态		
紧固螺栓	拉、剪应力	静载	—	过量变形失效	强度、塑性
传动轴	弯、扭应力	循环、冲击	轴颈摩擦、振动	疲劳断裂、过量变形、轴颈磨损	综合力学性能、轴颈表面高硬度
传动齿轮	压、弯应力	循环、冲击	摩擦、振动	齿折断、磨损、疲劳断裂、接触疲劳(麻点)	表面高强度及疲劳强度、心部强度、韧性
弹簧	扭、弯应力	交变、冲击	振动	弹性失稳、疲劳破坏	弹性极限、屈强比、疲劳强度
滚动轴承	压应力	循环	摩擦	过度磨损、疲劳破断	抗压强度、疲劳强度、硬度
冷作模具	复杂应力	交变、冲击	强烈摩擦	磨损、脆断	硬度、足够的强度、韧性

2. 零件失效的常见原因

造成机械零件失效的原因可能涉及结构设计、应力计算、材料选择、加工制造及装配、使用环境等多个方面。具体如下:

① 零件结构设计不合理。零件的外形结构设计不合理,在零件受力较大的部位存在尖角、槽口、过渡圆角的大小不当等都会造成应力集中。对零件的工作条件估算不当或应力计算错误,导致零件过载失效。对零件的工作环境、温度、介质等情况估计不足,造成零件难以适应实际工况。

② 材料选择不当。对材料及其性能认识和判断上的失误,往往造成选材不当,致使所选材料的性能在工作条件下,没有足够的抵抗失效的能力。这包括材料的种类和牌号选择不当,以及简单考虑材料在实验室条件下的性能数据来选材,未考虑实际结构及其工况条件。此外,材料内部存在的各种缺陷(如气孔、疏松、夹杂物、杂质含量等)超过标准规定,也是引起零件失效的重要原因。因此,应加强对原材料的质量检验。

③ 加工工艺不合适。冷加工零件的表面光洁度过低，特别是刀痕过深，以及磨削裂纹等，都会造成零件的早期失效。由于刀痕过深而引起零件疲劳断裂失效的情况较为常见。热加工中出现的不良组织和各类缺陷，焊接缺陷如气孔、微裂纹等，锻造缺陷如折叠、流线分布不当等；铸造缺陷如穿透气孔、夹砂等，热处理缺陷如脱碳、晶粒粗大和裂纹等，都是造成零件失效的根源。

④ 装配与使用不当。零件安装时配合不当，如啮合不好、对中不良、螺栓连接处过紧或过松、铆接处的破裂、铆钉脱落，都会引起机件失效。使用条件发生变化，如润滑不良、过载以及不按规程操作等，都会成为失效的重要原因。

造成机械零件失效的原因有时是单一的，有时是以一种原因为主、其他原因为辅的混合原因。产品不同，导致零件失效的原因不尽相同。这就要求在失效分析过程中应综合考虑各方面的影响因素，找到引起零件失效的主要原因，提出预防失效事故发生的措施。

9.2 工程材料的选择原则及应用实例

选材是机械零件设计中不可缺少的工作。在机械制造业中，正确地选择机械零件材料及其合适的加工工艺，对于保证机械零件的使用性能要求，降低产品成本，提高生产效率和经济效益，具有重要的技术和经济意义。

9.2.1 工程材料的选择原则

1. 选材的一般原则

本小节所述的选材问题，仅对机械零件而言，不涉及要求具有电、磁等物理特性和具有某些化学特性的材料选择。选材的一般原则是考虑所选材料的性能能够适应零部件的工作条件，满足零件预期的设计使用寿命，具有较好的加工工艺性、成本低廉，主要应从材料的使用性能、工艺性能和经济性三个方面进行综合考虑来加以选择。

1）使用性能原则

使用性能是指零部件在工作过程中应具备的力学性能、物理性能和化学性能。不同零件所要求的使用性能不同。对于机械零件，最重要的使用性能是力学性能。因此，在设计制造机械零件时保证所选材料的主要力学性能，是选材的主要依据，也是零件使用寿命、可靠性的保证。对于零部件力学性能的要求，一般是在分析零部件的工作条件（温度、受力状态和环境介质等）和失效形式的基础上提出来的。根据使用性能选材的方法及步骤如下。

（1）分析零部件的工作条件，确定使用性能

分析零件服役条件，首先考虑零件所承受载荷的性质（静载荷、冲击载荷、变动载荷）、加载次序、应力状态（拉、压、弯、扭、剪、接触等各种复合应力状态）、载荷大小、分

布形式、服役时间长短；其次考虑零件的工作温度、环境介质（空气中水分、腐蚀介质等）。通常根据工作条件，采用分析计算或实验应力测定方法，确定零件最主要的力学性能指标，以此来选择满足要求的材料。

在对工作条件进行全面分析的基础上确定零部件的使用性能。通常根据零件的工作条件，提出失效抗力指标。所谓失效抗力指标，就是材料在各种条件下测得的强度、硬度和耐磨损性能等指标。通过试验并确定材料的强度、硬度等指标，目的是防止零件于相应试验条件下工作时发生失效。在工程设计上，材料的力学性能数据一般是以该材料制成的试样进行力学性能试验测得的，它虽能表明材料性能的好坏，但由于试验条件（大多在实验室条件下）与机械零件实际工作条件有所不同，因此严格来说，材料的力学性能数据仍不能确切地反映机械零件承受载荷的实际能力。由于零件的实际受力条件比较复杂，因此，还要考虑短时过载、润滑不良、材料内部缺陷等因素的影响。

零件的工作条件对材料失效抗力指标要求，往往不仅是一项，而是两项甚至多项。以飞机起落架为例，静强度、疲劳强度和冲击韧性等指标都很重要，缺一不可，应综合考虑。不过也存在这样的零件，它的失效形式可能有几种，但其中的一种起主导作用。以一件受扭轴为例，截面变化大，负荷高，起动和停车突然，而且次数频繁，轴颈还受磨损，相比较而言，抗断裂指标比磨损指标更为重要，起关键作用。因此在选材时应从抗断裂方面多加考虑，再全面比较和复核其他失效抗力指标。

(2) 分析零部件的失效原因，确定主要使用性能

在排除结构不合理、表面状态不良、装配和使用不当以及维护不好等不利于失效抗力的因素外，机械零件能否正常工作主要取决于材料的失效抗力。对机械零件进行失效分析，找到失效的形式和原因，例如找出弹性变形、塑性变形、低应力脆断以及疲劳断裂为失效的主要形式，那么在选材时就应选择那些具有高的刚度、高的屈服强度、高的断裂韧性、高的疲劳强度等性能的材料。失效原因分析为选材提供了方向。即使是新产品设计，也应根据失效分析知识，根据类似零件以及模拟失效的形式，在选材时充分考虑，选择具有相应失效抗力的材料。

(3) 按失效抗力指标选材时应注意的几个问题

①注意尺寸效应。所谓尺寸效应是指钢材截面大小不同，即使热处理状态相同，其力学性能也存在差别的效应。随着材料的截面尺寸增大，钢材的力学性能下降。尺寸效应不仅与材料的冶金质量有关，而且与淬透性有关。通常材料手册上所列的性能数据是用规定尺寸和形状的试样测定得到的，试样尺寸不同，对 R_{m}、R_{eH}、R_{eL} 及 Z 等性能影响不大，但对 A 有影响，α_{K}、σ_{-1}、K_{IC} 等性能指标受试样尺寸和形状的影响更大。

②力学性能与加工状态、处理条件有关。材料的加工状态（如铸造、锻造、不同的热处理状态、是否压力加工等）不同，其力学性能不同。同一牌号的材料在不同状态的性能值不同。例如：同一牌号的材料，铸造与锻造状态的性能值不同，不仅未经冷变形与冷变形后的性能值不同，而且冷变形程度不同，其性能值也不一样；不同的热处理

工艺也得到不同的性能值。因此，选用材料时必须注意是在何种状态下的性能值。

③材料的力学性能取决于材料的化学成分和组织状态。对于同一牌号的材料，由于其化学成分通常在一定范围内变化，因此其力学性能也存在一定的波动范围。此外，试样的取样部位对所测定的性能也有影响。例如，锻件在顺纤维方向的性能较好；铸件的心部晶粒比表层粗，因此心部的力学性能低。

④ 有些性能指标，如 R_m、$R_{p0.2}$、σ_{-1} 和 K_{IC} 等可直接用于设计计算，但有些性能指标如 A、Z 和 α_K 等不能直接用于设计计算，而是根据这些性能指标的数值大小，估计它们对零件失效的影响。一般认为，这些指标是保证零件安全性的。但对于特定零件，这些指标的数值大小，要根据零件之间的类比和零件使用安全等方面的经验来确定。由于不同零件的工作条件不同，对材料的力学性能要求不同，而且有时依据工作性质提出多方面的性能要求，因此应综合考虑强度、塑性、韧性之间的配合。

⑤根据零件工作条件及失效分析选材，评定结构强度所用的性能指标是否正确，其重要标志是实验室试样的失效形式与实际零件服役条件下的失效形式要相似。考虑两者加载、尺寸等条件不同，在应用手册上的性能数据时要考虑一定的安全系数，对于十分重要的零件或构件，要从预选材料制成的实际零件上取样试验或模拟工作条件试验，以验证所选性能指标及其数值大小是否恰当。

2）工艺性能原则

现代工业中所用的机器设备，大部分是由金属零件装配而成的，因此金属零件的加工是制造机器的重要步骤。材料的工艺性能是指在一定条件下将材料加工成优质零件或毛坯的难易程度。在选材中，尽管与使用性能相比，工艺性能常处于次要地位，但在某些特殊情况下，工艺性能也可能成为考虑的主要依据。若某种可提供选择材料的性能能够很好地满足使用性能要求，但采用常规方法极难加工或加工成本很高，则选用该材料就变得没有意义。因此所选材料在满足使用性能的同时，必须兼顾材料的工艺性能。

零件的主要加工方法有铸造、塑性加工（锻造和冷压加工等）、焊接和机械加工。因此，一般金属材料的工艺性能包括铸造性能、锻造性能、焊接性能、热处理性能和切削加工性能等。选材时应当尽量使材料与加工方法相适应，因此材料的选用与加工方法的选择往往同时进行。材料加工方法的不同、加工工艺性能的好坏、不仅影响机械零件外观，还影响零件性能，甚至影响到生产效率和成本。因此，选用的材料应具有良好的工艺性能，至少要有可行的工艺性能。

① 铸造性能。合金的铸造性能包括流动性、收缩性、热裂倾向性、偏析和吸气倾向等。因此，对于铸造合金，应有好的流动性，小的疏松、缩孔、偏析和吸气性倾向。共晶或近共晶成分的合金铸造性能较好，即合金的熔点低，流动性较好，易产生集中缩孔，偏析倾向小等。

② 压力加工性能。压力加工性能包括变形抗力、变形温度范围、产生缺陷的可能性及加热与冷却要求等。合金的锻造性能通常包括塑性和变形抗力。对于塑性加

工材料，应具有高的塑性和低的变形抗力。

③ 焊接性能。材料的焊接性指金属焊合获得优质焊接接头的能力(可焊性)，是指焊缝处形成冷裂或热裂，以及形成气孔的倾向等。钢铁材料的焊接性随钢中碳和合金元素含量的增加而变差。同一材料对于不同的焊接工艺方法将表现出不同的焊接性能。

④ 热处理性能。材料的热处理性能包括淬透性、变形开裂倾向、过热敏感性、回火脆性倾向、氧化脱碳倾向等。对于进行热处理的材料，要求过热敏感性低，氧化和脱碳倾向小，淬透性高，变形和开裂倾向小等。

⑤ 切削加工性能。切削加工性能主要指材料被切削加工的难易程度以及切削后所得表面的质量，如粗糙度等。通常要求被切削加工的材料，应有小的切削力，低的表面粗糙度，切屑处理容易，对刀具的磨损要小等。

应当指出，材料在不同的状态具有不同的工艺性，而且某种工艺性好，不等于其他工艺性也好。例如：20Cr13 等马氏体不锈钢退火后切削加工性能尚好，但焊接时容易开裂。奥氏体不锈钢塑性加工性能好，但切削加工性能差。镁合金和有些钛合金冷变形性差，但在加热状态下具有良好的变形加工能力。

3）经济性原则

材料的经济性也是材料选择的一个重要原则。材料的成本在产品总成本中占有较大的比重。在许多工业部门，材料费用一般占产品价格的 30%～70%。因此，必须正确选择并合理利用材料。选材时应立足于国内现有资源，考虑到国内的生产和供应情况。尽量选用低能耗的材料，以降低生产成本，提高产品的市场竞争力。

在满足使用性能的前提下，选用零件材料时还应注意降低零件的总成本。零件的总成本包括材料本身的价格和与生产有关的其他一切费用。考虑选用节省材料和加工成本的工艺方法，如精铸和精锻等。

2. 选材的基本方法和步骤

机械零件用材的选择基本方法和步骤如下：

① 了解并掌握零件的工作条件，特别是零件的工作应力类型和大小之后，就有可能估计零件的失效形式，提出主要性能指标(失效抗力指标)和技术条件。

② 根据提出的主要性能指标和技术条件，并结合工艺性和经济性进行综合考虑，借助有关的材料手册进行预选。零件要求的主要性能指标的类型主要有以下几种情况：要求综合力学性能；主要要求弹性指标；主要要求耐磨性指标；主要要求热强度性能指标；主要要求抗蚀性能。

③ 对预选材料进行主要力学性能试验、计算，以确定是否满足使用性能的要求。对用预选材料设计的零件，其危险截面在考虑安全系数后的工作应力，必须小于失效抗力指标。

④ 根据计算结果，进行材料的二次选择，初步确定所选材料。在此基础上，再比较加工工艺的可行性和制造成本的高低，将方案最优者定为所选材料。

⑤ 通过试验、小批量试生产,最终选定适用的材料。

9.2.2 工程材料的选择应用实例

1. 轴类零件的选材

轴是机器的重要零件之一,主要作用是支承回转体,并传递动力。

1) 轴的工作条件及失效形式

(1) 轴的工作条件

大多数轴类在传递扭矩的同时,还要承受交变弯曲应力的作用,承受一定的过载或冲击载荷,并且轴颈、花键等部位承受较大的摩擦和磨损。

(2) 轴的主要失效形式

轴类零件的失效形式主要包括由于扭转疲劳和弯曲疲劳引起的疲劳断裂、冲击过载导致的断裂、过量变形引起的变形失效以及轴颈处的局部过度磨损等。

2) 轴的性能要求

根据轴的工作条件及失效形式,制作轴的材料应具有如下性能:①优良的综合力学性能,即要求有足够的强度、刚度和一定的韧性,以防止由于过载和冲击所引起的变形和断裂;②高的疲劳强度,以防止疲劳断裂;③良好的耐磨性,以防止轴颈处过度磨损;④在特殊条件下工作的轴所用的材料应具有特殊性能,如蠕变抗力、耐蚀性等。

3) 轴的选材及工艺分析

(1) 机床主轴

主轴是机床中的主要零件之一,它的质量直接影响机床的精度和寿命。主轴在工作中承受中等扭转、弯曲复合载荷,转速中等并承受一定冲击载荷,轴颈和滑动部分表面还要承受摩擦力作用。因此要求主轴要有良好的综合力学性能。常用的机床主轴材料及热处理见表 9.2。

表 9.2 常用的机床主轴材料及热处理

序号	工作条件	选用钢号	热处理工艺	硬度要求	应用举例
1	① 在滚动轴承中运转; ② 轻、中载荷,转速略高; ③ 精度要求不太高; ④ 冲击、交变载荷不大	45	整体淬火	40~45HRC	一般机床主轴、龙门铣床、立式铣床、小型立式车床主轴
			正火或调质+局部淬火	≤229HBW(正火) 220~250HBW(调质) 46~51HRC(局部)	
2	① 在滚动或滑动轴承中运转; ② 低速,轻、中载荷; ③ 精度要求不太高; ④ 承受一定的冲击,交变载荷	45	正火或调质后轴颈局部淬火	≤229HBW(正火) 220~250HBW (调质) 46~57HRC(表面)	重型车床主轴

续表 9.2

序号	工作条件	选用钢号	热处理工艺	硬度要求	应用举例
3	① 在滚动轴承中运转； ② 中等载荷，转速略高； ③ 精度要求较高； ④ 交变冲击载荷较小	40Cr 40MnB 40MnVB	整体淬火	40～45HRC	滚齿机、组合机床主轴
			调质后局部淬火	220～250HBW(调质) 46～51HRC(局部)	
4	① 在滚动或滑动轴承中运转； ② 低速，轻、中载荷；	50Mn2	正火	≤241HBW(正火)	重型机床主轴
5	① 在滑动轴承中运转； ② 中等或重载荷； ③ 要求轴颈部分有更高耐磨性； ④ 精度要求很高； ⑤ 交变载荷较大，冲击载荷较小	65Mn	调质后轴颈和头部局部淬火	250～280HBW(调质)， 56 ～ 61HRC（轴颈表面）， 50～55HRC(头部)	M1450 磨床主轴
6	工作条件同序号 5，但表面硬度要求更高	GCr15 9Mn2V	调质后轴颈和头部局部淬火	250～280HBW(调质) ≥59HRC(局部)	MQ1420、MB1432A 磨床砂轮主轴
7	① 在滑动轴承中运转； ② 中等或重载荷； ③ 精度要求极高； ④ 交变载荷较大，冲击载荷高	38CrMoAl	调质后渗氮	≤260HBW(调质)， ≥850HV(渗氮表面)	高精度磨床砂轮主轴、T68 镗杆、T4240A 坐标镗床主轴
8	① 在滑动轴承中运转； ② 载荷大，转速很高； ③ 冲击载荷大； ④ 很大的交变载荷	20CrMnTi	渗碳淬火	≥59HRC(表面)	Y7163 齿轮磨床、CG1107 车床、SG8630 精密车床主轴

图 9.2 所示为 C620 车床主轴简图。该主轴承受扭转和弯曲应力，载荷不大，转速中等。主轴大端内锥孔和锥度外圆经常与卡盘、顶尖之间有相对摩擦，为防止这些部位表面划伤和磨损，要求这些部位具有较高的硬度和较好的耐磨性。

轴类零件一般选用中碳钢或中碳合金调质钢制造。根据上述工作条件及失效形式分析，该主轴选用 45 钢制造即可满足性能要求，热处理工艺为整体调质，硬度为 200～230HBW，金相组织为回火索氏体，轴颈和锥孔进行局部表面淬火、低温回火后硬度为 45～52HRC，表面 3～5 mm 内金相组织为回火屈氏体和少量回火马氏体。具体的加工工艺路线如下：下料→锻造→正火→粗加工→调质→精加工→表面淬火

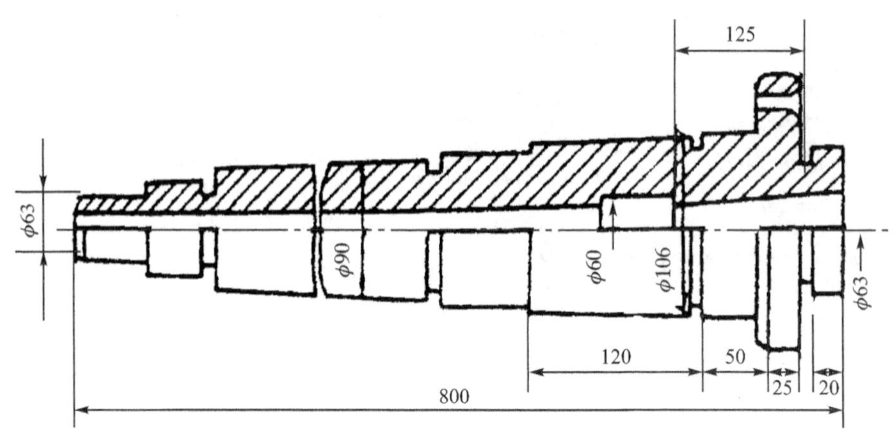

图 9.2 C620 车床主轴简图

及低温回火→磨削加工。

正火处理可消除锻造应力，得到合适的硬度(170～230HBW)，以利于后续机械加工，同时改善锻造组织、为调质处理做准备；调质处理是为了使主轴获得高的综合力学性能和疲劳强度，为了更好地发挥调质效果，故将其安排在粗加工之后进行；轴颈和锥孔部分经盐浴局部表面淬火和低温回火后可达到所要求的硬度和耐磨性。

若这类机床主轴承受载荷较大时，可用40Cr合金调质钢制造。当承受较大的冲击载荷和疲劳载荷时，则应采用合金渗碳钢制造。

(2) 发动机涡轮轴

某发动机涡轮轴工作示意图如图 9.3 所示。图中有两根涡轮轴，外轴即高压涡轮轴与第一级涡轮盘、高压压气机相连接，内轴即低压涡轮轴与第二级涡轮盘、低压压气机相连接。轴与涡轮盘相接的一端，工作温度约为 350 ℃，其余部位接近室温，两根轴接触的介质为大气，不受燃气腐蚀。

涡轮轴是高速旋转的零件，向压气机传递功率，承受着巨大的扭矩。涡轮轴还承受着转子的重力、转子不平衡的惯性力以及飞机俯冲、爬高时所造成的陀螺力矩。此外两根轴的结构特点是壁薄，细而长，轴间间隙小。旋转时由于承受弯矩和振动，并且还由于发动机每经过一次起动和停车，涡轮轴所受的各种力都将经历一次循环(交变)。

因此，该涡轮轴的失效形式有下列三种：①高速旋转和振动所引起的交变载荷和起动、停车所引起的循环载荷，导致涡轮轴的疲劳断裂；②轴在涡轮盘连接端因受温度和应力的共同作用，导致过量塑性变形；③轴因刚度不足，在旋转振动中引起过量弹性变形而相互摩擦、碰撞。

选材分析：①根据工作条件和失效分析，涡轮轴应具有高的综合力学性能，即高

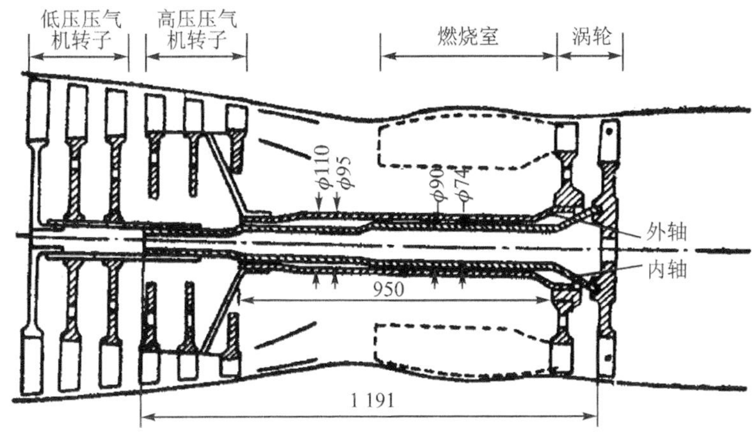

图 9.3　某发动机涡轮轴工作示意图

的抗拉强度、屈服强度、塑性和韧性，同时应具有高的疲劳强度；②涡轮轴材料在 350 ℃温度下应具有较高的屈服强度，以防止过载时产生过量的塑性变形；③内、外轴应有足够的刚度，以防止振动时产生过量弹性变形而相互摩擦。

根据对涡轮轴工作应力的核算，要求抗拉强度(1 100±100) MPa。由于该零件是发动机中最重要的零件之一，因此，还必须综合考虑其他性能指标以及有关的加工工艺性。材料的选择只能从优质合金结构钢中考虑，而且主要成型工艺应为锻造和机械加工。表 9.3 中列出了几种预选材料的热处理状态和常规力学性能的比较。由表中可以看出，在 R_m 相近的情况下，38CrA 和 30CrMnSiA 钢的室温屈服强度、350 ℃下的瞬时屈服强度以及韧性或塑性不及 40CrNiMoA 和 18Cr2Ni4WA。

表 9.3　几种结构钢的热处理状态和常规力学性能比较

材　料	热处理	试验温度/℃	R_m/MPa	$R_{p0.2}$/MPa	A_5/%	Z/%	α_K/(MJ·m^{-2})	HBW
38CrA	860 ℃油冷 570 ℃油冷	20 350	约 900 约 890	约 800 约 790	12 18	50 68	0.98 0.90	—
30CrMnSiA	880 ℃油冷 560 ℃油冷	20 350	约 1 100 约 1 100	约 850 约 830	10 16	45 57	0.50 1.20	320 —
40CrNiMoA	850 ℃油冷 620 ℃油冷	20 350	约 1 100 约 1 030	约 950 约 830	12 17	50 53	0.80 0.93	350 —
18Cr2Ni4WA	950 ℃空冷 865 ℃油冷 550 ℃油冷	20 350	约 1 050 约 1 160	约 800 约 1 030	12 15	50 —	1.20 1.20	350 —

此外，将四种预选材料的对称循环弯曲疲劳极限(σ_{-1})进行比较，发现不论是光滑试样还是带缺口的试样，均是 40CrNiMoA 和 18Cr2Ni4WA 的疲劳极限高。关于涡轮轴的结构刚度问题，因为预选的材料都是钢，它们之间的差别并不十分明显，故

不再从材料角度进行比较。实际上在材料类型相近的情况下，构件的刚度主要取决于其几何形状和尺寸。

综上所述，可以得出涡轮轴的材料选择如下：

① 外轴材料选择 40CrNiMoA 钢。它具有较高的抗疲劳性能，在 350 ℃以下时强度无明显下降，而且淬透性大，可在调质后获得高的综合力学性能，在适当热处理后具有可行的机械加工性能，因此可选用该钢作为外轴材料。

② 内轴材料选择 18Cr2Ni4WA（属于渗碳钢）。它往往用于调质状态并具有很高的综合力学性能，特别是冲击韧性高，缺口敏感性小。在 350 ℃下强度也无明显下降，而且在振动载荷下表现出很高的强度和抗疲劳性能，因此适合用来制造细长的内轴。

外轴和内轴的制造工艺流程为：模锻→预备热处理→粗加工→最终热处理→精加工→磁力探伤→尺寸检验→发蓝。

高压涡轮轴和低压涡轮轴都是发动机的关键性零件，模锻可在成型的同时使金属组织致密。但因锻造温度高，锻造冷却后的毛坯硬度高，很难进行切削加工。因此需要采用正火加高温回火工艺进行预备热处理。正火是为了改善锻造组织，高温回火是为了使材料降低硬度，便于切削加工。最终热处理（见表 9.3）都采用调质处理，其目的是将涡轮轴调整到所需的强度和硬度，即具有良好的综合力学性能。发蓝是一种表面氧化处理，在零件的表面形成蓝色的 Fe_3O_4 钝化膜，用以抵抗大气的腐蚀。

2. 齿轮类零件的选材

齿轮是各种机械、仪表中应用最广泛的传动零件，其作用是传递动力，改变运动速度和方向。

1）齿轮的工作条件及失效形式

(1) 齿轮的工作条件

齿轮工作时，由于传递扭矩，齿根受到很大的交变弯曲应力作用，并存在应力集中；齿面相互之间有滑动、滚动，承受很大的接触应力，并发生强烈的摩擦；起动、换挡或啮合不均匀时，齿部承受一定的冲击载荷作用。

(2) 齿轮的主要失效形式

齿轮类零件的失效形式主要包括：齿面过度磨损（由于齿面接触区摩擦，使齿厚变小，齿隙增大）；剥落（在交变接触应力作用下，齿面产生微裂纹并逐渐发展，引起点状剥落）；过量塑性变形及齿折断（冲击载荷过大造成的断齿，以及疲劳断裂主要发生在齿根，常常一齿断裂引起数齿甚至更多的齿断裂。疲劳断裂是齿轮最严重的失效形式）。

2）齿轮的主要性能要求

根据齿轮的工作条件及失效形式，齿轮的材料应具有如下性能：①具有高的疲劳强度，尤其是弯曲疲劳强度和接触疲劳强度；②齿面具有高的硬度和耐磨性；③齿轮心部具有足够的强度和韧性，防止轮齿受冲击过载断裂；④良好的切削加工性能及热

处理时变形小。

3）齿轮的选材及工艺分析

（1）机床齿轮

机床变速箱齿轮担负传递动力，改变运动速度和方向的任务。工作条件较好，转速中等，载荷不大，工作时平稳运行无强烈冲击，对齿轮心部强度和韧性要求不高。一般可选用中碳钢制造。中碳钢调质后心部有足够的强韧性，能承受较大的弯曲应力和冲击载荷。同时，表面采用高频感应加热淬火处理，硬度可达 52HRC 左右，提高了耐磨性；并且由于能在表面造成一定压应力，也提高了抗疲劳破坏的能力。其加工工艺路线如下：下料→锻造→正火→粗加工→调质→精加工→高频淬火及回火→精磨。

经正火或调质处理后，再经高频感应加热淬火处理，所得到的硬度、耐磨性、强度和韧性即能满足其性能要求。常用的机床齿轮的用材及热处理见表 9.4。

表 9.4　机床齿轮的用材及热处理

序　号	齿轮工作条件	钢　种	热处理工艺	硬度要求
1	低速（<0.1 m/s）、小载荷下工作的不重要的变速箱齿轮和挂轮架齿轮	45	840～860 ℃正火	156～217HBW
2	低速（<1 m/s）、小载荷下工作的齿轮（如车床溜板上的齿轮）	45	820～840 ℃水冷， 500～550 ℃回火	200～250HBW
3	中速、中等载荷或大载荷下工作的齿轮（如车床变速箱中的次要齿轮）	45	高频加热，水冷， 300～340 ℃回火	45～50HRC
4	速度较高或中等载荷下工作的齿轮，齿部硬度要求较高（如钻床变速箱中的次要齿轮）	45	高频加热，水冷， 230～240 ℃回火	50～55HRC
5	高速、中等载荷，要求齿面硬度高的齿轮（如磨床砂轮箱齿轮）	45	高频加热，水冷， 180～200 ℃回火	54～60HRC
6	速度不高、中等载荷、断面较大的齿轮（如铣床工作面变速箱齿轮、立车齿轮）	40Cr 42SiMn 45MnB	840～860 ℃油冷， 600～650 ℃回火	200～230HBW
7	中等速度（2～4 m/s）、中等载荷下工作的高速机床进给箱、变速箱齿轮	40Cr 42SiMn	调质后高频加热，乳化液冷却，260～300 ℃回火	50～55HRC
8	高速、高载荷、齿部要求高硬度的齿轮	40Cr 42SiMn	调质后高频加热，乳化液冷却，180～200 ℃回火	54～60HRC

续表 9.4

序　号	齿轮工作条件	钢　种	热处理工艺	硬度要求
9	高速、中等载荷、受冲击、模数<5的齿轮(如机床变速箱齿轮、龙门铣床的电动机齿轮)	20Cr 20Mn2B	900～950 ℃渗碳,直接淬火,或 800～820 ℃油淬,180～200 ℃回火	58～63HRC
10	高速、高载荷、受冲击、模数>6的齿轮(如立车上的重要齿轮)	20CrMnTi 20SiMnVB	900～950 ℃渗碳,降温至 820～850 ℃淬火,180～200 ℃回火	58～63HRC

(2) 汽车、拖拉机齿轮

汽车和拖拉机齿轮的工作条件比机床齿轮的恶劣,特别是主传动系统中的齿轮。它们受力较大,运行时超载和受冲击频繁,对耐磨性、疲劳强度、心部强度和冲击韧性等方面的要求均比机床齿轮高。此外,汽车、拖拉机齿轮的生产批量大,因此选择用钢时除要有较好的力学性能外,还应有较好的工艺性能。实践证明,汽车、拖拉机齿轮用渗碳钢如 20CrMnTi、20CrMnMo 等制造,经正火处理,再经渗碳、淬火和低温回火处理后使用较为合适。

20CrMnTi 钢的热处理工艺性较好,有较好的淬透性。由于钢中含 Ti 元素,使钢对过热不敏感,所以在渗碳后可直接降温淬火。此外,尚有渗碳速度较快,过渡层较均匀,渗碳淬火后变形小等优点。这对制造形状复杂、要求变形小的齿轮零件来说是十分重要的。20CrMnTi 钢不仅可以制造截面在 30 mm 以下,承受高速中等载荷及冲击、摩擦的重要齿轮,钢中含碳量在上限时,还可以制造截面在 40 mm 以下,模数大于 10 mm 的齿轮。20CrMnTi 钢经渗碳、淬火、低温回火后,具有较高的力学性能,表面硬度 58～62HRC,心部硬度 30～45HRC。该钢在正火态的切削加工工艺性和热处理工艺性均较好。为了进一步提高齿轮的使用寿命,经渗碳、淬火、回火后,还可进行喷丸处理,增大表面压应力,提高疲劳强度。

以某型汽车变速箱齿轮(如图 9.4 所示)为例,对其工作条件、材料选用和热处理工艺进行分析如下。

该齿轮是将发动机功率传递到后轮起倒车作用,为运行时承载、磨损、冲击均较大的重要受力零件。因此,要求表面具有较高的耐磨性和接触疲劳强度,而心部则要求较高的强度与韧性,心部强度 $R_m>1\ 000$ MPa,冲击韧性 $\alpha_K>60$ J/cm^2;生产性质为大批量生产。

依据上述的工作条件分析,该齿轮的材料选用可有以下两种方案:

① 在调质钢中选择。这类钢经调质后具有较好的综合力学性能,但韧性、塑性均较低,而且在经过表面淬火后其表面的耐磨性也不理想。

② 在渗碳钢中选择。如 15Cr、20Cr,这类渗碳钢,经渗碳、淬火、低温回火后,对该齿轮来说,由于齿轮厚度较大,淬透性差,使齿轮心部强度难以满足要求。

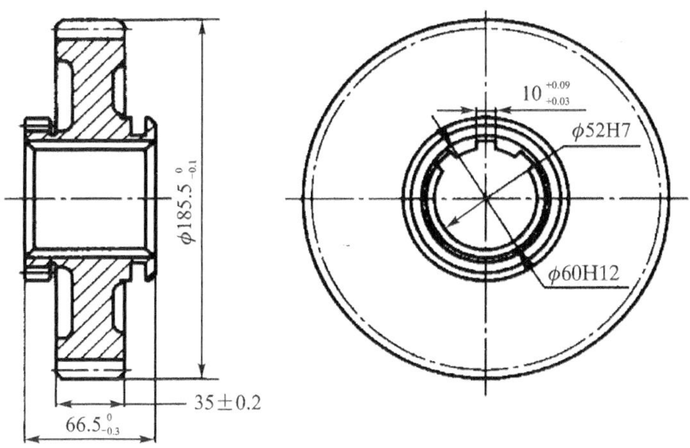

图 9.4　某型汽车变速箱齿轮简图

因此，应在淬透性较好的合金渗碳钢中选择。20CrMnTi 钢的淬透性较好（油中淬透直径 D_0 可达 30～40 mm），经渗碳、淬火、低温回火后，抗拉强度 R_m 可达 1 000 MPa，冲击韧性 $\alpha_K>60\ J/cm^2$（齿轮厚度与钢的临界淬透直径相近），它的热处理工艺性较好，不易过热，可直接淬火。该钢的可锻性较好，锻后进行正火，可改善钢的切削加工性能。因此，选用 20CrMnTi 钢制造较为合适。

汽车变速箱齿轮的加工工艺路线如下：下料→锻造→正火→机械加工→渗碳、淬火及低温回火→喷丸→磨削加工→装配。

正火是为了均匀和细化组织，消除锻造应力，改善切削加工性能；渗碳的作用是提高齿面碳的质量分数（0.8%～1.05%）；淬火可提高齿面硬度并获得一定淬硬层深度（0.8～1.3 mm），提高齿面耐磨性和接触疲劳强度，低温回火的作用是消除淬火应力，防止磨削裂纹，提高冲击抗力；喷丸处理是一种进一步强化手段，可使齿轮渗碳表层的压应力增大，有利于提高疲劳强度，同时也可清除氧化皮。

参考文献

[1] 李成功,傅恒志,于翘,等.航空航天材料[M].北京:国防工业出版社,2002.

[2] 唐见茂.航空航天材料发展现状及前景[J].航天器环境工程,2013,30(2):115-121.

[3] 王于林.工程材料学[M].北京:航空工业出版社,1992.

[4] 陆潄逸,王于林.工程材料学[M].北京:航空工业出版社,1987.

[5] 史美堂.金属材料及热处理[M].上海:上海科学技术出版社,1980.

[6] 大连工学院《金属学及热处理》编写小组.金属学及热处理[M].北京:科学出版社,1975.

[7] 朱张校.工程材料[M].北京:高等教育出版社,2006.

[8] 张代东,雷建民,柴跃生,等.机械工程材料应用基础[M].北京:机械工业出版社,2004.

[9] 齐乐华.工程材料及成型工艺基础[M].西安:西北工业大学出版社,2002.

[10] 王少刚,郑勇,汪涛.工程材料与成形技术基础[M].北京:国防工业出版社,2008.

[11] 郑明新.工程材料[M].2版.北京:清华大学出版社,1991.

[12] 胡德林.金属学原理[M].西安:西北工业大学出版社,1984.

[13] 候增寿,卢光熙.金属学原理[M].上海:上海科学技术出版社,1990.

[14] 王章忠,乔斌,刘新佳,等.机械工程材料[M].北京:机械工业出版社,2001.

[15] 郑章耕,叶宏,夏华.工程材料及热加工工艺基础[M].重庆:重庆大学出版社,1997.

[16] 相瑜才,孙维连,林兵,等.工程材料及机械制造基础:工程材料[M].北京:机械工业出版社,1998.

[17] 张继世.金属热加工课程设计指导书[M].北京:机械工业出版社,1997.

[18] 张启芳,戈晓岚,朱欣庆.工程材料及机械制造基础系列教材:工程材料[M].南京:东南大学出版社,1996.

[19] 范悦.工程材料与机械制造基础:上册.[M].北京:航空工业出版社,1997.

[20] 鞠鲁粤.工程材料与成形技术基础[M].北京:高等教育出版社,2004.

[21] 云建军.工程材料及材料成形技术基础[M].北京:电子工业出版社,2003.

[22] 戴枝荣,张远明.工程材料及机械制造基础Ⅰ:工程材料[M].2版.北京:高等教育出版社,2006.

[23] 项红. 谈变形铝及铝合金三项国家标准[J]. 杭氧科技，2004(2):38-43.

[24] 范顺科，张宪铭. 变形铝及铝合金三化的研究[J]. 冶金标准化与质量，1999，37(5):46-49.

[25] 刘兵，彭超群，王日初，等. 大飞机用铝合金的研究现状及展望[J]. 中国有色金属学报,2010，20(9):1705-1715.

[26] Liu J，Kulak M. A new paradigm in the design of aluminum alloys for aerospace applications[J]. Materials[J] Science Forum，2000 (331/337):127-142.

[27] 曹景竹，王祝堂. 铝合金在航空航天器中的应用(1)[J]. 轻合金加工技术，2013,41(2):1-5.

[28] 曹景竹，王祝堂. 铝合金在航空航天器中的应用(2)[J]. 轻合金加工技术，2013,41(3):1-12.

[29] 黄兰萍，郑子樵，李世晨，等. 铝锂合金的研究与应用[J]. 材料导报，2002，16(5):20-23.

[30] Zhang Yonghong，Yin Zhimin，Zhang Jie，et al. Recrystallization of Al－Mg－Sc－Zr alloys[J]. Rare Metal Materials and Engineering，2002，31(3):167-170.

[31] Waterloo G，Hansen V，Gjønnes J，et al. Effect of predeformation and presaging at room temperature in Al－Zn－Mg－(Cu,Zr) alloys[J]. Materials Science and Engineering A，2001，303(1－2):226-233.

[32] Senatorova O G，Fridlyander I N. Influence of machining on residual stresses and properties of superhigh strength B96ц thin elements. Materials Science Forum，2002 (396/402):1597-1602.

[33] 刘静安. 研制超高强铝合金材料的新技术及其发展趋势[J]. 铝加工，2004(1):9-13,19.

[34] 黄光杰，汪凌云. 铝锂合金的发展、应用和展望[J]. 材料导报，1997,11(2):21-24.

[35] 高洪林，吴国元. Al－Li 合金的研究进展[J]. 材料导报，2007，21(6):87-90.

[36] 沈光霁. Al－Li 合金的耐蚀性能与阳极氧化处理研究[D]. 天津：天津大学，2010.

[37] 胡铁牛. 热处理工艺对 2195 铝锂合金低温力学性能影响规律研究[M]. 哈尔滨：哈尔滨工业大学，2008.

[38] 陈建. 铝锂合金的性能特点及其在飞机中的应用研究[J]. 民用飞机设计与研究，2010(1)：39-41,57.

[39] 陈亚莉. 铝合金在航空领域中的应用[J]. 有色金属加工，2003，32(2):11-

14,17.

[40] 刘世兴. 变形铝及铝合金牌号、状态新国家标准简介[J]. 材料工程，1997(10):43-47.

[41] 李军. 复合材料在船舶舱口盖中的应用及其多尺度结构研究[D]. 广州:华南理工大学，2012.

[42] 李江海，孙秦. 结构型吸波材料及其结构型式设计研究进展[J]. 机械科学与技术，2003，22(s):188-190.

[43] 杨守杰，戴圣龙. 航空铝合金的发展回顾与展望[J]. 材料导报，2005，19(2):76-80.

[44] 黄兰萍. 2197 铝锂合金组织与性能的研究[D]. 长沙:中南大学，2002.

[45] 冯兴国. 钛合金等离子体基离子注入层结构和摩擦学性能研究[D]. 哈尔滨:哈尔滨工业大学，2009.

[46] 任蓓蕾. TC4 合金等离子渗 Mo 与 Mo - Cr 共渗的腐蚀及高温氧化性能研究[D]. 南京:南京航空航天大学，2011.

[47] 李重河，朱明，王宁，等. 钛合金在飞机上的应用[J]. 稀有金属，2009,33(1):84-91.

[48] 张高会，张平则，崔彩娥，等. 钛合金及其表面处理的现状与展望[J]. 世界科技研究与发展，2003,25(4): 62-67.

[49] 黄旭. 航空用钛合金发展概述[J]. 军民两用技术与产品，2012(7):12-14.

[50] Boyer R R. An overview on the use of titanium in aerospace industry[J]. Materials Science and Engineering A，1996，213(1 - 2):103-114.

[51] 付艳艳，宋月清，惠松骁，等. 航空用钛合金的研究与应用进展[J]. 稀有金属，2006,30(6): 850-856.

[52] 魏东博，张平则，姚正军，等. 钛合金阻燃技术的研究进展[J]. 机械工程材料，2010,34(8):1-4.

[53] 张平则，徐重，张高会，等. Ti - Cu 表面阻燃钛合金研究[J]. 稀有金属材料与工程，2005,34(1): 162-165.

[54] 张平则. 双层辉光等离子表面合金化阻燃钛合金研究[D]. 太原:太原理工大学，2004.

[55] 商国强，王新南，唐斌，等. 紧固件用 Ti - 45Nb 合金丝材的性能评价[J]. 中国有色金属学报，2010,20(s1): 70-74.

[56] 何东晓. 先进复合材料在航空航天的应用综述[J]. 高科技纤维与应用，2006，31(2):9-11,19.

[57] 洪桂香. 复合材料产业展望[J]. 化学工业，2014，32(12):7-12.

[58] 肖长发. 纤维复合材料及其应用[J]. 现代化工，1995(6):9-13.

[59] 吴艳. 复合材料结构的实用优化设计技术及应用研究[D]. 西安:西北工业大学，2003.

[60] 宋育. 飞机复合材料无损检测敲击技术的研究和应用[D]. 南京:南京航空航天大学,2009.

[61] 李桂东. 复合材料构件热压罐成型工装设计关键技术研究[D]. 南京:南京航空航天大学，2010.

[62] 唐见茂. 航空航天复合材料发展现状及前景[J]. 航天器环境工程，2013,30(4):352-359.

[63] 周国帅. 铁磁形状记忆合金 $Ni_{51}Mn_{27}Ga_{22}$ 和 $Ni_{45}Co_5Mn_{36.6}In_{13.4}$ 及其复合材料组织和性能的研究[D]. 沈阳:东北大学，2009.

[64] 蔡浩鹏，王俊鹏，赵锡鑫，等. 复合材料缠绕管弯曲载荷下的力学性能[J]. 玻璃钢/复合材料，2013(8):31-34.

[65] 王天成，葛云浩，沃西源. 先进复合材料成型工艺过程中的质量控制[J]. 航天制造技术，2011(1):42-45.

[66] 葛瑞钧. 波纹型柔性蒙皮基体基本特性研究及其驱动初探[D]. 南京:南京航空航天大学，2009.

[67] 益小苏，张明，安学峰，等. 先进航空树脂基复合材料研究与应用进展[J]. 工程塑料应用，2009，37(10):72-76.

[68] 沈军，谢怀勤. 先进复合材料在航空航天领域的研发与应用[J]. 材料科学与工艺，2008，16(5): 737-740.

[69] Rachid M'Saoubi, Dragos Axinte, Sein Leung Soo, et al. High performance cutting of advanced aerospace alloys and composite materials[J]. CIRP Annals - Manufacturing Technology, 2015, 64(2):557-580.

[70] 赵稼祥. 民用航空和先进复合材料[J]. 高科技纤维与应用，2007，32(2):6-10.

[71] 杜善义. 先进复合材料与航空航天[J]. 复合材料学报，2007，24(1):1-12.

[72] 汪萍. 复合材料在大型民用飞机中的应用[J]. 民用飞机设计与研究，2008(3):11-15,18.

[73] 李涛，陈蔚，成理，等. 碳纤维复合材料低成本多用途发展展望[J]. 科技资讯，2009(22):68-69,71.

[74] 严小雄，王金龙，李小兰. 改性聚酰亚胺树脂基复合材料的研究[J]. 纤维复合材料，2003(4):6-7.

[75] 陈祥宝，张宝艳，李斌太. 低温固化高性能复合材料技术[J]. 材料工程，2011

(1):1-6.

[76] 肖军，李勇，文立伟，等. 树脂基复合材料自动铺放技术进展[J]. 中国材料进展，2009，28(6):28-32.

[77] 还大军. 复合材料自动铺放 CAD/CAM 关键技术研究[D]. 南京:南京航空航天大学，2010.

[78] 淡蓝，七丁. 复合材料低成本制造技术调查报告[J]. 航空制造技术，2009(15):76-77.

[79] 杜影. 乙炔封端聚酰亚胺树脂及其碳纤维增强复合材料的研究[D]. 长春:吉林大学，2009.

[80] 周宇. 含苯并咪唑基团的聚酰亚胺树脂及其碳纤维复合材料的研究[D]. 长春:吉林大学，2014.